U0082173

複雜製造系統的可重構計劃與調度

喬非，吳瑩，馬玉敏　著

前言

製造業是國民經濟發展的重要支柱，製造業的先進程度標誌著一個國家的發展水準。隨著現代製造業在環境、結構、過程等多方面表現出的複雜性日益增強，對複雜製造系統的運營管理與最佳化也提出了更高的要求。複雜製造系統技術密集，資金密集，例如，在半導體集成電路芯片製造生產線上，投資的75%用在設備上，相比於透過增加貴重設備來提高產能的方式，以改進生產計畫與調度策略來最佳化生產也能收到良好效果，價格動輒數千萬甚至上億的設備如果少空閒幾分鐘，則將節省數目可觀的成本。

生產計畫與調度是複雜製造企業生產活動和組織管理的重要環節，是提高企業經濟效益的有效途徑，對於提高企業生產管理水準、節約成本、提升市場競爭力、快速收回投資以及獲得更高的經濟效益有著十分重要的意義。而複雜製造系統的調度最佳化毫無疑問是眾多調度問題中頗具挑戰性的一類，得到了海內外工業工程、控製工程、人工智慧、應用數學、運籌學、電腦科學、管理科學、系統工程等領域的研究人員及工程技術人員的廣泛關注，成為學術界和應用界的研究焦點之一。

以多重入特徵明顯的半導體製造系統為代表的一類複雜製造系統，因其在工藝流程、多樣性約束、生產方式等方面的複雜要求及來自內外部製造環境的動態不確定性，為其製造過程的生產計畫和調度控製的研究帶來了更大的挑戰。近十多年來，雖然有大批學者投身這一領域的研究，也取得了相當可觀的成果積累，但主要的研究工作還是集中於對生產計畫與調度中各個子問題的求解，如能力計畫、投料控製、實時調度等。無論是從模型到方法的理論研究，還是從最佳化問題到控製策略的技術探索，都難以填充研究與應用之間的鴻溝，究其原因，已有的研究成果在系統性和靈活性上的不足可能是製約因素之一。

著者從1920年代初開始涉足製造領域生產計畫與調度的研究，先後圍繞柔性製造、電腦集成製造等先進製造系統，積累了多年的科學研究、教學及工程經歷。近十多年來，進一步專注於對以半導體芯片製造為代表的複雜製造系統的生產計畫與調度理論、方法和應用研究，同時也越來越體會到，對於複雜製造系統的調度最佳化管理，在不斷改進模型、創新方法的基礎上，更需要加強系統級的相互配合能力和對於複雜動態環境的應變能力。

鑒於此，本書從系統工程的角度切入，面向以半導體生產線為代表的多重入複雜製造系統，研究提出一種可重構的生產計畫與調度體系結構。該體系結構不僅把複雜的半導體製造過程所涉及的各類典型生產計畫與調度問題科學合理地整合為一個有機體，將各部分各環節的常規方法及著者多年研究形成的方法成果等嵌入該體系之中，而且能夠針對具體業務問題在體系結構層級上重新配置其業務系統，產生合理的方案，支援具體環境下的計畫調度決策。

本書的主要內容來源於著者及其研究生們的科學研究積累，強調理論與實踐的結合以及學術研究與工程應用的結合。著重研究具有集成性和靈活性的複雜製造系統生產計畫與調度體系的構建及相關技術方法，並突出其可重構特徵與可重構能力的設計與實現。全書包括 3 篇 9 章。

第 1 篇可重構體系篇，針對複雜製造系統的生產計畫與調度整體需求與特點，構建具有可重構能力的生產計畫與調度體系結構，並討論體系結構的可重構特性以及體系的重構過程和方法，為後續內容建立框架和基礎。

第 2 篇可重構單元篇，在複雜製造系統生產計畫與調度體系的整體框架下，分別討論體系結構中的四個核心單元，即中期生產計畫單元、短期生產計畫單元、實時調度單元和重調度單元。在分別概述各單元的概念、發展及一般方法的基礎上，著重介紹了著者研究提出的若干針對複雜製造系統的計畫與調度的新方法。這些單元問題及方法都可以藉助於體系結構的集成化模型納入生產計畫與調度體系的框架之中，並參與系統的重構過程。

第 3 篇可重構實施篇，首先給出了實施本書體系結構設計的可重構計畫與調度體系原型系統的實現，繼而應用此原型系統，結合案例對單元級和系統級的體系結構重構過程加以分析說明。

本書面向從事複雜製造系統計畫、調度和最佳化等相關領域研究工作的科學研究人員，系統工程、工業工程、自動化、機械工程等科系大學研究生和教師，微電子等複雜製造產業的生產管理或工程技術人員等，力圖在生產計畫與調度的系統化技術、方法、工具及應用案例等方面，為讀者提供有價值的參考和幫助。

與本書內容相關的研究工作得到了國家自然科學基金項目（編號：71690234 和 61034004）等的資助，也得到了團隊創始人吳啓迪教授的指導和幫助。 在本書編寫過程中，丁小進、施斌、葉愷、李兆佳、郭瓔宵、倪嘉呈、谷翔、李雯琳、於孝雨、高海、王正等研究生參與了研究工作，研究生王巧玲、邢俊霞協助了書稿整理，在此一併表示感謝。

限於水準和能力，本書難免有不妥之處，衷心希望各位讀者不吝批評指正。

目錄

第1篇　可重構體系篇

2　第1章　複雜製造系統概述

19　第2章　可重構的複雜製造系統生產計畫與調度體系

第2篇　可重構單元篇

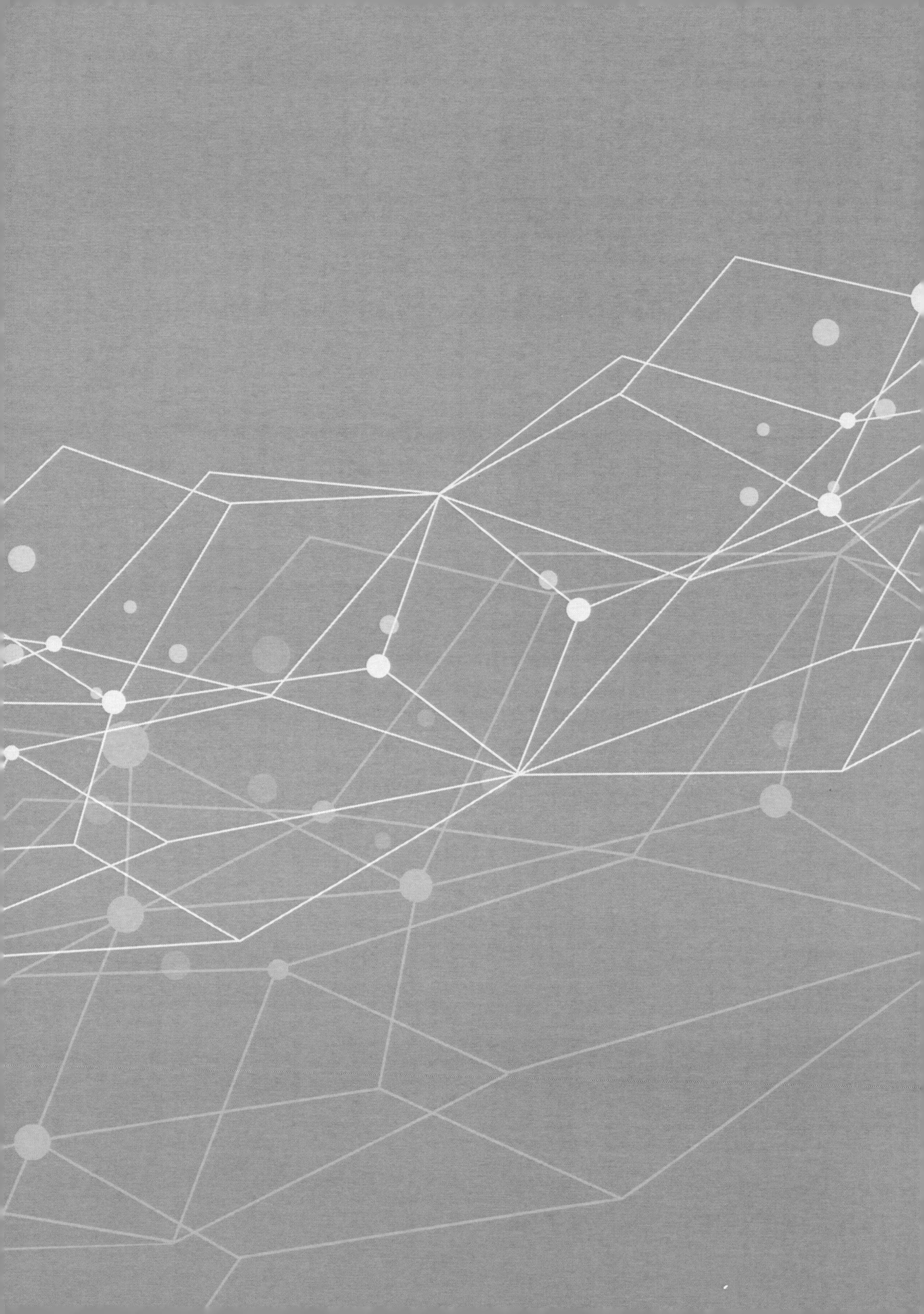

第1篇

可重構體系篇

本篇首先介紹複雜製造系統及其生產計畫與調度體系，作為全書問題對象的引出；繼而從整體上給出可重構計畫與調度的基本思想和體系框架，對體系結構的重構特性及通用方法和過程加以分析，為後續篇章建立基本概念和理論基礎。

第1章

複雜製造系統概述

製造業是國民經濟的支柱產業，是國家科技水準和綜合實力的重要標誌。在技術驅動和需求拉動的雙重作用力下，製造業走過了機械化、自動化、資訊化等的發展歷程。自 20 世紀中葉以來，資訊技術的發展越來越廣泛而深刻地影響著製造業，先後出現了電腦數控（Computerized Numerical Control，CNC）、柔性製造系統（Flexible Manufacturing System，FMS）、電腦集成製造（Computer Integrated Manufacturing，CIM）、敏捷製造（Agile Manufacturing，AM）、智慧製造（Intelligent Manufacturing，IM）等一系列新型製造模式。與此同時，一方面製造管理的精益化程度不斷提高，另一方面製造系統也呈現著日益複雜化的趨勢，包括具有大規模、不確定、強耦合等高度複雜性，以及因需求波動、設備故障、任務或工藝調整等引發的不確定性。這些複雜性特點為製造系統，特別是以半導體製造為代表的一類複雜製造系統的生產過程的計畫調度和控製管理帶來了更高的挑戰，也受到了學術界和工業界的廣泛關注。

生產計畫和調度是企業生產組織和管理核心，是提高企業綜合效益的關鍵技術。調度的基本挑戰在於需要兼顧：滿足約束、最佳化性能、實用高效。現代科學技術、特別是資訊科學技術的快速發展，為生產過程帶來了一系列的變化，即系統結構、系統功能、性能指標和調度環境都日趨複雜化，這些又加劇了複雜生產過程的調度和控製問題解決的難度。

本章在概述製造系統複雜性及以半導體製造為代表的複雜製造系統的資訊管理系統的基礎上，對生產計畫與調度問題的概念與方法加以梳理，並明確新型製造模式下構建生產計畫與調度可重構體系的趨勢與意義。

1.1 製造系統的複雜性

1.1.1 製造系統的分類與特點

製造系統按照產品加工路線的特徵不同，可以分為：作業工廠、生產線工廠與多重入製造系統。這三類生產製造系統分類及特點如表 1-1 所示。

按照產品生產工藝的特徵不同，製造系統又可以分為連續製造和離散製造，它們各自的概念及特點如表 1-2 所示。

表 1-1 生產製造系統分類及特點（按照產品加工路線特徵的不同劃分）

製造系統	加工路徑	加工順序約束	重入加工流	調度目標	生產計畫與調度研究現狀
作業工廠	不固定，每個工件都有獨特的加工路徑	無	可能有，但很少	確定每臺機器上的工件加工順序，滿足最佳化目標	比較成熟，已形成比較完善的體系結構，在實際生產中已有所應用
生產線工廠	固定，所有工件具有統一路徑	有	除返工外沒有	確定工件在每臺機器上的加工順序，滿足最佳化目標	比較成熟，已形成比較完善的體系結構，在實際生產中已有所應用
多重入製造系統	同種工件的加工路徑是固定的，但選擇的設備可能是不同的	有	大量，在多處設備存在重入流	確定工件在哪臺設備上加工與每個機器上的工件加工順序，滿足最佳化目標	近十幾年來才開始進行研究，還未形成完善的體系結構，在實際中應用得很少，有待進一步研究

表 1-2 生產製造系統概念及特點（按照產品生產工藝特徵的不同劃分）

製造系統	概念	特點	管理目標	生產計畫與調度研究的關注點
連續製造	物料均勻、連續地按一定工業順序運動，一般不可中途停頓。如化工生產、金屬冶煉、食品製劑等	產品不可拆分（單位：重量、體積），容器儲存。生產過程伴隨著化學性變化	主要專注於物料的數量、品質和工藝參數的控製	生產計畫的製定相對簡單和穩定，生產設備的能力固定，工藝也相對固定，企業的產能主要由硬體決定
離散製造	生產過程由可以間斷的若干工藝步驟組成，包括零部件加工和裝配。如汽車、飛機、船舶、家電等製造業	產品可拆分（單位：件），可按件儲存。生產過程主要透過對原材料物理形狀的改變、組裝成為產品，使其增值	在滿足工藝約束和完成計畫任務的同時，盡可能達成效率、成本、品質等多目標的最佳化	產品的工藝過程經常變更，生產過程的變化和不確定因素多。生產計畫需要協調和最佳化的因素多而複雜，作業調度困難

製造系統還可以按生產組織方式的不同分為備貨型生產（Make to Stock，MTS）和訂貨型生產（Make to Order，MTO），如表 1-3 所示。備貨型生產基於對市場需求的研究和預測組織生產，生產出的產品不斷補充成品庫存，再透過庫存滿

足使用者的需求；訂貨型生產則是基於使用者的訂單組織產品的設計、裝配和生產，又可細分為按訂單組裝（Assemble to Order，ATO）、狹義的按訂單生產（Make to Order，MTO）和按訂單設計（Engineer to Order，ETO）三類，如表 1-4 所示。各類生產方式的製造系統和使用者交介面不盡相同，由圖 1-1 可知，從 MTS、ATO、MTO 到 ETO，使用者介入製造過程的時間依次提前，相應地，訂貨提前期也逐次增大。而各類製造系統在產品產量方面的比較如圖 1-2 所示。

表 1-3　生產製造系統分類及特點（按照生產組織方式的不同劃分）

製造系統	產品定位策略	使用者參與度	產品品種與批量	管理目標	生產計畫與調度研究關注點
備貨型生產（MTS）	根據市場需求（預測）組織生產	無	標準產品，有限品種，大量生產	平衡生產能力與庫存	透過採購計畫、庫存控製等合理利用資源，提高生產效率
訂貨型生產（MTO）	根據使用者訂單，組織採購、生產和裝配	中	多品種，小量	面向客户需求，協調採購、生產和裝配	兼顧單元自動化和企業柔性化，同時滿足訂單計畫和產品工藝，降低庫存

表 1-4　生產製造系統分類及特點（按照訂貨型生產方式的不同劃分）

製造系統	產品定位策略	使用者參與度	產品品種與批量	管理目標	生產計畫與調度研究關注點
按訂單組裝（ATO）	根據使用者訂單，對標準件組織裝配	低	標準部件，類似品種	面向客户需求，平衡交貨項與裝配能力	藉助柔性作業工廠的靈活配置和管理，達到增加產品品種、滿足多變市場需求的目的
按訂單設計（ETO）	根據使用者訂單及需求進行產品設計，並組織採購、生產和裝配	高	訂製產品，特殊品種，單件生產	面向客户需求，客户化的設計及相應的生產組織	客户化設計和特殊產品、工藝、原材料的組織，實施設計與製造的並行工程

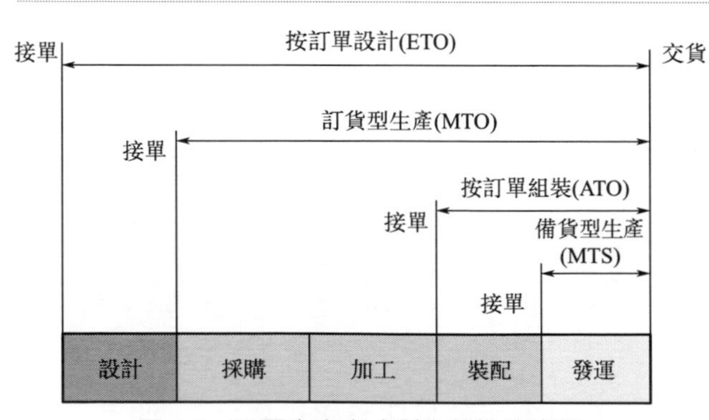

圖 1-1　不同生產方式對內特性的比較

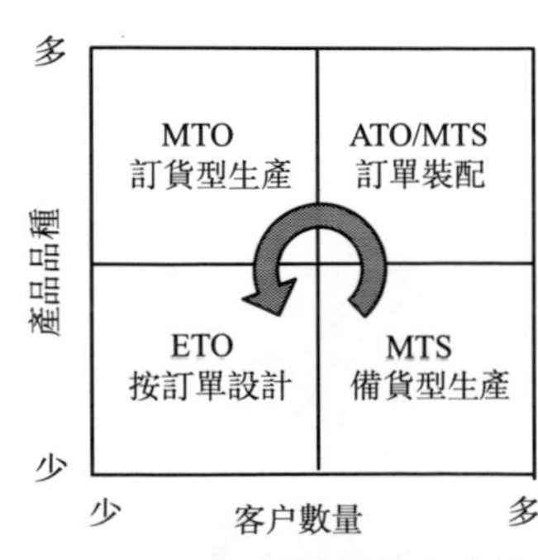

圖 1-2　不同製造系統在產品產量方面的比較

關於製造系統的分類還可以有多種，比如按產品使用性能分為通用產品生產類型和專用產品生產類型；按照生產穩定性和重複性分為大量生產、成批生產和單件小批生產等。

本書將著重討論一類具有重入性特徵的離散型製造系統，按照複雜系統組成元素多且互相存在強耦合作用的定義，這是一類典型的複雜系統。

1.1.2 工業製造系統的複雜性

製造系統的複雜性可以從數量、關係、狀態、資訊等方面理解[1～4]，包括工程複雜性和管理複雜性。工程複雜性是複雜製造系統的自然屬性，體現的是系統細節複雜性。在企業生產管理實踐中，表現為具有多個連續或平行加工的生產工藝流程，半成品和產成品種類繁多，生產時間、空間跨度大等。

管理複雜性是複雜製造系統的關係屬性，體現的是系統動態複雜性。具體表現為：問題規模大帶來的結構複雜性、約束條件多對應的過程複雜性、目標多樣化體現的高耦合複雜性以及不確定因素多反映出來的製造環境複雜性。

① 問題規模大　現實生活中的複雜製造系統大多具有設備數目多、產品種類多、在製品數目多、工件加工流程長等特點，因此，針對小規模問題的尋優方法一般不具備解決實際規模問題的能力。故而，針對實際複雜製造系統的生產管理決策通常只做滿意決策，隨著新興資訊技術的發展，找到滿意決策的優良解空間的方法也在不斷發展，再加上對實用性和計算成本的考慮，更使得對計畫和調度的研究和設計沒有止境。

② 約束條件多　計畫和調度問題求解過程中，受到物料、設備、工藝、時間、人員等多種因素的影響和製約：工藝約束指產品生產過程必須遵循加工工序的順序及各工序的工藝參數要求；設備約束主要指生產過程受相關的設備產能、設備性能、設備加工方式等約束；時間約束指生產過程需滿足工藝要求的加工時間和滿足客户要求的交貨時間。在實際生產過程中，以上各類約束大都具有不確定性，而且需要同時被滿足，否則會帶來品質、拖期等一系列問題。

③ 目標多樣化　面向複雜製造系統的計畫和調度問題往往是多目標的，大致可分為三類：設備相關的目標，如設備利用率、設備排隊隊長等；工件相關的目標，如準時交貨率、加工週期等；生產過程相關的目標，如在製品數量、工件移動步數等。上述目標之間又存在著錯綜複雜的關係，在不同工況下可能體現為不同的耦合關係，而生產實際往往需要達到多個目標的相互配合最佳化，這也增加了複雜製造系統計畫與調度的複雜性。

④ 不確定因素多　複雜製造系統中的不確定因素也是多方面的，比如，由於工藝特性等造成的加工時間不確定、由於市場需求波動引起的加工任務不確定（工件優

先級變化、急件投放等)、由於設備故障或維修帶來的生產資源不確定等。這些不確定擾動因素對生產過程的衝擊，增加了複雜製造生產計畫與調度的難度。

1.2 多重入複雜製造系統運作概述

1.2.1 多重入複雜製造系統概念及特徵

多重入複雜製造系統（Multi Re-entrant Lines）主要指離散製造中一類具有結構性多重入特性的複雜製造系統，所謂的「重入」是指在製品 WIP（Work in Process）按照其工藝流程，在生產過程中會出現反覆多次進入同一個加工區域或設備進行加工的現象。發生重入的加工中心或設備的數量越多、重入的次數越多，製造過程及所需工藝也越複雜。所謂「結構性」重入，是指重入的現象是由工藝流程決定的，與其他製造系統中出現的「返工（Rework）」有本質不同，返工是指不合格品的重新加工，對生產線的負荷影響非常有限。

1920 年代初，Kumar 等[5] 將這類多重入生產系統定義為繼作業生產與流水生產之後的第三類生產系統。作業工廠與多重入生產的不同點為[6]：每一時刻每臺機器只加工一個工件；每個作業不能在同一臺機器上加工多次；不考慮作業加工的優先權；作業加工時間事先給定。生產線工廠每一個任務都有相同的流動次序，與多重入系統的生產方式更加不同。Kumar 給出的多重入製造問題的定義如下[5]：

加工中心集合記為 $\{1,2,\cdots,S\}$，加工中心記為 σ，$\sigma\in\{1,2,\cdots,S\}$，包括 M_σ 臺相同的設備。某類型若干工件進入加工中心 σ_1 的緩衝區 b_1 等待，加工完畢進入加工中心 σ_2 的緩衝區 b_2 等待。以此類推，假設 σ_l 是最後一個加工中心。那麼 $\sigma_1,\sigma_2,\cdots,\sigma_l$ 就形成了工件的加工路徑。對於不同的加工階段 i、j，$i\neq j$，允許 $\sigma_i=\sigma_j$。

在多重入製造系統中，普遍存在如下情況：不同加工工序的工件在同一設備前同時等待加工。這種情況使得每臺設備的加工任務數目急劇增加，同時帶來更多不確定性因素，直接導致設備產能即便能夠滿足加工任務要求，生產線也會出現 WIP 急劇增加、生產週期很難預測等非常不穩定狀態。由於多重入加工流程的存在，使得多重入製造系統在本質上有別於傳統的作業生產（Job Shop）與流水生產（Flow Shop），針對 Job Shop 與 Flow Shop 的相關研究成果也無法直接在多重入製造系統中得到應用。

1.2.2 典型多重入複雜製造系統——半導體製造

具有上述特徵的多重入複雜製造系統有多種，如半導體芯片製造、薄膜膠片生產，其中，以半導體芯片製造為典型代表。進入資訊時代以來，半導體製造作為微電子產業的重要基石，尤其受到了學術界和工業界的廣泛關注。

半導體製造的主要產品是集成電路芯片，完整的製造過程包括矽片製備、矽片加工、測試/分類、裝配與封裝、產品終測五大步驟[7]。其中的矽片加工過程，即通稱的半導體芯片製造過程，是技術最為複雜、資金最為密集的部分，該階段的主要任務是將設計好的IC線路逐步製作在矽片製備加工階段準備好的矽晶圓片上。這是一個步驟複雜且有大量重入現象的過程，往往需要進行成百上千道工序，概括起來主要有五個工藝階段。

① 氧化、澱積、金屬化　透過氧化澱積在矽片表面形成一層 SiO_2 薄膜，以隔離和保護矽片內的靈敏器件；透過金屬化在絕緣介質薄膜上澱積金屬薄膜，為形成電路連接做準備。

② 光刻　將光刻膠塗到矽片表面後，經曝光在矽片表面形成所需的圖形。這是芯片製造中最複雜也是最關鍵的操作，又可細分為塗膠、前烘、曝光、曝光後烘、顯影、堅膜等步驟。

③ 刻蝕　用化學或物理方法有選擇地從矽片表面去除不需要的材料，刻掉被曝光的部分以最終形成電路。刻蝕方法有乾法刻蝕和濕法腐蝕，有圖形刻蝕和無圖形刻蝕。

④ 離子注入　選中的離子被植入本征半導體層中，以改變被曝光的部分的電學特性，形成不同導電形式的P型或N型區域。

⑤ 去膠　去掉殘留的光刻膠。

由於半導體組件是層次化的結構，每一層以類似的工序生產，有些工序只是加入的材料或使用的模板有所變化，因此在工藝過程上就表現為不斷重複訪問某些設備，造成了多重入加工流程的出現。圖1-3給出了一個半導體矽片加工的生產過程示意圖[7]，表1-5是其中的設備功能明細。圖1-3中的大多數設備都被多次重入訪問，例如完成沉積工藝的設備1的重入次數達到10次，而在實際的半導體生產線上某些設備的重入次數往往更多。

隨著半導體芯片製造技術的不斷發展，芯片製造企業之間的競爭勢必越來越激烈，為了降低成本、快速收回投資，獲得良好的經濟效益，針對多重入的複雜半導體芯片製造的生產計畫與調度的研究需求越來越強烈，提出了迫切需要解決的一系列決策最佳化問題。例如，合理的生產計畫與調度體系結構、先進的建模方法與最佳化算法、實時調度與在線最佳化方法等。這些問題也給管理科學、系統科學和最佳化控製帶來了新的挑戰和廣闊的研究和發展空間。從應用的角度看，對半導體芯片製造的生產計畫與調度進行研究，將為半導體芯片製造企業的生產計畫與調度提供決策支援的模型和軟體工具，從而大大提高企業的生產管理水準。

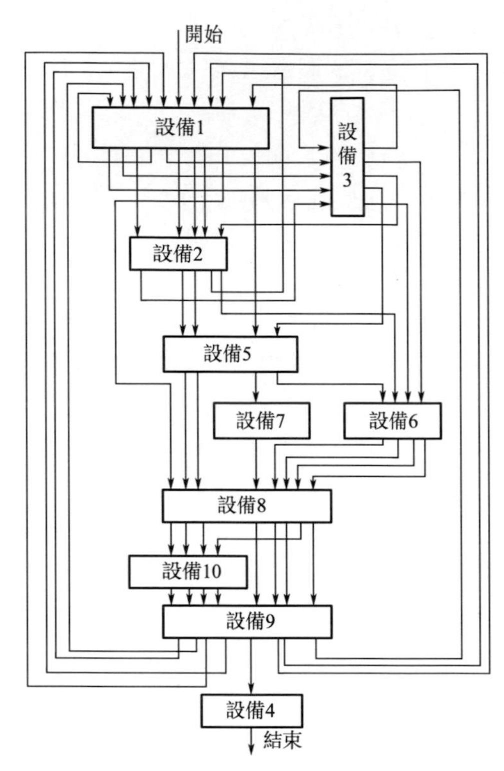

圖 1-3　半導體矽片加工的生產過程示意圖

表 1-5　設備功能明細

設備編號	工藝名稱
1	沉積(Deposition)
2	沉積
3	沉積
4	沉積
5	曝光(Lithography)
6	曝光
7	曝光
8	刻蝕(Etching)
9	去膠(Resist Strip)
10	離子注入(Ion Implant)

1.2.3　製造資訊系統

物質、能源和資訊是社會賴以生存的三大要素，資訊已滲透到社會的各個角落，對促進傳統產業特別是製造業的進步發揮著越來越重要的作用。

製造系統的本質是對原材料進行加工處理，使之成為具有一定用途的產品的過程，表現在兩個方面：一方面，能源是加工製造的一種驅動源；另一方面，製造過程中各種資訊資源的採集和加工處理過程，也是增強產品資訊含量的過程。因此，資訊是加工製造的另一個驅動源。資訊鏈接了製造系統各個要素，形成一定的生產組織結構的紐帶，已經成為製造系統中與設備、能源同等重要的製造資源。建立以資訊為導向的生產流程，可以使得產品設計、開發、製造、行銷、售後服務等資訊快速流動和有效管理，從而減少在製品數量，提升準時交貨率，縮短生產週期，保證交貨週期，減少不合格品數量，這已經成為企業強化競爭力，實現製造業資訊化的基本前提。

製造資訊系統是輔助製造企業實施管理和運營的資訊化系統，是一個不斷與市場、設計、製造等進行資訊交換的複雜的開放性系統。根據普渡企業參考體系結構[8]（Purdue Enterprise Reference Architecture，PERA），一個完備的製造系統體系架構可以自上而下地分為 5 個層次 22 項任務，涉及製造設備體系、資訊系統體系、人與組織體系三大方面。其中，僅從製造資訊系統的角度考察，可以概括為 5 個層次，自上而下依次為經營決策、企業管理、生產調度、過程最佳化、過程控製[9]，如圖 1-4 所示。基於 PERA 的五層結構給出了指導製造資訊系統實施的詳細路線圖，用細分層次將生產過程控製和管理加以區分。

根據美國先進製造研究機構（Advanced Manufacturing Research，AMR）提出的製造業三層結構[10]，將製造管理資訊系統分為以企業決策、財物分析為核心的經營規劃系統（BPS），以最佳化管理、最佳化運行為核心的製造執行系統（MES），以設備綜合控製為核心的過程控製系統（PCS）三個部分（圖 1-5），為充分體現生產和管理的有機結合，進一步引入了製造執行系統（MES）作為上層決策管理與底層工業控製之間的重要橋梁。本書著重討論的生產計畫與調度作為 MES 的核心功能，是面向工廠層的製造管理資訊系統的中樞，旨在實現對工廠內部具體生產活動的管理和最佳化，在製造資訊系統中起到了承上啓下的作用。

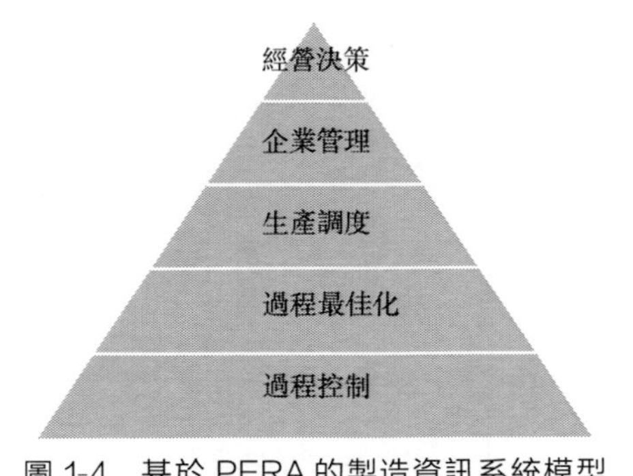

圖 1-4 基於 PERA 的製造資訊系統模型

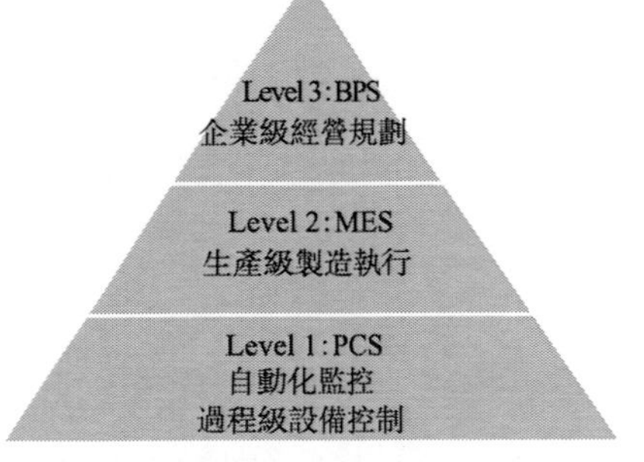

圖 1-5 基於 BPS/MES/PCS 三層結構的製造資訊系統模型

企業工廠層是一個企業物流與資訊流的集中交匯點，也是製造價值增值的關鍵環節。透過對生產現場的透明化感知，實現對執行過程的有序可控，從而達到工廠生產的高效最佳化，是生產計畫與調度的根本任務。為此，不僅需要對生產計畫與調度系統的結構、方法和集成應用等共性技術加以研究，而且還需要有針對性地對具有特殊需求和特點的製造對象加以特別研究與設計。

1.3 複雜製造系統的生產計畫與調度

生產計畫與調度是製造企業組織和管理工廠級生產活動的關鍵核心，旨在透過合理規劃生產任務並調配有限生產資源，在保證生產有序進行的同時，盡可能提高企業綜合效益，在製造資訊系統中處於承上啓下的核心地位。從學術研究的角度看，生產計畫與調度問題可以歸結為組合最佳化問題，即從問題的所有可行解中求出最優解，屬於一類具有非確定多項式難題（Non-deterministic Polynomial Hard，NP-hard 或 NPH）特性的典型複雜問題。從應用的角度看，生產計畫與調度是企業生產經營活動的主要依據，並直接影響著生產的性能和效益。

1.3.1 生產計畫與調度概念

生產計畫與調度問題因其複雜性，在實際分析求解時，往往會根據研究的側重或關注的因素不同，對其加以合理分解而形成若干子問題。

從時間性上考察，一般將實際運行前完成的最佳化決策稱為計畫（Planning），將隨著生產過程的運行同時進行的最佳化決策稱為調度（Scheduling）。生產計畫又可根據時間粒度分為中期生產計畫和短期生產計畫（長期生產計畫因歸入上層企業級的決策而不屬於本書討論的範疇）。中期生產計畫對應於工廠級的生產計畫，是根據上層計畫下達的銷售預測和銷售訂單，在考慮工廠生產能力、生產負荷、產品交貨要求、工廠實時狀態等多方面因素的情況下，給出的工廠任務（主要包括產品生產任務和設備的配備安排）下達，計畫週期稍長，一般以周為單位。短期生產計畫也可稱作工廠作業計畫，是根據中期生產計畫下達的生產任務，在滿足工藝和資源等相關約束條件下，透過確定各工序任務（作業）的加工設備和在相應設備上的加工順序/加工開始時間等，使生產性能盡可能趨優。短期生產計畫是在生產運行開始前完成的工序級的分配和序列執行方案，計畫週期稍短，一般以天或班次為單位。

從空間性上考察，又可以分為投料控製、工件調度、設備維護調度等。投料控製決定產品原料投入生產系統進行生產的投放時間、數量和品種，旨在控製生產系統的在製品（Work in Process，WIP）水準，同時提高單位時間內生產線的產出。設備維護調度決定各個設備分別何時開始進入維護保養狀態，以及維護的類型和時間等，透過對計畫停機時間和非計畫停機時間的折中最佳化，保證安全高效的設備運行。工件調度對每個進入系統的工件的每道加工工序進行詳細安排，又可再進一步劃分為工件派工（Dispatching）和工件排序（Sequencing），前者決定工件的某道加工工序由哪臺或哪類設備進行加工；後者決定共同競爭加工資源的多個工件的先後加工順序。

從資源特殊性上考察，還有諸如瓶頸設備調度、批加工設備調度、特殊集成設備調度等局部問題。瓶頸設備泛指製造系統中限製了整體「最大」能力的少數能力「最小」的關鍵性設備（組），因其決定著生產系統的生產節奏，往往被作為著重調度最佳化的對象。批加工設備是一類可以同時加工多個產品的設備，因其產能具有不確定性，其調度的求解也需要特殊對待。另外，對於特定的複雜製造系統，還有一些專門的集成設備，比如半導體製造系統中把多組晶圓加工模塊和搬運系統有效組織為一體的集束型設備（Cluster Tool），雖然能夠提高生產率、充分利用作業空間，但同時也帶來了精確建模與分析的困難，從而通常作為一類特殊複雜問題而被深入研究。

上述生產計畫與調度子問題雖然各有特點、各不相同，但都具有在約束條件下追求目標最佳化的共性模式，只不過每個子問題存在的環境條件、約束方式、最佳化目標不盡相同罷了。另外，在實際系統中，這些子問題也往往都是同時交叉存在的，因此分解後的有效集成也是達成生產計畫與調度問題求解的關鍵。

對於本書討論的複雜製造系統，因其具有規模大、多重入流程、約束複雜、不確定性強等特點，其生產計畫與調度問題不僅有一般計畫與調度問題普遍具有的 NP-難特性，而且還需要面對由於複雜製造本身多重入、混合加工方式等特殊複雜性，相關的研究也一直備受關注。

1.3.2 中期生產計畫問題與方法

中期生產計畫需要為計畫時段內的工廠生產任務和工廠資源安排做出合理規劃，計畫時段一般以周或天為單位。狹義的中期生產計畫僅涉及工廠生產任務的安排，也就是要確定計畫時段內投入工廠安排生產的產品類型、數量及相應的開始生產及計畫完工時間，不涉及詳細的設備機時及工件的加工工序。工廠生產任務的安排其實是一個負荷與能力的匹配問題，所謂的工廠生產能力，涉及可用於安排生產的設備、工具、工裝、人員等多方面的資源。就設備而言，雖然其監測統計、維護保養、故障維修等管理活動一般由專門的設備管理系統負責，但其中決定生產能力並與正常生產直接相關的設備工作時間和非工作時間（包括維修保養時間）的規劃，也可列入中期生產計畫的範疇，本書採用這一觀點，將中期生產計畫擴展為投料控製（工廠生產任務的投入安排）和設備維護調度（工廠設備資源的安排）兩部分。

早在 1988 年就有學者[11,12] 從加工週期（Cycle Time）、成本（Cost）、庫

存（Inventory）和成品率（Yield）等角度論證了投料控製對複雜的可重入製造系統性能指標提升的重要性。解決投料控製的方法經歷了從開環投料策略到閉環投料策略的發展過程。開環投料策略不考慮生產線的狀態，按事先計畫好的固定策略安排投料計畫，且投料時間點也不會隨著生產線狀態的不同而改變。此類投料控製方法包括：統一投料法、固定時間間隔投料法、隨機分布泊松流投料法、指數分布投料法等[13]。閉環投料策略透過監控生產線上的某一指標，根據實際生產線狀態來對投料進行調整控製。此類投料控製方法包括：固定在製品數投料法（Constant WIP，CONWIP）[14,15]、避免飢餓投料法（Starvation Avoidance，SA）[16]、固定工作負荷投料法（Constant Load，CONLOAD）[17] 等。

中期生產計畫中考慮的設備維護調度主要指預防性維護，即在設備正常工作階段，為減少和避免設備意外故障的發生，保證設備的安全可靠生產，對設備的維護時機（即預防性維護週期）提前做出的合理規劃。主要的方法有基於役齡的維護計畫、基於週期的維護計畫、基於健康狀況的維護計畫。

基於役齡的維護方式是在設備累計運行時間達到預定的役齡（役齡為固定值）時安排維修；基於週期的維護方式透過統計數據或經驗定期安排設備維修，根據決定週期的因素不同，又分為按加工時間的週期性維護（平均故障間隔時間，Mean Time between Failure，MTBF）、按加工數量的週期性維護（Unit Based Maintenance，UBM）計畫；基於健康狀況的維護計畫是依據反映設備健康狀況的資訊來安排維護任務，比如基於性能參數的維護（Condition Based Maintenance，CBM）、基於設備故障預測與健康管理（Prognostics and Health Management，PHM）的維護計畫。

在中期生產計畫階段形成的工廠生產任務和設備維護任務下達到短期生產計畫階段後，都需要透過占用相應設備的時間來完成，這種生產/維護任務到設備時間在作業層面的合理最佳化就構成了短期生產計畫階段要著重解決的問題。

1.3.3 短期生產計畫生產調度問題與方法

短期生產計畫是依據中期生產計畫下達的任務和當前工廠製造資源狀態，透過生產任務轉換、作業排程等操作，製定一定生產週期內的工廠作業計畫。因其為實際生產開始前完成的最佳化作業執行方案，所以是一種「計畫」，故稱為短期生產計畫；又因為決策的是工廠作業計畫中的各工作任務到各類製造資源的最佳化指派，所以也是一種「調度」，可以稱其為生產作業調度，或生產調度。複雜製造系統的調度問題可以描述為在資源受限與能力約束條件下，針對一項可分解的生產任務，透過確定工件加工順序和生產資源的分配等，獲得生產任務執行效率或成本的最佳化。具體而言，調度是對一定時間範圍內的工件集合，按照工藝流程要求的加工步驟（工序，Step）分解後，安排分解後的各工序在設備上的加工順序，形成調度方案（Schedule），即確定所有工序由某臺設備在某個確定的時間段內完成。生產資源安排的時間精度具體到小時、分鐘甚至秒，具備明顯的次序要求。

作為一項具有較長歷史的研究命題，自 1950 年代以來，關於生產調度的大量理論和應用研究使這一領域的模型和方法體系逐漸形成並完善。

在模型方面，早期針對多重入製造系統的調度模型主要是以排隊論為基礎的 Kelly 模型、Brawnian 模型、連續流模型、馬爾可夫模型等，但因其對實際系統過強的人為假設，以及無法克服系統複雜度帶來的維數災難，因此基本不具備實用性。另一類以離散事件動態系統理論為基礎的調度模型，如 Petri 模型、離散事件仿真模型等，雖然能夠較好地描述複雜製造系統動態、併發等特性，但因缺乏準確、及時的模型參數和對複雜生產系統不確定因素的快速反應等，而無法真正得到精度和應變力都滿足實際要求的模型；近年來，隨著資訊技術的發展，特別是製造業資訊化的普及，新的基於數據的生產調度建模方法被提出並日益得到重視。基於數據的調度建模涉及兩方面含義：一方面是基於製造資訊系統積累的大量離線和在線數據，運用數據挖掘等技術手段，建立生產調度過程的模型；另一方面是基於工業製造數據的生產調度模型的參數預測和在線調整，以增加模型的精度。

在方法方面也出現了運籌學方法（隨機整數規劃、動態規劃等）、啓發式方法（各類啓發式調度規則）和智慧方法（神經網路、遺傳算法、蟻群算法等）等主要流派。傳統運籌學方法在理論上能求得問題的全局最優解，但計算量偏大，對於實際問題規模的求解速度往往難以達到實用的要求，因此通常只能用來解決規模較小或大幅簡化了的問題，缺乏實用性。啓發式方法雖然不存在計算成本過大的問題，但易於陷入局部最優及無法保證最優等問題也限製了其通用性。近十多年來，相關研究更注重於引入智慧化方法，透過模擬某種自然現象、物理規律或生物行為來探索更為高效可行的運算機理。更有學者進一步嘗試將智慧方法加以混合運用，以提高方法的性能和效率。

1.3.4 動態調度問題與方法

生產調度（Production Scheduling）是對工件在相關設備上的加工順序和加工時間實施安排，以保證所選定的生產目標趨優。生產調度按照類型可以分為靜態調度（Static Scheduling）和動態調度（Dynamic Scheduling）。靜態調度是在作業及設備等生產環境確定已知且不考慮意外擾動變化的情況下，對加工任務進行的組合最佳化決策；動態調度需要依據動態變化的實時生產環境，逐步生成調度方案並指導實際的生產過程。通常的動態調度方法大致分為三類：反應式調度（Reactive Scheduling）、預測-反應式調度（Predictive-reactive Scheduling）和主動式調度（Proactive Scheduling）[18]。

反應式調度並不會事先形成全局的最佳化調度方案，而是伴隨著實際生產過程的執行，根據生產系統的實時狀態及加工任務資訊，實時進行局部決策，為空閒的設備確定加工任務，這種動態調度也稱為實時調度（Real-time Scheduling）。最常見的實時調度方法就是運用某種調度規則（Dispatching Rule）從等待空閒設備加工的眾多加工任務中，選擇優先級最高的一個加工，優先級的計算依據是當前加工任務和相關設備的實時狀態與屬性。經過眾多學者的長期研究，已有非常多的調度規則被提出並加以實際應用。基於調度規則的實時調度方法具有快速、直覺、易實施等優點，但其局部最佳化的本質也導致其具有難以達成全局和長遠的調度最佳化效果等局限性。

預測-反應式調度是一個調度/重調度的過程。調度階段在假定生產系統狀態和加工任務均確定的情況下，形成最佳化的調度方案（原始調度方案）；重調度階段在已形成的原始調度方案基礎上，響應實際動態環境下生產系統狀態和加工任務執行的變化情況，對原始調度方案加以調整，產生新的也是最終的調度方案。因為前一階段調度過程實際上相當於短期生產計畫，所以後一階段的重調度就是這一類動態調度的關注著重，或者就直接稱其為重調度（Rescheduling）問題。

主動式調度是指在進行調度決策時，提前將可能出現的不確定因素考慮在內，從而構建一種對動態生產環境具有一定魯棒性的預防式調度方案，所以這種動態調度方法也稱為魯棒調度。在主動式調度研究中，目前被廣泛加以考慮的是加工時間相關的不確定性。例如，Pereira[19] 針對單機調度問題，將其中不確定的工序加工時間在固定閉區間上取值，基於場景規劃方法，提出了以加權完工時間為性能指標的魯棒調度方法。Drwal 等[20] 基於並行機調度中工序加工時間只有其間隔邊界已知的認識，提出了以總完工時間為評價指標的最小、最大後悔值調度方法。除了加工時間的不確定，也有學者透過對隨機機器故障[21] 和急件到達[22] 等生產系統不確定性的預測，開展主動式魯棒調度方法的研究。

綜觀過去幾十年的學術研究和實踐探索，關於生產計畫與調度的研究和應用已取得了大量成果，從概念理論到方法體系，再到系統工具都有豐厚的積累。但是，大部分工作都是將生產計畫和工廠調度分離開來，作為兩個獨立的領域，分別針對其各自的子問題加以分析和求解。例如，生產計畫領域的投料控製、維護調度，生產調度領域的作業排程、實時調度、組批調度、瓶頸設備調度等。然而這些子問題之間又是密切相關的，為了達到彼此相互配合、最佳化整合的效果，需要將其納入一個系統框架下加以分析和研究，以探索真正適合實際的複雜製造系統管理需要的解決方案，這也正是本書撰寫的初衷。

1.4 複雜製造系統的發展趨勢

1.4.1 新一代網路技術驅動下的製造系統發展趨勢

遵循一般的科技發展規律，製造業也是受兩種力量的驅動——技術的推動和需求的拉動，兩者共同促成了製造業的發展。自從工業革命以來，製造業需求由早期強調製造的時間、品質和成本（Time，Quality，Cost，TQC），擴展到進一步對效率、應變、服務等的追求。製造相關的技術進步也走過了機械化、電氣化、自動化、資訊化的歷程。伴隨著需求的增強和技術的進步，製造業的發展經歷了剛性自動線、柔性製造系統、電腦集成製造、敏捷製造等發展階段。

進入 21 世紀，製造業邁入網路時代，由網路引發的新興 IT 技術，包括物聯網、資訊物理系統（Cyber Physical System，CPS）、雲計算和大數據等，使得製造業面臨著進一步轉型提升的機遇。一方面，社會發展對製造業提出了更高的要求，在追求 TQCS（TQC 和 Service）的傳統需求之外，越發強調對於節能、環保和適應力等方面的新需求；另一方面，新興資訊技術和新型 IT 設施與條件飛速發展和普及，先進的資訊通訊技術（Information and Communication Technology，ICT）和自動化技術也進一步發展融合，這一切都對製造業產生了深刻的影響。

在這樣的背景下，涌現出一批製造領域的新理念、新思想。例如，「可重構製造」藉助於快速調整製造的能力和製造的功能，來提升市場的響應能力；「分布式製造」用一種分布式的方式解決各類製造問題；「網路製造」把網路技術和不同的軟體硬體集成在一起，尋找新的製造解決方法；「泛在製造」以泛在感知資訊為基礎，來實現工業生產的精細化控製；「預測製造」解決生產過程中不確定事件，提高透明度；「雲製造」是一種面向服務的網路化產品的開發模式；「綠色製造」更強調環保、節能等。

對於新一代網路技術驅動下的製造業變革，不僅學術界有非常活躍的新觀點，近年來世界各國政府也都紛紛提出了自己的應對戰略。例如，德國的工業 4.0、美國的先進製造戰略、日本的產業振興戰略、英國的重振製造業的戰略等。中國也提出了中國製造 2025 戰略，製高點就是製造業的數位化、網路化、智慧化，切入點是加快資訊通訊技術和製造業的深度融合。可見，無論國內國外，都在以國家戰略的高度積極應對製造業的新一輪發展機遇。

隨著網路與大數據等新一代資訊技術在製造領域的全面滲透，複雜製造系統的生產經營管理模式及運行方式也呈現出新的發展特徵。

① 互聯物聯　藉助於資訊和網路技術與環境，構建虛實結合、互聯互通的融合系統，為跨地域、跨層次、跨領域的資訊共享與互聯協作奠定基礎。

② 綜合相互配合　從更大的系統範圍和更全面的研究視角來考察複雜製造系統的運行與管理，包括：縱向上從經營、規劃、執行到控製的上下貫通，橫向上的全生命週期管理，以及生產、能源或者環保等不同領域的相互配合。

③ 智慧化的方法　用智慧最佳化的理論和方法處理複雜性，將製造問題與智慧化方法相結合，增強製造系統自主分析和決策的能力。

④ 適應性效果　當來自外部需求和內部擾動的不確定因素影響到生產計畫和調度方案的正常執行時，透過實時感知、科學分析和及時調整，提升對複雜製造不確定性的應對能力。

⑤ 基於數據　充分利用由大量離線和在線數據構成的工業大數據，透過數據分析和資訊挖掘提煉其中蘊涵的價值，並進一步藉助知識的表達、共享和更新提高製造管理的智慧化。

總之，透過自適應和相互配合，達到智慧製造的效果，代表著以新一代資訊技術為支撐的未來製造模式的共同特點。具體在未來的製造場景中，縱向層面上，企業內部從上到下的資訊高度自動化和集成化，達成從經營、規劃、執行到控製各個環節的貫通；橫向層面上，藉助於跨生命週期管理、製造服務外包和全球供應鏈管理，也是一個有機貫通的協作體。

1.4.2 新型製造模式下計畫調度的可重構意義

在新型製造模式下，資訊通訊技術和製造技術深度融合，使得製造資源和製造能力逐步遠程共享，為使得製造系統能夠根據加工產品的差異、加工狀況的改變，進行自動、及時的調整，達到「自省」[23]，需要計畫與調度控製系統具有相應的「自適應」能力，首要的是能夠「可重構」，其本質是計畫調度資訊集成系統的可重構，從而為達成具有自感知、自適應、自決策、自執行等功能的新型製造模式奠定基礎。

可重構的概念最早來源於製造系統生產資源級的物理重構，為了響應市場需求的突然變化，迅速調整在一個零件族內的生產能力和功能性，快速改變製造系統的結構以及硬體與軟體組元[24]。將此概念借用到生產計畫與調度領域，則可將計畫調度系統的可重構定義為：為了響應生產需求變化，以重排、重複利用、更新子系統的方式，實現快速調整計畫調度方案的可變計畫調度系統。其基本特點如下。

① 模塊化　計畫調度的功能組件採用模塊化設計。

② 集成性　系統及其組件易於集成和更新。

③ 可轉換性　計畫調度層次內部功能組件的快速替換以及層次之間系統化調整。

④ 可診斷性　迅速發現計畫調度過程中的關鍵問題。

⑤ 訂製性　調整計畫調度的功能以適應生產需求的變化。

在生產計畫與調度的集成研究方面有三種主要的思路：集中集成、遞階集成與相互配合集成。製造過程包含許多動態、離散、隨機的事件，整個製造系統是一個確定和隨機混雜的系統，很多時候無法建立精確的解析模型，需要藉助電腦仿真對系統進行模擬分析，可重構的計畫調度體系結構的核心是模塊化的開放式結構，將解析模型與電腦仿真結合起來，透過模塊化設計，改變計畫調度的配置，適應生產需求變化，易於集成和重構，同時具有遞階控製的穩定性與相互配合控製的柔性，是實現相互配合集成的較好方式。

參考文獻

[1] Simon H. The architecture of complexity. Proceedings of the American philosophical society，1962，106（6）：467-482.

[2] Deshmukh A V，Talavage J J，Barash M M. Complexity in manufacturing systems. part 1：analysis of static complexity. IIE Transactions，1998，30（10）：645-655.

[3] Casti J L. Connectivity，complexity and catastrophe in large-scale system. New York：Wiley，1979.

[4] 饒運清，Janet E. 基於資訊熵的製造系統透過複雜性測度及其在調度中的應用[J]. 機械工程學報，2006，42（7）：8-13.

[5] Kumar P R. Re-entrant lines. Queueing Systems，1993，12（1-2）：87-110.

[6] Jensen M T. Robust and flexible scheduling with evolutionary computation：[D]. Aarhus：Department of Computer Science，University of Aarhus，2001.

[7] 吳啓迪，喬非，李莉，等. 半導體製造系統調度. 北京：電子工業出版社，2006.

[8] Williams T J. The Purdue Enterprise Reference Architecture. Computers in Industry，1994，24（2-3）：141-158.

[9] 柴天佑，金以慧，任德祥，等. 基於三層結構的流程工業現代集成製造系統. 控製工程，2002，9（3）：1-6.

[10] 李民鋒，陽春華，桂衛華. 基於 CIMS 三層結構環境的成本管理在鋼鐵工業的應用研究. 計算技術與自動化，2003，22（2）：93-96.

[11] Wein L M. Scheduling semiconductor wafer fabrication［J］. Semiconductor Manufacturing，IEEE Transactions on，1988，1（3）：115-130.

[12] C. Roger Glassey, Mauricio G. C. Resende. Closed-loop job release control for VLSI circuit manufacturing[J]. IEEE Transactions on Semiconductor Manufacturing, 1988, 1 (1) :36-46.

[13] 王中傑，吳啓迪. 半導體生產線控製與調度研究[J]. 電腦集成製造系統，2002，8 (8)：607-611.

[14] Hopp W, Spearman M. Throughput of a constant work in process manufacturing line subject to failures[J]. International Journal of Production Research, 1991, 29 (3) :635-655.

[15] Lin Y H, Lee C E. A total standard WIP estimationmethod forwafer fabrication [J]. European Journal of Operational Research, 2001, 131 (1) :78-94.

[16] Goldratt E M, Cox J. The goal: Excellence in manufacturing[M]. Croton-on-Hudson, NY: North River Press, 1984.

[17] Rose O. CONLOAD—A new lot release rule for semiconductor wafer fabs [C]. Proceedings of the 31st conference on Winter simulation: Simulation a bridge to the future-Volume 1. ACM, 1999: 850-855.

[18] Ouelhadj D, Petrovic S. A survey of dynamic scheduling in manufacturing systems. Journal of Scheduling, 2009, 12: 417-431.

[19] Pereira J. The robust (minmax regret) single machine scheduling with interval processing times and total weighted completion time objective[J]. Computers & Operations Research, 2015, 66 (C): 141-152.

[20] Drwal M, Rischke R. Complexity of interval minmax regret scheduling on parallel identical machines with total completion time criterion[J]. Computer Science, 2014, 44 (3): 354-358.

[21] Lu Z, Cui W, Han X. Integrated production and preventive maintenance scheduling for a single machine with failure uncertainty[J]. Computers & Industrial Engineering, 2015, 80: 236-244.

[22] 張先超，周泓. 考慮急件到達的單機魯棒調度方法[J]. 工業工程，2012，15 (5)：118-124.

[23] Lee J, Bagheri B, Kao H A, et al. Industry 4. 0 and manufacturing transformation [J]. Manufacturing Leadership Journal, 2015, (2): 2-9.

[24] Koren Y, Heisel U, Jovane F, et al. Reconfigurable manufacturing systems [J]. CIRPAnnals, 1999, 48 (2): 527-540.

第2章

可重構的複雜製造系統生產計畫與調度體系

長期以來，製造系統生產計畫與調度領域的研究主要是從各個子問題加以展開，大多是以獨立的實現過程解決具體問題。這不僅導致系統的封閉性，各個子問題的研究成果不能很好地配合，研究不成體系；而且已有的模型和方法較為固定、缺乏靈活性，對於解決實際製造系統所面對的高度不確定環境，在應用上也存在局限性。鑒於生產計畫和調度的各子問題是並存於製造系統運行過程之中的，相互之間息息相關，有必要對複雜製造生產計畫與調度展開系統化深入研究，構建能夠將各個子問題相互配合整合的體系結構，並進而在統一框架下探索各部分內部的有效算法和各部之間的相互配合方法。本章從一般體系結構的概念入手，提出具有可重構能力的共性體系結構框架，並以此為基礎構建面向複雜製造系統的生產計畫與調度集成體系。

2.1 體系結構的一般概念

2.1.1 體系結構和體系結構框架

體系結構，又稱體系（Architecture），是對系統中各部分的基本配置和連接的描述（模型），是「一組用以描述所研究系統的不同方面和不同開發階段的、結構化的、多層次多視圖的模型和方法的集合，體現了對系統的整體描述和認識，為對系統的理解、設計、開發和構建提供工具和方法論的指導」[1]。隨著製造系統複雜性的不斷提高，為了增強調度方法的複用性和調度問題之間的相互配合交互能力，以提升製造系統綜合應對不確定動態環境的靈活性，關於生產計畫和調度體系結構方面的研究自 2000 年以來得到關注。

例如，Pandey[2] 提出了相互配合生產調度、設備維護和品質控製的概念模型。Monfared[3] 提出了集成生產計畫、生產調度、控製的整體方案，並基於排隊論模型，集成了實時調度規則的調度方法和模糊預測控製系統，實現了生產系統調度與控製的相互配合。Wang[4] 針對半導體後端製造工藝提出了一種相互配合產能規劃與調度最佳化的調度方案，透過產能規劃模型推出產能約束作為調度最佳化規劃模型的約束。Lalas[5] 針對紡織生產線提出了一種混合反向調度方法，首先透過產能規劃模型得到有限產能值，並透過離散時間仿真系統最佳化有限產能約束下實時調度規則的選擇。Lin[6] 針對薄膜晶體管液晶顯示器生產線，根據月、日、實時三個時間粒度設計了三層生產計畫調度系統。這些工作雖然從不同的角度對生產計畫和調度領域的不同問題實施了有效的解決方法，但研究的導向都還是相對固化和區間性的，構不成整體性、系統化的解決方案，更談不上複用性和可重構的能力。

對於龐雜的製造產業而言，要建立系統化、可重構的生產計畫和調度整體解決方案並非易事，本書第 1 章曾分析過製造系統的複雜性，不同類型和特點的製造系統具有不盡相同的特徵、需求及關注點，面向種類各異的複雜製造系統研究體系結構的構建方法就需要有更一般性的方法指導，我們稱之為體系結構框架（Architecture Framework）。體系結構框架包含一系列工具、定義、標準以及用以實施系統組織的模型，可揭示系統組織之間的結合方式。體系結構框架往往針對特定領域製定，體系結構可在體系結構框架的基礎上構建，體系結構框架相當於體系結構的元模型。

目前並沒有權威性的面向複雜製造系統的體系結構框架，但有一些其他領域的相關成果可供借鑒。例如，美國國防部提出的用於軍事資訊系統建設的 DoDAF（Department of Defense Architecture Framwork）體系、IBM 提出的面向企業體系結構的 Zachman 體系結構框架、面向電子政務資訊化建設的美國聯邦企業體系結構框架 FEAF（Federal Enterprise Architecture Framework）、用於美國聯邦政府的財政資訊化建設的財政部企業體系結構框架 TEAF（Treasury Enterprise Architecture Framework）和 MODAF（Ministry of Defence Architectural Framework）體系結構框架，以及國際標準權威組織 The Open Group 製定的開放標準的 SOA 參考架構 TOGAF（The Open Group Architecture Framework）等。下面分別選取幾個有代表性的框架加以介紹並予以借鑒。

2.1.2 常用體系結構框架

（1）Zachman 體系結構框架

Zachman 是 IBM 的首席架構師，也正是他在 1987 年第一次提出了企業體系結構理論。基於 Zachman 框架，已經延伸出許多不同行業的體系結構模型。Zachman 框架[7] 模型是一個二維模型（圖 2-1），橫向維度有六個描述的焦點：數據、功能、網路、人員、時間、動機；縱向維度包括六類角色：規劃者、擁有者、設計者、構造者、轉包商和企業。共由 36 個單元格組成，每個單元格都是角色和描述的交匯焦點。

研究對象作為一個整體，無論從哪一個角度觀察都很重要。例如，對於「數據」這一焦點，從擁有者來看包括客户和產品，但是對於數據庫設計來說，「數據」是保存在數據表中的字段和記錄，以及透過鏈接等數據庫操作生成的數據表，此時要討論的就不是客户群體而是關係數據表。雖然擁有者和設計者對數據的看法不同，但它們之間是有關係的，可以根據查詢客户群體的需求，從相關數據表中顯示出資訊，如果有的需求沒有數據支援，就需要考慮架構是否完整，如果有數據但沒有需求，就要考慮數據庫設計是否存在問題。因此盡管角度不同，但是單元格之間是有聯繫的。

序號	層次	是什麼(數據)	怎樣做(功能)	位置(網路)	主體(人員)	何時(時間)	為什麼(動機)
1	範圍上下文邊界(規劃者)	與業務相關的事務按重要性列表	業務執行過程列表	業務操作定位列表	與業務相關的主體按重要性列表	業務典型事件列表	業務目標策略列表
2	業務模型概念(擁有者)	例如，語義或實體關系模型	例如，業務過程模型	例如，業務邏輯系統	例如，工作流模型	例如，主計畫	例如，業務計畫
3	邏輯系統模型(設計者)	例如，邏輯數據模型	例如，應用架構	例如，分布式系統架構	例如，人機交互接口架構	例如，過程結構	例如，業務規則模型
4	物理技術模型(構造者)	例如，物理數據模型	例如，系統設計	例如，技術架構	例如，描述架構	例如，控制架構	例如，規則設計
5	組件配置(轉包商)	例如，數據定義	例如，程序	例如，網路架構	例如，安全架構	例如，時間定義	例如，規則規範
6	企業功能實例(企業)	例如，數據	例如，功能	例如，網路	例如，組織	例如，日程	例如，對策

圖 2-1　Zachman 體系結構框架模型[8]

這樣 36 個單元格就包括了 36 個體系結構材料，或者稱之為「產品」「模型」，每個材料在哪一個單元格應該很確定。當所有單元格都填滿了，從每個角色（Stakeholder，利益相關者）的角度觀察系統的每個可能的視角，這樣就能夠有足夠的資訊描述系統。

從 Zachman 體系結構中可以得到以下啓發。

① 描述一個對象系統的整體需要從多角度展開，並非某個角度最好，並非越詳細越好，也並非某個角度優先級高，每個角度和焦點都是描述整體的一個必要部分。

② 在每個角度上關注數據、功能、網路、人員、時間和動機等焦點，能夠提升體系結構模型的品質。

③ 每個業務需求能夠追踪到技術實現。

雖然 Zachman 框架展示了分類組織方式，但並沒有給出構造的過程。

(2) DoDAF 體系結構框架

DoDAF 2.0 體系結構框架[9] 是美國國防部體系結構框架。該框架明確指出：體系結構由多個有助於集成的視角組成，能夠促進被集成的體系結構能力之間的交互操作，並指出「集成」是在一個或多個體系結構視角實例中使用數據，透過這些視角從不同角度理解數據。

DoDAF 2.0 透過 8 個視角（Viewpoint）（圖 2-2）52 個模型（表 2-1）為體系結構的設計提供建模方法集。8 個視角分別為：全景視角（All Viewpoint）、能力視角（Capability Viewpoint）、作戰視角（Operational Viewpoint）、系統視角（Systems Viewpoint）、服務視角（Services Viewpoint）、資訊和數據視角（Data and Information Viewpoint）、標準視角（Standard Viewpoint）和項目視角（Project Viewpoint）。每個視角下的體系結構模型如表 2-1 所示。

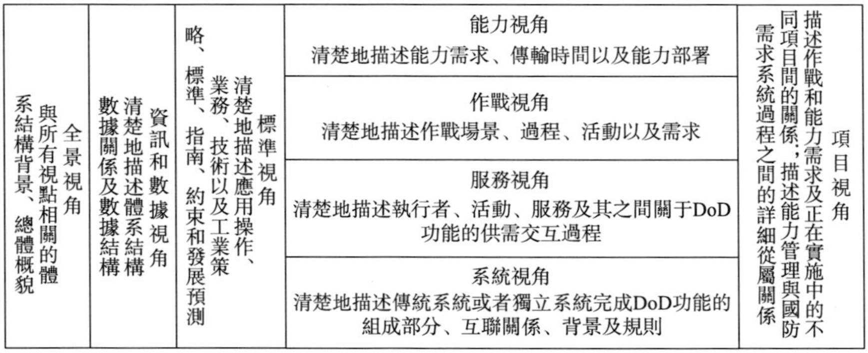

<table>
<tr><td rowspan="4">全景視角
與所有視點相關的體系結構背景、總體概貌</td><td rowspan="4">資訊和數據視角
清楚地描述體系結構數據關係及數據結構</td><td rowspan="4">標準視角
清楚地描述應用操作、業務、技術以及工業策略、標準、指南、約束和發展預測</td><td>能力視角
清楚地描述能力需求、傳輸時間以及能力部署</td><td rowspan="4">項目視角
描述作戰和能力需求及正在實施中的不同項目間的關係，描述能力管理與國防需求系統過程之間的詳細從屬關係</td></tr>
<tr><td>作戰視角
清楚地描述作戰場景、過程、活動以及需求</td></tr>
<tr><td>服務視角
清楚地描述執行者、活動、服務及其之間關于DoD功能的供需交互過程</td></tr>
<tr><td>系統視角
清楚地描述傳統系統或者獨立系統完成DoD功能的組成部分、互聯關係、背景及規則</td></tr>
</table>

圖 2-2 DoDAF 2.0 體系結構框架視角[9]

表 2-1 DoDAF 2.0 體系結構框架視角及模型[9]

<table>
<tr><th>能力視角</th><th>作戰視角</th><th>系統視角</th><th>服務視角</th></tr>
<tr><td rowspan="11">CV-1 構想模型
CV-2 能力分類模型
CV-3 能力實現時段模型
CV-4 能力依賴關係模型
CV-5 能力與機構發展映射模型
CV-6 能力與作戰活動映射模型
CV-7 能力與服務映射模型</td><td>OV-1 頂層作戰概念圖</td><td>SV-1 系統介面描述模型</td><td>SvcV-1 服務介面描述模型</td></tr>
<tr><td>OV-2 作戰資源流描述模型</td><td>SV-2 系統資源流描述模型</td><td>SvcV-2 服務資源流描述模型</td></tr>
<tr><td>OV-3 作戰資源流矩陣</td><td>SV-3 系統-系統矩陣</td><td>SvcV-3a 服務-系統矩陣
SvcV-3b 服務-服務矩陣</td></tr>
<tr><td>OV-4 組織關係圖</td><td>SV-4 系統功能模型</td><td>SvcV-4 服務功能模型</td></tr>
<tr><td>OV-5a 作戰活動分解樹
OV-5b 作戰活動模型</td><td>SV-5a 系統功能與作戰活動追踪矩陣
SV-5b 系統與作戰活動追踪矩陣</td><td>SvcV-5 服務與作戰活動追踪矩陣</td></tr>
<tr><td rowspan="4"></td><td>SV-6 系統資源流矩陣</td><td>SvcV-6 服務資源流矩陣</td></tr>
<tr><td>SV-7 系統度量矩陣</td><td>SvcV-7 服務度量矩陣</td></tr>
<tr><td>SV-8 系統演變描述模型</td><td>SvcV-8 服務演變描述模型</td></tr>
<tr><td>SV-9 系統技術和技能預測</td><td>SvcV-9 服務技術和技能預測</td></tr>
<tr><td>OV-6a 作戰規則模型
OV-6b 作戰狀態轉換模型
OV-6c 作戰事件追踪模型</td><td>SV-10a 系統規則模型
SV-10b 系統狀態轉換模型
SV-10c 系統事件追踪模型</td><td>SvcV-10a 服務規則模型
SvcV-10b 服務狀態轉換模型
SvcV-10c 服務事件追踪模型</td></tr>
</table>

續表

全景視角	標準視角	項目視角	資訊和數據視角
AV-1 綜述和概要資訊模型 AV-2 綜合詞典	StdV-1 標準概要模型 StdV-2 標準預測模型	PV-1 項目與機構關係模型 PV-2 項目實現時段模型 PV-3 項目與能力映射模型	DIV-1 概念數據模型 DIV-2 邏輯數據模型 DIV-3 物理數據模型

DoDAF 體系結構是面向國防資訊系統的體系結構，其中的「作戰」概念，對於國防部門是「相互配合工作」，借鑒到複雜製造系統生產計畫與調度領域，則意味著各個計畫和調度業務系統的「相互配合應用」。

(3) FEAF 體系結構框架

美國聯邦企業體系結構框架 FEAF[10] 服務於聯邦政府電子政務資訊化建設，由體系結構驅動因素、願景戰略原則、現有體系結構、目標體系結構、變遷過程、政府各部門體系結構、體系結構模型、開發標準等組成（圖 2-3）。

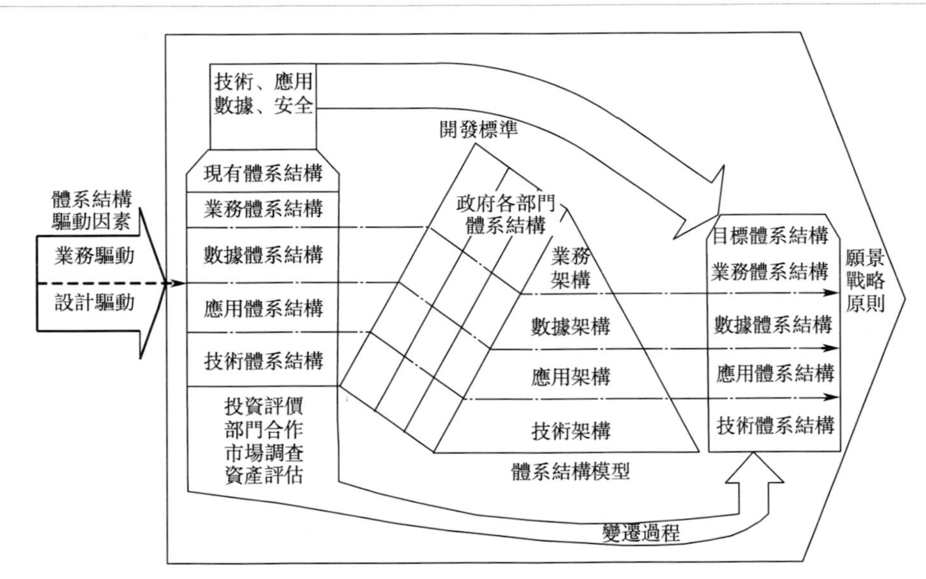

圖 2-3 FEAF 體系結構框架[11]

上述介紹的體系結構框架都是為支援某一領域體系結構的構建而提出的通用性工具、標準和指導性模型。因目前還沒有可借鑒的面向製造管理領域的體系結構框架，本書後續對於複雜製造系統生產計畫與調度集成體系的研究，將首先參考這些工作設計面向製造系統計畫與調度的體系結構框架，再基於所設計的體系結構框架給出集成體系方案。

2.1.3 體系結構框架的概念模型

體系結構框架相當於體系結構的元模型，提供了建立各種體系結構的工具、標準和方法，是整合各系統元素、功能等的一個整體平臺。而體系結構可以視為面向特定對象的體系結構框架的一個實例，基於同一個體系結構框架可以派生出多個體系結構系統簇。

可以參考借鑒的體系結構框架有許多，上一小節中我們已著重介紹了幾個有代表性的體系結構框架，進一步抽象它們共同的概念模型，可以用 IEEE 推薦的軟體集成系統的體系結構描述標準 IEEE Std 1471—2000[12] 給出的體系結構框架概念模型來表達（圖 2-4）。其中，體系結構既是體系結構框架實例化的一個綜合模型，又是實際對象系統的建模方法，有許多結構要素以及視角，不同的視角反映了不同要素之間的聯繫與互操作。

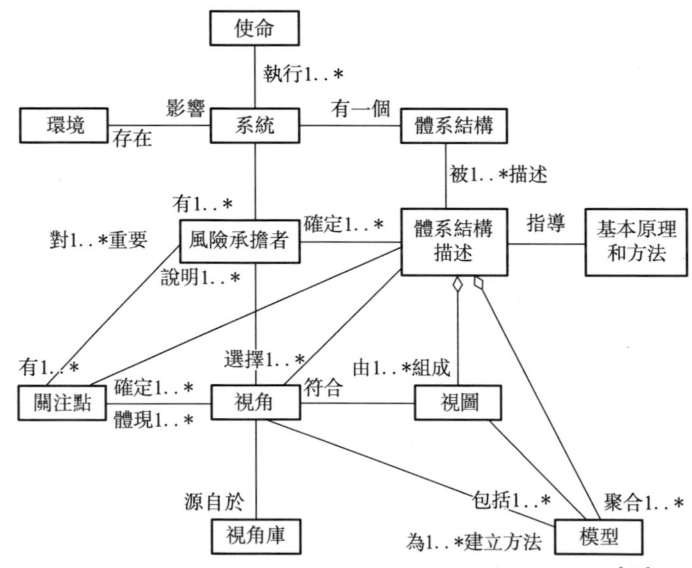

圖 2-4 IEEE Std 1471—2000 體系結構框架概念模型[12]

注：圖中 1..＊指 1 到任意個，是 UML 關聯多重度的表示，在貼近某端標注，＊表示任意個

本章以此通用體系結構框架概念模型為參考，結合製造系統生產計畫與調度系統描述的實際需求，首先給出面向生產計畫與調度集成化體系描述的體系結構框架設計（2.2 節）；繼而以支援實際生產計畫與調度系統應用為導向，分別從不同的視角分析並定義複雜製造系統的生產計畫與調度體系結構的不同視圖模型，以達成對複雜製造系統計畫與調度體系的構建。

2.2 面向生產計畫與調度的體系結構框架

2.2.1 製造系統生產計畫與調度的研究路線

長期以來，關於製造系統生產計畫與調度的研究路線大致都是圍繞以下幾方面展開。

① 針對計畫調度業務問題設計模型，開發新方法。

② 探索新型計畫和調度策略與方法在業務問題中的新應用。

③ 以性能指標為驅動力的最佳化算法設計與改進。

這樣的研究路線的局限性在於「重解構輕綜合，剛性有餘柔性不足」[13]。僅針對問題求解，受問題特殊性的局限，存在方法單一性的缺點。雖然可以透過採用混合最佳化方式兼顧多種性能指標的最佳化，但將模型、算法或規則按某種方式加以組合，仍然是一種緊耦合的方式，分析問題的視角仍較為局部和孤立，不能對生產線上的工件之間、設備之間、流程之間的聯繫及其變化作整體把握。另外，複雜製造系統固有的不確定性和動態性生產環境，對生產計畫與調度系統的靈活應變能力提出了更高的要求。為此，有的學者從最佳化方法的角度，研究採用動態選擇啓發式規則和重調度的方法，但又難以真正兼顧全局整體最佳化；有的學者從最佳化模型的角度，嘗試建立智慧體模型，如基於 Agent 的動態調度模型，但是由於建模較為複雜及計算量和通訊量大，尚不能很好地用於生產實際。

因此，如何提升生產計畫與調度系統的系統化和靈活性，成為十分值得關注的研究方向。為了填補生產計畫與調度管理領域理論研究與實際應用之間的鴻溝，不僅需要有對具體調度問題的建模與最佳化研究，而且還需要對生產計畫與調度領域各個模塊間的相互配合交互加以研究，特別是需要這種相互配合關係能夠具有應對動態環境的靈活調整和建模最佳化方法的複用與重構能力。這些都將是本書所關注的生產計畫與調度體系結構所涉及的研究方向。

複雜製造系統生產管理的主要目標是整體最佳化生產線的性能和效率，計畫和調度相互配合是其整體最佳化的途徑，這個途徑的完成是透過各個生產計畫與調度領域涉及的子系統、子問題之間的相互配合工作進行的。為了能夠全面、準確地認識和描述製造計畫和調度領域的各項業務、功能、資訊、數據、角色主體等，需要搭建一個整體平臺，並以規範的形式整合各系統的功能，開展業務功能、資訊和過程的整體規劃，即建立面向生產計畫與調度體系結構描述和體系結構框架。然而，目前與此相關的研究成果並不多，本節將借鑒 2.1.2 小節介紹的體系結構框架，提出面向生產計畫與調度系統構建的通用體系結構框架，從框架元素及其相互關係和視角及相應的視角模型兩個方面分別加以描述。

2.2.2 面向生產計畫與調度的體系結構框架的元素及關係

(1) 體系結構框架的基本元素描述

體系結構框架的基本構成單元是完成各業務功能系統的共性基本元素，分為 17 個類別，如圖 2-5 所示。各基本元素的含義及關係分別描述如下。

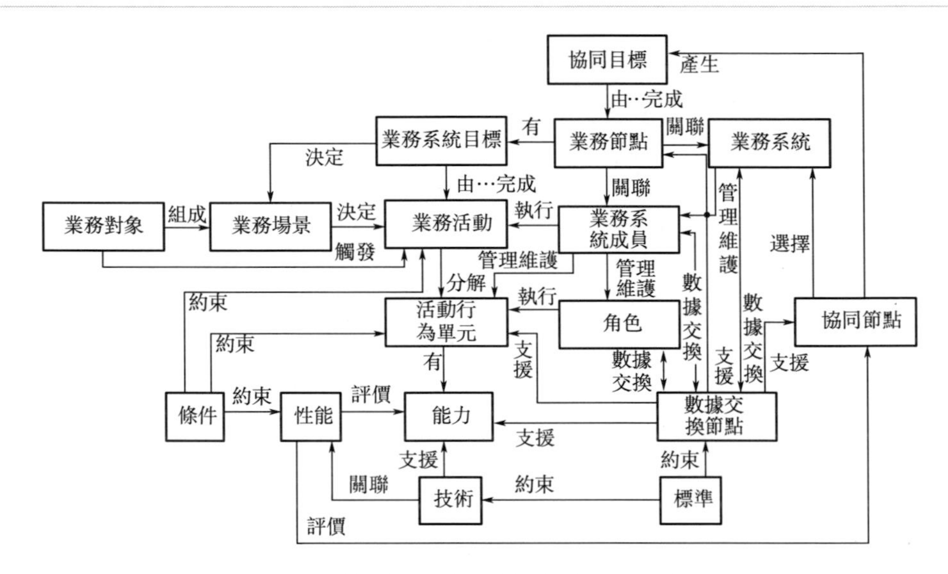

圖 2-5 計畫與調度體系結構模型元素及關係

相互配合目標：指對生產線的整體期望效果，分解為明確的目標。

業務系統目標：從相互配合目標轉化而來的明確目標和行動，由計畫/調度業務活動序列完成。

業務節點：選擇業務系統成員，組織其完成業務系統目標。

業務系統：是業務系統成員的邏輯組織，負責成員的新增、刪除、修改等維護活動。業務系統管理維護多個業務系統成員，每個業務系統成員完成相應功能的業務活動。

業務對象：生產線具體資源對象和資源的行為特性，業務對象主要有生產線、加工區、工件、設備。當某事件發生時，觸發業務活動執行，例如，設備加工完一個工件後，觸發工件調度。

業務場景：生產線資源（工件、設備）的行為特點、狀態及事件，當到達一定狀態閾值或者特定事件發生時，觸發業務活動執行。業務場景中的業務對象可以用於幫助確定業務活動完成方法。例如，如果以投料研究為主要場景，那麼瓶頸調度、批量調度等業務活動完全可以採用派工方法來配合研究。如果以批量調度為主要場景，那麼投料業務活動就可以採用簡單的固定數量投料方法完成。如果需要綜合研究，那麼可以反覆調整配置相關系統的相關成員，進行不斷嘗試。

業務活動：完成系統目標的動作，如投料、瓶頸調度、批量調度、工件調度、設備調度、派工、在線最佳化等。業務活動的步驟分解為更為詳細的活動行為單元，可以用過程模型描述，用以說明具體執行過程。業務活動的組織管理由相應的業務系統完成。

業務系統成員：每一種特定目標下的具體方法稱為業務系統成員，是完成計畫調度活動的具體執行者。例如，投料活動的完成，其執行者可以有固定日期投料方法成員、預期交貨期投料方法成員、智慧投料方法成員等。再如，瓶頸調度的完成方法有鼓-緩衝-繩子方法、蟻群最佳化方法、啓發式派工等方法。選擇業務系統成員後，其業務角色也就確定了。

活動行為單元：指業務活動中的具體行為實現起來有一定的步驟，每一個步驟稱為活動行為單元，有明確的功能和技能要求，有完成該單元執行的角色。詳細描述該行為在怎樣的條件下，如何完成，採用哪些技術，產生和消耗哪些資訊資源，需要哪些軟體技術支援。

角色：執行活動行為單元的實體是角色。具體為算法、模型或軟體組件，負責實施具體工作。例如，投料系統成員「基於產能約束的混合智慧粗日投料」。該方法有如下步驟：產能需求量統計、產能資源量統計、產能約束判斷、訂單調整、透過神經網路建立計畫模型、用免疫遺傳算法得到月投料計畫、用啓發式策略生成日投料計畫。這些步驟中有通用的，例如產能需求量統計、神經網路算法等；有專用的，例如用啓發式策略生成日投料計畫。通用步驟形成通用角色，專用步驟形成專用角色。每一個活動行為單元透過角色執行，角色為算法、模型、軟體實體。

相互配合節點：選擇業務系統，組織其完成相互配合目標，負責規劃、協調業務系統流程，產生計畫調度基本結構形式，業務系統節點與相互配合節點透過數據交換產生聯繫。

條件：作用的範圍、要求和約束。

性能：對行為單元能力所受約束的明確表示，個體某些屬性的量級。

能力：指為了實現目標，在特定條件下，活動行為單元的行為期望效果。透過一定的軟體技術實現，受到一定的條件約束，有些用量化性能指標進行評價，有些用簡單的完成與否進行評價。

數據交換節點：活動行為單元之間需要進行數據傳遞和交換，其形式和要求由數據交換節點進行組織管理。

技術：指所採用的方法、模型的具體實現載體。

標準：活動行為單元採用的技術以及單元之間的數據交換均有一定的標準規範。可以是書面文檔，是技術實現、能力實現、數據交換相關的過程、程序、系統、人員等產品或行為的規範準則。

(2) 體系結構框架元素之間的關係描述

17 個體系結構框架元素之間存在四種核心關係：①相互配合關係。相互配合關係體現在共同完成最佳化目標的過程中，業務系統和數據之間的組織關係，平衡關係的節點載體為相互配合節點。②業務系統內部關係。業務系統內部關係體現在完成某一類計畫或調度任務時，根據當前任務及其生產線狀態，對其完成目標和方法的相互配合。③執行關係。執行關係體現在實現計畫或調度功能的方法的流程管理上，很多方法的流程存在共性環節，共性環節和個性環節的不同之處體現在通用角色和專用角色兩個方面，角色的載體為軟體組件，通用角色組件可為多種方法共用。④作業關係。作業關係體現在流程環節的具體實現步驟上，研究的是每一個步驟的性能、能力、技術、標準之間的關係。四種關係在系統中實現，採用 UML 工具建模，用僞代碼描述為圖 2-6～圖 2-9。

① 相互配合關係　指相互配合節點、相互配合目標、業務系統、數據交換之間的關係。

相互配合節點關聯被選擇的業務系統，並選擇時序結構組織業務系統完成相互配合目標（圖 2-6）。

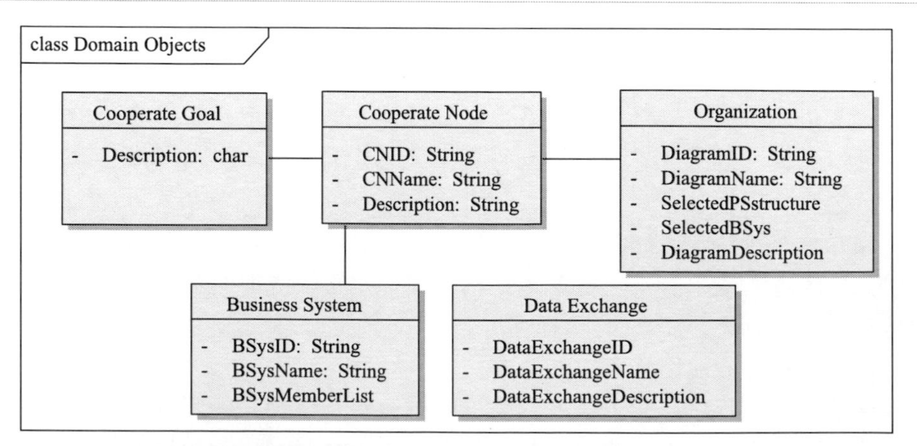

圖 2-6　可重構體系結構的相互配合節點、相互配合目標、業務系統、數據交換及其關係

② 業務系統內部關係　指業務系統成員、業務系統、業務節點、業務系統目標、業務對象、業務場景、業務活動之間的關係。

業務場景是環境條件，與相互配合目標以及相互配合節點選擇的系統基本結構有關。例如相互配合目標是以投料問題為主，那麼各調度業務活動可以選擇派工方法這一業務系統成員完成，即計畫-派工兩層結構。業務對象為業務活動所要計畫調度的資源集合（例如，工件集合、設備集合）。業務系統成員、業務系統、業務節點、業務系統目標、業務對象、業務場景、業務活動及其關係如圖 2-7 所示。

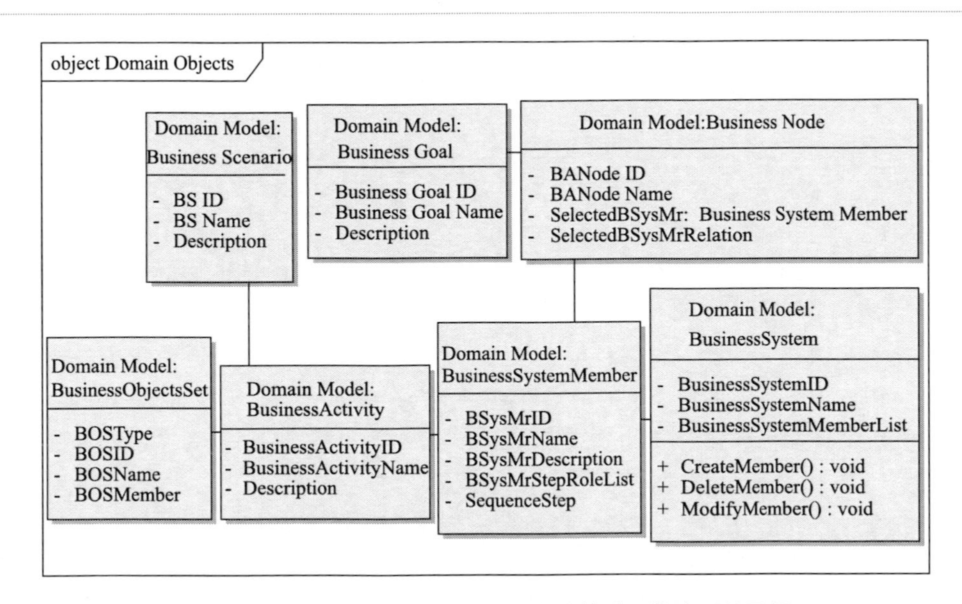

圖 2-7　業務系統成員、業務系統、業務節點、業務系統目標、業務對象、業務場景、業務活動及其關係

③ 執行關係　業務活動、活動行為單元、角色、業務系統成員之間的關係。

業務活動的完成需要一系列步驟，每個步驟稱為活動行為單元。業務活動的執行者為業務系統成員，活動行為單元的執行者為角色，業務系統成員由多個角色組成（圖 2-8）。這樣，就可以分離出來相同功能的角色。例如，查詢設備故障率功能在製定投料計畫計算產能時會用到，在並行設備調度時會用到，在設備維護計畫時也會用到，就可以透過軟體組件的形式作為複用資產進行設計。角色實質上是業務系統成員與活動行為單元之間的介面。

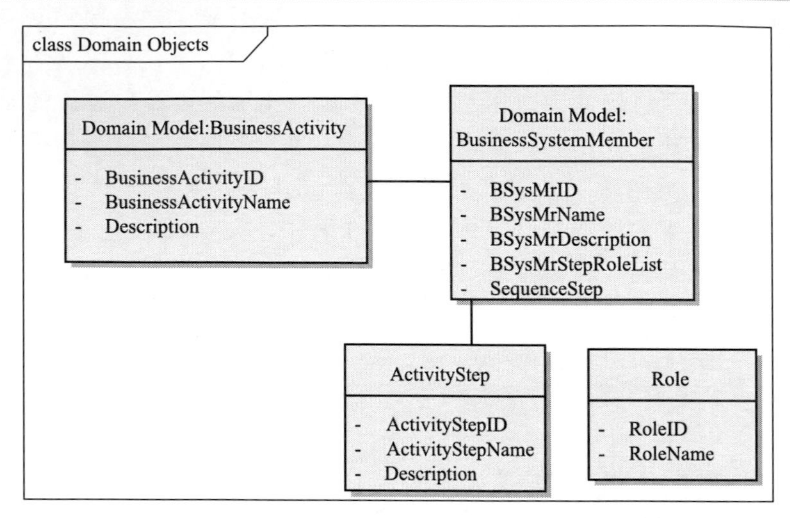

圖 2-8 業務活動、活動行為單元、角色、業務系統成員及其關係

④ 作業關係　活動行為單元、條件、性能、能力、技術、數據交換節點、標準之間的關係。

活動行為單元，在一定條件約束下，完成業務活動的一個步驟，該步驟透過一定的技術實現，技術滿足一定的標準規範，步驟完成即能力，完成效果用性能評價，其結果以數據文檔形式儲存，文檔格式也滿足一定的標準規範，可為下一個步驟所用，或者作為業務活動最終結果，為其他業務系統使用。活動行為單元、條件、性能、能力、技術、數據交換節點、標準的描述及關係如圖 2-9 所示。

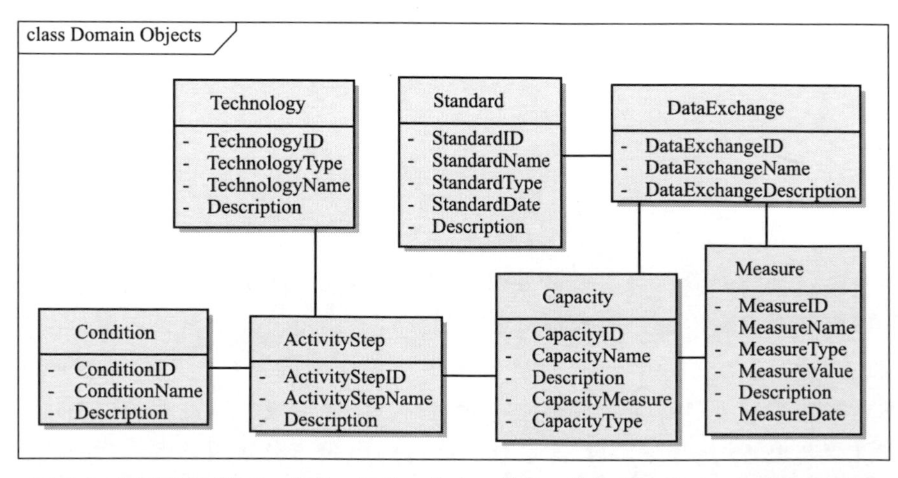

圖 2-9 活動行為單元、條件、性能、能力、技術、數據交換節點、標準及其關係

體系結構模型元素及其組成關係描述是體系結構可重構的必要部分，元素之間彼此聯繫，相互約束，是一個統一體。

2.2.3 面向生產計畫與調度的體系結構框架的視角及模型

體系結構框架面向特定領域為體系結構的概念建模與分析提供通用平臺和工具，是非結構化甚至是非標準化的。基於體系結構框架構建體系結構時，著重在於建立各視角模型，並確立模型之間的關係以及保持模型的一致性，從而為業務需求的實現和資訊系統資源之間的匹配搭建系統化、集成化結構。其中的兩個關鍵要素就是視角和模型，不僅需要在體系結構的框架設計中對二者有全面、準確的定義，在體系結構視角中，剖析模型元素之間的邏輯關係；而且在基於框架的體系結構的構建時，也需要根據對象業務的特點和需求，有針對性地權衡取舍合理視角，並完成相應視角模型的設計。

體系結構框架的視角：分類體系資訊，按照一定形式組織體系資訊，對計畫調度系統進行建模、集成和互操作，需要詳細說明體系資訊的組織、分類和關係，從而得到不同分類的體系結構模型。

體系結構框架的模型：也稱為體系結構產品[14]，用於從不同的方面具體細化描述某一視角下的行為和組織關係，通常使用視圖、模型、圖表、文本等表達形式。

參考體系結構框架的一般概念模型和 2.1.2 節介紹的代表性體系結構框架系統，我們從製造系統生產計畫與調度研究的特點和需求出發，給出生產計畫與調度體系結構框架的三個基本視角（Viewpoint），並以此作線索為體系結構框架的 17 個基本元素（見 2.2.2 節）進行分類。三個視角分別為：業務系統視角（Business System Viewpoint）、業務過程視角（Business Process Viewpoint）、相互配合視角（Cooperating Viewpoint）。每個視角下，又透過配備相應的模型，提供對不同方面的不同關注點的描述能力。

（1）業務系統視角（Business System Viewpoint）

該視角描述完成任務目標所需要的業務對象、業務場景、業務活動及行為，用以說明生產計畫與調度系統的組織層次和行為關係。包括如下四類模型：任務描述模型（BSV-1）、目標活動視圖（BSV-2）、業務節點模型（BSV-3）和系統維護模型（BSV-4）。這些體系結構模型與可重構體系結構模型元素之間的關係如圖 2-10 所示。

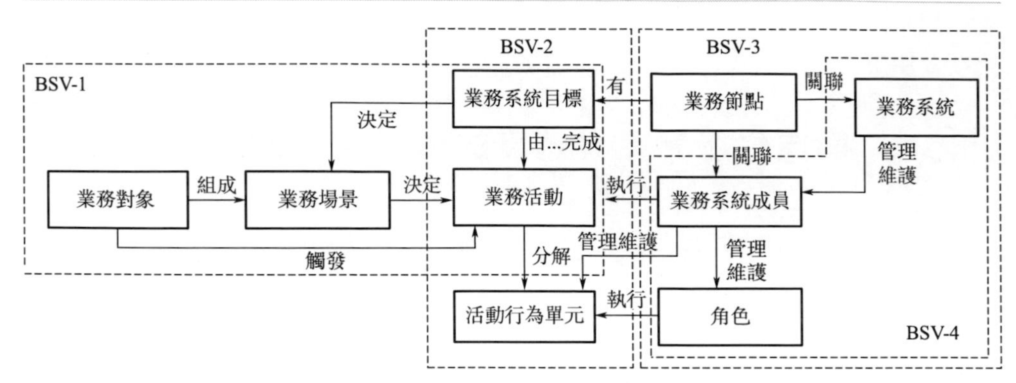

圖 2-10　業務系統視角結構模型與可重構體系結構模型元素間關係

① 任務描述模型（BSV-1）

描述在業務系統目標下，業務活動的行為特性以及業務對象和業務場景。

例如，投料這一業務活動，其業務對象為「來自客户訂單中的待投料工件」，業務場景為「為待投料工件製定粗日投料計畫」，一旦獲得待投料工件資訊，即觸發投料業務活動。

例如，瓶頸調度這一業務活動，其業務對象為「調度期內預期到達瓶頸區和已經在瓶頸區的工件集合，以及瓶頸區的並行設備集合」，業務目標為「均衡並行設備負載」，業務場景為「為工件安排設備」。當獲得工件集合與設備集合後，即觸發瓶頸設備調度業務活動。

計畫和調度的共性是確定業務對象和場景後，即觸發業務活動。

② 目標活動視圖（BSV-2）

活動行為單元支援業務活動完成業務系統目標。

例如，當投料系統的目標為「按照交貨期緊急程度」投料時，其投料業務活動為「計算生產線能力因子，以工件的平均加工週期等值作為投料優先級的依據，根據優先級投料」；當投料系統的目標為「固定在製品水準」時，其業務活動為「完成一個工件、投入一個工件」。這兩種投料業務活動分別由不同的活動行為單元序列支援完成。

例如，當瓶頸調度系統的目標為「均衡瓶頸區並行設備負載」時，業務活動為「計算調度期內將要在瓶頸加工的工件集合，根據相關屬性值，透過最佳化算法為工件集合中的工件分配設備」；當瓶頸調度系統的業務目標為「均衡生產線能力」，業務對象為「瓶頸區緩衝隊列的工件」集合，業務場景為「減少瓶頸漂移」時，其業務活動為「根據工件的上一次瓶頸操作的結束時間等屬性，透過啓發規則計算，計算工件集合中的工件的優先級」。這兩種瓶頸調度業務活動分別由不同的活動行為單元序列支援完成。

③ 業務節點模型（BSV-3）

該視圖包括業務系統、業務節點、業務系統成員、角色。描述組織間的層次結構及職責，需要明確說明各組織必要的能力，角色負責具體行為的實施，對其實施效果有相應的性能評價。

業務節點的作用是針對可重構需求，對被選擇的業務系統成員及其角色進行動態關聯管理，在執行重構要求後，對業務系統成員和角色進行評價，觸發業務系統以及業務系統成員的增、刪、改、保存、評價等管理動作。業務節點體現的是重構動態執行過程。

④ 系統維護模型（BSV-4）

業務系統完成相應的計畫調度任務，負責維護其成員，每個成員具體為完成業務任務的方法，隨著時間推進，可以刪除不再使用的成員，更新一些成員，加入一些成員。這正是業務知識經驗得以保存演進的關鍵之處。

業務系統成員方法的具體執行者為角色，每個成員方法包含有動作序列，每個序列稱為活動行為單元，由相應的角色完成。業務系統成員負責對完成動作序列的角色進行管理維護，隨著時間推進，對角色功能進行增、刪、改維護操作。

除上述增、刪、改維護動作之外，還維護業務節點反饋的對系統成員、角色的使用及評價歷史記錄。

（2）業務過程視角（Business Process Viewpoint）

業務過程視角主要描述業務活動轉化為活動行為單元並執行的過程，以及過程中的資訊交換，詳細說明業務過程是如何推進系統目標完成的，並對相互配合視角提出服務需求。包括如下視圖和模型：業務活動模型（BPV-1）、活動行為單元時序圖（BPV-2）、業務過程模型（BPV-3）、業務邏輯數據模型（BPV-4）。這些體系結構模型與體系結構模型元素之間的關係如圖 2-11 所示。

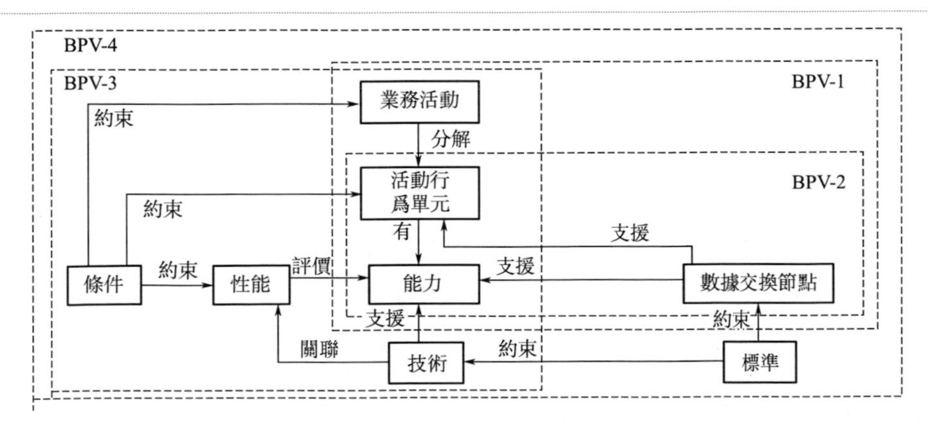

圖 2-11　業務過程視角體系結構模型與體系結構模型元素間關係

① 業務活動模型（BPV-1）

業務活動模型描述業務活動與活動行為單元、活動行為單元內部之間的資訊流以及具體執行情況。

② 活動行為單元時序圖（BPV-2）

活動行為單元時序圖用於描述活動行為單元的執行序列以及數據交換。活動行為單元時序圖與業務場景中的業務對象及其事件對應，當事件發生時，觸發活動行為單元時序圖的執行。

③ 業務過程模型（BPV-3）

業務過程模型具有執行邏輯，描述了業務活動的實現邏輯，明確活動行為單元由角色執行的具體過程。

④ 業務邏輯數據模型（BPV-4）

業務邏輯數據模型與同視角的其他模型相關，描述業務過程中的實體和實體之間的關係的數據類型屬性及關係。

（3）相互配合視角（Cooperating Viewpoint）

相互配合視角描述實現方案的執行，是可重構體系的核心部分，各種業務活動及業務流程依賴於各自的業務系統，業務系統具有的能力以及相互之間的協作構成計畫調度的集成，每次相互配合的結構可以相同也可以不同。相互配合視角描述了方案由哪些業務系統組成，各系統實現的功能，系統之間進行的數據交換，相互配合功能對業務系統及活動行為單元的支援。相互配合視角體系結構模型有：系統介面視圖（CV-1）、相互配合節點模型（CV-2）、通用角色維護模型（CV-3）、相互配合性能視圖（CV-4）、相互配合時序圖（CV-5）、物理數據模型（CV-6）。這些體系結構模型與可重構模型元素之間的關係如圖 2-12 所示。

① 系統介面視圖（CV-1）

業務節點負責根據相互配合目標關聯重構所需要的業務系統。由於業務系統是根據生產線數據進行業務活動，業務系統之間並不發生直接數據交換。因此該視圖除了描述業務節點與業務系統之間的關聯，還需要描述業務系統與生產系統或者生產線仿真系統之間的數據交換，說明各系統、各成員、各角色需要的參數及輸出的結果。

② 相互配合節點模型（CV-2）

進行人機交互，分析生產線數據，判斷生產線態勢，確定基本計畫調度結構，選擇參與重構的業務系統和業務系統成員駐留業務節點上。業務系統與業務節點之間的數據交換透過系統介面視圖描述。接受業務節點反饋，維護基本計畫調度結構與業務系統之間的關係，維護通用角色庫。

③ 通用角色維護模型（CV-3）

角色完成活動行為單元功能，分為通用角色與專用角色。有的角色可以在多個活動行為單元之間通用。在本視圖中，對通用角色進行描述，說明角色能夠完成哪些行為單元的功能及其所需要的參數。專用角色的維護在 BSV-4 模型中描述。

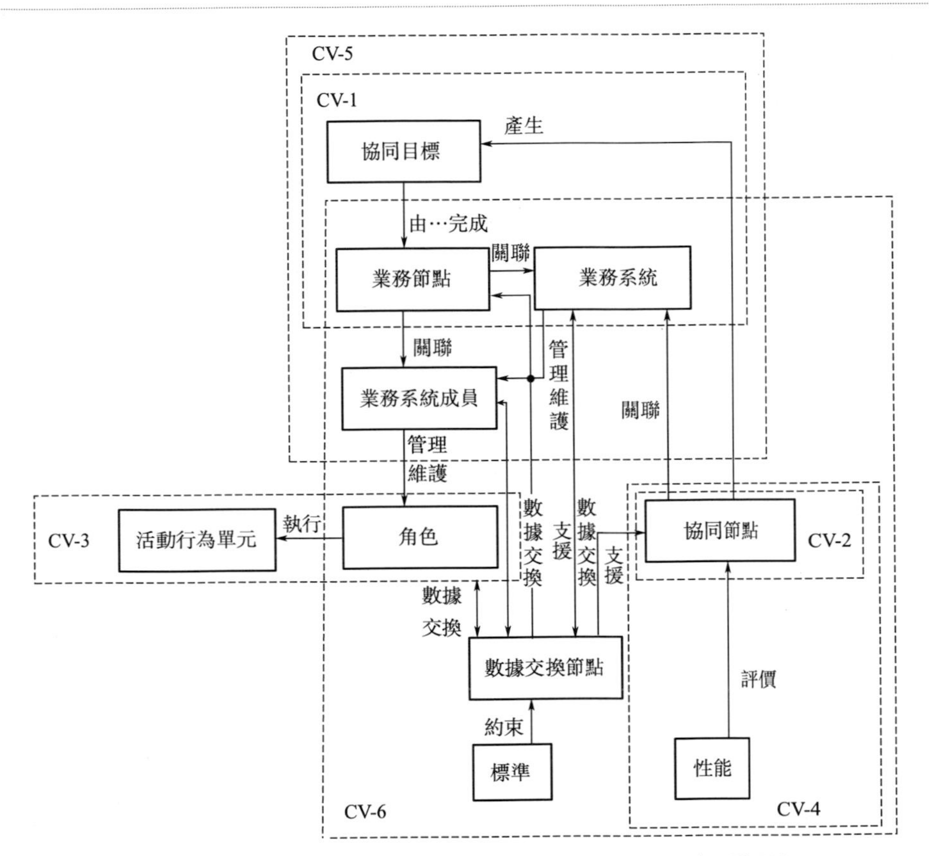

圖 2-12 相互配合視角體系結構模型與可重構模型元素間的關係

④ 相互配合性能視圖（CV-4）

描述生產線管理調整的效果，透過相關的性能指標來衡量每次相互配合的效果。

⑤ 相互配合時序圖（CV-5）

描述相關業務系統在相互配合中的時序邏輯關係。

⑥ 物理數據模型（CV-6）

描述數據交換節點的功能，完成相互配合節點、業務節點、業務系統、業務系統成員、角色的通訊需求。需要清楚地描述各實體在數據庫中的儲存結構和依賴關係。

2.2.4 面向生產計畫與調度的體系結構框架的特點分析

面向生產計畫與調度的可重構體系結構框架（Production Planning and Scheduling-oriented Architecture Framework，PPSAF）借鑒了 Zachman 框架和 DoDAF2.0 框架的思想。框架在描述了通用的框架基本元素及其關係的基礎上，分別從三個視角對框架元素加以分類並設計組織結構，旨在保障該體系結構框架能夠滿足生產計畫與調度體系構建的同時，為體系結構開發過程中保持各個體系結構模型的內在一致性奠定基礎。

本節提出的 PPSAF 框架除了具備支援應用體系結構構建和面向對象（製造系統生產計畫與調度）領域應用的體系結構框架的基本特點外，還在集約性和動態描述能力方面也表現出優勢。

Zachman 框架側重於系統開發生命週期過程中的 6 種不同參與者對系統 6 個方面的關注點，形成 36 個模型產品。DoDAF2.0 主要用於國防作戰體系研究，側重於體系結構的建模與表現，有 8 個視角 52 個模型。PPSAF 以生產計畫與調度系統為側重對象，透過 3 個視角 14 個模型（表 2-2）建立描述集成化計畫與調度體系結構的描述框架，能夠滿足製造系統生產計畫與調度應用的業務需求，很好地將資訊技術領域與業務技術領域融合為一體。對於表 2-2 所列出的 PPSAF 各框架模型的內容和建模過程，將結合面向多重入複雜製造系統生產計畫與調度實例化體系結構搭建。

表 2-2 可重構體系結構框架的體系結構模型

視角	體系結構模型	縮寫	簡要說明
業務係統視角	任務描述模型	BSV-1	描述在業務系統目標下，業務活動的行為特性以及業務對象和業務場景
	目標活動視圖	BSV-2	活動行為單元支援業務活動完成業務系統目標
	業務節點模型	BSV-3	針對可重構需求，對被選擇的業務系統成員及其角色進行動態關聯管理
	系統維護模型	BSV-4	相應的計畫調度任務的執行者，業務系統負責維護管理其業務系統成員，業務系統成員負責維護管理其活動行為單元以及專用角色，此外還接收業務節點反饋的對系統成員、專用角色的使用及評價歷史記錄
業務過程視角	業務活動模型	BPV-1	業務活動模型描述業務活動與活動行為單元、活動行為單元之間的資訊流以及具體執行情況，透過業務過程模型描述
	活動行為單元時序圖	BPV-2	活動行為單元時序圖描述活動行為單元的執行序列以及數據交換。活動行為單元時序圖與業務場景中的業務對象及其事件對應，當事件發生時，觸發活動行為單元時序圖的執行

續表

視角	體系結構模型	縮寫	簡要說明
業務過程視角	業務過程模型	BPV-3	業務過程模型具有執行邏輯，描述了業務活動的實現邏輯，明確活動行為單元由角色執行的具體過程
	業務邏輯數據模型	BPV-4	描述業務過程中實體和實體之間的關係的數據類型屬性及關係
相互配合視角	系統介面視圖	CV-1	描述業務節點與業務系統之間的關聯，業務系統與生產系統或者生產線仿真系統之間的數據交換。說明各系統、各成員、各角色需要的參數及輸出的結果
	相互配合節點模型	CV-2	進行人機交互，分析生產線數據，判斷生產線態勢，確定基本計畫調度結構，選擇參與重構的業務系統和業務系統成員駐留業務節點上。業務系統與業務節點之間的數據交換，透過系統介面視圖描述。接受業務節點反饋，維護基本計畫調度結構與業務系統之間的關係。維護管理通用角色
	通用角色維護模型	CV-3	描述通用角色能夠完成的行為單元功能，及其所需要的參數說明，並維護通用角色與活動行為單元的對應關係
	相互配合性能視圖	CV-4	透過相關的性能指標來衡量每次相互配合的效果
	相互配合時序圖	CV-5	描述業務系統在相互配合中的先後時序邏輯關係
	物理數據模型	CV-6	描述數據交換節點的功能，完成相互配合節點、業務節點、業務系統、業務系統成員、角色的通訊需求，各實體在數據庫中的儲存結構和依賴關係

PPSAF 框架為搭建具有可重構能力的生產計畫與調度體系結構提供支援(見 2.2.1 節的分析)，特別增強了對動態行為和過程的整合能力。

① 以計畫調度業務流程為中心，將核心系統與相互配合系統明確分工並描述：核心系統主要有計畫調度業務功能實現的業務系統、業務活動、活動行為單元體系；輔助系統主要有相互配合目標、相互配合節點、技術、標準等內容。

② 體系具有適應性特點，功能的實現有較大靈活性。具體體現為：首先，計畫調度方法的具體實現過程由於一些通用的活動行為單元存在，可以加速開發過程；其次，計畫或調度功能的實現過程，可以透過多種方法實現，便於比較和最佳化方案；最後，計畫調度整體的體系結構可以表現為計畫-最佳化-派工、計畫-最佳化、計畫-派工、計畫-最佳化-重調度等多重形式，為計畫調度決策提供了有力支撐。

2.3 複雜製造系統生產計畫與調度體系結構的構建

在 2.2 節我們提出了一個面向生產計畫與調度領域應用的 PPSAF 框架，這是一個由 3 個視角 14 個模型組成的體系結構建模工具。基於此框架的生產計畫與調度體系結構的構建，就是運用框架提供的模型工具，分別從不同的視角對複雜製造系統生產計畫與調度涉及的決策問題、業務過程及相互的相互配合關係加以建模描述。

2.3.1 業務系統視角模型建立

業務系統視角包括 4 個模型：任務描述模型、目標活動視圖、業務節點模型、系統維護模型。

（1）任務描述模型（BSV-1）

建立業務系統目標下的任務場景，說明完成此任務的業務對象和業務活動，是業務系統成員的執行基礎。

例如，某投料最佳化任務描述。

業務場景：基於產能約束的混合智慧粗日投料。

業務活動：透過模糊模擬、人工神經網路、人工免疫算法的混合智慧算法得到月投料計畫。基於產品的交貨期緊急度和加工週期長短構造啓發式策略，將月投料計畫進一步細化為日投料計畫。

業務活動條件：客户滿意度，生產線產能限製。

業務活動目標：保持在製品水準均衡，提高準時交貨率。

業務對象：指訂單中待投料產品類型與數量、生產線 WIP 及設備列表。當得到待投料產品類型與數量之後，觸發產能供求計算的業務活動時序圖。

模型參數：輸入參數包括計畫週期，輸出參數包括日投料計畫。

任務描述相關元素的定義如表 2-3 所示。

表 2-3　任務描述相關元素定義

元素	屬性	說明
業務場景	名稱	場景名稱標識符，唯一、不重複
	ID	場景編號，唯一、不重複
	描述	說明所完成的業務，完成方式
業務活動	名稱	業務活動名稱標識符，唯一、不重複
	ID	業務活動編號，唯一、不重複
	描述	簡要說明該業務活動的完成方式
	條件	業務活動進行的前提條件以及所受到的約束
	目標	業務活動的完成目標說明

續表

元素	屬性	說明
業務對象	名稱	業務對象標識符,唯一、不重複
	類型	描述業務對象的儲存方式,有數據表格或者元組變量等
	動作	描述業務對象觸發事件條件以及調用的事件處理過程。事件處理過程是不同類型的體系結構產品,如過程模型、活動行為單元時序圖等
模型參數	名稱/類型	參數的名稱以及數據類型

(2) 目標活動視圖(BSV-2)

業務活動為完成某目標而進行的一系列步驟,以圖形或文本的形式描述所包含的業務活動行為單元。

例如,基於產能約束的混合智慧粗日投料的目標活動視圖如圖 2-13 所示。

業務活動:基於產能約束的混合智慧粗日投料

活動行為單元序列:
①輸入計畫周期
②計算訂單產品需要的設備產能
③查詢WIP占用設備產能
④查詢設備維護占用產能
⑤統計歷史數據MTTR、MTBF
⑥計算設備可提供產能(設備維護類提供的可用產能減去WIP占用產能)
⑦滿足產能約束(前置條件)
⑧建立模糊模擬生產計畫模型
⑨訓練神經網路逼近模糊計畫模型中的不確定函數
⑩調用不確定函數生成月投料計畫的初始種群
⑪調用免疫遺傳算法得到最佳化的月投料計畫
⑫調用啓發式算法得到粗日投料計畫

圖 2-13 混合智慧粗日投料的目標活動視圖

目標活動視圖的元素有業務活動和活動行為單元(表 2-4)。

表 2-4 目標活動視圖元素

元素	屬性	說明
業務活動	—	業務活動名稱標識符,唯一、不重複
活動行為單元	名稱	活動行為單元標識符,唯一、不重複
	ID	活動行為單元編號,唯一、不重複
	功能	說明功能,並描述該行為的輸入輸出參數

(3) 業務節點模型(BSV-3)

針對可重構需求，對被選擇的業務系統成員及其角色進行動態關聯管理。業務節點是一個連接點，該視圖描述了相互配合節點所選業務系統的關聯，對所選業務系統及其成員角色的關聯，向業務系統反饋業務系統成員執行效果，向業務系統成員反饋角色執行效果，觸發二者的增、刪、改以及保存歷史記錄等管理動作。

假設某次進行瓶頸最佳化調度研究，其重構結構為「計畫-調度最佳化」，圖2-14描述了業務節點對投料計畫系統、瓶頸調度最佳化系統、實時派工系統、設備維護計畫系統、訂單系統、生產系統或仿真系統的關聯。

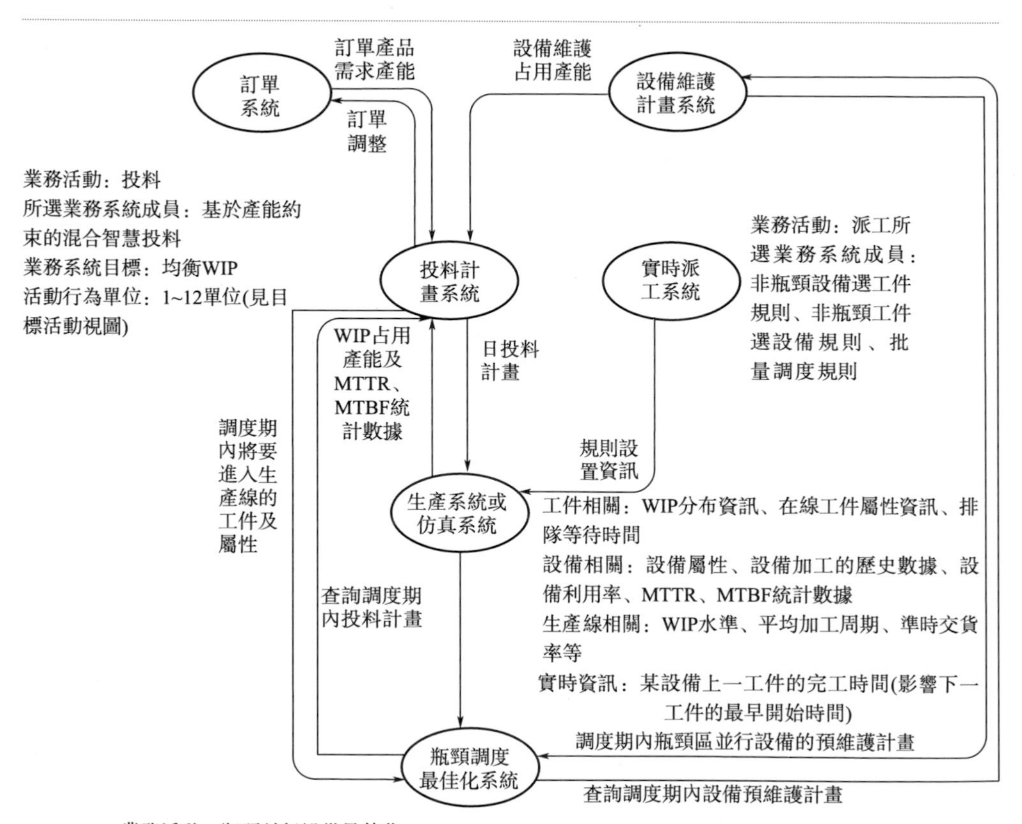

圖 2-14 業務節點關聯業務系統的描述(BSV-3)

可以使用體系結構建模工具，例如 System Architect（SA）的 DoDAF ABM（Activity Based Method）模塊作為工具建模。相應的模型元素遵從該工具定義。至少要描述資訊元素與資訊傳輸。

資訊元素相關描述項有：資訊交換的名稱、資訊交換內容及類型、資訊交換發起方名稱、發起的業務活動名稱、接收方名稱、接收的業務活動名稱。

資訊傳輸相關描述項有：傳輸類型、觸發傳輸的事件。

(4) 系統維護模型（BSV-4）

該視圖說明業務系統、業務系統成員、角色之間的關係，並描述業務系統對業務系統成員的管理，業務系統成員對活動行為單元和專用角色的管理，此外還接收業務節點反饋的對系統成員、角色的使用及評價歷史記錄。可以用樹狀圖，或者 UML 工具來描述。

例如，投料計畫業務系統與其業務系統成員的關係用 UML 工具建模，如圖 2-15 所示。

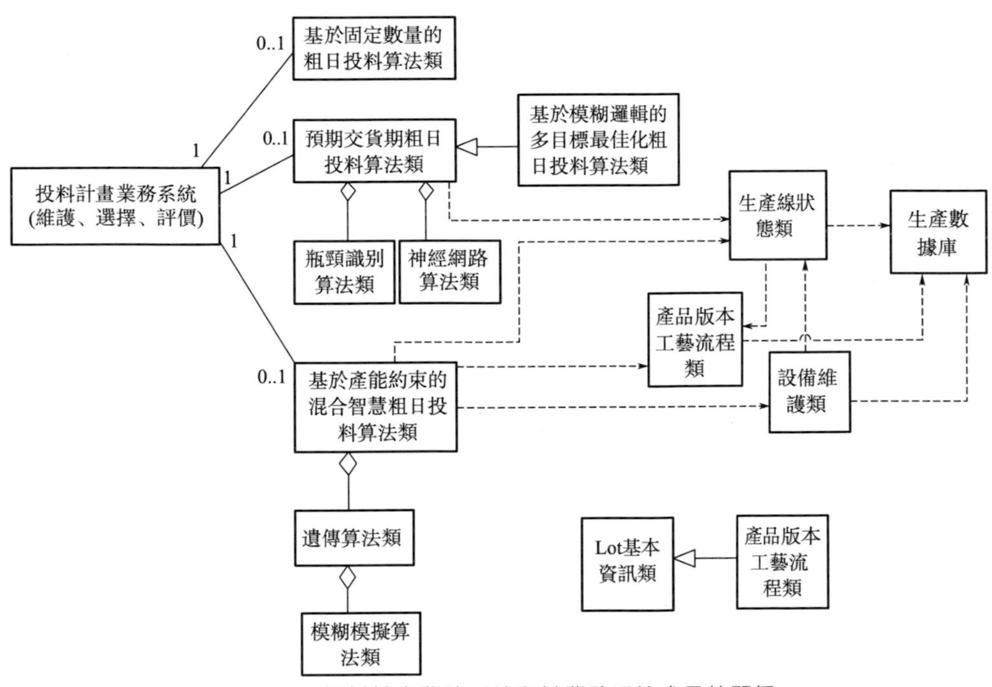

圖 2-15 投料計畫業務系統與其業務系統成員的關係

注：圖中 0..1 表示該端可以有 0 個或 1 個。

投料計畫業務系統對其業務系統成員的使用活動用 UML 工具建模，如圖 2-16 所示。建模元素用建模工具元素進行定義。

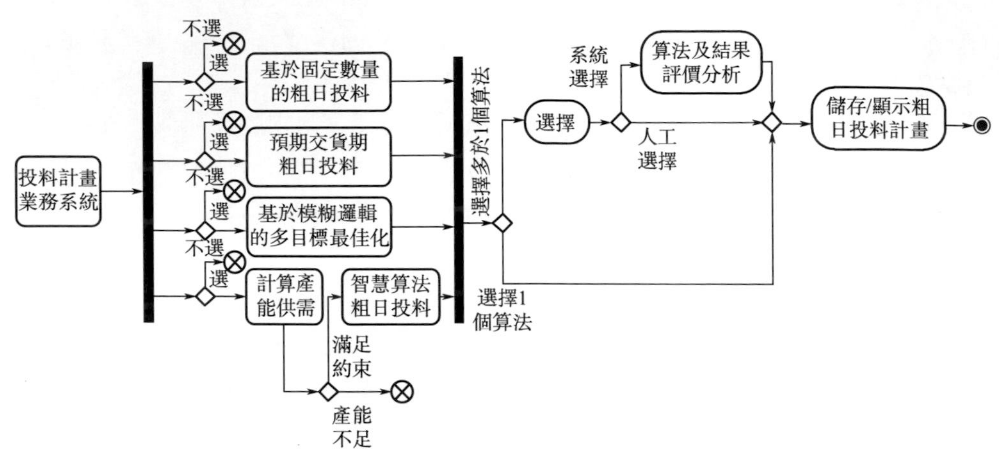

圖 2-16　投料計畫業務系統選擇成員完成任務活動圖

2.3.2 業務過程視角模型建立

業務過程視角包括 4 個模型：業務活動模型、活動行為單元時序圖、業務過程模型、業務邏輯數據模型。

（1）業務活動模型（BPV-1）

描述業務活動與活動行為單元之間、活動行為單元內部之間的資訊流。具體執行情況透過業務過程模型描述。例如，基於產能約束的混合智慧粗日投料業務活動模型如圖 2-17 所示。描述該模型的必要元素有業務活動、輸入/輸出資訊流。

（2）活動行為單元時序圖（BPV-2）

活動行為單元時序圖用於描述活動行為單元的執行序列以及數據交換，時序圖可以用 UML 活動順序圖描述。例如，基於產能約束的混合智慧粗日投料活動，其活動行為單元時序圖如圖 2-18 所示，預期交貨期投料的活動行為單元時序圖如圖 2-19 所示。需要描述活動、活動行為單元、資源鏈接、資訊交換、業務活動提供服務以及接受服務說明。

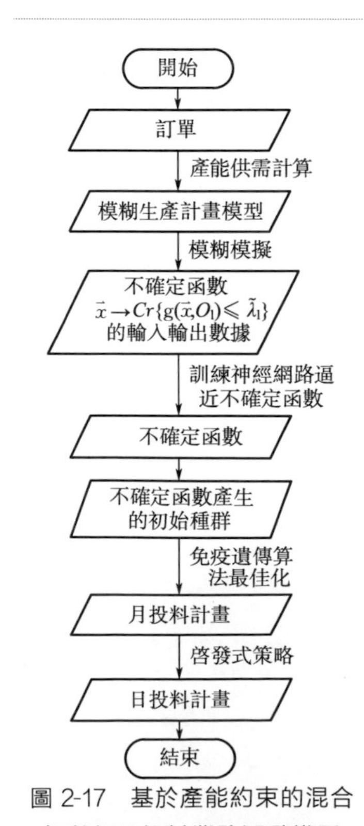

圖 2-17　基於產能約束的混合智慧粗日投料業務活動模型

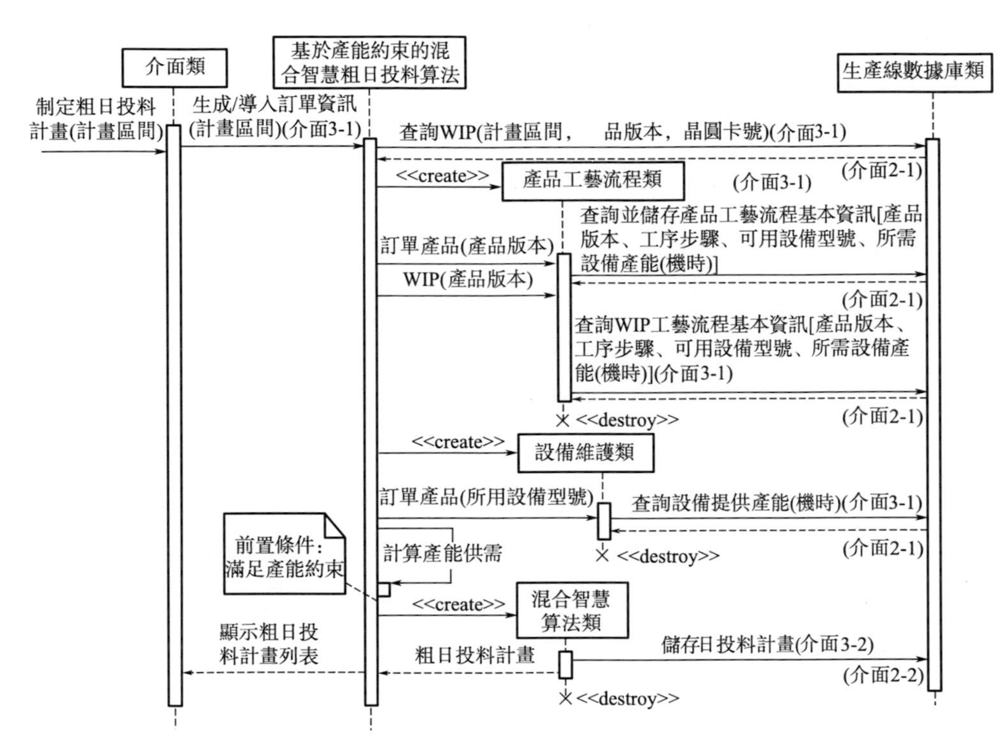

圖 2-18　基於產能約束的混合智慧粗日投料活動行為單元時序圖

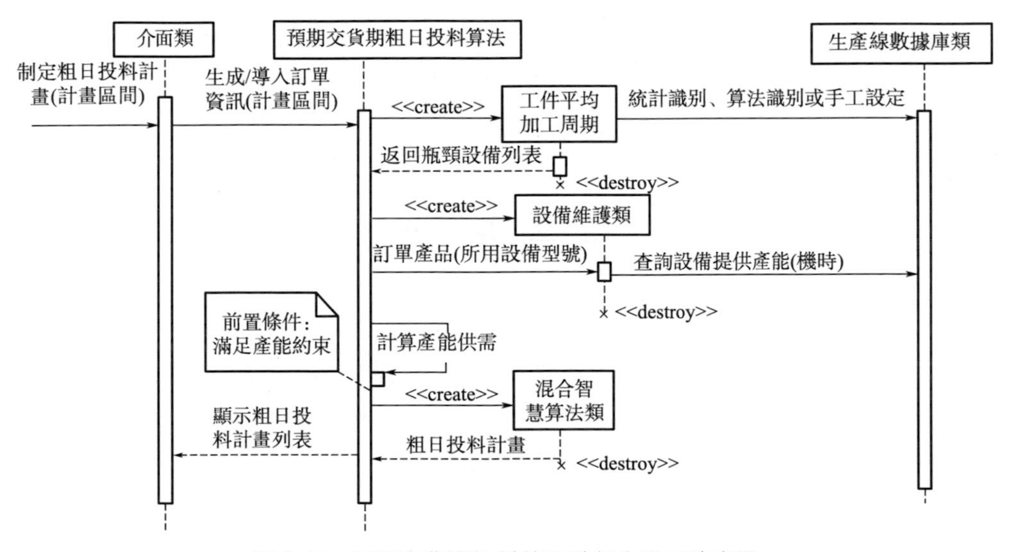

圖 2-19　預期交貨期投料的活動行為單元時序圖

（3）業務過程模型（BPV-3）

業務過程模型描述了業務活動的執行細節和具體的執行業務流程，可以用程序流程圖說明。例如，混合智慧算法流程圖如圖 2-20 所示[15]。

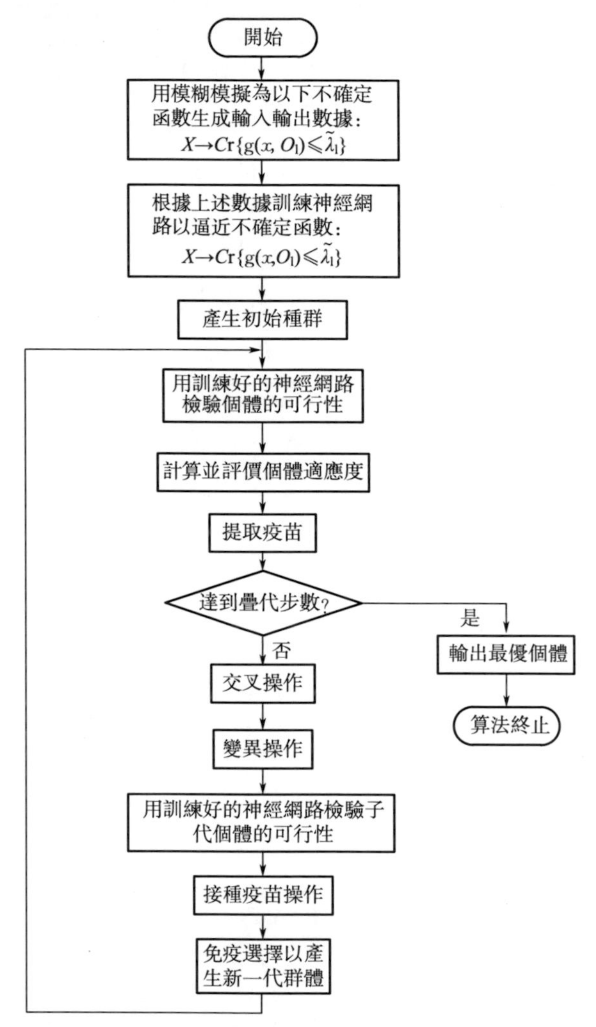

圖 2-20　基於產能約束的混合智慧粗日投料業務過程模型

（4）業務邏輯數據模型（BPV-4）

該模型用於描述業務過程中的實體和實體之間關係的數據類型屬性及關係，可以採用 UML 類圖來描述，業務邏輯數據模型是物理數據模型的實現基礎。圖 2-21 給出的是與投料相關的業務邏輯數據模型。

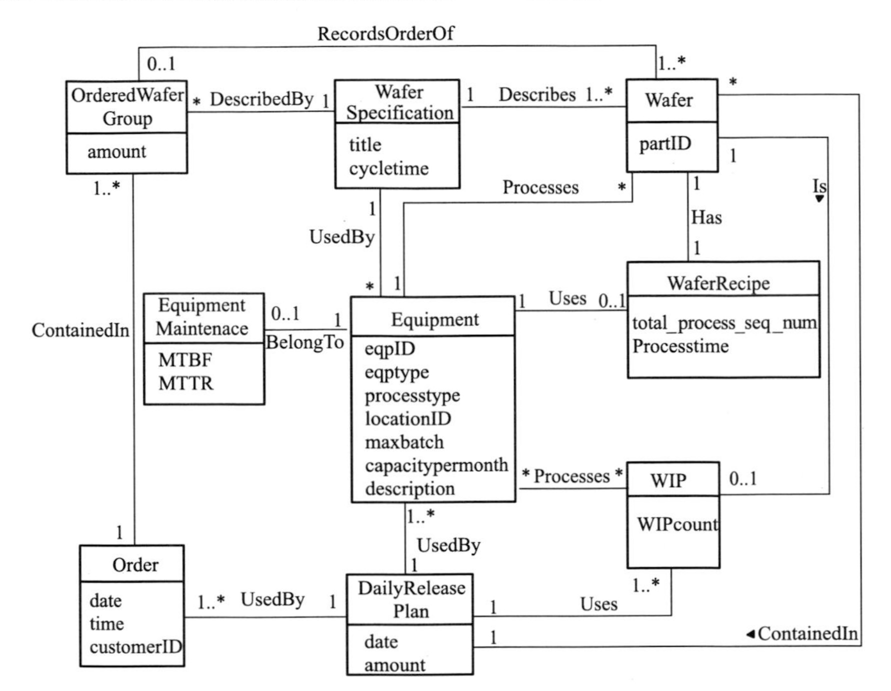

圖 2-21　與投料相關的業務邏輯數據模型

注：圖中 1..＊指 1 對多；0..1 指 0～1。

2.3.3　相互配合視角模型建立

相互配合視角包括 6 個模型：系統介面視圖、相互配合節點模型、通用角色維護模型、相互配合性能視圖、相互配合時序圖以及物理數據模型。

(1) 系統介面視圖（CV-1）

描述業務節點與業務系統之間的關聯，業務系統與生產系統或者生產線仿真系統之間的數據交換。說明各系統、各成員、各角色需要的參數及輸出的結果。

介面視圖需要描述的必要元素有：服務介面名稱、服務介面 ID、需求介面名稱、需求介面 ID、交換的數據元素名稱、交換的數據元素類型。

系統介面按照連接的元素不同有如下類型。

① 業務系統之間的介面　例如，生產系統模型與數據庫之間的介面。半導體生產系統物理資源結構模型是相同的，只要定義一種模板作為介面，將生產線系統物理資源數據儲存在數據庫中，生成仿真模型的時候，不同的生產線模型數據透過模板介面加載進入仿真平臺。再如，投料系統與生產仿真平臺之間的介面為投料計畫單，包含產品、數量、入線時間資訊。這類模板型介面大多以數據表

的形式存在。

② 業務系統與業務系統成員之間的介面　主要包括管理介面、調用介面，需要說明業務系統的業務系統成員列表，對業務系統成員的增、刪、改、維護操作介面，調用業務系統成員的輸入參數和輸出結果形式。這類介面多以使用者介面及事件觸發調用的形式存在。

③ 業務系統成員執行活動行為單元功能的角色之間的介面　角色調用參數描述，需要說明輸入輸出的參數名稱和參數類型，在軟體代碼中實現。

此外還存在數據庫訪問介面、軟體組件介面等技術介面，此時需要按照技術標準進行介面說明。例如，Plant Simulation 平臺加載運行模型，調用軟體 COM 組件方法，其介面說明如表 2-5 所示。

表 2-5　仿真系統加載運行模型的介面

介面	COM 組件方法	說明
打開仿真模型	loadModel	參數為要打開的模型名稱標識符
關閉仿真模型	closeModel	關閉模型
保存仿真模型	saveModel	參數為要保存的模型名稱標識符
開始仿真	startSimulation	參數為仿真控製器
暫停仿真	stopSimulation	參數為仿真控製器
重置仿真	resetSimulation	參數為仿真控製器
執行仿真內部腳本語言	executeSimTalk	參數為腳本語言,執行腳本

(2) 相互配合節點模型 (CV-2)

相互配合節點模型維護基本計畫調度結構與業務系統之間的關係，透過業務節點關聯所選擇的業務系統。相互配合節點的作用如圖 2-22 所示，採用 IDEF0 建模工具建立，其主要功能模型如圖 2-23 所示。

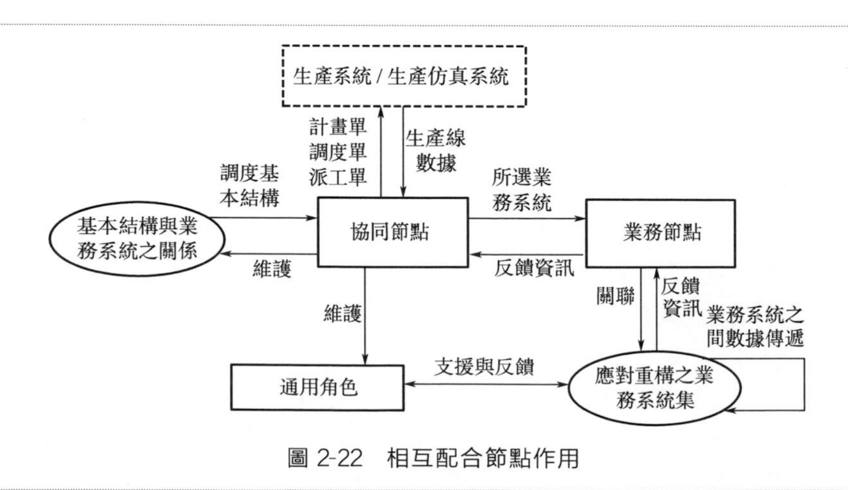

圖 2-22　相互配合節點作用

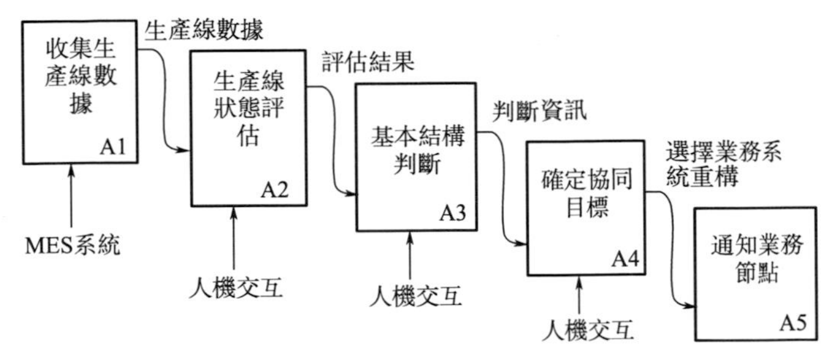

圖 2-23 相互配合節點主要功能模型

(3) 通用角色維護模型(CV-3)

通用角色功能是能夠服務於多個活動行為單元的角色,本質是一些比較通用的業務功能,簡單的如查詢 WIP 資訊這樣的查詢功能,複雜的如遺傳算法這樣具有通用框架的功能。描述這類通用角色要確保滿足角色所需要的輸入條件,確保角色功能的粒度在合理程度。通用角色維護模型需要說明通用角色的功能,維護通用角色功能與活動行為單元之間的關係。通用角色功能分為以下幾種。

① 數據收集功能。常見的數據收集有工件屬性資訊、設備屬性資訊、生產線性能指標數據、工藝流程數據、設備加工相關數據的查詢功能,為多個活動行為單元所需要。例如 WIP 相關數據收集,可查詢調度期內 WIP 分布,返回分別在緩衝區、設備、投料計畫的 WIP 數目,以及每個 WIP 的等待時間、加工時間、投料時間、交貨期等屬性資訊。

② 業務處理功能。常見的業務處理功能主要指簡單派工規則的實現,有許多業務活動的行為單元,需要將一般設備(如非瓶頸設備、非批加工設備)的調度規則設置為 FIFO 等簡單派工規則。

③ 性能統計與可視化功能。常見的有性能生產線統計的圖表展示功能。

④ 其他具有全局服務性質的功能單元。

描述通用角色功能需要說明如下數據元素:功能說明、數據源說明、數據儲存說明、輸入輸出參數說明、觸發事件說明。描述工具可用 IDEF0 工具描述。例如,調度期 T_s 內的 WIP 分布情況查詢功能描述如圖 2-24 所示。

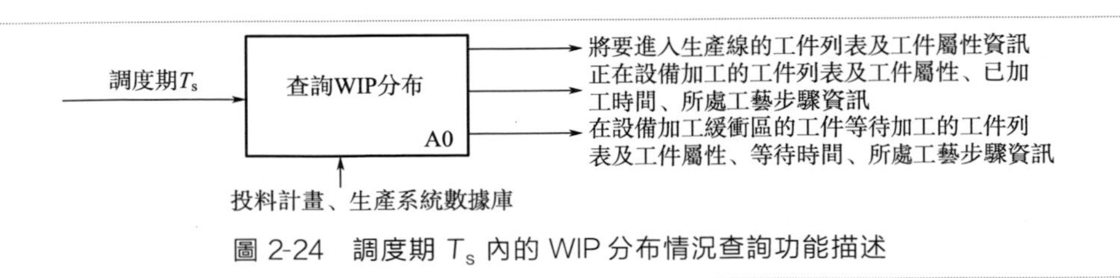

圖 2-24 調度期 T_s 內的 WIP 分布情況查詢功能描述

通用角色功能與活動行為單元之間的關係是多對多的關係，透過二維表表示，其部分內容如表 2-6 所示，表中「n」表示不存在對應關係。

表 2-6　通用角色功能與活動行為單元的對應關係的部分內容

活動行為單元 / 通用角色	投料計畫系統-混合智慧投料成員-計算設備故障占用產能活動行為單元	投料計畫系統-混合智慧投料成員-計算維護占用產能活動行為單元	瓶頸調度系統-蟻群最佳化算法成員-計算維護占用時間活動行為單元	批量調度系統-最大量原則組批成員-建立可組批工件集合	工件調度系統-選擇緩衝區工件加工
查詢調度期內設備維護計畫	輸入參數列表 輸出參數列表	輸入參數列表 輸出參數列表	輸入參數列表 輸出參數列表	n	n
查詢調度期投料計畫	n	n	n	n	n
查詢調度期WIP 分布	n	n	n	n	n
查詢設備故障統計數據	輸入參數列表 輸出參數列表	n	n	n	n
查詢緩衝隊列中的工件列表	n	n	n	輸入參數列表 輸出參數列表	輸入參數列表 輸出參數列表
FIFO 派工規則	n	n	n	輸入參數列表 輸出參數列表	輸入參數列表 輸出參數列表

（4）相互配合性能視圖（CV-4）

相互配合性能視圖是在各系統相互配合完成一次重構過程之後，對重構相互配合本身的性能評價。以圖表文本等形式對業務系統、業務系統成員、通用角色的可獲得性、可維護性、相互配合初始化時間、響應時間進行評價。這些對分析和細化應用系統設計有重要參考作用。

（5）相互配合時序圖（CV-5）

各業務系統在相互配合時的時序位置形成計畫調度結構，也是各業務系統的相互配合時序圖（圖 2-25）。

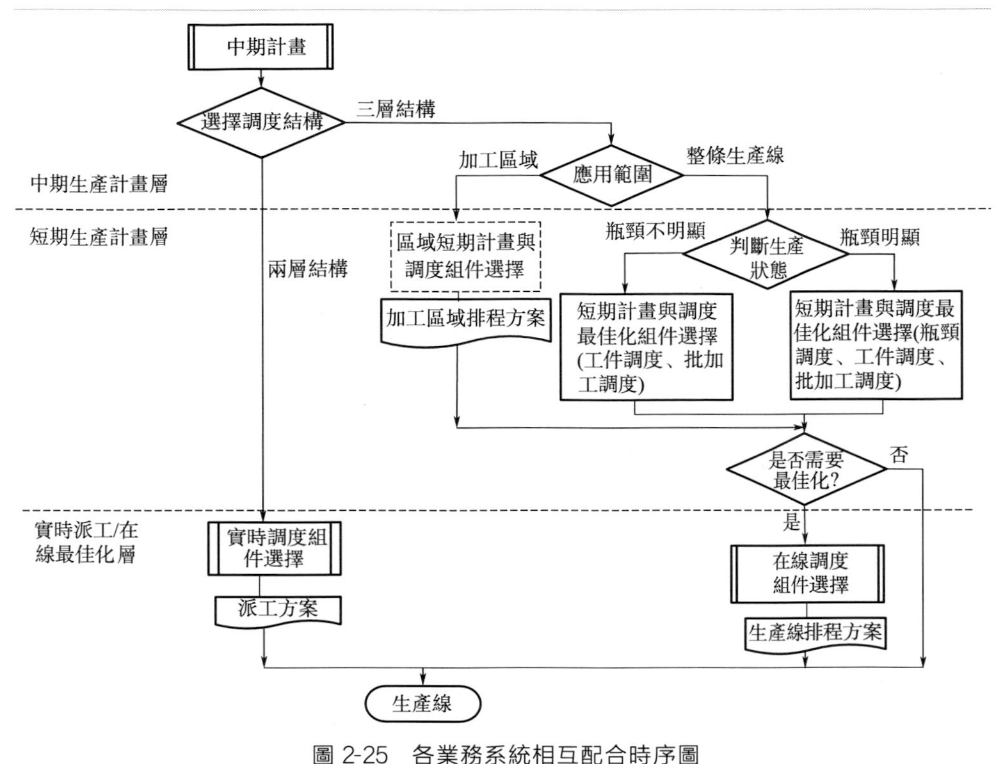

圖 2-25 各業務系統相互配合時序圖

(6) 物理數據模型（CV-6）

物理數據模型是面向使用的數據模型，定義了系統數據的儲存結構及關係。例如生產仿真系統、實時派工系統、投料計畫系統及在線最佳化系統的物理數據模型，包括產品、加工區-設備、在線工件、投料、維護任務、派工單、性能統計、派工規則表。各數據庫表字段說明以及表之間的依賴關係如圖 2-26 所示。

2.3.4 體系結構模型之間的集成和重構關係

(1) 集成關係

基於 PPSAF 構建的複雜製造系統生產計畫與調度體系結構，是由一系列從不同視角出發建立起來的模型集合。根據側重的作用不同，可以分為兩大類：一類模型起到建立維護支援作用；另一類模型實現動態重構。前者是後者的依託和支援，後者是前者的動態演化。這兩類模型全面合理地組成了體系結構的有機整體，也動態形成了整體一致的重構執行體。各個模型之間的集成和重構關係如圖 2-27 所示。

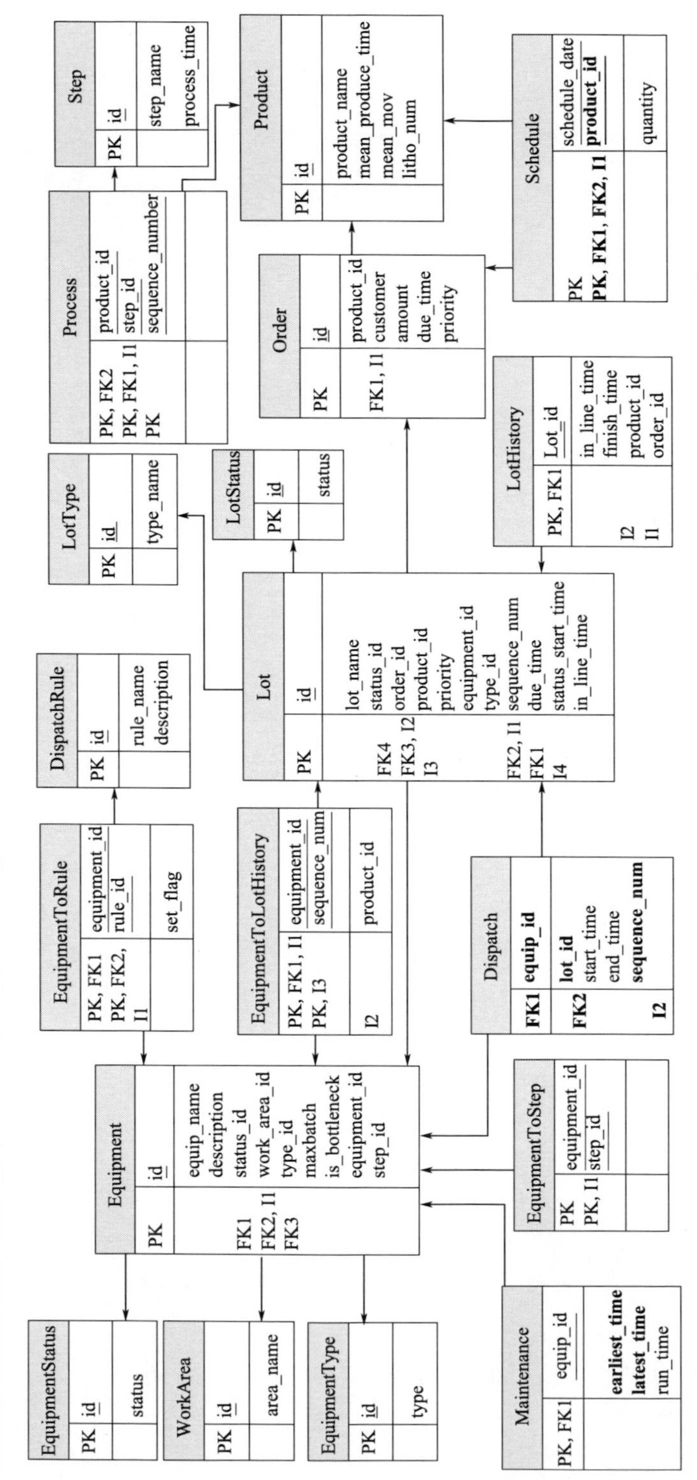

圖 2-26 生產仿真系統、實時派工系統、投料計劃系統及在綫優化系統的物理數據模型 [16]

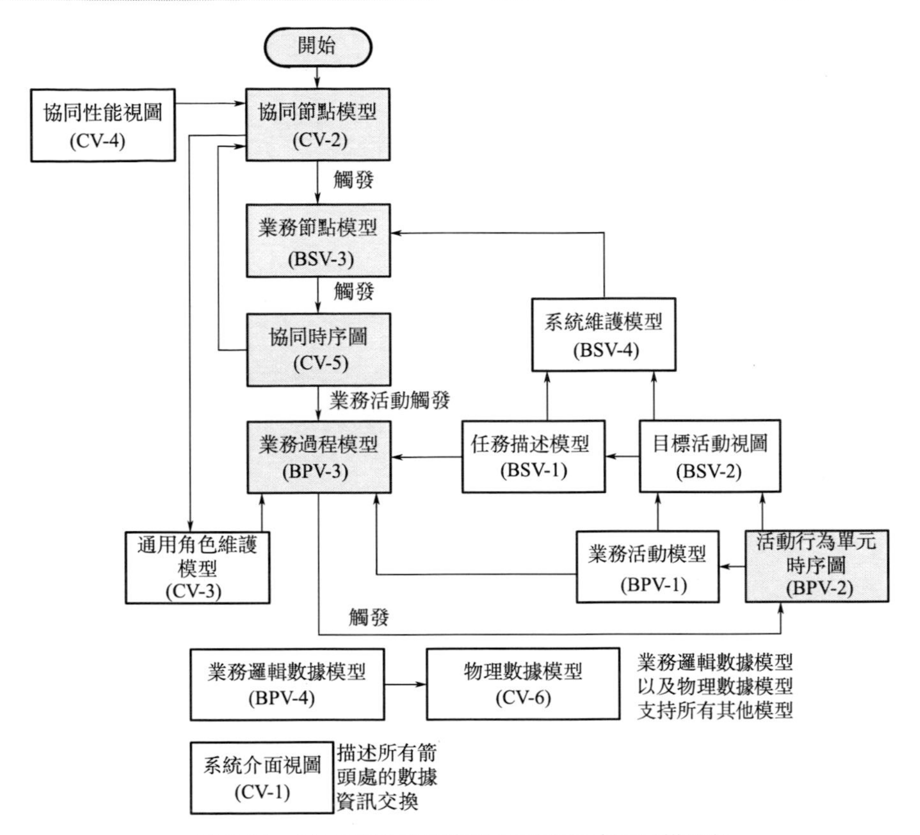

圖 2-27 14 個體系結構模型之間的集成和重構關係

建立維護類模型：任務描述模型（BSV-1）為每個業務系統的不同目標下的任務場景搭建框架，任務場景的業務活動對應目標活動視圖（BSV-2）的業務活動，目標活動視圖中活動行為單元之間的資訊數據交換內容對應業務活動模型（BPV-1）資源流，活動行為單元之間的執行順序對應活動行為單元時序圖（BPV-2）。在通用角色維護模型（CV-3）裡建立活動行為單元和角色之間的多對多對應關係，支援活動行為單元任務的執行。透過系統維護模型（BSV-4），將所搭建的各場景任務及其業務活動綜合起來，其介面描述透過系統介面視圖（CV-1）完成。業務系統有其共用的業務邏輯數據模型（BPV-4），在數據庫中的儲存結構與依賴關係由物理數據模型（CV-6）建立，每個業務活動成員均使用該數據模型完成任務，這樣保持了互操作的一致性與整體性。

動態重構類模型：首先相互配合節點模型（CV-2）根據交互分析結果確定當前重構的結構，確定參與重構的業務系統及業務系統成員，並透過業務節點模型（BSV-3）將選擇的系統及成員關聯起來，根據相互配合時序圖（CV-5），透過業務過程模型（BPV-3），完成各系統相互配合任務，最後由相互配合性能視圖（CV-4）對此次重構相互配合進行評價。

系統介面視圖（CV-1）中的業務系統之間的介面數據元素對應於業務節點模型（BSV-3）描述項資訊交換內容和類型，業務系統與業務系統成員之間的介面對應於系統維護模型（BSV-4）系統成員管理介面。

（2）重構關係

體系結構的 3 個視角 14 個體系結構模型，分別從不同角度描述可重構體系結構的特定內容。14 個模型之間重構關係的形成路徑（圖 2-27）是可重構應用系統建立過程的元模型。

步驟①：建立系統維護模型（BSV-4）。

開發各業務系統成員，並向所屬業務系統註冊。建立業務系統成員的使用和評價數據格式。建立角色向業務系統成員註冊表，並建立儲存角色的使用記錄和評價的數據格式。維護業務節點對系統成員、角色的使用及評價歷史記錄。

步驟②：開發目標活動視圖（BSV-2）。

開發業務系統成員的活動行為單元，並建立執行活動行為單元的可用角色集合，登記在上一步驟中的註冊表中。

步驟③：構建任務描述模型（BSV-1）。

建立任務場景包含的業務對象，建立觸發業務活動的約束和事件。

步驟④：建立業務節點模型（BSV-3）。

建立所選擇的業務系統之間的連接關係，建立業務系統與業務系統成員的連接關係，建立業務系統成員與角色的連接關係，並能夠對這些關係進行管理。建立對業務系統成員和角色評價的機製，建立觸發業務系統以及業務系統成員的增、刪、改、保存、評價等管理動作的觸發機製。

步驟⑤：建立業務活動模型（BPV-1）。

明確說明業務活動模型，描述業務活動與活動行為單元、活動行為單元之間的資訊流，以及業務活動的輸入輸出要求。

步驟⑥：建立活動行為單元時序圖（BPV-2）。

對步驟③步驟④中的觸發事件建立業務活動時序圖，若事件發生則會觸發該時序圖的執行。

步驟⑦：建立業務過程模型（BPV-3）。

詳細構建活動行為單元、角色、數據之間的邏輯以及執行過程。

步驟⑧：建立業務邏輯數據模型（BPV-4）。

建立業務實體及其關係的數據描述，是物理數據模型的基礎。

步驟⑨：建立相互配合節點模型（CV-2）。

建立相互配合節點的人機交互介面，建立分析生產線數據和判斷生產線態勢的模型。建立基本計畫調度結構與業務系統之間的關係，維護通用角色庫。

步驟⑩：設計通用角色維護模型（CV-3）。

建立並維護通用角色與活動行為單元之間的關係。

步驟⑪：設計系統介面視圖（CV-1）。

實現業務系統駐留業務節點的功能，建立業務系統與生產系統或生產仿真系統之間的數據交換。說明業務系統、業務系統成員、角色互相之間的，以及各自內部的輸入輸出數據內容及要求。

步驟⑫：建立相互配合時序圖（CV-5）。

建立相關業務系統在相互配合中的時序邏輯。

步驟⑬：建立相互配合性能視圖（CV-4）。

建立性能指標來衡量每次相互配合的效果，反映對生產線管理的效果。

步驟⑭：開發物理數據模型（CV-6）。

建立各實體在數據庫中的儲存結構和依賴關係。

2.4 可重構的複雜製造系統生產計畫與調度集成體系

上一節以舉例的方式闡述了複雜製造系統的生產計畫與調度體系結構的構建，完整的體系結構應該是由這 14 個模型構建起的一系列相互關聯、彼此照應的模型組，支援對複雜製造系統生產管理領域中涉及生產計畫與調度各方面、各層次的業務問題及過程的全面描述，並能夠從全局和動態的角度刻畫系統的關係與行為，實現生產計畫與調度體系結構系統化、可重構的需求目標。支援實際生產環境下生產計畫與調度業務的組織與最佳化。

從業務應用的角度出發，我們更加關注的是生產計畫與調度集成體系的整體性業務關係和動態可重構的相互配合能力。本節將從這兩方面入手，分別從前文構建的複雜製造系統生產計畫與調度體系結構中提煉出系統化的靜態業務功能關係和動態業務過程邏輯。為突出集成體系的整體表達，這裡隱去了其背後蘊含的兩層內容：一是關於各業務功能基於體系結構模型的規範表達，可以參考 2.3 節討論體系結構的構建時給出的方法與過程；另一個是關於業務功能所涉及的實際計畫與調度問題的解決方法和實現過程，將在本書第 2 篇分章節加以研究和討論。

2.4.1 體系結構的業務功能關係

複雜製造系統生產計畫與調度集成體系結構的各項業務功能可以劃分為三個

層次，如圖 2-28 所示。

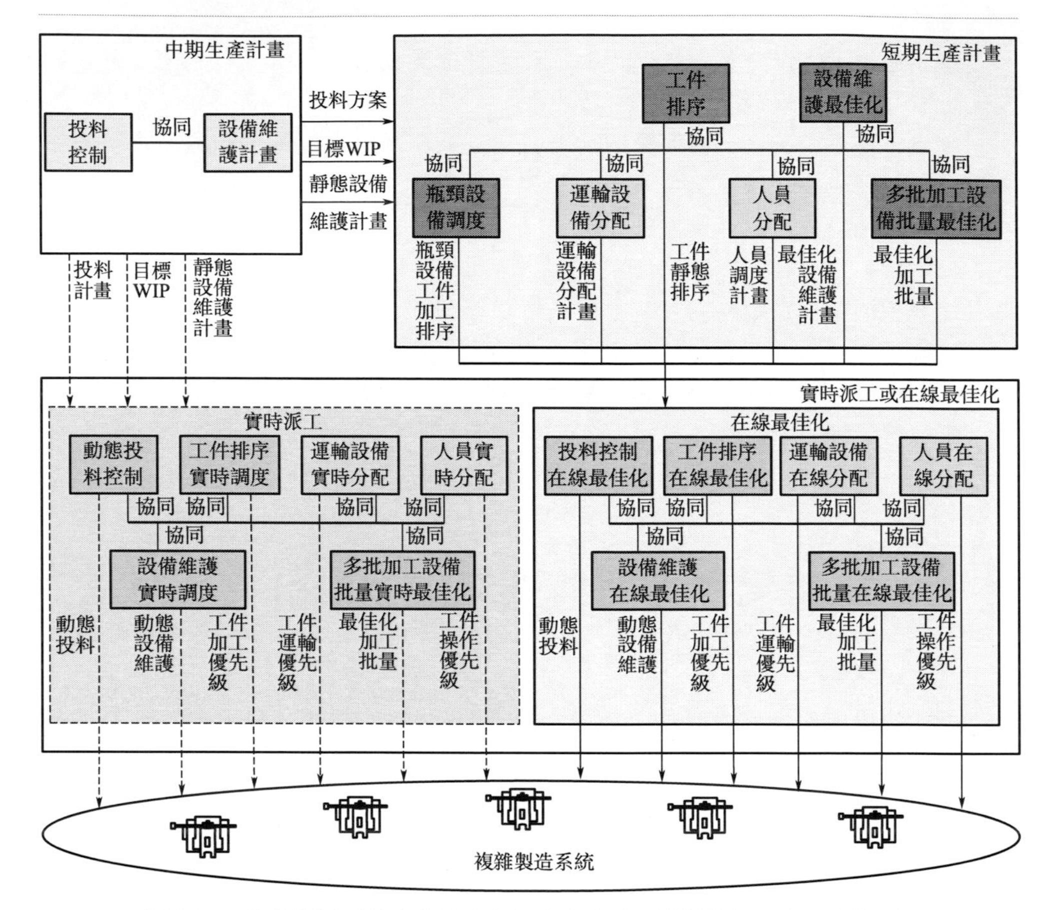

圖 2-28　複雜製造系統生產計畫與調度集成體系結構的各項業務功能關係

(1) 中期生產計畫層

中期生產計畫層包括投料控製與設備維護計畫，用於確定每日的投料數量以及工件的完工時間、設備的維護計畫等。該層的決策結果是下層計畫和調度活動（包括短期計畫層中的靜態調度和實時派工或在線最佳化層中的動態調度）的輸入。

(2) 短期生產計畫層

短期生產計畫層包括各種離線的靜態調度最佳化問題，如全局的工廠生產調度和局部的瓶頸區調度、批加工設備調度等，各業務模塊分別負責完成不同類型的調度任務，相互之間存在相互配合關係。短期生產計畫層的輸出是經過最佳化的工序級作業任務計畫。

(3) 實時派工或在線最佳化層

該層涉及的都是動態的調度最佳化問題，需要依據實時工況對決策的結果做出判斷或調整。其中，實時派工可以以中期或短期生產計畫調度的結果為指導，透過動態地在每一個決策點上利用局部資訊快速地決策派工。在線最佳化是針對實時工況的變化對既定的調度決策進行調整或修正的過程。

3 個業務功能層次之間的關係如表 2-7 所示。

表 2-7 計畫與調度業務功能層次之間的關係

<table>
<tr><th>計畫與調度層次</th><th>決策目標</th><th>常用最佳化指標</th></tr>
<tr><td>中期生產計畫（年、月、周）</td><td>確定投料的產品種類與數量以及完工時間
設備維護計畫</td><td rowspan="3">訂單最小延遲率
降低加工週期
降低加工週期方差
提高 WIP 移動步數
提高生產率
降低 WIP 水準
提高設備利用率
均衡設備負載訂單</td></tr>
<tr><td>短期生產計畫（周、日、班）</td><td>按照中期計畫，確定細日投料方案
最佳化工件在設備上加工順序
最佳化設備維護計畫
最佳化多批加工設備的加工批量
最佳化工件在並行設備加工中心的加工路徑</td></tr>
<tr><td>實時派工或在線最佳化（決策點）</td><td>動態投料控製/投料控製在線最佳化
工件排序的實時調度/在線最佳化
多批加工設備加工批量的實時組批/在線最佳化</td></tr>
</table>

2.4.2 體系結構的業務過程邏輯

在 2.4.1 節描述的生產計畫與調度集成體系的業務功能層次只是從靜態上給出了體系結構的業務功能類的關係，這些功能在應用中是根據實際需要透過動態配合發揮作用的，圖 2-29 概括描述了這些業務類型在邏輯上的相互配合關係。

從圖 2-29 中可見，每一類業務問題對外可能與多種業務問題發生相互配合關係，如中期生產計畫層的投料計畫與短期生產計畫層的工件排程、瓶頸設備調度，以及實時派工/在線最佳化層的批加工設備實時調度都存在相互配合關係。有些業務問題和過程在層次定位和協作關係上是相似的，比如短期生產計畫層中加工區域瓶頸設備調度和批加工設備調度之間，是相同層面的兩個相似問題。其實，在同一業務問題模塊內部，由於解決問題的方法不同，也有可能存在多種不同的功能模塊。所有這些都表徵了複雜製造系統生產計畫與調度集成體系的多樣性和靈活性，也正因為如此，需要在體系結構的實際運用中，根據對象生產系統的實際特點以及所處的特定狀態，加以合理集成和重構，才可真正達成實用性效果。

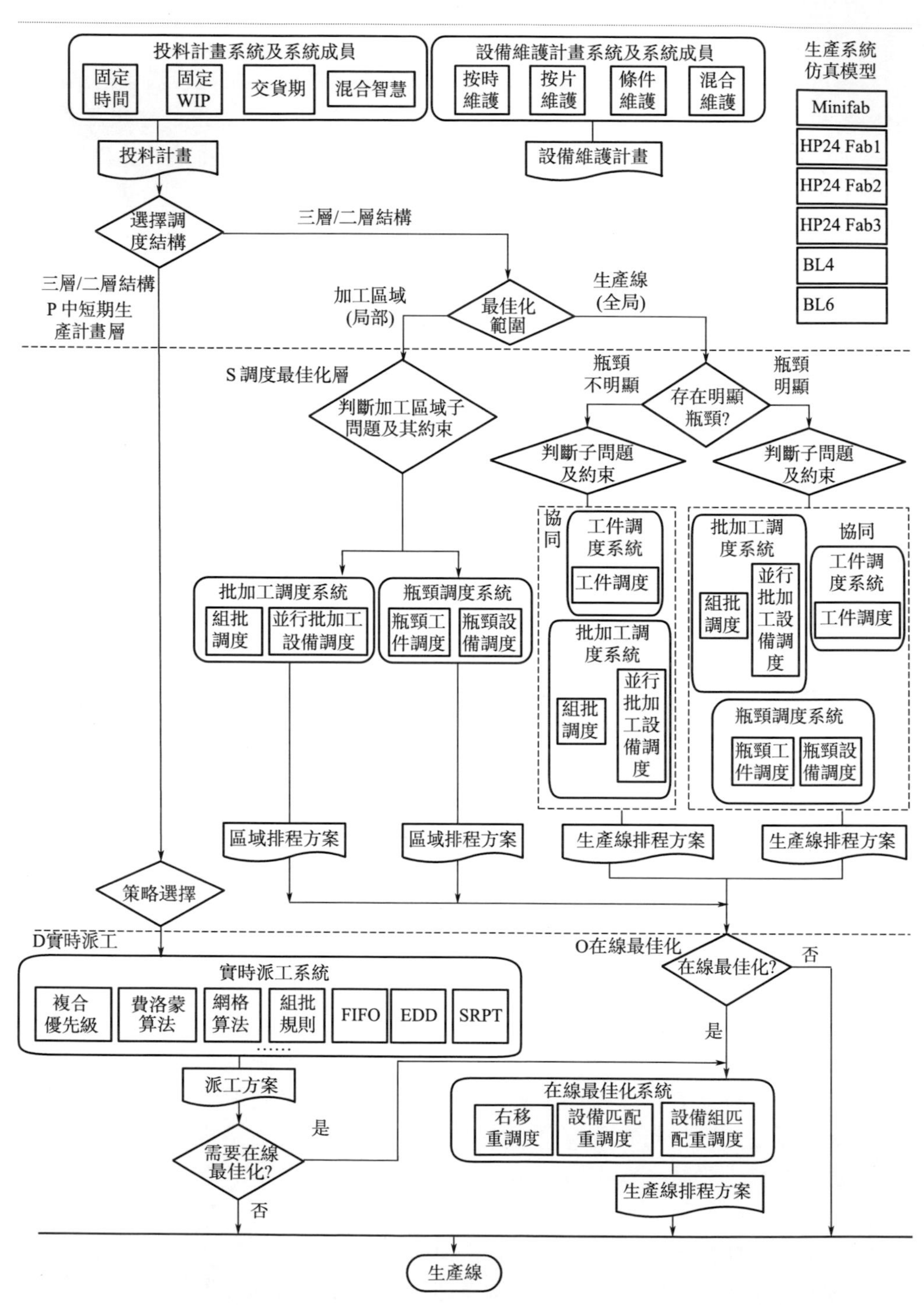

圖 2-29　複雜製造系統生產計畫與調度集成體系結構業務類型的邏輯相互配合關係

2.4.3 體系結構的特點分析

對於複雜製造系統生產計畫與調度體系結構的研究，是為了支援對於複雜的生產計畫與調度領域各類問題的更全面的認識和更科學的描述，並在此基礎上能夠適應實際系統和狀態的需要加以靈活的組合運用。由於計畫與調度系統功能的多樣性，以及問題求解和實現方法的多樣性，計畫調度系統功能與實現方法之間存在多對多的關係，在實際系統運行中需要視情況而定。複雜製造系統生產計畫與調度體系對於這種靈活性的支援能力源於其組件化的特點和可重構的能力。

(1) 組件化

在第 1 章曾提到關於複雜製造系統生產計畫與調度的研究雖然時間長、成果多，但大部分的研究工作還是面向局部問題，呈現相對獨立的態勢，藉助於標準通用的業務描述模型有望改變這種局面。

生產計畫與調度體系結構的基本思路是將常用子問題、常用策略和算法進行組件化封裝，便於在不同類型的調度業務中有選擇的調用。這一組件化特點也使得各企業可以根據實際需要，選擇體系中適用的組件建立訂製化的生產計畫與調度體系結構。例如，如果企業目前處於高度不確定性環境下，同時生產的產品品種很多，訂單變化很快，可以直接採取中期生產計畫和實時派工或在線最佳化兩層結構，同時按照自己需求選取相應的組件（如中期生產計畫、動態投料控製、實時調度、設備維護調度在線最佳化等）；如果一段時期內，企業的產品品種相對固定，生產環境相對穩定，則可以採取中期生產計畫、短期生產計畫和實時派工或在線最佳化三層結構，同時選取相應的組件（如中期生產計畫、投料控製、工件調度、多批加工設備調度、投料控製在線最佳化、工件排序在線最佳化等），以期獲得更加最佳化的調度結果。

組件化並非新概念且在各行各業一直備受重視。組件化基於可重用的目的，將複雜的計畫調度系統按照分離關注點的形式，拆分成多個獨立的組件，實現業務解耦，以系統內部模塊化的靈活有機整合應對計畫調度決策需求的多樣化。複雜的計畫調度系統的構建是組件集成的結果，每個組件有自己獨立的版本，獨立編譯測試和部署。將系統組件化以後，能夠實現完整意義上的按決策需求進行計畫調度配置管理。在軟體組件層面實現計畫調度方法後，對其進行開發、測試、打包、發布的控製管理較為靈活，例如一個通用組件小版本升級，對外提供的介面沒有發生任何變化，其他組件完全不需要再進行開發和測試，但這需要研究人員對業務有更深層次上的理解。

(2) 可重構

體系結構能夠根據生產線環境狀態靈活重構，比如在資訊充分時，能夠給出全局考慮的調度最佳化方案；在決策時刻資訊未知時，採用實時派工（中期計畫

-派工兩層結構）；在決策時刻可以預知部分未來資訊時，可以進行有預測的在線最佳化（中期計畫-短期計畫-在線最佳化三層結構）。或者在高負載中心進行調度及在線最佳化，輕負載中心直接使用啓發式規則。

基於複雜製造系統生產計畫與調度體系結構，指在每一次實際的生產計畫與調度方案的產生過程中，由於實現環境不同，所用到的計畫調度系統功能及各系統功能實現方法不一定相同。需要分析特定環境，驅動各計畫調度系統相互配合，透過具體方法實現功能，形成特定的計畫調度方案，完成一次生產管理的決策過程。圖 2-30 表示了從計畫調度通用結構向具體問題個性應用的多層次多步驟的求解過程，圖 2-31 表示了生產線環境驅動的計畫調度體系的重構過程。

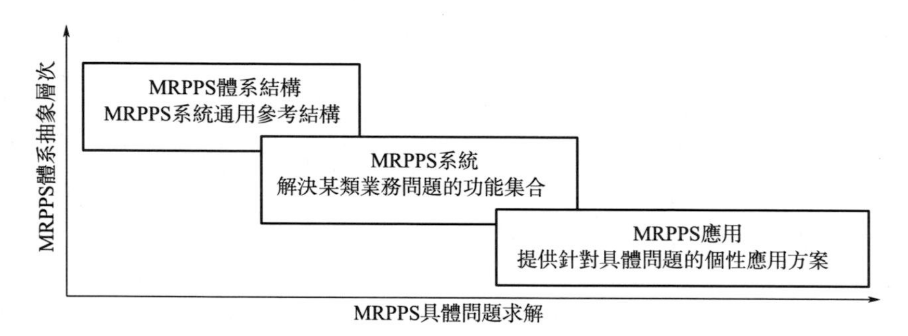

圖 2-30 可重構的計畫調度集成體系的抽象層次

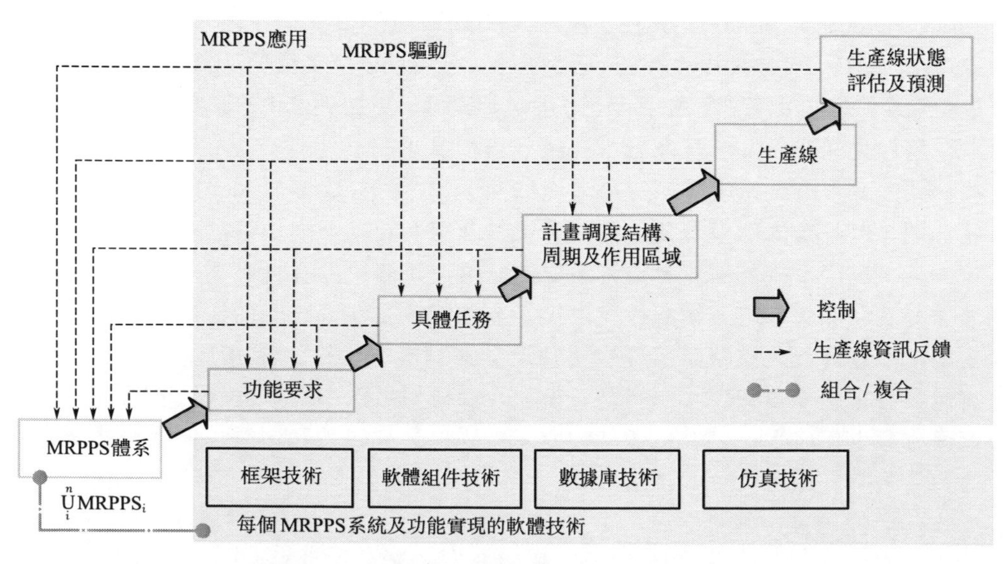

圖 2-31 生產線環境驅動的 MRPPS 體系重構

圖 2-31 突出了生產線狀態評估及預測、生產線環境、計畫調度作用效果、具體任務、對 MRPPS 體系功能要求、各環節的反饋綜合資訊對 MRPPS 體系重構的驅動作用。生產線狀態評估及預測將重構方向、約束和目標反饋給 MRPPS 體系，MRPPS 體系將反饋資訊轉化為對 MRPPS 系統的具體功能要求，由相應的 MRPPS 系統合作執行具體任務，執行的表現形式為計畫調度結構、週期以及作用區域。建立 MRPPS 體系是為多重入複雜製造系統生產計畫與調度提供支援平臺和分析環境，幫助決策者進行綜合權衡尋找槓杆區域，並獲得長期的整體性能最佳化。這個過程離不開生產線狀態分析，後者既是前者的約束，也是其可重構的驅動力。另外，MRPPS 系統及其功能設計與實現，離不開軟體領域相關技術，如框架技術、軟體組件技術、數據庫技術、仿真技術。

綜上所述，MRPPS 體系是系統的系統，是描述如下過程的高層次描述體：分析多重入複雜製造生產線狀態數據，確定生產線整體最佳化方向，重新配置功能上互相獨立、數據上互相聯繫的 MRPPS 系統，推動生產系統向決策主體期望的狀態發展，成員系統也在此過程中發生知識與功能上的擴展。

參考文獻

[1] 李清，陳禹六. 企業資訊化總體設計[M]. 北京：清華大學出版社，2004.

[2] Pandey D，Kulkarni M S，Vrat P. Joint consideration of production scheduling，maintenance and quality policies：a review and conceptual framework[J]. International Journal of Advanced Operations Management，2010，2(1)：1-24.

[3] Monfared M A S，Yang J B. Design of integrated manufacturing planning，scheduling and control systems：a new framework for automation[J]. The International Journal of Advanced Manufacturing Technology，2007，33(5-6)：545-559.

[4] Wang F，Chua T J，Liu W，et al. An integrated modeling framework for capacity planning and production scheduling [C]. Control and Automation，2005. ICCA'05. International Conference on. IEEE，2005，2：1137-1142.

[5] Lalas C，Mourtzis D，Papakostas N，et al. A simulation-based hybrid backwards scheduling framework for manufacturing systems[J]. International Journal of Computer Integrated Manufacturing，2006，19(8)：762-774.

[6] Lin J T，Chen T L，Lin Y T. A hierarchical planning and scheduling framework for TFT-LCD production chain[C]. Service Operations and Logistics，and Informatics，2006. SOLI'06. IEEE International

Conference on. IEEE，2006：711-716.

[7] John A.Zachman. Architecture is Architecture is Architecture[M/OL]. Zachman International, [2019-04-25]. https://www.zachman. com/ea-articles-reference/52-architecture-is-architecture-is-architecture.

[8] 吳瑩. 可重構的多重入複雜製造系統生產計畫與調度集成體系結構關鍵問題研究[D]. 上海：同濟大學，2014.

[9] DoD Architecture Framework Working Group. DoD Architecture Framework Version 2.02[M/OL]. U. S.: Department of Defense, [2019-04-25]. https://dodcio. defense. gov/Library/DoD-Architecture-Framework/.

[10] Federal enterprise architectureframework（version 1. 1）[M/OL] The Chief Information Officers Council of OSA，[2014-08-01]. http://www. cio. gov/archive/fedarch1.pdf.

[11] 嵇文路，夏安邦. 聯邦企業體系結構框架研究. 電腦集成製造系統，2007，13（1）：57-66.

[12] IEEE Std 1471—2000. IEEE recommended practice for architectual description of software-intensive systems，October 2000.

[13] 吳瑩，喬非，李莉. 半導體生產線計畫調度系統綜述分析. 中國科學技術大學學報，2009，39（增）：94-97.

[14] Architecture IGroup W. C4 ISR architecture framework version 2.0[M/OL]. U. S.： C4 ISR Architecture Working Group，[2019-04-25]. https：//www. mendeley. com/catalogue/c4isr-architecture-framework/.

[15] 李兆佳. 混合智慧算法在半導體生產線生產計畫中的應用研究[D]. 上海：同濟大學，2009.

[16] 葉愷. 組件化生產計畫與調度集成方案設計與實現[D]. 上海：同濟大學，2010.

第3章

面向複雜製造系統的計畫與調度重構

複雜製造系統的計畫與調度可重構，是指為能適應實際製造系統所面對的高度不確定性環境，對複雜製造系統計畫與調度功能進行整體規劃，以重組計畫與調度的相互配合結構、重複利用子系統或更新組件的方式，快速調整製造計畫與調度功能的一類可重構生產管理系統。複用現有的或可獲得的算法組件，可以動態地形成計畫與調度應用，產生適用的計畫與調度方案，從而滿足最佳化目標，提升計畫調度的決策效率。本章從計畫與調度體系重構的結構與組成入手，分析可重構系統的內容與層次，並探討軟體組件複用的語義基礎，用於支援可重構系統自治域資源的透明訪問，適應最終應用軟體的動態環境。

3.1 面向複雜製造系統的計畫與調度體系重構概述

3.1.1 可重構系統的結構及組成

可重構系統由可重構算法系統、可複用業務組件以及可重構控製引擎三個關鍵子系統組成，這些子系統有機結合，構成了可重構的計畫與調度體系，如圖 3-1 所示。

可重構算法系統：是完成計畫調度的具有可重構性的執行系統，其前臺介面、中層算法程序與仿真、後臺數據庫均具有與其他子系統相關聯的介面，即透過控製引擎作用下的生產數據（業務數據）相關聯。

可複用業務組件：每類業務組件完成一類計畫調度功能，其具體表現形式為軟體組件，分為複合組件和簡單組件兩類。

可重構控製引擎：與生產系統需求以及計畫調度系統的執行直接相關，用於建立計畫與調度任務之間的聯繫，在整個系統運行過程中處於判斷調整計畫調度體系的工作狀態，協調計畫、調度、最佳化、派工、重調度等系統組件之間的關係，以保證快速響應變化。基於數據與資訊流工作，從而使得控製、相互配合和監控功能有條不紊地進行。

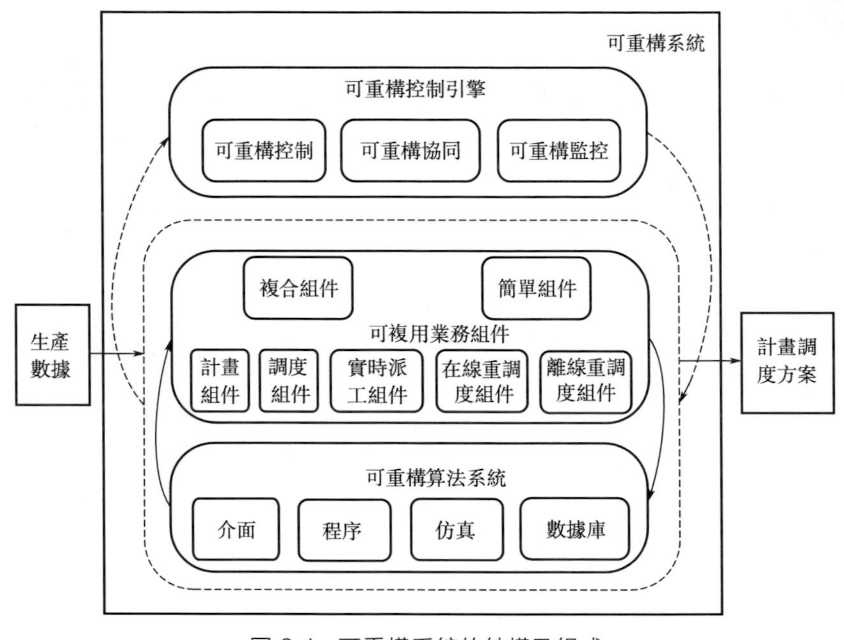

圖 3-1 可重構系統的結構及組成

3.1.2 可重構的類別

按可重構的層次以及可重構的演化，將計畫調度體系的可重構分為如下類別（圖 3-2）。

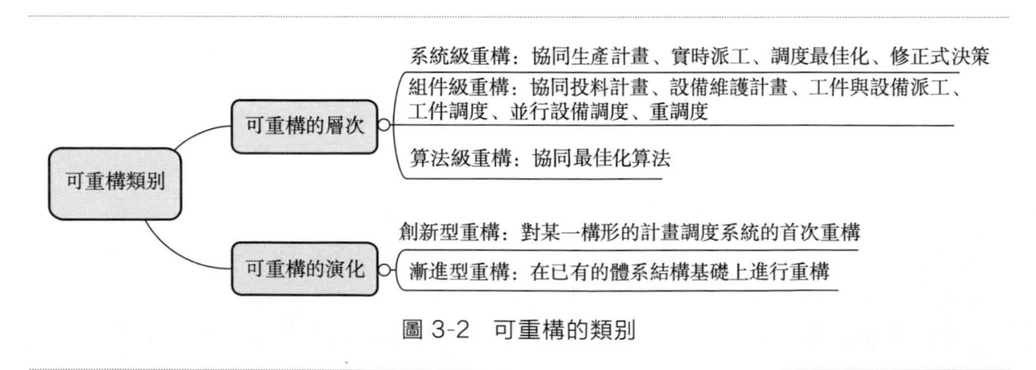

圖 3-2 可重構的類別

所謂構形，是指面對生產線狀態發生變化，在約束條件下，計畫調度體系為應對變化，確定系統之間的相互配合結構。當約束條件改變時，相互配合關係表現出另一種相互配合結構，故而重構也是從一個構形應用向另一個構形應用的轉移。構形是系統在確定約束條件下的時空表示，時間方面的關聯性體現在計畫調度體系功能之間的時序遞進約束；空間關聯性體現在組件與算法的複用，計畫調度在時間和空間下是動態變化的，一個構形就是一個相互配合模式。

計畫與調度體系所起到的作用是將業務邏輯轉換為體系結構下的子系統之間的相互配合，實現空間時間關聯性的統一，從而達到根據生產環境的變化調整調度策略和資源分配，使生產管理維持較高水準的目的。

計畫調度體系的重構能力，取決於決策者以及問題特點，是應對製造系統處理環節變化或由環境而導致不穩定的能力，這種能力來源於調整計畫和調度，能夠在一定程度上消除生產過程中的干擾帶來的影響，當環境變化的時候透過一定程度的修改（作業順序），可以得到很好性能[1~3]，這種局部或全局調整必然映射為結構上的變化。可以認為可重構是一種包容、糾錯、快速反應等多能力的表現，是處理不確定因素的能力[4,5]。

3.1.3　可重構系統的複用層次

複雜製造系統的計畫與調度的重構是由業務體系結構牽引資訊系統進行的重構。邏輯可重構能力透過三個技術複用層次實現（圖 3-3）。第 2 章體系結構框架將計畫和調度模型規範化為計畫調度系統、系統成員以及活動行為單元等 14 個互相聯繫的模型進行管理，在需要實現業務重構時，透過系統級、組件級以及算法級複用組裝應用系統從而實現所需要的重構。三個層次的重構實現基礎是「複用」，「複用」已有的成果來產生計畫調度方案[6]。

每一次為解決生產線計畫和調度應用問題進行一次重構，形成一次特定應用，共享一個基礎架構以及一組嵌入在這個架構上的通用組件，複用的是體系結構框架和軟體組件資產。

① 系統級複用　複用的是解決問題的過程，即「設計複用」。計畫與調度的本質區別在於規劃不同時間跨度下的資源利用。根據具體約束和需求，有「計畫-調度最佳化」「計畫-派工」「計畫-調度最佳化-重調度」「計畫-派工-重調度」四種基本結構。系統級重構的共性透過體系結構框架描述進行表達。應用系統層是具體問題的求解。例如，以某生產線的設備等基本數據為基礎，動態生成該產線的仿真模型；以 ERP 系統訂單及產品資訊為基礎，以輸入時間窗口和工藝路線等為約束條件，可以進行「計畫-調度最佳化」，產生時間窗口期內訂單產品的投料計畫、工件調度和設備調度方案。面對不同的生產線模型，對於混合智慧投料算法，只需要重新計算產能供需，就可以產生投料計畫（「應用」），實現智慧投料最佳化的複用。

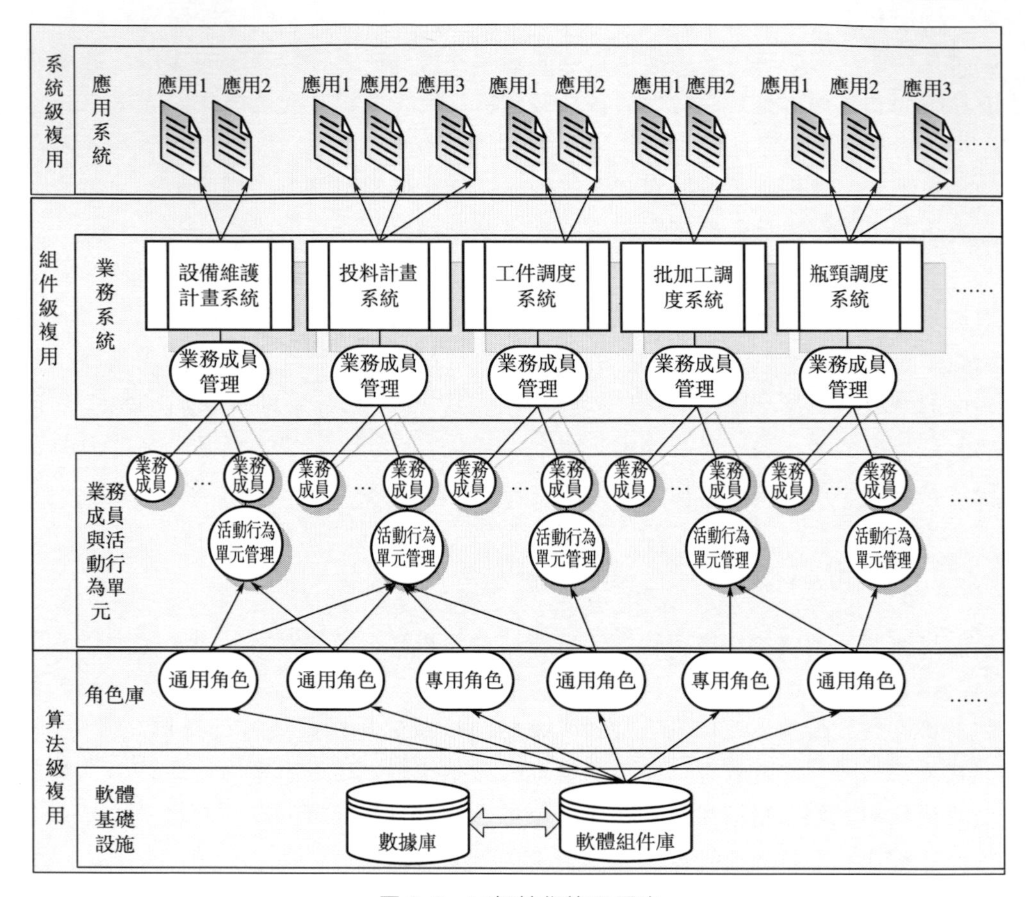

圖 3-3 三個技術複用層次

② 組件級複用 複用的是計畫與調度功能。在同樣的假設前提下，計畫調度方案的生成有多種最佳化方法，在軟體實現上，每一種最佳化方法嵌入功能複用架構中，成為一個業務成員，例如投料計畫中的業務成員有混合智慧投料成員，還有細日投料成員，可以完成同樣的投料功能，透過數據介面進行替換成員，形成功能級的複用，快速尋找合適的方案。對於基於產能約束的混合智慧投料成員，其功能的實現同樣有多種方式，例如目前該成員嵌入了神經網路算法和免疫算法，而這兩種算法的核心實現過程可以利用現存標準算法，也可以自行透過代碼實現，并且神經網路算法和免疫算法不僅可以用於投料計畫，也可以用於調度最佳化。故而，在軟體實現過程中，神經網路算法和免疫算法是智慧投料成員的活動行為單元，在智慧投料的時候，預留了活動行為單元管理的介面，可以調用這兩種算法，如圖 3-4 所示。

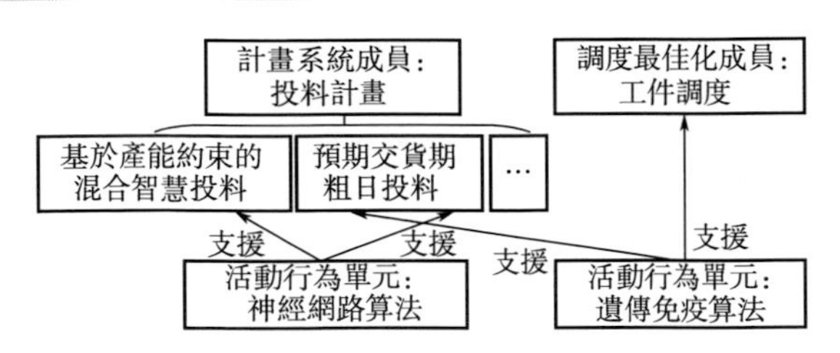

圖 3-4　以智慧投料為例的組件級複用示意圖

③ 算法級複用　複用的是算法與數據。對於活動行為單元的程序級實現過程，同樣存在多種實現方式，有些通用組件可以服務於多個行為單元，例如，在許多調度最佳化中，需要判別瓶頸，瓶頸判別過程則作為一個可複用的通用角色來實現。這裡，角色指實現部分通用或專用的功能，服務於計畫與調度，區分於一般軟體組件，分為通用和專用兩類，是第 2 章體系結構模型中相互配合節點模型（CV-2）和通用角色維護模型（CV-3）中的概念。每個業務系統成員透過「活動行為單元管理」維護與自己相關的角色，透過檢索符合約束條件的組件，並將其功能、性能、應用領域、約束條件等資訊轉化為符合系統當下要求的組件資訊，這樣為業務系統成員屏蔽了軟體組件的語義、結構差異問題。此外，活動行為單元管理還應當儲存系統實例運行的反饋資訊。

④ 軟體基礎設施是複用實現的基礎　可以包含第三方軟體組件，如 JavaBean/EJB、COM/DCOM、CORBA 是主要的軟體組件模型，廣泛地應用於軟體實現中。

所有層次關係緊密，將計畫與調度可重構體系結構模型透過軟體複用技術實現為有機的執行體，從而為邏輯重構提供支援平臺，如圖 3-5 所示。

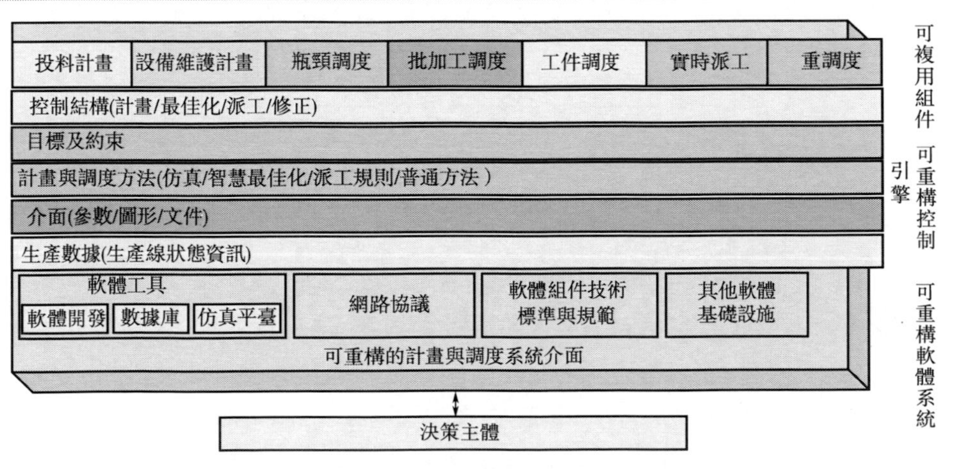

圖 3-5　可重構的計畫調度支援系統平臺

3.2 可重構的內容與層次

在系統級重構中實現計畫調度功能的重構，計畫調度體系的基本功能有：投料計畫、設備維護計畫、工件調度、並行設備調度（路徑調度）、實時派工與重調度。其中重調度是一種基於修正式決策的自適應調度，主要有離線最佳化與在線最佳化兩種方式。基本功能域及其子域在生產實際中具有很大的變動性和複雜性，聯合起來產生了更為複雜多變的調度問題，系統級重構是為了實現計畫與調度的動態相互配合最佳化（圖 3-6）。在組件級重構中，實現計畫或調度功能的組件，由多個可分離、獨立和模塊化的不同軟體構件構成，針對具體生產需求可對這些組件重新組合裝配、設置調整及運行。在算法級重構中，某一計畫調度功能的方法由相對獨立的軟體構件構成，針對同一功能形成的算法可替換，便於找到合適的最佳化算法。

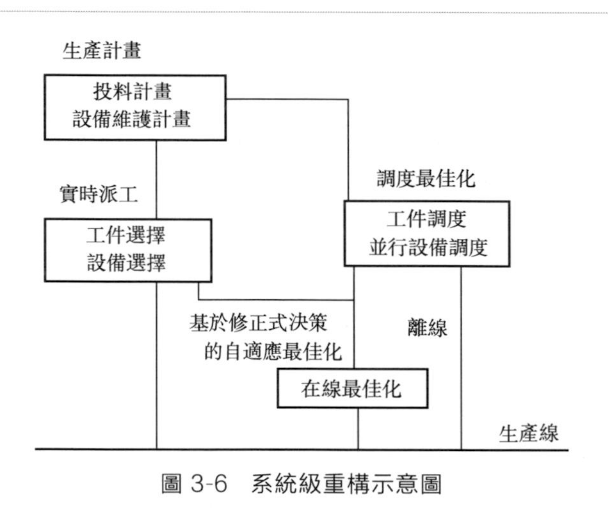

圖 3-6　系統級重構示意圖

3.2.1 系統級重構

相互配合節點模型（CV-2）是對相互配合任務進行分解，根據相互配合時序圖（CV-5）中的結構確定哪些基本系統和業務系統成員參與任務的執行以及基本系統的先後時序關係。本節介紹四種基本結構的執行邏輯。

計畫-調度最佳化結構與計畫-調度最佳化-重調度結構的執行過程如圖 3-7 所示。

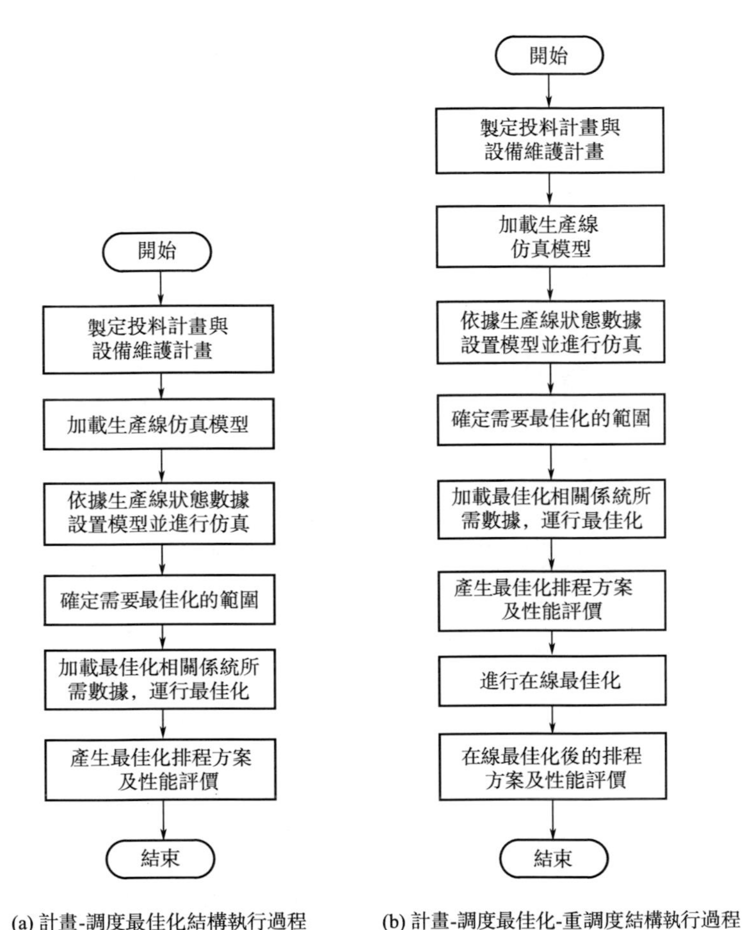

圖 3-7　計畫-調度兩種結構的執行過程

圖 3-7 中「加載最佳化相關系統所需數據，運行最佳化」以及「進行在線最佳化」均為觸發業務節點（BSV-3）的動作。

計畫-派工與計畫-派工-重調度的執行過程如圖 3-8 所示。

圖 3-8(a) 中兩個設置派工規則的動作以及圖 3-8(b) 中的「進行在線最佳化」均為觸發業務節點（BSV-3）的動作。

相互配合節點（CV-2）、業務節點（BSV-3）、相互配合時序圖（CV-5）、業務過程模型（BPV-3）和活動行為單元時序圖（BPV-2）完成重構的過程如圖 3-8(b) 所示。每一次重構，透過複用已有的資訊資產形成滿足需求的應用系統。

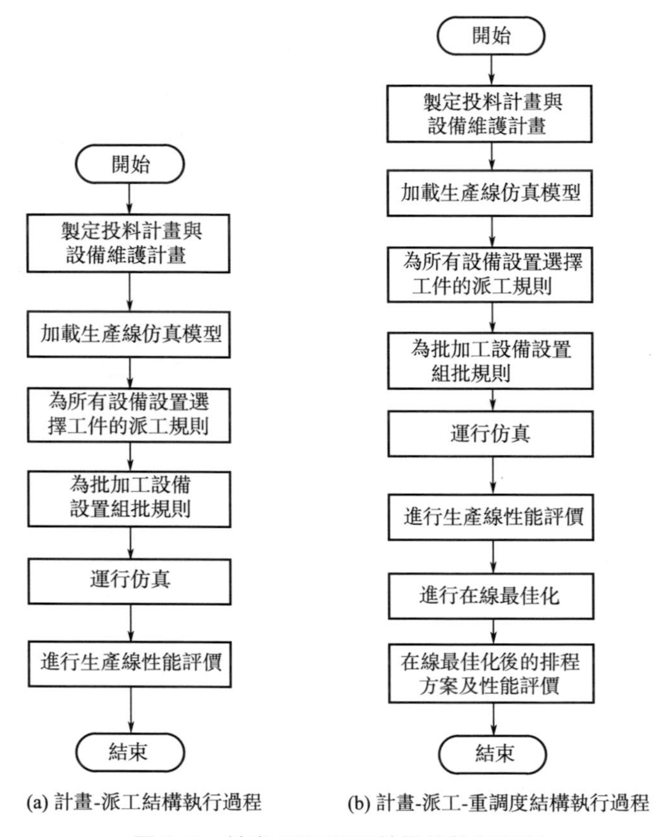

圖 3-8　計畫-派工兩種結構的執行過程

3.2.2　組件級重構

可複用組件，在計畫調度系統中，有很多業務功能相似度很高，例如生產計畫層主要包括投料計畫與設備維護計畫，投料計畫確定何時投入多少新工件到生產線，設備維護計畫用於安排在計畫區間內的生產線的可用設備資源；調度最佳化主要包括離線的最佳化調度決策，既可針對某些特定區域（如瓶頸加工區或批加工設備區），也可針對整條生產線進行全局最佳化；實時派工利用局部資訊快速地實現派工行為；在線最佳化是針對實時工況的變化對既定的調度決策進行調整或修正的過程（表 3-1）。很多業務功能多次使用卻又不完全一樣，顯然它是有複用價值的，但如果後續每次都要花費很多時間重建模型、重寫算法，就意味著可以停止重複而開始重構了。組件級重構基於的載體是可複用的組件，往往發現一部分邏輯可以複用，即可以將其獨立出來形成簡單組件，簡單組件多了，即可以分類放在一起，便於理解和修改，形成複合組件的雛形，這一過程會生產出很多有用的組件，持續進行上述動態漸進演化的過程，便可形成很多可複用的計畫調度功能組件。

表 3-1 可重構計畫調度系統及其業務功能

可重構計畫調度系統	複合組件	簡單組件	功能
投料計畫系統	投料計畫	月投料計畫、粗日投料計畫、細日投料計畫	生產計畫
設備維護計畫系統	設備維護計畫	預防性維護計畫	生產計畫
瓶頸調度系統	瓶頸區	物理瓶頸區工件調度及並行設備調度 瞬時瓶頸區工件調度及並行設備調度	工件調度 並行設備調度
批加工調度系統	批加工區	批加工設備的工件組批、批量、批次排序最佳化調度。分為單臺批加工設備、並行批加工設備	工件調度 並行設備調度
工件調度系統	非批加工區	非批加工設備的工件調度	工件調度
實時派工系統	緩衝區 設備組	透過規則實時進行緩衝區工件調度、並行設備調度、批量調度、批次調度	工件調度 並行設備調度
重調度最佳化系統	在線調整方案	右移重調度	重調度
	離線調整方案	設備組匹配重調度、設備匹配重調度	重調度

3.2.3 算法級重構

對於生產計畫與調度業務而言，封裝組件時可以抽象出四部分：以產品為主線的配置定義部分、以生產設備為核心的物理部分、記錄生產資訊的過程資訊部分以及描述具體算法的調度部分（圖 3-9）。

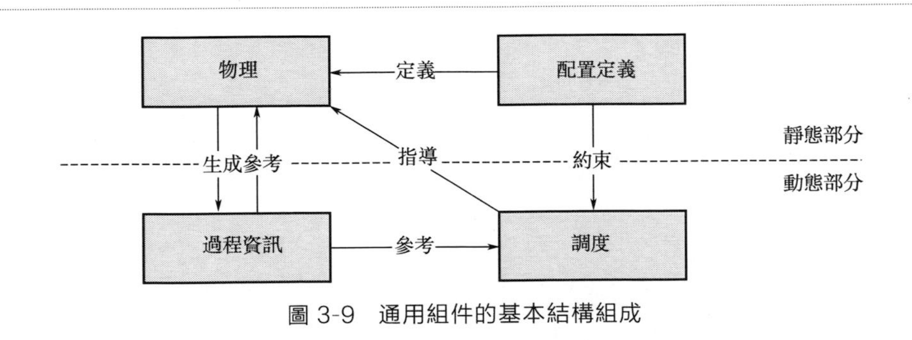

圖 3-9 通用組件的基本結構組成

通用組件模型分為靜態部分及動態部分，靜態部分定義了生產線相對穩定的資訊，包括物理（設備定義為核心）及配置定義（產品定義為核心）兩部分。

動態部分定義了在實際生產過程中運用的部分，包括過程資訊部分（投料計畫、派工單）以及調度部分（各類調度算法）。

配置定義透過對在線工件的工藝定義來規定物理設備的生產，同時還為調度算法提供了流程資訊的參考；過程資訊透過派工單的形式供物理設備參考生產，設備又在實際生產中生成過程資訊，同時，過程資訊也可作為調度算法的輸入或反饋。

組件化特點使得業務功能和業務算法/數據得以解耦，一方面減少了數據冗餘，另一方面使業務功能的配置更具靈活性。最典型的表現在調度算法的實現上，傳統的算法是與特定問題模型綁定在一起實現的，解耦後，由於算法的輸入和輸出都已標準化，這使得算法可被多種模型靈活應用。這也是算法級重構的前提條件。

3.3 可重構系統的建立過程

可重構系統為計畫與調度系統之間以及系統內部關係的重新配置。最終的目標是實現自動或人機交互半自動地產生滿足不同場景下業務需求的應用系統。應用系統是計畫調度業務模型、生產線（仿真）環境、業務數據交換透過體系結構配置起來的統一執行體。重構應用包括 4 個層次的組織過程：選取或訂製業務行為活動單元及其所需要的通用角色，將活動行為單元組織為系統成員，由業務系統成員形成業務系統，最後將各個業務系統透過介面組裝成為應用系統。

可重構的步驟如圖 3-10 所示。

步驟①：啓動相互配合節點模型（CV-2）的執行，判斷生產線態勢，確定所需要的基本調度結構及需要的業務系統，觸發業務節點模型（BSV-3）的執行，並將對業務系統的要求及目標傳遞給 BSV-3。

步驟②：啓動業務節點模型（BSV-3）的執行，按照相互配合目標以及基本結構，選擇相應的業務系統及成員，也就選擇了相應的目標活動視圖（BSV-2），如果不存在所需要的業務系統或者業務系統成員，就需要設計和製定新的業務系統或成員，並加入到體系中。選擇了業務系統成員，就相應地選擇了其活動行為單元。同樣，如果不存在完成活動行為單元的角色，那麼也要設計和製定新的角色，加入到業務系統成員的行為單元列表中。

步驟③：將所選擇的業務系統組裝為應用系統，並進行測試。測試通過則轉入下一個步驟；測試不通過，需要回到步驟①重新分析目標和約束。

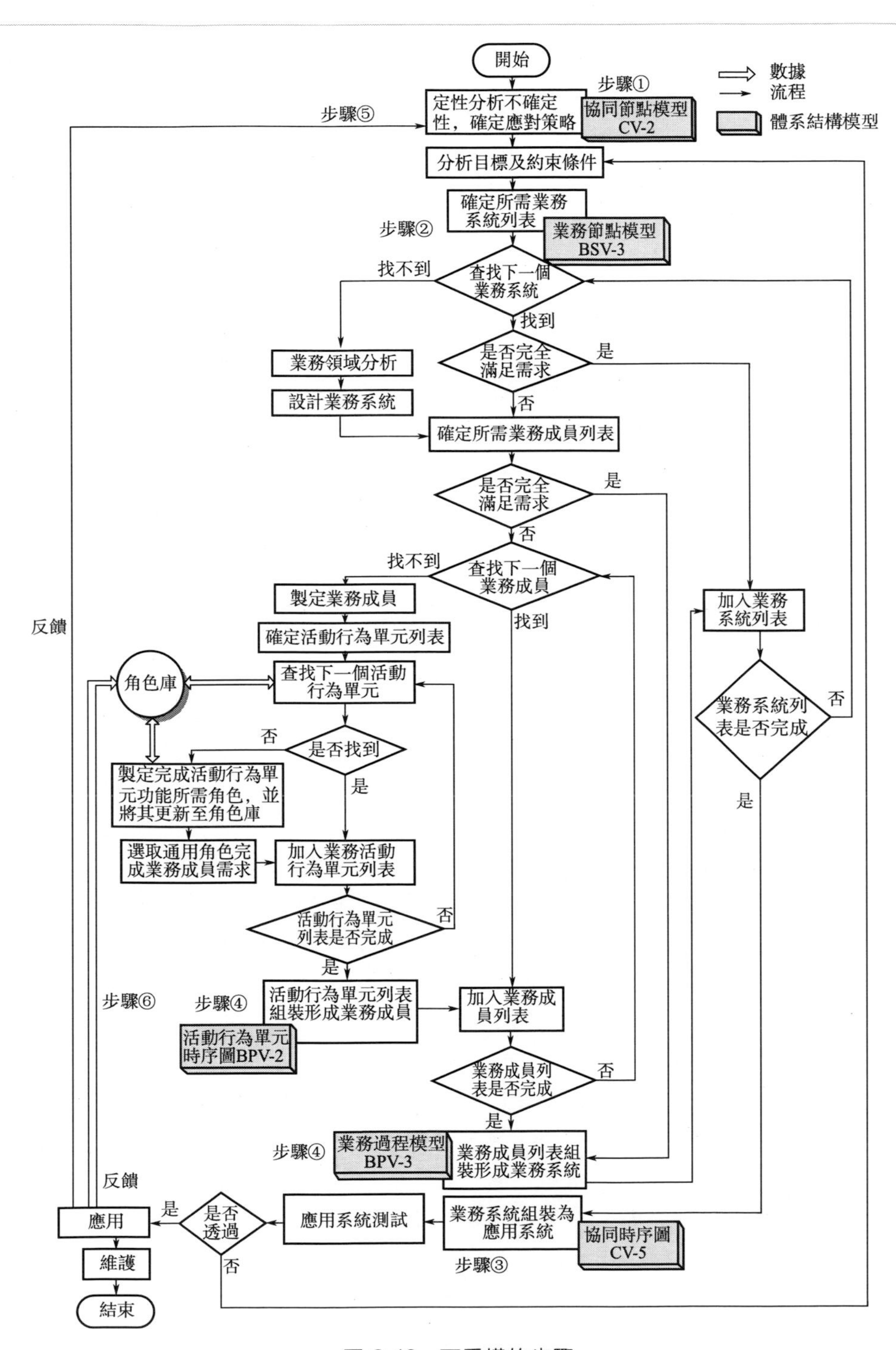
開始
數據
流程
體系結構模型
步驟①
定性分析不確定性，確定應對策略
協同節點模型 CV-2
步驟⑤
分析目標及約束條件
確定所需業務系統列表
步驟②
業務節點模型 BSV-3
找不到
查找下一個業務系統
找到
業務領域分析
是否完全滿足需求
是
設計業務系統
否
確定所需業務成員列表
是否完全滿足需求
是
否
找不到
查找下一個業務成員
製定業務成員
加入業務系統列表
找到
確定活動行為單元列表
反饋
角色庫
查找下一個活動行為單元
業務系統列表是否完成
否
否
是否找到
製定完成活動行為單元功能所需角色，並將其更新至角色庫
是
是
選取通用角色完成業務成員需求
加入業務活動行為單元列表
活動行為單元列表是否完成
否
是
步驟⑥
步驟④
活動行為單元列表組裝形成業務成員
加入業務成員列表
活動行為單元時序圖BPV-2
業務成員列表是否完成
否
是
步驟④
業務過程模型 BPV-3
業務成員列表組裝形成業務系統
反饋
是
應用
是否透過
應用系統測試
業務系統組裝為應用系統
協同時序圖 CV-5
維護
否
步驟③
結束

圖 3-10　可重構的步驟

步驟④：運行應用系統，業務系統透過業務系統成員完成業務任務，觸發業務過程模型（BPV-3）的執行，業務過程的執行觸發活動行為單元時序圖（BPV-2）的執行，一個活動行為單元執行完畢，將結果返回給業務系統成員，按照活動行為單元時序圖觸發下一個活動行為單元的執行。全部執行完畢後，將結果返回給業務節點。觸發相互配合時序圖（CV-5）的執行，相互配合時序圖將業務系統功能的執行結果資訊返回給業務節點，透過業務節點觸發相互配合時序圖中下一個業務系統的執行。

步驟⑤：相互配合時序圖全部執行完畢，將結果返回給相互配合節點，由相互配合節點根據生產線態勢推進下一次重構過程。

步驟⑥：返回執行情況時，會記錄角色、業務系統成員、業務系統的完成時間及效果，便於系統維護和演進。

在上述過程中，各層次和各粒度之間的資訊交換需要系統介面、邏輯數據模型、物理數據模型的支援。

3.4 複用層次的語義基礎

面對不同的計畫與調度業務場景形成合適的應用系統，其實現的關鍵有兩方面：一是透過角色化解耦業務成員的軟體實現功能；二是軟體組件的可複用。本節討論複用的語義基礎。首先給出可重構的多重入複雜製造系統生產計畫與調度（MRPPS）的形式化定義：

$$\text{MRPPS}=\{S,C,\varphi(S',X[r],T),E,O(E),\phi(O,C',Y[r],t)\},S'\subseteq S,C'\subseteq C \quad (3\text{-}1)$$

式中，MRPPS 為體系，是高層次描述體，描述 MRPPS 系統的整體特點；S、C 為體系的實體成員；$S\{S_i|i=1,2,\cdots,N\}$為 MRPPS 系統全集；$C\{C_j|j=1,2,\cdots,K\}$為角色全集；$\varphi(S',X[r],T)$為體系完成某次應用呈現的結構，由完成應用的系統集合 S' 及系統之間關係 $X[r]$ 組成，隨時間參數 T 動態演化；$O(E)$ 為體系綜合任務及目標，透過評估對體系的需求得到；E 為製約決策的問題環境，包括決策時限以及決策對象範圍；$\phi(O,C',Y[r],t)$為體系綜合任務-功能-系統要素的映射關係，可以透過分解得到此關係；t 為角色之間的時序邏輯關係。

在上述形式化定義中，透過範疇論研究結構 φ 和分解映射關係 ϕ。

範疇論是數學框架，用於描述知識之間的聯繫[7]，主要用於研究對象關係及其組合，側重於對象之間的關係而不是對象自身的描述[8]，是電腦科學界描述抽象和依賴關係的工具[9]。態射（Morphism）決定了角色之間的關係。圖是範疇論的基礎[10]，節點為對象，有向邊為態射。透過範疇論能夠建立複雜的系統層次，允許系統作為更複雜系統的組成部分。

在同一範疇裡，只要軟體組件間組合關係的定義不變，各個開發階段的工作符合該定義，那麼態射合成就能夠描述位於不同層次的軟體組件間的關係。

3.4.1 範疇論基礎概念

【定義 3. 4. 1-1】 範疇[11]：Category。一個範疇由以下 3 個部分組成。

① 多個對象（Objects）組成的集合 O。

② 多個態射（Morphisms）（箭頭）組成的集合 M，其中態射 f：$A\rightarrow B$，$A,B\in O$；稱 A 是 f 的定義域（Domain），B 為 f 的值域（Codomain），記為 $\mathrm{dom}(f)=A$，$\mathrm{cod}(f)=B$。

③ 態射合成：$A,B,C\in O$，態射 f：$A\rightarrow B$，g：$B\rightarrow C$，$\mathrm{cod}(f)=\mathrm{dom}(g)$，則存在唯一複合態射 $g\circ f$：$A\rightarrow C$。

範疇是基於圖（diagram）的，可以把一個範疇看成一個有向圖，源節點和目標節點分別表示定義域和值域。

【定義 3. 4. 1-2】 範疇圖：Diagram。範疇圖包括對象集合 D_{O}、態射集合 D_{M}，對所有的態射 $a\in D_{\mathrm{M}}$，$\mathrm{cod}(a)\in D_{\mathrm{O}}$，$\mathrm{dom}(a)\in D_{\mathrm{O}}$。

【定義 3. 4. 1-3】 交換圖：Commutative Diagram。在一個含有對象與態射的圖中，若從圖中任一對象出發到另一對象有兩條或更多的（由同向箭頭連接的）路徑相通，則沿著這些路徑（箭頭方向）的態射合成都相等，這樣的圖稱為交換圖。

【定義 3. 4. 1-4】 餘極限：Colimit。對包含有多個對象 A_i 和態射 a_i 的圖來說，該圖的共限就是對象 L 及一組態射 l_i，滿足：對每一組態射 l_i：$A_i\rightarrow L$，l_j：$A_j\rightarrow L$ 和 a_x：$A_i\rightarrow A_j$，$l_j\circ \mathrm{a_x}=l_i$ 成立（圖 3-11）。

餘極限為角色的組合提供理論基礎，交換圖用於描述角色關係的正確性以及關係的特徵。

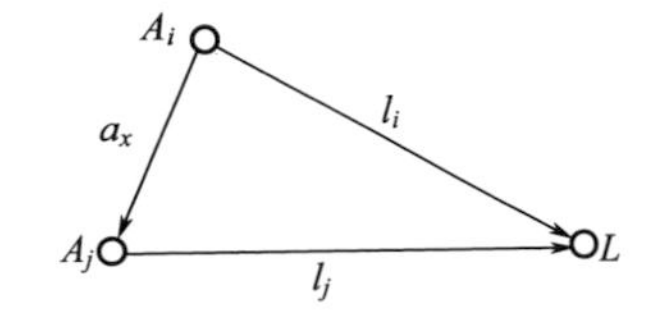

圖 3-11 餘極限

3.4.2 複用層次的語義基礎

將應用問題的需求分解為具體任務，由業務系統成員完成並指派給角色，任務與角色之間形成「任務-分配」關係，定義為 α 關係。角色與業務系統成員之間的關係形成「部分-整體」關係，定義為 β 關係。確定所設計的業務系統成員是否滿足應用需求，形成「需求-滿足」關係，定義為 γ 關係。

業務系統成員的設計定義為 $R_0 \to_{\gamma} Z\{C_i \mid i \leqslant n\}$，式中，$R_0$ 為應用需求；Z 為業務系統成員；C_i 為角色。

業務系統成員 Z 是二元組（C_{set}，L）。式中，C_{set} 為角色集合；L 為角色之間關係集合（三種類型的關係：α，β，γ）。

角色標識是一個八元組 $\theta = <C_{\text{id}}, \Sigma, A, \Gamma, f_{\text{a}}, f_{\text{p}}, D, B>$。式中，$C_{\text{id}}$ 為角色標識符，唯一；$\Sigma = <S, \Omega>$ 為代數意義上的數據標識，這裡是角色規範中的所有標識符；A 為角色的屬性集合，屬性類型由 S 中的數據類型確定；Γ 為角色的介面標識符集合；f_{a}：$A \to 2^S$，用於描述屬性特性；f_{p}：$\Gamma \to 2^S$，用於描述介面特性；D：$\Gamma \to 2^A$，對於 $p \in \Gamma$，$D(p)$ 是描述介面所影響的屬性集合；B 為角色行為描述集合。

角色標識給出了描述角色的詞匯集合 Σ，屬性特性用於描述屬性的可見性、類型等資訊，介面特性包括介面標識符、輸入輸出參數、返回值類型等。

例如，圖 3-12 是瓶頸最佳化系統的概念模型，用蟻群算法對瓶頸區並行設備最佳化是一個瓶頸最佳化系統的業務系統成員，其核心算法蟻群最佳化（Ant Colony Optimization，ACO）算法尋優是一個角色，角色標識定義為：

$\theta_{\text{ACO}} = <C_{\text{idACO}}, \Sigma, A_{\text{ACO}}, \Gamma_{\text{ACO}}, f_{\text{aACO}}, f_{\text{pACO}}, D_{\text{ACO}}, B_{\text{ACO}}>$，其中，

C_{idACO} 為角色唯一標識；

Σ 為描述詞匯集合；

$A_{\text{ACO}} = \{\text{GlobalInfo}, \text{TsInfo}, \text{NodeInfo}, \text{AntInfo}, \text{BottleDeviceInfo}, \text{LineInfo}\}$；

$\Gamma_{\text{ACO}} = \{\text{prt1}, \text{prt2}, \text{prt3}, \text{prt4}, \text{prt5}\}$；

f_{aACO} 用於描述屬性特性，type(GlobalInfo)＝CGlobal，type(TsInfo)＝int，type(NodeInfo)＝CNode，type(AntInfo)＝CAnt，type(BottleDeviceInfo)＝CBottleDevice，type(LineInfo)＝CLine；

f_{pACO} 用於描述介面特性，

type(prt1)＝In，MessageType(prt1)＝int，

type(prt2)＝In，MessageType(prt2)＝databaserecord，

type(prt3)＝In，MessageType(prt3)＝databaserecord，

type(prt4)＝In，MessageType(prt4)＝databaserecord，

type(prt5)＝Out，MessageType(prt5)＝databaserecord。

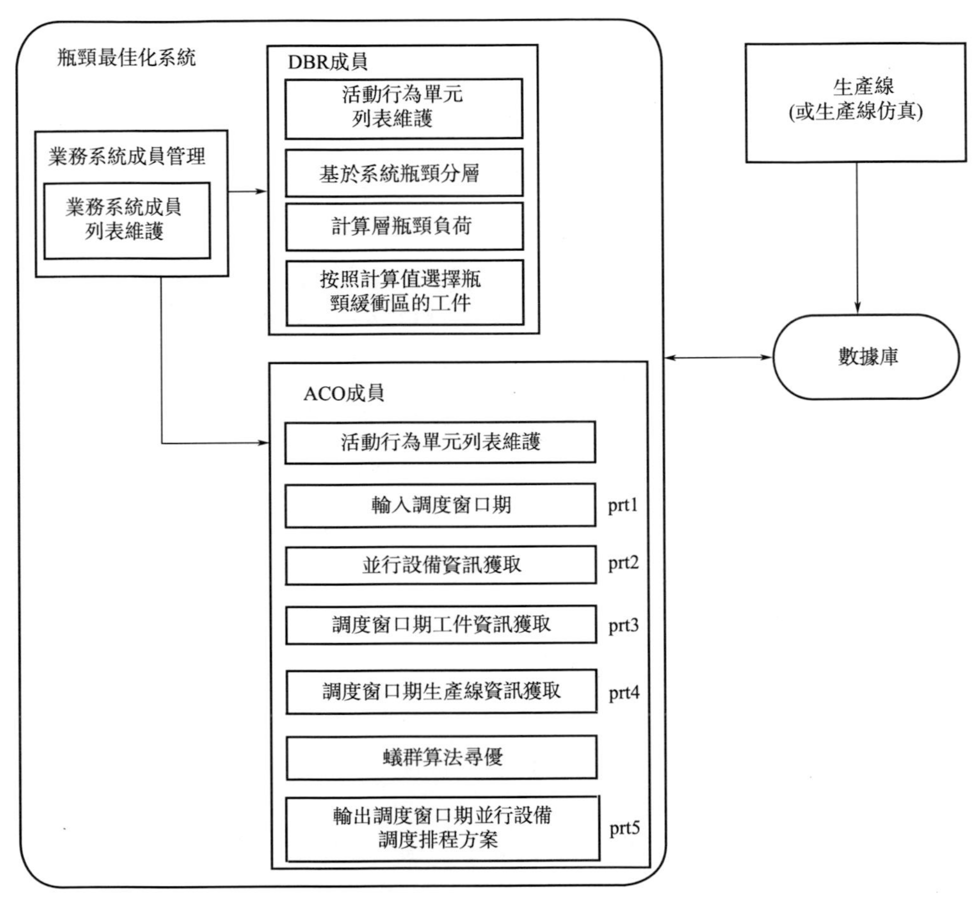

圖 3-12　瓶頸最佳化系統主要業務系統成員

D_{ACO} 用於描述介面所影響的屬性，

D_{ACO}(prt1)＝{TsInfo}，

D_{ACO}(prt2)＝{BottleDeviceInfo}，

D_{ACO}(prt3)＝{NodeInfo}，

D_{ACO}(prt4)＝{NodeInfo，BottleDeviceInfo，LineInfo}，

D_{ACO}(prt5)＝{TsInfo，NodeInfo，BottleDeviceInfo}；

B_{ACO} 用於描述角色行為，

B_{ACO}＝Intial＋GetInfo(TsInfo，AntInfo，NodeInfo，BottleDeviceInfo，GlobalInfo，LineInfo)＋StartSearch＋WriteDatabase。

介面標識（PortSignature）是一個四元組 $PS=<G, I_S, V_S, E_S>$。

式中　$G \subseteq M \times O$，為介面中可能出現的動作集合，M 為有限方法集合，O 為有限結果集合；

I_S：$G \to 2^G$，為由一個動作引發的動作集合；

V_S：$G \to 2^G$，為一個成功動作善後引發的動作集合；

E_S：$G \to 2^G$，為一個異常動作進行處理引發的動作集合；

$\mathrm{dom}(V_S) \cup \mathrm{dom}(E_S) = \mathrm{dom}(I_S), \mathrm{dom}(V_S) \cap \mathrm{dom}(E_S) = \phi$。

業務角色規範（ComponentSpecification）是一個三元組 $CS=(\theta, \Delta, \zeta)$。式中，$\theta$ 為角色標識；Δ 為描述體 $\Delta=<I, F, B_p, \Phi>$；ζ 為 θ-解釋；I 為約束角色屬性初始值；F 為關聯 $D(p)$ 中的屬性和 $G(p)$ 中的動作；B_p 為角色實現目標的條件和約束；Φ 為角色的功能目標和非功能目標；$G(p)$ 為介面 p 的動作集。

對於角色描述體，存在一個 θ-解釋：

θ-解釋（θ-interpretation）[12] 是一個三元組 $\zeta=(\xi, \psi, \nu)$。

式中，ξ 為遷移系統（$W, w_0, E, \to e$）；W 為狀態非空集合；w_0 為初始狀態，$w_0 \in W$；E 為事件的非空集合；$\to e \in W \times W$，為事件 e 引起的狀態變遷；

ψ 為返回某個屬性表達式在某個狀態的取值，狀態是角色各屬性取值；

ν 為介面中動作發生時的事件集合。

假設角色 θ 標識是命題 q，在 ζ 的每個狀態 w 都有 $(\zeta, w)=q$，稱 $\zeta \models q$，對於每一個目標 $g(g \in \Phi)$，有 $\zeta \models g$。

如果功能目標沒有具體的實現過程，該規範稱為抽象規範。

θ-解釋描述系統交互和業務過程。

圖 3-12 所示為瓶頸最佳化系統的業務系統成員中的蟻群最佳化算法（ACO），其在軟體領域的角色規範描述如圖 3-13 所示。

角色標識態射：設 $\theta_1=<C_{id1}, \Sigma_1, A_1, \Gamma_1, f_{a1}, f_{p1}, D_1, B_1>$ 和 $\theta_2=<C_{id2}, \Sigma_2, A_2, \Gamma_2, f_{a2}, f_{p2}, D_2, B_2>$ 是兩個角色標識，角色標識態射 δ：$\theta_1 \to \theta_2$，是一個標識符映射，δ_Σ：$\Sigma_1 \to \Sigma_2$，並滿足下列條件：

$\delta_\Sigma(\Sigma_1) \subseteq \Sigma_2$；

對每一個 $a \in A_1, \mathrm{sort}(\delta_\Sigma(a))=\mathrm{sort}(a)$，sort 確定屬性的類型；

對每一個 $r \in \Gamma_1$ 和 $p \in P$，P 是 r 的參數集合，$\mathrm{sort}(\delta_\Sigma(p))=\mathrm{sort}(p)$；

對每一個 $r \in \Gamma_1, \delta_\Sigma(D_1(r))=D_2(\delta_\Sigma(r))$。

```
Component ACO
Attributes
  Private Cid:String；//組件標識符
  Private TsInfo:int；//調度窗口期
  Private NodeInfo:Cnode；/*任務節點，主要為工件基本資訊：當前光刻層、共計光刻層、工件
類型、工序表、當前所處工序、位置資訊(緩衝區/進入緩衝區時間、投料計畫/入綫時間、正
在加工/開始加工時間、交貨期、工序交貨期、工件最早到達時間、當前可用設備列表*/
  Private AntInfo:Cant；//蟻群算法相關、路徑禁忌表，更新費洛蒙
  Private GlobalInfo:Cglobal；/*全局資訊、螞蟻數目、疊代次數、所釋放的費洛蒙、費洛蒙揮
發和衰減係數等*/
  Private BottleDeviceInfo；/*並行設備資訊：設備標識、設備名稱、平均加工時間、已經加工的
工件數目等*/
  Private lineInfo；//生產線資訊，如投料計畫資訊
  ……
Ports
   In  prt1  {
      GetInfo(int TsInfo)；//得到調度窗口期
   }
   In  prt2  {
      GetInfo(CBottleDevice BottleDeviceInfo)；//得到並行設備資訊
   }
   In  prt3  {
      GetInfo(CNode NodeInfo)；//得到任務節點資訊
   }
   In  prt4  {
      GetInfo(CLine LineInfo)；//得到生產線資訊
   }
   Out prt5 {
      WriteDatabase;//輸出調度窗口期內的最佳化排程方案
   }
    ……
Behavior
     B_ACO=Intial+GetInfo(TsInfo,AntInfo,NodeInfo,
BottleDeviceInfo,GlobalInfo,LineInfo)+StartSearch+WriteDatabase
       Ant.PrepareAllow；
       Ant.UpdateAc；
       Ant.settabuDevice；
       Ant.InsertNode；
       ……
Axioms
  GetInfo>AntFirstNode>StartSearch>Antbehavior>WriteDatabase；//動作依賴關係
    ……
```

圖 3-13　ACO 角色的規範描述

上述條件的含義是標識符映射不能改變角色中屬性的類型和介面的參數類型，每個介面所影響的屬性集合保持不變。

下面的命題用於描述不同角色標識之間的複合態射關係。

【命題 3.4.2-1】 設 $\theta_1=<C_{id1},\Sigma_1,A_1,\Gamma_1,f_{a1},f_{p1},D_1,B_1>$，$\theta_2=<C_{id2},\Sigma_2,A_2,\Gamma_2,f_{a2},f_{p2},D_2,B_2>$和 $\theta_3=<C_{id3},\Sigma_3,A_3,\Gamma_3,f_{a3},f_{p3},D_3,B_3>$為角色標識，如果存在態射 δ_1：$\theta_1\rightarrow\theta_2$ 和 δ_2：$\theta_2\rightarrow\theta_3$，則有態射 $\delta_1\circ\delta_2$：$\theta_1\rightarrow\theta_3$。

根據角色標識態射的定義，該命題成立。

δ-逆射[13]：設角色標識 θ 和 θ_1，存在態射 δ：$\theta\rightarrow\theta_1$，對於 θ_1-解釋 ζ_1，沿 δ 的逆射就是從 ζ_1 中獲得 θ-解釋 ζ，且關於 θ 的表達式 f 在其上的取值與 $\delta(f)$ 在 ζ_1 上的取值相同，記為 $\zeta_1\uparrow\delta$。

δ-逆射的核心是從 ζ_1 的狀態遷移系統中獲取另外一個角色的狀態遷移系統。

在上述定義和命題的基礎上給出角色三類關係的定義如下。

α 關係：設兩個角色規範 $CS_1=(\theta_1,\Delta_1,\zeta_1)$和 $CS_2=(\theta_2,\Delta_2,\zeta_2)$，$CS_1$ 是給定的角色規範，CS_2 是在業務系統成員設計過程中產生的角色。其中 $\Delta_1=<I_1,F_1,B_{p1},\Phi_1>$，$\Delta_2=<I_2,F_2,B_{p2},\Phi_2>$，$\Delta_1$ 包含任務（可分解）。α：$CS_1\rightarrow CS_2$ 是一個軟體組件標識態射 δ：$\theta_1\rightarrow\theta_2$，并且滿足 $\zeta_1\models\Phi_1\Rightarrow\zeta_2\models\Phi_2$，$\zeta_2\not\models\Phi_2\Rightarrow\zeta_1\not\models\Phi_1$。

基於業務系統成員的設計過程以功能分解為基礎，將功能分解為活動行為單元集合，每一個活動行為單元完成一個子功能，將其分配給一個角色（通用角色或者專用角色）。將子功能分配給角色後，要確定角色之間的協作關係規則，任務解釋用於驗證角色之間的協作關係是否正確。

β 關係：給定兩個角色規範 $CS_1=(\theta_1,\Delta_1,\zeta_1)$和 $CS_2=(\theta_2,\Delta_2,\zeta_2)$，$\Delta_1=<I_1,F_1,B_{p1},\Phi_1>$，$\Delta_2=<I_2,F_2,B_{p2},\Phi_2>$。$\beta$：$CS_1\rightarrow CS_2$ 是一個角色標識態射 δ：$\theta_1\rightarrow\theta_2$，且滿足：①$\zeta_2\models\theta_2\delta(\varphi)$，$\varphi\in\Phi_1$，當且僅當 $\zeta_1\models\theta_1\varphi$；②對於 $g_2\in\Phi_2$，g_2 是 Δ_2 的一個子功能，有 $\zeta_2\mid= g_2\Rightarrow\zeta_1\mid\neq g_1$，$\zeta_1\not\models g_1\Rightarrow\zeta_2\not\models g_2$。

條件①CS_1 對子功能的解釋需要經過驗證且與描述一致，并且在 CS_2 中能夠保持該一致性。條件②說明 CS_1 作為 CS_2 的組成部分，需要完成部分子功能，且不能與任務目標產生衝突。

γ 關係：$CS_0=(\theta_0,\Delta_0,\zeta_0)$設為高層角色規範，$CS=(\theta,\Delta,\zeta)$ 是 CS_0 的低層角色規範，$\Delta_0=<I_0,F_0,B_{p0},\Phi_0>$，$\Delta=<I,F,B_p,\Phi>$。$\gamma$：$CS_0\rightarrow CS$ 是一個角色標識態射 δ：$\theta_0\rightarrow\theta$，對於需求 $\varphi_0\in\Phi_0$，有 $\zeta\models\delta(\varphi_0)$，且 $\zeta_0\uparrow\delta$。

高層角色規範是指包含帶分解的任務的全局目標的角色規範。低層角色規範是包含在業務系統中的角色集合。定義中的條件要求對於高層規範的所有目標都能夠滿足。

在以上定義的基礎上，我們能夠得到業務系統成員設計模式的定義。

業務系統成員設計模式：設 $CS_0=(\theta_0,\Delta_0,\zeta_0)$是應用需求的全局目標，

$CS=(\theta,\Delta,\zeta)$是為滿足 CS_0 的角色規範，$\{CS_i=(\theta_i,\Delta_i,\zeta_i)|i\in N\}$是完成全局目標的角色集合。如果存在角色關係$\{\alpha_i:CS_0\to CS_i|i\in N\}$、$\{\beta_i:CS_i\to CS|i\in N\}$和 $\gamma:CS_0\to CS$，那麼 CS_0、$\{CS_i\}$、CS 以及組件關係組成該業務系統成員的設計模式，記為 $CS_0\to_\gamma CS\{CS_i|i\in N\}$。

從語義上看，一個業務系統成員設計模式 $CS_0\to_\gamma CS\{CS_i|i\in N\}$是由角色 CS_0、$\{CS_i\}$、CS 和組件關係 γ、$\{\alpha_i\}$、$\{\beta_i\}$ 組成的餘極限 colimit，對於 γ：$CS_0\to CS$、β_i：$CS_i\to CS$ 和 α_i：$CS_0\to CS_i$，$\beta_i\circ\alpha_i=\gamma$ 成立。

【命題 3.4.2-2】 假設角色規範 CS_1、CS_2、CS_3，存在 α_1：$CS_1\to CS_2$ 和 α_2：$CS_2\to CS_3$，則存在 α：$CS_1\to CS_3$。假設角色規範 CS_1、CS_2、CS_3，存在 α：$CS_1\to CS_2$ 和 β：$CS_2\to CS_3$，且 CS_1 的功能在 CS_3 中有相應的實施方法，則存在 γ：$CS_1\to CS_3$，否則，假設 CS_3 的功能只是 CS_1 的子功能，則存在 α：$CS_1\to CS_3$。假設存在 α：$CS_1\to CS_2$ 和 γ：$CS_2\to CS_3$，則存在 γ：$CS_1\to CS_3$。

根據命題 3.4.2-1 和角色關係的定義，該命題成立。

應用系統：應用系統是一個包含不同抽象層次的業務系統成員設計模式的集合 $CS_0^j\to_\gamma CS^j\{CS_i|i\in N|j\leqslant n\}$，其中 n 為設計模式的數量。

綜上所述，應用系統本質是由角色規範及其關係構成的範疇，角色規範作為對象，其關係作為態射。α、β、γ 關係說明了需求目標以及完成任務需要哪些角色的協作。圖 3-14 是一個應用系統（範疇）的例子。

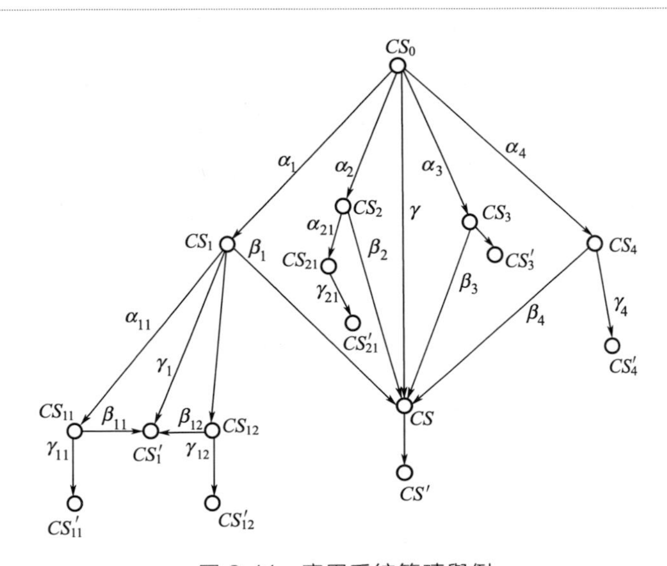

圖 3-14　應用系統範疇舉例

圖 3-14 中，角色規範 CS_{11} 包含了角色 CS_1 的子功能目標，角色 CS'_{11} 實現了 CS_{11}，角色 CS'_1 包含了 CS_{11} 和 CS_{12}，滿足 CS_1 需求。同樣的，角色規範 CS 包含了 CS_1、CS_2、CS_3、CS_4，滿足 CS_0 需求。

上述分析也說明了業務系統成員的複用性，假設有需求 S 與圖 3-14 中的 CS_1 相同，那麼可以選擇 $CS_1 \rightarrow_{\gamma} CS'_1\{CS_{11}, CS_{12}\}$ 作為應用 S 的設計模式，透過 γ_{11} 和 γ_{12} 選擇角色 CS'_{11} 和 CS'_{12}。這樣的選擇不是主觀選擇，而是科學和規範的方法。

本節討論了支援重構過程的複用語義基礎，能夠透過嚴格的形式化規範描述業務需求，透過角色規範以及軟體組件的層次關係實現業務需求，透過範疇論方法，為基於軟體組件的應用系統及其需求與角色的映射關係提供了統一的語義描述框架。這樣可以透過對各個組成部分的研究得到整個系統的規範描述，並保持組成部分的語義的一致性，有利於模型轉換和追踪和根據業務需求進行功能訂製、複用和擴展，是 MRPPS 應用系統開發工程化的基礎。

參考文獻

[1] Jensen M T. Robust and flexible scheduling with evolutionary computation: [D]. Århus: Department of Computer Science, University of Aarhus, 2001.

[2] GuPta Y P, Goyal S. Flexibility of manufacturing systems: Concepts and Measurement. European Journal of Operational Research, 1989, 43 (1): 119-135.

[3] Upton D. The management of manufacturing flexibility. California Management Review, 1994, 36 (2): 72-89.

[4] Beach R, Muhlemann A P, Paterson A. et al. A review of manufacturing flexibility. European Journal of Operational Research, 2000, 122 (1): 41-57.

[5] Ishii N, Muraki M. A process-variability-based online scheduling system in multi-product batch process. Computers and Chemical Engineering, 1996, 20 (2): 217-234.

[6] Bass L, Clements P, Kazman R. Sotfware arehitecture in practice 2nd.Beijing: Tsinghua University Press, 1998: 353-368.

[7] Michael B, Charies W. Category theory for computing science. New Jersey: Prentice-Hall, 1990.

[8] Paterson K G.Schuldt J C N Efficient identity-based signatures secure in the standard model. ACISP 2006, Berlin: Sringer-Verlag, 2006: 207-222.

[9] Goguen J. A categorical manifesto. Mathematical Structures in Computer Science, 1991, 1 (1): 49-67.

[10] 陳意雲. 電腦科學中的範疇論. 合肥: 中國科學技術大學出版社, 1993.

[11] Fiadeiro J. L. Categories for software engineering. New York, USA: Springer, 2004.

[12] Fiadeiro Jose Luiz, Maibaum Tom. Categorical semantics of parallel program design. Science of Cumputer Programming, 1997, 28: 111-138.

[13] 楚旺，錢德沛. 以體系結構為中心的構件模型的形式化語義. 軟體學報，2006，17（6）: 1287-1297.

第2篇

可重構單元篇

本篇將以體系結構的四個核心單元環節為研究主體，分別在明確各單元的問題定位和常規方法的基礎上，選擇有代表性的複雜問題加以重點研究並設計新的求解方法，透過相應的體系結構模型分析和構建，為後續參與生產計劃與調度體系的集成與重構做好準備。

第4章

複雜製造系統的中期生產計畫

中期生產計畫是企業在計畫期內對生產的產品品種、品質、產量和產值等生產任務的計畫以及對生產進度和工廠資源的安排，在本書研究背景中，其時間跨度一般為周或日。良好的計畫控製能夠幫助複雜製造企業迅速響應市場環境、提高產品滿足客户需求的能力、緩解資本積累、緩衝儲存空間，從而提高產品合格率。

中期生產計畫主要包括投料計畫與設備維護計畫。中期生產計畫的編製方法有按訂單編排生產計畫、生產週期安排法和訂貨型計畫編製法。按訂單計畫編排方式適用於訂單與產能充分匹配的情況下，訂單相對穩定和產能相對平衡的企業；生產週期方法適合小量生產企業；訂貨型編製方法提出了生產優先權判斷理論，並結合約束理論、線性規劃理論製定資源規劃和生產計畫安排。然而，對於訂單不穩定、交期隨機性比較大的企業，以上方法則難以適用。

本章針對複雜製造系統中期生產計畫難以用常規方法較好解決的挑戰性，在對投料計畫和維護計畫兩類中期生產計畫的典型任務進行綜述分析的基礎上，分別研究運用智慧最佳化新型算法思想的求解方案，並從系統化集成的角度分析中期生產計畫層級內的系統相互配合和可重構模型與集成。

4.1 中期生產計畫概述

4.1.1 投料計畫概述

(1) 投料計畫層次結構

投料計畫在整個製造系統的生產過程管理中占據重要地位，主要決定何時投料、投何種料以及投料的數量。它是複雜製造系統的重要組成部分，位於製造系統調度體系的前端，影響著其他類型的調度，對提高製造系統的整體性能具有重要意義。在實際的複雜製造系統中，投料計畫是分不同層次逐步明確的，不同層次的投料計畫在相應上一層投料的指導下形成，如圖 4-1 所示。

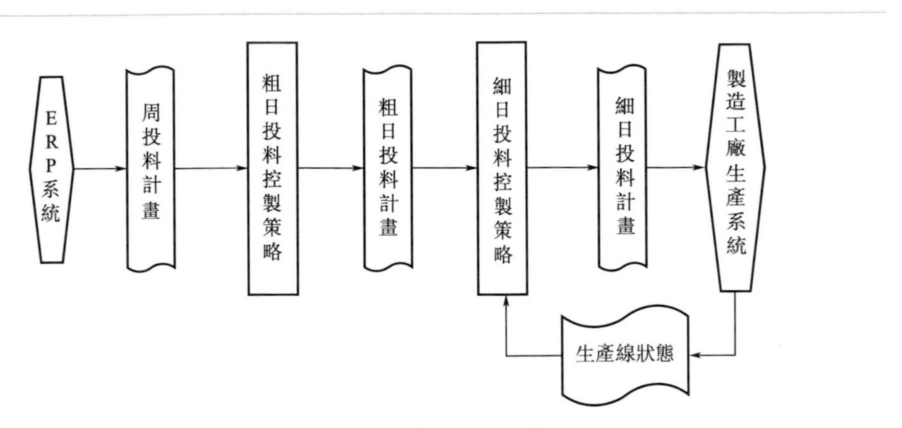

圖 4-1 投料計畫的層次結構

周投料計畫來自於企業的 ERP 系統，根據實際客户訂單和庫存要求製定；粗日投料控製策略進而將周投料計畫細化為粗日投料計畫，即確定每日的投料品種和投料數量；細日投料控製策略則負責將粗日投料計畫進一步細化為細日投料計畫，即確定所投物料每日的具體投放時刻。在周投料計畫層次和粗日投料計畫層次中是不考慮生產線上的實際狀態的，而細日投料計畫層次則需要考慮生產線上的實際狀態[1]。

(2) 投料計畫研究階段

關於投料計畫的研究經歷了三個主要階段：第一階段，傳統的投料控製方法研究，從最初的開環投料策略到閉環投料策略，此後也經歷了從靜態控製到動態控製的延伸。第二階段，將其他生產因素（如產品工藝）對投料計畫的影響考慮進來，基於傳統閉環投料策略，進一步探索綜合最佳化後的投料計畫方法，並在實際驗證中得到了更佳的效果。第三階段，隨著投料計畫和工件調度理論的日漸成熟，將投料與派工綜合起來研究，形成一種新的策略以指導製造系統的運行，成為學術界新的研究方向。

① 傳統的投料控製方法研究階段

自從 Wein[2] 以及 Glassey[3] 提出並驗證了投料方法的優劣對半導體生產系統的性能具有更加重要的影響以後，半導體生產系統投料方法的研究得到了學者們的關注，此時半導體生產系統投料方法主要以開環投料方法為主，開環投料方法並不考慮生產線的狀態，投料方式是固定并且事先計畫好的，而製定計畫的依據通常是來自經驗或者客户需求，投料時間點也不會隨著生產線的生產狀態不同而改變。此類投料控製方法主要包括統一投料法、投料單投料法、固定時間間隔投料法、隨機分布泊松流投料法、指數分布投料法等。

隨後，研究者們將更多的控製理論（反饋原理、約束理論等）引入投料控製，對閉環投料方法進行改進並提出了一些常規的閉環投料控製方法，透過對生產線上的某一指標進行監控，視情況來對投料進行調整控製。而監控指標可以分為兩類：在製品數（Work in Process，WIP）和工作負荷（Workload）。基於這兩類監控指標，又衍生出了許多種改進的投料控製方法。以 WIP 作為監控指標的投料控製方法主要是固定在製品數（Constant WIP，CONWIP）投料方法。CONWIP[4] 的基本思想是盡量保持生產線上的 WIP 為預期設定值，透過反饋對系統投料速率進行控製，當 WIP 低於設定值時才對系統進行投料。Lin 和 Lee[5] 的研究表明，有效地監控 WIP 能顯著改善調度效果。

然而，CONWIP 投料法只適合於已經處於穩定生產狀態且產能平衡的生產線系統。WIP 並不是衡量生產線生產水準的最好參數，比如一個生產線的第一臺設備有 10 個 WIP，與生產線的最後一臺設備上有 10 個 WIP，雖然兩者的 WIP 相同，但是兩者所處的生產狀態卻差異明顯，因此兩者所採取的投料方法也應該有所不同。為瞭解決這個問題，研究人員提出以工作負荷作為監控指標的投料控製方法，如固定工作負荷（Constant Workload，CONLOAD）投料方法。工作負荷一般是以加工時間來計算的，與 WIP 相比，工作負荷統計和更新更為複雜，但卻能更準確地體現生產系統的負載情況。在半導體生產線中，設備規模大、重入和返工現象頻繁、又存在批加工和集束加工等特殊加工設備，這些都使得工作負荷的測定方式複雜多樣，隨時間和區域的變化也十分頻繁。因此，往往將工作負荷突出的瓶頸設備作為關注重點。在實際生產中，瓶頸設備往往不止一個，而且由於大量不確定事件的發生，也經常出現「瓶頸漂移的現象」。

隨著研究的深入，常規的投料控製方法陷入瓶頸，學術界開始將生產的影響因素引入投料控製的研究中，并且基於常規投料控製方法，提出了一些新的投料方法。

② 基於閉環投料的投料計畫最佳化方法

人們越來越意識到，並沒有完美的投料方法，如 CONWIP（固定在製品數投料法）會出現在製品堆積現象，CONLOAD（固定工作負荷投料法）和 SA（避免飢餓投料法）無法適應「瓶頸漂移」情況，因此，學術界開始考慮半導體生產系統複雜的生產工藝與生產流程對投料計畫的影響。基於半導體晶圓分層製造的特點，引入分層控製思想；基於半導體生產系統多產品混合加工的特點，又引入分產品控製的思想，形成了新的投料控製方法。Oliver Rose[6] 提出了一種類似 CONWIP 法的負荷可動態改變的最佳化投料控製方法，即分層固定在製品投料（Layerwise CONWIP），它打破了傳統投料方法中工作負荷水準不變的約束，在每一設備層都對其 WIP 水準進行考察，這樣便可以對工件在層與層之間的分配和加工進行控製；Ruijie Sun 等[7] 解決 CONWIP 算法思想在多產品、多目標、多優先級的生產線的不適應問題時提出了 DC-WIP（Dynamic Classified

WIP）投料控製方法，該方法主要關注了兩方面問題：一方面是如何決定訂單的順序，使得優先級高的工件可以較早完工；另一方面是如何決定每一種產品的適當 WIP 水準以及投料速率。

③ 投料派工綜合方法階段

經過多年深入的研究，投料控製方法的研究越來越成熟，與此同時派工規則的研究也得到了充分發展，研究者就將二者綜合起來研究。Wang 等[8] 對普通派工規則進行了改進，提出複合優先級派工策略（Compound Priority Dispatching，CPD），該方法透過對系統 WIP 水準、系統初始狀態、當前工藝步驟、上下游工藝步驟綜合計算，在最佳化派工的同時也對系統投料控製進行了規劃。Rezaei K 等[9] 提出了一個基於 WLC-TOC 的半導體生產線計畫與調度模型，該模型是工作負荷控製（Work Load Control，WLC）與約束理論（Theory of Constraint，TOC）的集成。WLC 的優勢在於其能夠對於系統中各設備組的工作負荷進行平衡，可以較為有效地緩衝系統外部因素變化對生產線造成的衝擊，從而盡量避免瓶頸漂移的出現。也正是在穩定的系統條件下，TOC 約束理論的調度策略才能取得更優的調度效果，基於對系統瓶頸設備工作負荷的監控，實施對投料和派工策略的調整。研究中 Rezaei K 也將該方法在仿真平臺上進行了驗證，結果顯示產品在交貨率、加工週期等方面都有所改善。

此外，半導體生產系統已經累積了大量的生產線歷史數據，這些數據更加全面也能夠更加精確地反映生產線的實際狀況，而隨著大數據技術的興起，使得有效地利用這些數據成為可能，因此，當前半導體生產線投料控製方法的研究也有朝著如何有效利用半導體生產線全局資訊和歷史數據的動態投料控製方法轉變的趨勢。

4.1.2 維護計畫概述

設備維護管理透過對生產線上加工狀態的監控來指導設備的維護保養工作，維護計畫是在滿足一定的約束條件下，選擇合適的時間點進行設備維護。良好的設備維護調度可以增加設備的產能，減少設備的當機時間並減少由此帶來的損失。

設備維護是與企業自身的發展以及社會不斷的變革息息相關的，其發展也是隨著企業與社會的變化而變化的。通常，製造系統的設備維護方式分為三類：事後維護、定期維護和預防性維護[10]。

（1）事後維護

早期，由於工業化的程度不高，設備損壞對企業造成的影響不是很大，并且設備結構簡單，易於維護，企業大多採取這種事後維護的方式，即設備出現故障後才對其採取維護的方式，反之，當設備不出現故障則不進行維修。事後維護是一種無計畫性的被動維修方式。

（2）定期維護

隨著設備的多樣性和複雜度的不斷提高，設備發生故障的概率也逐步上升，設備故障對企業造成的影響也大大增加。在這一時期，人們認識到設備衰退過程都表現出共性的「浴盆曲線」，如圖 4-2 所示，並認為設備在經過維修之後會像新設備一樣。企業為了追求更高的設備利用率、更長的設備使用壽命和更低的運行成本，採用了定期檢查設備、修訂維護計畫的方式。這種方式透過週期性地維護與保養來避免設備的故障和延緩設備的衰退，其原理如圖 4-3 所示。但是，Nowlan 和 Heap 的研究表明：在製造企業中，表現為理想「浴盆曲線」衰退過程的設備只占到了有限的比例，而且設備經過維修後也往往難以達到最初狀態，而是都會有一定的性能衰減。於是，引發了定期維護向預防性維護的轉變。

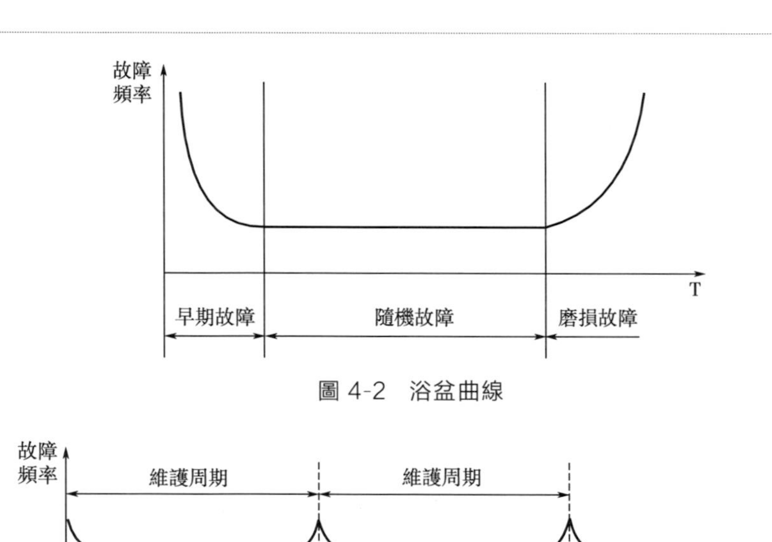

圖 4-2　浴盆曲線

圖 4-3　定期維護原理

（3）預防性維護

從 1980 年代開始，推動工業變革的因素越來越多，企業由靜態競爭轉向為包括時間、品質、成本和服務等因素的全面競爭。設備維護不僅成為企業著重研究的業務領域，也成為保障生產過程安全、環保、節能的重要技術手段。製造企業為了追求更高的設備利用率、更高的生產可靠性、更穩定的生產環境、更長的設備壽命，認識到僅靠週期性的維護保養已經無法達到這些目標。因此，狀態檢測、可靠性工程、風險評估、故障模式、危害性分析、仿真流程、高性能計算以及智慧系統等紛紛被引入到設備維護管理領域，以支援企業實施預防性設備維護。

預防性維護實施的設備管理，以在生產中預防故障發生為主要目的，透過對設備進行檢測、對設備相關數據進行分析，防止設備故障發生或者發現設備的故障徵兆，使設備保持最初的功能狀態。預防性維護是一種有計畫的主動維修方式，已經成為設備維護計畫與管理的主流研究方向。目前，預防性維護大致可以分為三種：基於時間的預防性維護、基於片數的預防性維護、基於參數的預防性維護。

以半導體製造為例，設備維護主要有基於按時保養與按片保養兩種維護策略。按時保養指設備每隔一定時間必須進行保養；按片保養指設備每加工一定數量的矽片必須進行保養。設備工程師對不同的設備採用不同的維護策略，並擬定相關的維護計畫表，然後根據計畫表對設備維護進行調度。

但是，由於半導體生產線的調度存在高度不確定性與高度複雜性，所有的資訊不可能精確給出。例如，批加工設備的加工批量不確定，在其緩衝區內的工件數沒有達到該設備的最大加工批量時，是繼續等待工件的到來還是按現有的批數加工，都很難給出確定的最佳化方案；同樣地，也很難確定設備維護的最佳時段。此外，系統的運行環境也是不確定的，如訂單的隨機到來、客户需求的變化等。因此，當系統運行在模糊不確定的任務特徵或不可預測的環境中時，精確的負載模型就變得不再適用。在實際的生產應用中，設備維護計畫，即安排維護時間點更多的是依賴於設備工程師的實踐經驗，無法預估準確的維護效果。而且，由於此種設備維護計畫思路沒有與投料計畫、工件調度等很好地結合，也常常出現因維護引發的大量在製品堆積。因此，設備維護計畫的最佳化決策始終是生產計畫與調度領域的一個值得關注的重要問題。

4.2 投料計畫方法研究

上一節對中期生產計畫涉及的兩項計畫任務，即投料計畫和維護計畫，進行了一般概念和發展態勢的分析與總結，接下來兩小節探討各自的新型研究方法。本節是解決投料計畫的若干算法的研究與介紹，包括負荷均衡投料計畫算法、動態負荷均衡投料計畫算法以及基於產能約束的混合智慧投料算法。

4.2.1 負荷均衡投料計畫算法

投料計畫算法主要解決三個方面的問題：何時投、投什麼、投多少。因此，藉助於投料算法生成的投料計畫，包含以下幾個基本內容：投料時間窗/投料時刻、所投料產品類型以及相應的投料數量。

（1）負荷均衡定義

當前的生產線負荷平衡指標來源於傳統的生產系統，以設備負荷的平均值及方差的形式來表徵生產線負荷均衡情況，即生產線負荷平衡指數：

$$\mathrm{SI}=\sqrt{\sum_{k=1}^{m}(\mathrm{TWL}_k-\overline{\mathrm{TWL}})^2/m} \tag{4-1}$$

式中，SI 為負荷平衡係數，表徵生產線負荷均衡情況；TWL_k 為設備 k 的負荷；$\overline{\mathrm{TWL}}$ 為生產線負荷平均值，即為生產線總負荷除以生產線設備總數。

$$\overline{\mathrm{TWL}}=(\sum \mathrm{TWL}_k)/m \tag{4-2}$$

式中，m 為生產線設備總數。

然而，在半導體生產系統中，不同設備的加工能力不同，對負荷的需求不同，如果以傳統的總負荷的平均值以及負荷方差來衡量系統負荷是否均衡，會導致一些設備負荷過重，而另一些設備卻處於飢餓狀態，尤其對於瓶頸設備這種情況非常明顯。因此，對於半導體生產線的負荷均衡必須是考慮到設備加工能力不均衡情況下的一種均衡，即需要首先滿足各設備加工負荷需求。為解決此問題，本節引入設備約束權重理論，用權重來體現不同設備實際負荷需求的不同，提出用加權平衡指數的形式來表徵系統負荷平衡情況，即：

$$\mathrm{SI}=\frac{\sqrt{\sum_{k=1}^{m}(\mathrm{TWL}_k-\omega_k\overline{\mathrm{TWL}})^2/m}}{\sum_{k=1}^{m}\mathrm{TWL}_k} \tag{4-3}$$

式中，ω_k 為設備 k 的約束權重；$\omega_k\overline{\mathrm{TWL}}$ 為一個非常重要的量，它表徵設備 k 基於設備加工能力的負荷需求，即滿足生產線加工能力的負荷，$\omega_k\overline{\mathrm{TWL}}$ 的大小將直接影響設備的產出率，進而影響整個生產線的產出率。由此可以將該值作為設備 k 的負荷上限，使得設備 k 的負荷始終不超過設備的需求。

當前設備約束權重 ω_k 的表徵方法主要有兩種。

① 考察在實際生產系統中各設備的指標值，如設備利用率、工件等待時間等。

② 考察設備性能與系統績效之間的靈敏度關係，如設備產能、可用性、生產週期等對系統性能指標的影響。

兩種方法相比較而言，第一種方法比較簡單，主要是對相關指標的統計與分析；第二種方法較為複雜，需要統計分析所有設備對於系統績效的敏感度，但它能更好地表徵設備的重要性。

負荷均衡投料控製算法（WL _ Balancing）透過對生產線投放負荷的控製實現生產線負荷的均衡（使每臺機器的負荷水準不超過預定值）。為了均衡工廠中各個資源的負荷，WL _ Balancing 為每個設備前的等待負荷設置界限。這樣做有助於穩定設備負荷，確保不會投放不合理的工件組合，導致設備的負荷出現非均衡性（某些設備超負荷，而另一些設備卻閒置著）。

由於設備加工能力不同，為了更好地實現對設備負荷的定界，需要首先分析出各設備在計畫週期內對負荷的需求，WL _ Balancing 採用第一種設備約束權重表徵方法，以設備利用率來計算設備的約束權重，因為在系統績效滿足的情況下，設備利用率可以看作是在計畫週期內設備對負荷的需求，設備之間負荷利用率的比值，可以看作是設備間負荷需求程度的比值。因此，設備 k 的約束權重 ω_k 為：

$$\omega_k = \mathrm{util}_k / \sum_{i=1}^{m} \mathrm{util}_i \tag{4-4}$$

式中，util_k、util_i 分別為設備 k 與 i 的利用率；m 為生產線設備總數。

(2) 工件優先級計算

工件優先級即確定等待投料的工件的優先級，待投料池中第 i 個工件 lot 的投料優先級用 RP_i 表示，優先級越低的工件越先投。

$$\mathrm{RP}_i = \begin{cases} \dfrac{1}{\mathrm{TWL}_i^B}, & \text{瓶頸設備飢餓} \\ \mathrm{CR}_i, & \text{其他} \end{cases} \tag{4-5}$$

式中，TWL_i^B 為 lot i 在一個計畫週期內會被瓶頸設備加工產生的負荷。

TWL_i^B 的計算公式為：

$$\mathrm{TWL}_i^B = \mathrm{PT}_{iu}^B \times \mathrm{PR}_{iu}^B \tag{4-6}$$

式中，PT_{iu}^B 為 lot i 的第 u 步工序在瓶頸設備的加工時間，第 u 步為 lot i 首次到達瓶頸設備的工序；PR_{iu}^B 為 lot i 的第 u 步在計畫週期內到達瓶頸設備的概率。

CR_i 為臨界比，其計算公式為：

$$\mathrm{CR}_i = \frac{d_i - T_{\mathrm{now}}}{\mathrm{CT}_i} \tag{4-7}$$

式中，d_i 為 lot i 的預期交貨期；T_{now} 為當前時間；CT_i 為 lot i 的加工週期。

(3) 投料觸發機製

投料觸發機製即投料條件，包括何時投料以及投什麼料兩部分，其最終結果為生成投料可行集（圖 4-4），即可投的工件集合以及工件的優先級排序。投料條件如下。

① 瓶頸區在計畫週期內產生飢餓狀態（瓶頸區負荷小於閾值 $\omega^B \overline{TWL}$），本條件主要來源於 TOC 理論，生產線的產出率、設備利用率等系統績效受限於瓶頸設備的利用率，因此必須保證瓶頸設備不會處於飢餓狀態。

② 存在緊急工件（CR＜1），所有緊急工件都需要盡快投入生產線。

③ 有加工區處於飢餓狀態，應該優先投入以該飢餓設備為首道工序加工設備（也稱該設備為頭設備）的工件，這樣有利於提高設備的利用率，縮短等待時間，并且均衡系統負荷。

④ 系統總負荷（TWL _ Total）小於預期總負荷（TWL _ Pre），本條件表徵生產線當前負荷狀況尚未滿足預期系統績效，將工件投入到生產線中，以提高生產線的績效。

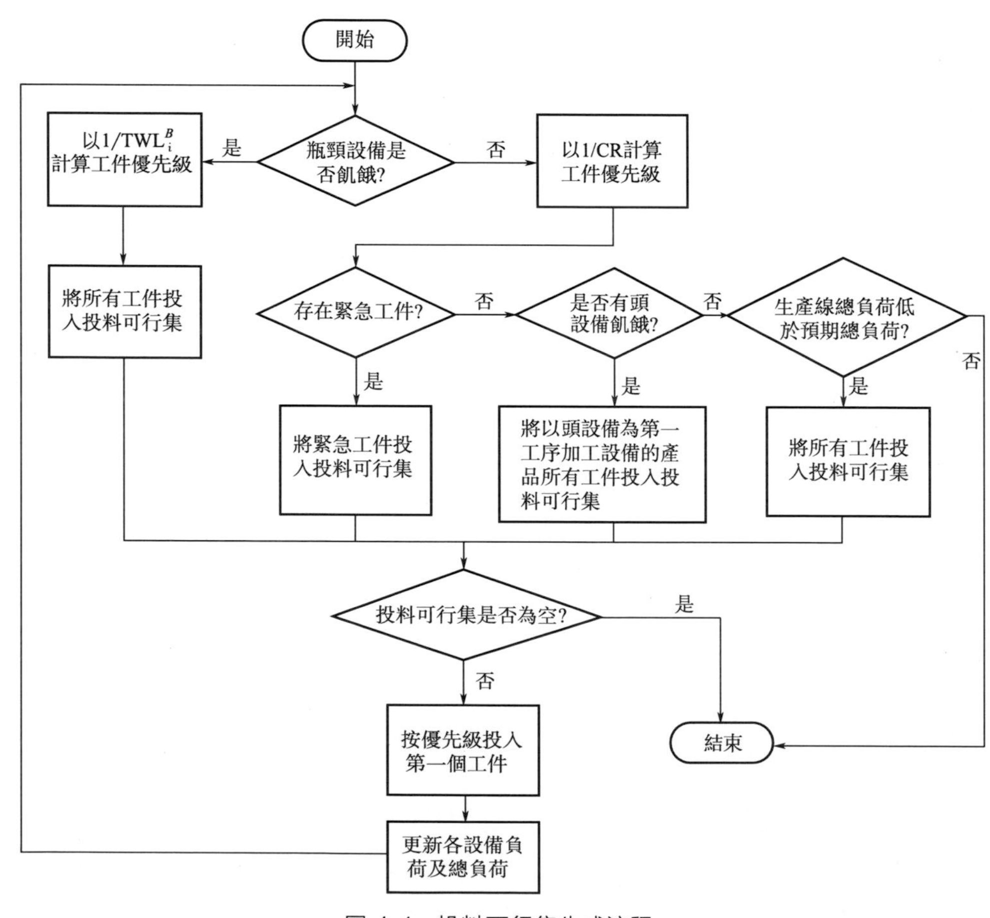

圖 4-4 投料可行集生成流程

(4) 投料量確定

在投料可行集裡依次按投料優先級投料，每投入一個工件檢查一次當前系統狀態是否滿足投料條件，若滿足，則繼續投入下一個工件；否則，投料完成，不再投入新工件。

以上提出的負荷均衡投料算法，在對負荷度量方式加以分析的基礎上提出了半導體生產系統的負荷均衡新定義，並根據所定義的負荷均衡係數，給出以最佳化整個生產系統負荷均衡為導向的投料控製算法，是對傳統僅關注瓶頸設備的工作負荷的投料控製方法的一種改進。

4.2.2 動態負荷均衡投料計畫算法

負荷均衡投料控製算法還只是針對固定投料（即投料產品種類不變，投料量不變）的情況，而實際的半導體生產線的加工產品種類繁多，投料組合和實時狀態均處於動態變化之中，隨著這些改變而動態獲取相應最優總負荷的方法成為負荷均衡投料控製算法適應半導體生產線實際情況的必要條件。最優總負荷是投料控製參數，對系統性能的影響很大，一個優異的總負荷能夠帶來優異的系統性能。

動態負荷均衡投料控製算法透過設備約束權重將最優總負荷分配到各臺設備上，設置設備之前等待負荷的界限，之後算法透過投入合理的產品組合，穩定在製品數量，均衡設備負荷。因此，總負荷作為設備負荷定界的基礎，將極大地影響設備的利用率，進而影響整個系統的性能。

(1) 基於極限學習機的動態負荷均衡投料控製

極限學習機（Extreme Learning Machine，ELM）是近年提出來的一種新型單層前饋神經網路的學習方法，該算法不同於傳統的學習算法，具有良好泛化性能，並極大限度地提高了前饋神經網路的學習速度，同時避免了基於梯度下降學習方法的許多問題，如局部極小、疊代次數過多以及學習率的確定等。鑒於ELM的良好算法性能，下面將採用ELM算法作為學習機製，實時預測負荷均衡投料控製的參數，支援動態投料算法的實現。

(2) 基於ELM的動態參數最佳化

基於ELM動態參數最佳化的建模流程可以大致分為：數據採集、數據處理、模型建立、實時預測四大步驟，如圖4-5所示。

① 數據採集（獲取原始樣本集）

數據採集是建立最佳化模型的基礎，數據完備性與正確性是決定模型精確性的第一要素。數據採集過程生成原始樣本集，它包含生產線實時狀態、生產線控

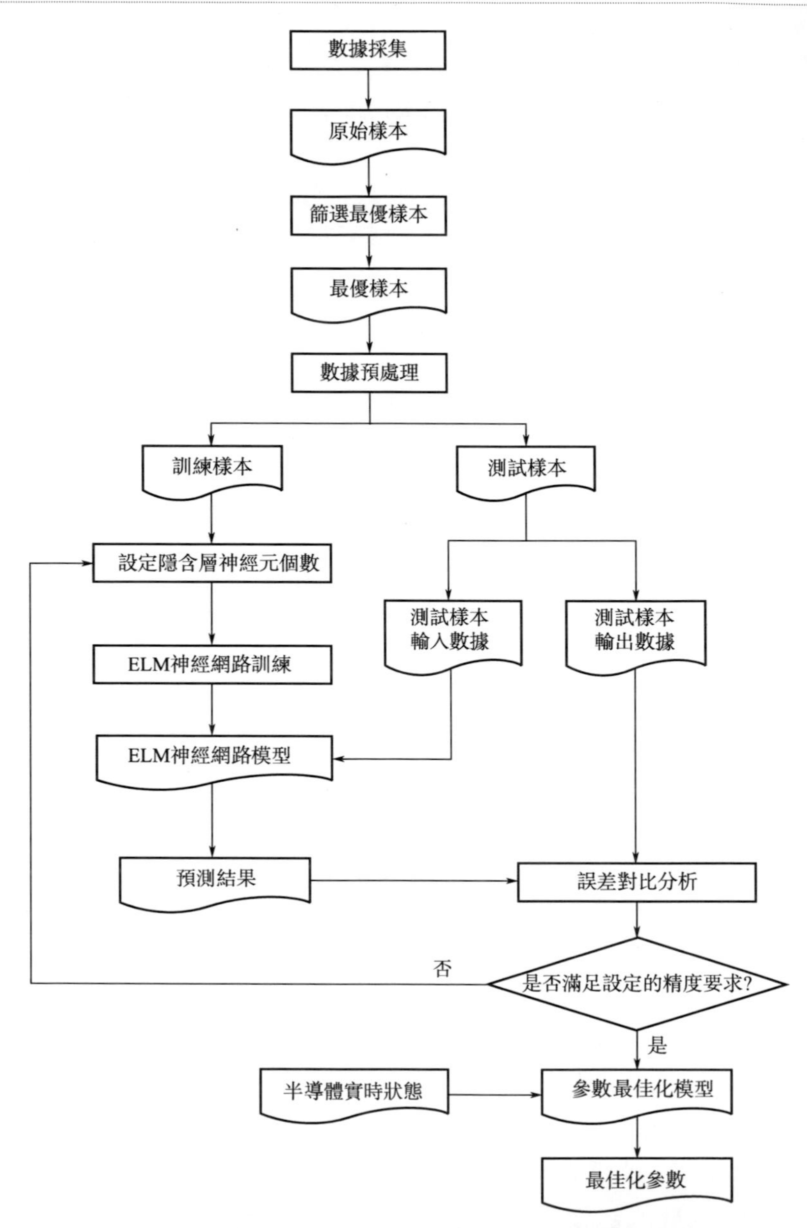

圖 4-5　基於 ELM 投料控製參數最佳化模型構建流程

製策略和控製參數以及由此得到的系統性能指標。透過對不同實時狀態、不同投料情況、不同總負荷值進行仿真，提取系統績效（性能指標），構成學習模型的輸入輸出變量集。其輸入輸出變量如下。

a. 輸入變量。

• 訂單情況。系統在下一計畫週期內，各種產品的投料量，主要體現不同的投料混合比。

• 系統實時狀態。系統中能夠體現生產線狀態的屬性，如緩衝區隊長、在製品數、移動步數等。

b. 輸出變量。

• 最優總負荷。在對應實時狀態下，系統能夠取得最優性能的總負荷值。

• 性能指標。用於篩選最優樣本，在實時預測中預測出的性能指標可以作為當前實時狀態下的預期最優性能指標。

原始樣本集同時包含輸入輸出變量，根據動態負荷均衡投料算法的需求以及模型的特徵，將樣本字段總結如表 4-1 所示。

表 4-1　樣本字段統計

類別	字段名	數據項名稱	數據類型	備註
調度控制策略參數	ReleasePolicy	投料策略	Int	投料策略編號
	DispatchRule	調度算法	Int	調度算法編號
	OPT_TWL	最優總負荷	Real	
生產狀態資訊	Px_release	產品 x 投料量	Int	下一調度週期投料量
	Eqp_mov	加工區總 MOV	Int	Eqp 為瓶頸加工區與次瓶頸加工區
	Eqp_queue	加工區排隊隊長	Int	
	Eqp_util	加工區平均利用率	Real	
	Eqp_wip	加工區 WIP 數	Int	
	1/3_lessProcessed	—	Int	WIP 中加工進度低於 1/3 的工件
	2/3_lessProcessed	—	Int	在製品中加工進度低於 2/3 但高於 1/3 的工件數
	1/3_moreProcessed	—	Int	在製品中加工進度高於 2/3 的工件數
	Px_WIP	產品 x 的 WIP	Int	—
	…	—	—	—
性能指標	Total_WIP	總在製品數	Int	—

② 數據處理（篩選最優樣本）

在原始樣本集中，由於總負荷不同且存在不同的性能指標，所以相同的輸入變量有可能對應多個不同的輸出結果。但是，在該輸入相同、輸出不同的樣本組中，存在一條系統性能指標最優的樣本，即對應的總負荷為最優總負荷的一條樣本。篩選最優樣本就是要對原始樣本集進行篩選，以獲得最優樣本集合來訓練模型。篩選過程如下。

a. 數據歸一化。

把所有數據轉化為（0，1］之間的數，其目的是取消各維數據之間數量級的差異。數據歸一化的方法有多種，這裡採用除以最大值方法，第 j 維數據歸一化可表示為：

$$x'(i,j)=x(i,j)/\max(x(*,j)) \tag{4-8}$$

b. 樣本綜合評價。

透過對性能指標採用加權求和的方式，來查看該樣本的性能優異情況。可描述為：

$$\mathrm{CI}_j=\sum_i \omega_i \times y(j,i) \tag{4-9}$$

式中，CI 為綜合評價值（Comprehensive Index）；ω_i 為第 i 維性能指標數據的權重；$y(j,i)$為第 j 條樣本的第 i 維性能指標數據的評分。

評分的方式為：

$$y(j,i)=\begin{cases} x(j,i),\text{該性能指標為成本型指標} \\ \dfrac{1}{x(j,i)},\text{該性能指標為效益型指標} \end{cases} \tag{4-10}$$

由於不同的性能指標之間相互製約、相互聯繫，性能指標並不都是越大越好或越小越好，因此將性能指標分為成本型指標和效益型指標，成本型指標的指標值越小越好，效益型指標的指標值越大越好。

相同輸入變量的情況下，CI 越大的越優，由此篩選出最優樣本。

③ 模型建立

在確定了訓練模型樣本集後，採用仿真試湊法選定滿足模型精度要求的隱含層節點數，並基於此建立參數最佳化模型。

④ 實時預測

對於已建立模型，輸入實時狀態，獲取該實時狀態下，系統最優總負荷，最佳化算法結果。

（3）基於數據的動態負荷均衡投料控製方法

動態負荷均衡投料算法是在 4.2.1 節的負荷均衡投料計畫算法的基礎上，進一步增加了基於數據的動態參數最佳化（前文著重討論的內容）而形成的。負荷均衡投料控製算法控製平衡生產系統中各臺機器的負荷，使系統可以有更低的在製品水準、更高的產出率和更短的平均加工週期；而基於數據的動態參數最佳化則根據生產線狀態的變化，動態的修正負荷均衡投料控製算法的參數，以保證系統能夠一直取得最佳化的性能。因此，完整的基於數據動態負荷均衡投料控製算法（Dynamic Workload Balancing）的方法如圖 4-6 所示。

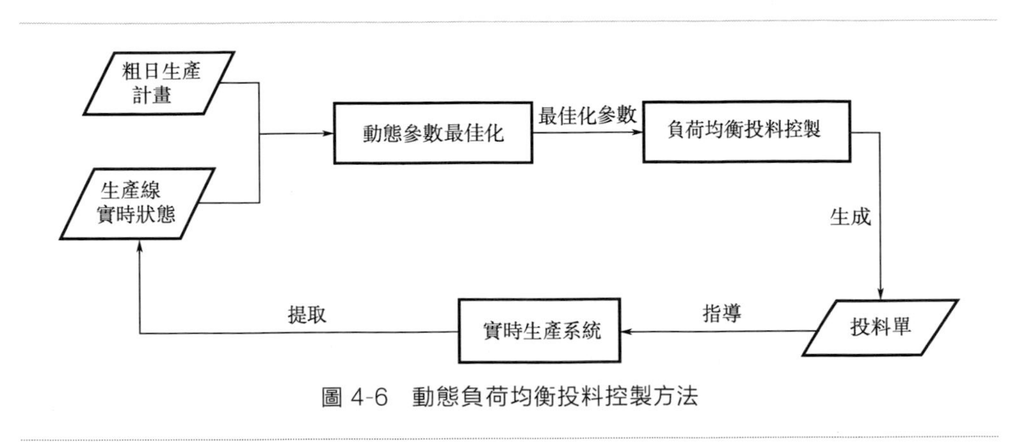

圖 4-6　動態負荷均衡投料控製方法

4.2.3　基於產能約束的混合智慧投料算法

前面兩小節討論的負荷均衡投料算法的主旨思想是以最佳化系統內生產線運行狀態（以負荷均衡係數為直接反映）為導向的，在市場需求不十分具體明確的情況下，這類方式的投料控製能夠在生產效率和平衡生產之間較好地取得平衡。但是，在實際需求較為明確的情況下，投料任務更需要最佳化的是產能約束和任務需求之間的平衡，接下來，我們討論一種以此為導向的混合智慧投料算法。

（1）算法目標

根據客户訂單中的產品數量需求和交貨期需求，自動、高效地製訂出合理的投料計畫是複雜製造企業的一個非常迫切的需求。具體體現在以下幾個方面。

a. 在生產線資訊（包括：在製品資訊、設備狀態資訊等）已知的情況下，對於一批客户訂單，需要確認生產線的產能資源能否滿足。

b. 若產能資源無法滿足訂單需求，需要確認能夠滿足的訂單量，即如何對訂單進行削減或交貨期調整。在完成訂單調整後，再進一步製定出相應的日投料計畫。

c. 若產能資源滿足訂單需求，則進一步製定出相應的日投料計畫。

結合生產線的特點以及對生產計畫方面的需求，算法目標包括以下幾點。

① 對於一批具體的客户訂單，確定其相應的計畫區間，並根據相關產品的流程資訊、工序資訊及在製品資訊，統計出該批訂單對於生產線上各設備組產能的占用量。

② 對於客户訂單所涉及的相關設備，根據相關設備保養資訊、歷史故障資訊，統計出生產線上各設備組的平均產能資源量。

③ 在①、②的基礎上，判斷出在相應的計畫區間內，生產線上各設備組的

產能資源能否滿足該批客户訂單。

④ 在產能資源無法滿足訂單的情況下，根據相關產品的流程資訊、工序資訊以及過載設備組的產能過載量，給出訂單中待削減的相關產品及其數量。並對調整後的訂單，根據在製品資訊、流程資訊、工序資訊、設備資訊等生產數據，利用建模與最佳化的手段，得到相應的日投料計畫。

⑤ 在產能資源能夠滿足該批訂單的情況下，根據在製品資訊、流程資訊、工序資訊、設備資訊等生產數據，利用建模與最佳化的手段，得到相應的日投料計畫。

(2) 算法思想

投料計畫系統需要將各種相關生產數據關聯起來，形成一個有機的整體(圖 4-7)。一般採用分級遞階的最佳化策略，因此算法也相應地分成兩級。在第 1 級最佳化中，採用結合了模糊模擬、神經網路、人工免疫算法的混合智慧算法來求解模糊計畫模型。而在第 2 級最佳化中，則是透過構造啓發式規則的方式以進一步細化投料計畫[11]。

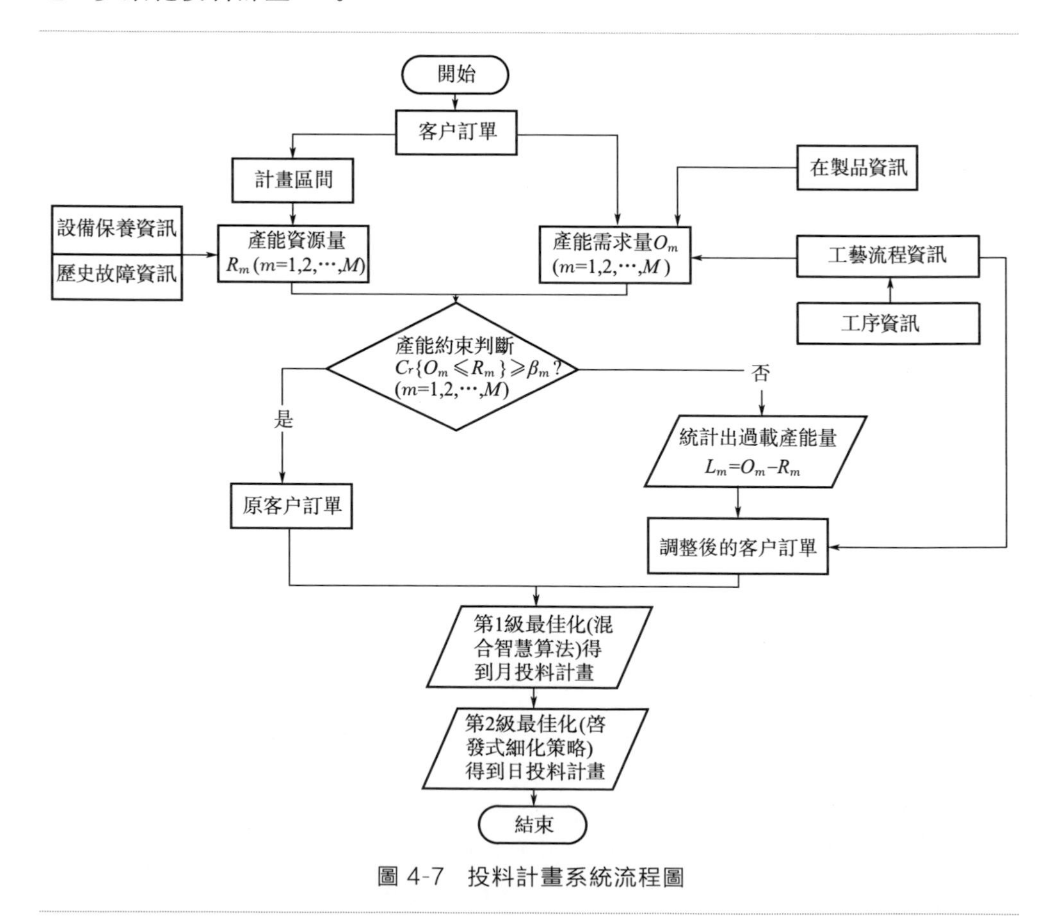

圖 4-7 投料計畫系統流程圖

在建模階段，以不突破產能資源限製為約束條件，以保持在製造品穩定和減小訂單拖期率為目標，構建模糊生產計畫模型。在求解階段，分為兩級：第 1 級最佳化採用結合了模糊模擬、神經網路、人工免疫的混合智慧算法來求解計畫模型，得到生產線月投料計畫；再透過構造啓發式規則將月投料計畫進一步細化為日投料計畫。

4.3 維護計畫方法研究

4.3.1 設備維護策略

設備維護管理的衡量指標是機器保持正常運行的穩定性，即最小化機器的當概率。設備故障是隨機發生的，設備維護透過在機器發生故障之前對其進行相應零部件的維護保養和維修，可降低設備的意外當概率。

設備產生故障或需要維護的原因有很多種，一般可以將設備的維護策略分為四種類型（圖 4-8）：基於設備使用時間的維護主要是根據設備的使用時間的長短來決定何時對設備進行維護；基於設備條件的維護是根據設備的一些狀態參數來判定是否要對設備進行維護；基於設備故障的維護即當設備發生故障時對設備進行維修；基於設備改造的維護透過對設備進行改造來消除本來存在的缺陷，以減少設備故障產生的可能性。

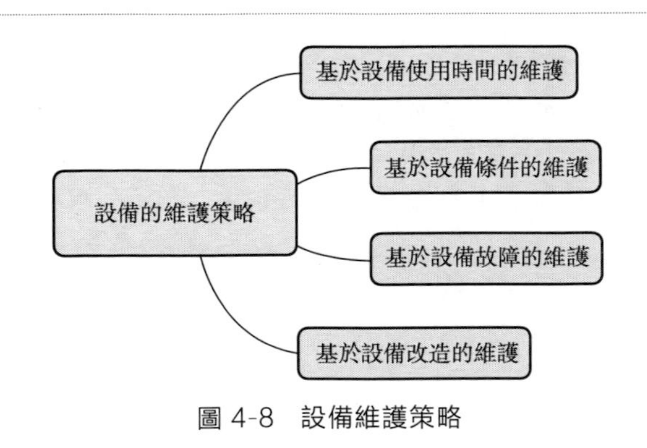

圖 4-8　設備維護策略

(1) 基於設備使用時間的維護

基於設備使用時間的維護策略（Used Based Maintenance，UBM）是應用最為廣泛的一種維護形式，根據設備的運行時長（例如，1 個月、1000 個小時等）對其實行維護。該策略假設設備故障是可以預測的，且故障率是隨持續運行時間增加而不斷上升的。其優缺點如表 4-2 所示。

表 4-2　基於設備使用時間的維護策略（UBM）優缺點

優點	缺點
• 減少了設備的故障率和因故障而導致的停工時間 • 減少了維護的時間,同時充分利用了人力資源 • 可預先製定維護計畫	• 增加了維護的成本和次數 • 存在不必要的維護 • 僅適於設備故障與生產時間正相關

（2）基於設備條件的維護

基於設備條件的維護策略（Condition Based Maintenance，CBM）基於這樣的假設：大部分設備故障不是突然發生的，而是有一個漸變的過程。當給定系統的參數（例如，溫度、振動等）接近或是超過預先定義的值時，即需要對設備進行相應的維護，因此需要輔以相關的檢測設備才能實行。相對於基於設備使用時間的維護，這種基於設備條件的維護能夠減少不必要維護的發生，因而更為經濟，而且隨著檢測等相關技術設備的廣泛使用，該維護策略的普適性也更高，其優缺點如表 4-3 所示。

表 4-3　基於設備條件的維護策略（CBM）優缺點

優點	缺點
• 可以對發生的故障進行分析 • 在設備發生故障之前做出判斷並處理,減少經濟損失 • 降低突發故障率	• 需輔以相應的檢測設備,成本高 • 需要專門的培訓人員

（3）基於設備故障的維護

基於設備故障的維護策略（Failure Based Maintenance，FBM）即當設備發生故障時，才對設備進行維修活動，適用於設備的故障率比較穩定且維修成本較低的情況。對於低成本的非關鍵設備，或是沒有其他更好維護策略的設備是比較高效的一種維護方式。其優缺點如表 4-4 所示。

表 4-4　基於設備故障的維護策略（FBM）優缺點

優點	缺點
• 成本低,不發生故障的時候不維護 • 不需製定維護計畫,免去計畫成本 • 透過收集非關鍵性設備的故障資訊,可以獲得具有同樣零部件的關鍵設備的可靠性數據	• 存在安全風險,無法預測的設備故障可能會造成生產線大量的產能損失 • 某個零部件的失效可能導致其他零部件失效,較難預估設備修復的時間 • 為應對突發情況,需配備備用設備,以及維護團隊時刻待命

（4）基於設備改造的維護

基於設備改造的維護策略（Design-out Maintenance，DOM）透過改進設備的設計來簡化設備的維護（甚至消除設備維護）。成本和技術因素（可靠性）是考慮的著重。對於那些不斷重複發生的問題，基於設備改造的維護策略提供了一個很有效的解決方法，但該維護策略很容易被誤用。基於設備改造的維護需要確認設備故障是否由於設備初始設計所造成的，透過改進設計得到了很好的解決，同時還需要監測改造結果是否產生負面效果。其優缺點如表 4-5 所示。

表 4-5　基於設備改造的維護策略（DOM）優缺點

優點	缺點
• 可以澈底解決那些不斷發生的問題 • 在某些情況下，設計方面小的改動可以獲得很好的效果且成本很低	• 產能損失，DOM 需要一定的時間才能完成 • 大型的設計改造項目代價很高且結果無法預計 • 解決了某一部分的問題可能會導致另一部分問題的產生

4.3.2 智慧最佳化維護方法研究

在一般製造系統中，四種維護策略均可以滿足使用者需求，然而對於資產密集型的複雜製造系統，設備的可靠性是企業利潤的來源和企業戰略發展的根本保障，設備不僅要維護及時，還應維護得當，即在合適的時間點對設備進行維護，最小化因設備維護而帶來的產能損失，因此複雜製造系統需要更智慧化的維護調度方法。

典型的智慧最佳化維護方法有基於實例推理、人工神經網路、基於模糊邏輯的設備維護方法和多智慧體系統等。

每種維護方式都有其優缺點，可以透過以上智慧化方法來組合不同的維護調度方式，例如使用基於實例推理的方法，根據人們在實際應用中對維護調度的經驗，組合基於設備使用時間的維護（UBM）、基於加工片數的維護（WBM）、基於設備條件的維護（CBM）三種維護調度方法，確定每種維護調度方式的權重；也可以透過智慧化方法確定新的維護調度方式，例如將人工神經網路與模糊邏輯相結合，形成模糊神經網路，再由模糊神經網路來確定每種維護調度方式的權重。

(1) 基於實例推理的設備維護方法

基於實例推理的方法起源於人類具有記憶、學習、理解及推理方面的研究，人的記憶是動態的，能夠隨著不斷地學習而增加，也能根據情況變化加以調整[12]。當遇見一個新的情景時，人們總是可以聯想起以前遇到過的相似情況與處理結果，只要有一個類似的實例作為參考，人們就會找到它並將其作為製定決策的參考。基於實例推理就是仿照人類看待問題和解決問題的方式來建立的一種新的推理模式。

基於實例推理的關鍵技術主要由實例表示、實例檢索、實例修改以及實例保存等部分組成。其中，實例保存會將新的問題以及它相應的解決方案保存到實例庫中，使得基於實例推理有了自我學習的能力，透過不斷解決新的問題可以有效地提高系統的性能。但是該方法從本質上說，也屬於某種經驗規則的決策，較難獲取完整的系統資訊，無法保證解的最優性。

(2) 基於模糊邏輯的設備維護方法

在製定設備維護計畫的過程中，除了設備自身的狀態變量，還應考慮下游設備及其負載，這裡我們可以用該設備的下游設備及其自身所在加工區域的總體等待加工的工件數和總加工時間來描述，這些變量構成了元素集。

模糊集描述了設備需要維護的緊急性，這裡可以用語言集｛很緊急，緊急，不緊急｝來描述，根據需要還可以對該語言集進行細分，例如可分為｛非常緊急，很緊急，緊急，不緊急，不需要｝。

模糊集的特徵函數是隸屬函數，隸屬函數描述了元素集屬於模糊集的程度。例如，取 x＝機器加工區域內等待加工的總卡數，模糊語言變量 V＝很緊急，它的隸屬函數為 $u_A(x)$，則 V 在論域$\{x_1, x_2, \cdots, x_n\}$上的模糊集合可表示為 $A=\frac{u_A(x_1)}{x_1}+\frac{u_A(x_2)}{x_2}+\cdots+\frac{u_A(x_n)}{x_n}$，同一元素對於不同語言變量的隸屬函數不同。

不同元素根據其所對應的隸屬函數計算出其與模糊集的關係集，例如，上述元素 x 與模糊集｛很緊急，緊急，不緊急｝的關係為｛0.5,0.3,0.2｝。根據該元素的值，設備要很緊急維護的程度為50%，需要緊急維護的程度為30%，不需要維護的程度為20%。根據最大值原理，可知設備需要維護的程度更多一些，因此選擇對設備進行維護。

基於模糊邏輯的設備維護調度框架如圖 4-9 所示，主要由 3 個模塊組成：系統模型、監視器和模糊控製器。系統模型主要負責模擬半導體生產線製造和設備維護過程；監視器負責實時監控系統模型中每一臺設備的工作狀態，根據基於時間的設備維護策略，將在工作時間上滿足維護條件的設備的系統參數傳遞給模糊控製器，其中包括該設備當前工作區域和下游工作區域的加工負荷以及該設備距離本次維護結束的時間（圖 4-10）；模糊控製器主要由模糊算法和模糊決策兩部

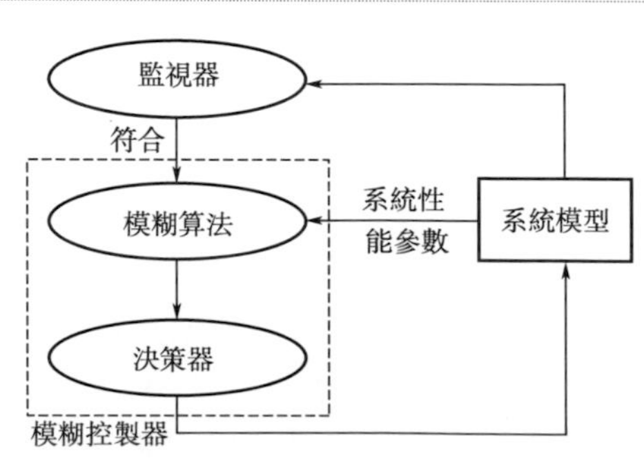

圖 4-9　基於模糊邏輯的設備維護調度框架

分組成，模糊邏輯算法根據監視器給定的設備的相關資訊計算該設備需要維護的緊迫度，最後決策器根據使用者設定的決策閾值判定是否對當前設備進行維護。

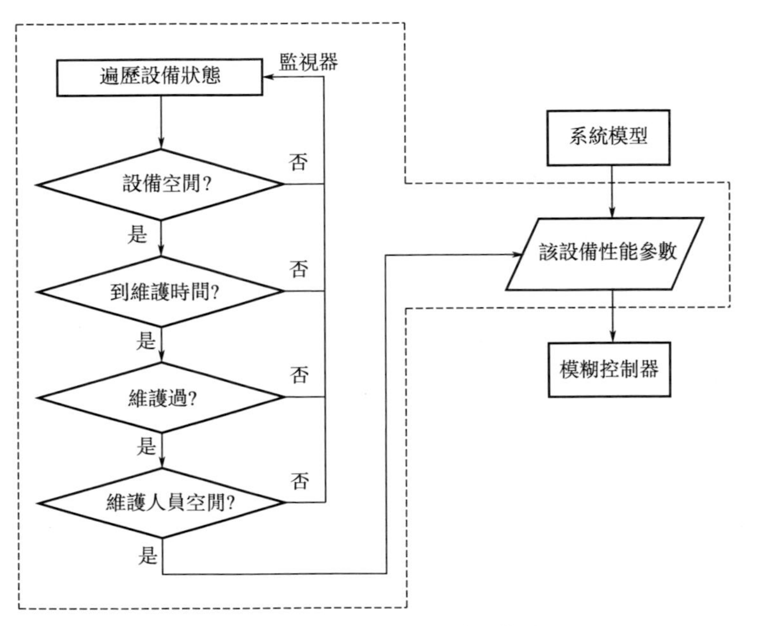

圖 4-10 「監視器」模塊的工作流程

4.4 相互配合計畫方法研究

4.4.1 投料計畫與維護計畫的相互配合

(1) 相互配合關係

投料計畫與維護計畫相互配合的關鍵在於產能的協調，透過產能需求量與產能資源量的計算，調整訂單產品的類型數量或者維護計畫。如果需求量大於資源量，則需要削減產品類型或數量；如果需求量小於資源量，可以適當增加投料數量或者維護任務。調整的方式根據啓發式規則來確定。

(2) 相互配合介面數據

產能需求量的計算來源於訂單與產品表，產能資源量的計算來源於在製品與維護計畫。其相互配合關係如圖 4-11 所示。

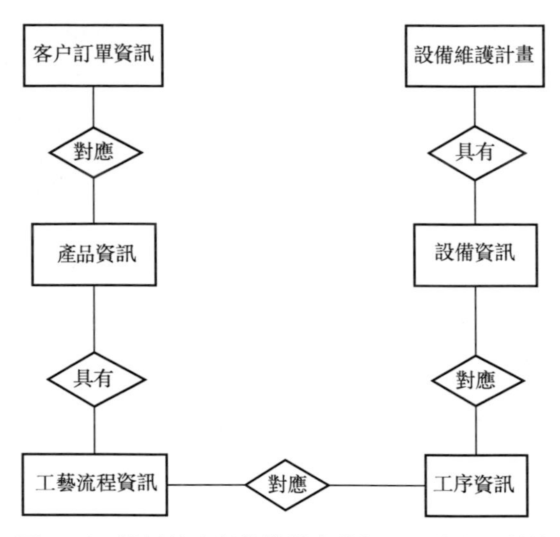

圖 4-11　投料計畫與維護計畫的相互配合介面數據

相互配合介面數據包括狀態資訊與結構資訊兩類。

① 狀態資訊

a. 設備歷史狀態資訊。包括設備名稱、設備狀態類型、設備狀態變化的時刻、設備當前狀態的持續時間等。

b. 工件歷史資訊。包括工件號、產品版本號、歷史加工步驟、歷史加工工序、工序持續時間、工序所對應設備等。

c. 在製品資訊。包括工件號、產品版本號、當前加工步驟、當前加工工序、當前工序已持續的時間、當前工序所對應設備等。

d. 設備維護計畫資訊。包括設備號、維護日期、維護持續時間。

e. 訂單資訊。包括產品名、產品版本號、產品需求數量、訂貨廠商、客户期望交貨期。

② 結構資訊

a. 設備資訊。包括設備號、設備所在加工區號、設備組號、設備加工方式、加工批量等。

b. 產品資訊。包括產品名稱、成品版本號、產品的流程號等。

c. 工藝流程資訊。包括產品的流程號、加工步驟、各步驟對應的工序號。

4.4.2 維護計畫與生產調度的相互配合

維護計畫與生產調度的相互配合方式有三種：第一種是維護任務時間段與實

際生產調度的相互配合；第二種是直接將不同維護方式所生成的維護任務與設備的工件加工任務一起進入調動系統最佳化，動態確定維護時間段；第三種是不同維護方式與工件調度，透過計算時間窗進行相互配合。

(1) 維護任務時間段與實際生產調度的相互配合

在生成維護調度計畫以及生產計畫後，將維護計畫穿插到設備生產計畫的相對空閒的時段中。圖 4-12 描述了利用離散事件仿真技術得到的某臺設備在將來某段時間內的加工甘特圖。

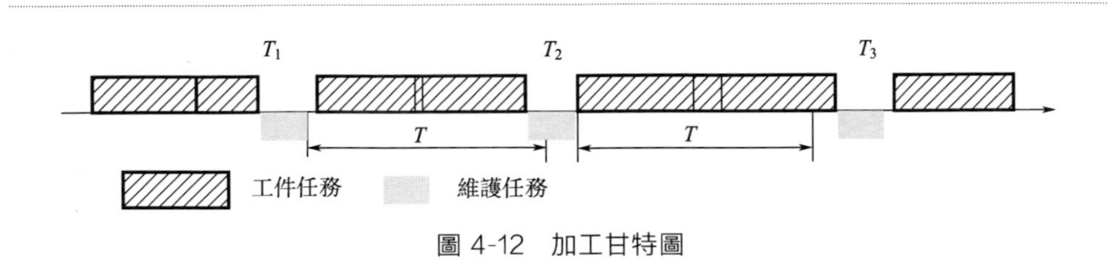

圖 4-12 加工甘特圖

假設該設備前後兩次維護的時間間隔參數為 T，且在此基礎上維護時間的選擇具有一定的時間窗 Δt，即設備的維護參數為 $[T-\Delta t, T+\Delta t]$。如果在 T_1 時刻對設備進行第一次維護，此時設備空閒；完成維護後設備繼續加工，當設備到達時間點 T_2，此時設備空閒，但是並沒有滿足預定義的時間間隔 T，考慮到設備維護時間的選擇存在一定的餘量，如果第二次設備維護按照預定時間進行維護，設備很可能在忙，影響到後續加工，因此，在 T_2 時刻對設備進行維護；當到達第三個維護週期時，發現此時設備正在加工工件，在滿足維護時間窗的條件下，可以將第三次設備維護往後順延一段時間，在 T_3 時刻對設備進行維護。這樣，在不影響原有的生產調度的情況下，可以將設備的維護活動很好地穿插到設備的加工流程中，提高設備的利用率。

由此，透過離散事件仿真，在滿足時間窗 Δt 約束的情況下，可以將設備的維護活動精準靈活地插入到設備的加工週期中，以提高設備利用率。

系統仿真方法在半導體生產線的非瓶頸加工區域比較適用，但是對於瓶頸加工區域卻無能為力。例如，在晶圓生產線上，瓶頸集中在光刻和注入等加工區域，設備負荷很高，只要設備不發生故障，就幾乎總是處於加工狀態，由於沒有空閒時間，設備維護也就無法穿插，這種情況下，可以將維護任務賦予一定的優先級，該優先級隨著時間的成長而成長。這樣在規定的時間內可以將維護任務插入到工件任務中。

(2) 智慧化維護任務與工件調度的相互配合

透過不同的維護計畫方法得到維護時間段後，需將其插入到實際的工件調度中，因為複雜製造系統往往在高負荷狀態下運行工作，如何插入維護時間段也是研究的焦點。這裡，將維護任務作為設備所需完成的一種任務，將其賦予優先級 P_{pm}，且該優先級隨著時間不斷提高。

$$P_{pm}=\begin{cases} \text{最低優先級} & T<T_{min} \\ \dfrac{\alpha}{(T_{max}-T_{pm})-T} & T_{min}\leqslant T\leqslant T_{max}-T_{pm} \\ \text{最高優先級} & T>T_{max}-T_{pm} \end{cases} \tag{4-11}$$

式中，T 為當前時間；α 為優先級因子，用於調整 P_{pm} 與工件優先級相匹配。

例如，某臺光刻設備的維護參數為（720h，750h，10h），意味著該光刻機在連續生產 720h 後可以開始維護；為了避免晶圓返工率或報廢率的上升，距離上次維護的時間間隔不大於 750h；本項維護任務的平均持續時間為 10h，工件優先級為［1,2,3,4,5］，5 是最緊急工件。那麼，在設備運行 720h 之前，維護任務的優先級為 0。當設備運行到 720h 後，維護任務的優先級為 $\dfrac{\alpha}{(750-10)-T}$；$T=730$ 時，維護任務優先級為 $\dfrac{\alpha}{10}$，α 值根據具體情況來調整。

（3）不同維護方式與工件調度的相互配合

不同維護方式組合與工件調度的相互配合分為無交集時間窗維護與有交集時間窗維護兩類（圖 4-13）。無交集時間窗維護指基於時間維護（即基於工件片數維護）的時間窗與基於參數性能的維護調度時間窗之間無交集，這時需要確定一個合適的時間窗來兼顧按不同維護方式生成的不同維護時間窗，并兼顧具體設備維護保養所涉及的整個生產線上的經濟效益［圖 4-13(a)、(b)］；有交集時間窗維護指不同維護方式得出的維護任務時間窗之間有交集的存在，這種情況主要需要考慮在交集的時間內如何安排維護調度任務，即在哪個時間點上整個生產線上的經濟效益最大［圖 4-13(c)］。

① 無交集時間窗維護任務

無交集時間窗維護任務的解決方式主要看企業設備維護更偏向於基於加工時間的維護還是基於性能參數的維護。

如圖 4-13 中第一種情況所示，所需求解的時間窗［T_{f*}，T_{l*}］（T_{f*} 為開始時間；T_{l*} 為結束時間），從 T_{f1} 至 T_{l2}，考慮設備可能會發生故障的概率 P、發生故障引起的經濟損失 C 等因素，從而求解出最佳的維護任務時間窗。之前的討論中，已經有了求解設備的故障率-時間函數的方法，在此，假設設備在第 i 時刻發生故障的概率為 P_i，維護任務的費用為 C_r，第 i 時刻該設備的 WIP 為 W_i，設備每加工一片晶圓創造的效益為 U，因設備維護保養造成的後道設備的數量為 k，後道設備 j 空閒造成的損失為 N_j。那麼該設備因及時維護產生的經濟效益為：

$$E_i = W_i U - PC - \sum_{j=1}^{k} N_j \tag{4-12}$$

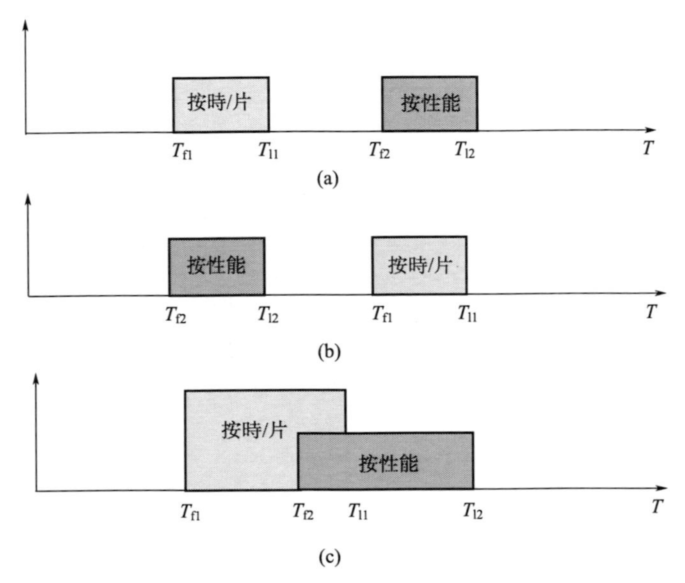

圖 4-13　維護方式與工件調度中的不同情況

最後解出最佳維護時間 i，這樣，不僅可以為設備進行維護保養，而且還考慮了生產線的實際情況，將損失降低到最低，實現了生產調度與維護調度的相互配合。

② 有交集時間窗維護任務

如圖 4-13 中第三種情況，不同的維護方式生成的不同時間窗之間，有交集的存在。只需在交集 $[T_{f2}, T_{l1}]$ 之內計算出總經濟效益在何時最大，即可確定最佳的維護時間 i。

4.5 中期計畫的可重構集成

4.5.1 中期計畫體系結構模型

本節討論中期計畫的體系結構模型表達，透過模型表達將中期計畫集成到可重構體系中。第 2 章闡述的三個視角中，相互配合是系統級的重構，本節著重闡述與業務功能相關的業務系統視角模型和業務過程視角模型。鑒於第 2 章闡述結構模型理論時，以中期計畫中的投料計畫和基於產能約束的混合智慧投料算法為例，這裡以闡述維護計畫和智慧最佳化維護方法的體系結構集成模型為主。

（1）業務系統視角

① 任務描述模型（BSV-1） 建立業務系統目標下的任務場景，說明完成此任務的業務對象和業務活動，是業務系統成員的執行基礎。

業務場景：智慧最佳化維護。

業務活動：透過神經網路方法，對基本維護方法得到的時間段進行樣本訓練，計算不同維護方法的權重。將三個維護時間段作為輸入端 $P=[T_{s1},T_{e1};T_{s2},T_{e2};T_{s3},T_{e3}]$，計算三個時間段設備故障概率，輸出 $T=\{100;010;001\}$，其中 100 代表設備必定故障，010 代表設備可能故障，001 代表設備不會故障。得出維護時間段即為$[\alpha T_{s1}+\beta T_{s2}+\gamma T_{s3},\alpha T_{e1}+\beta T_{e2}+\gamma T_{e3}]$。

業務活動目標：確定最佳化後的維護時間段。

業務對象：基於加工時間、基於加工片數、基於性能參數的維護調度方式所得到的維護時間段，不同維護方式的權重。

模型輸入輸出必要參數：輸入：三個基本維護時間段。輸出：最佳化維護時間段。

② 目標活動視圖（BSV-2） 業務活動為完成某目標而進行的一系列步驟，以圖形或文本的形式描述所包含的業務活動行為單元。

智慧最佳化維護的目標活動視圖如圖 4-14 所示。

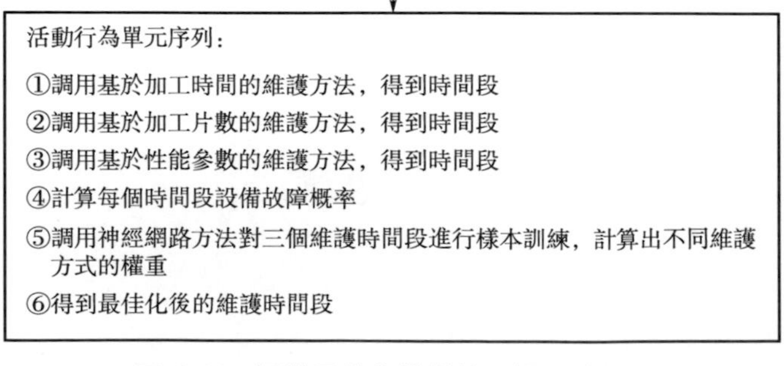

業務活動：智慧最佳化維護

活動行為單元序列：
①調用基於加工時間的維護方法，得到時間段
②調用基於加工片數的維護方法，得到時間段
③調用基於性能參數的維護方法，得到時間段
④計算每個時間段設備故障概率
⑤調用神經網路方法對三個維護時間段進行樣本訓練，計算出不同維護方式的權重
⑥得到最佳化後的維護時間段

圖 4-14 智慧最佳化維護的目標活動視圖

③ 業務節點模型（BSV-3） 業務節點模型主要對被選擇的業務系統成員及其角色進行動態關聯管理，向業務系統反饋業務系統成員執行效果，向業務系統成員反饋角色執行效果，觸發兩者的增、刪、修改以及保存歷史記錄等管理動作。

進行維護計畫最佳化研究，其重構結構為計畫-調度最佳化，圖 4-15 描述了業務節點對投料計畫系統、工件調度系統、實時派工系統的關聯。

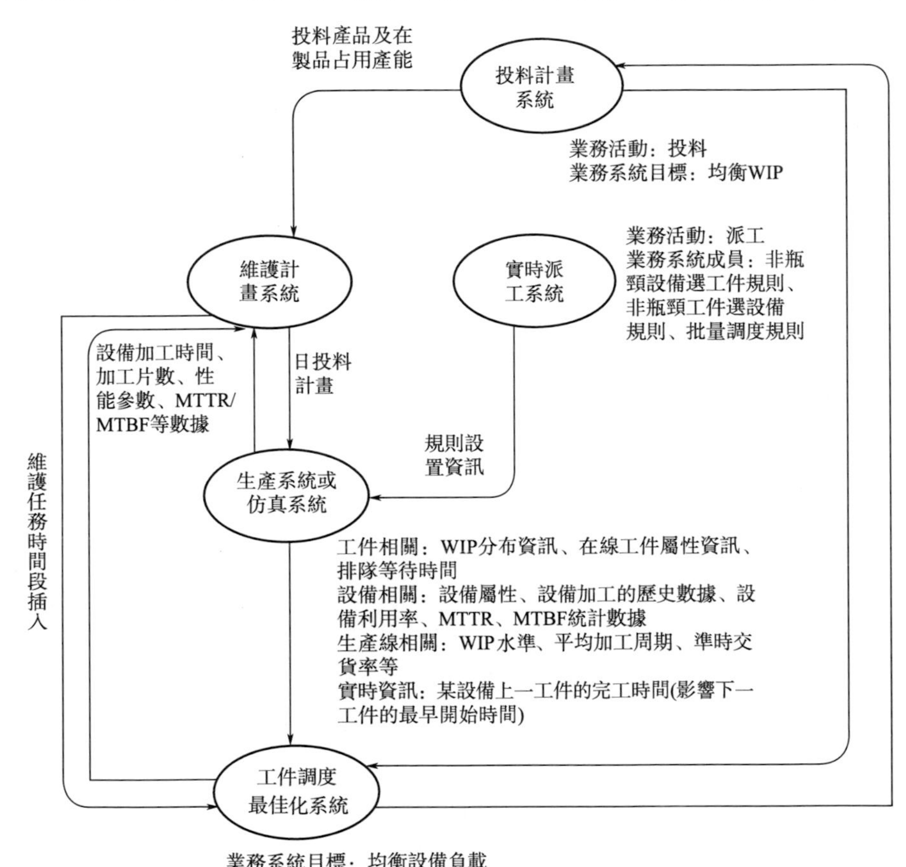

圖 4-15 智慧最佳化維護的業務節點模型

④ 系統維護模型（BSV-4） 該視圖說明業務系統、業務系統成員、角色之間的關係，並描述業務系統對業務系統成員的管理，業務系統成員對活動行為單元和專用角色的管理。維護計畫業務系統與其業務系統成員之間的關係如圖 4-16 所示。

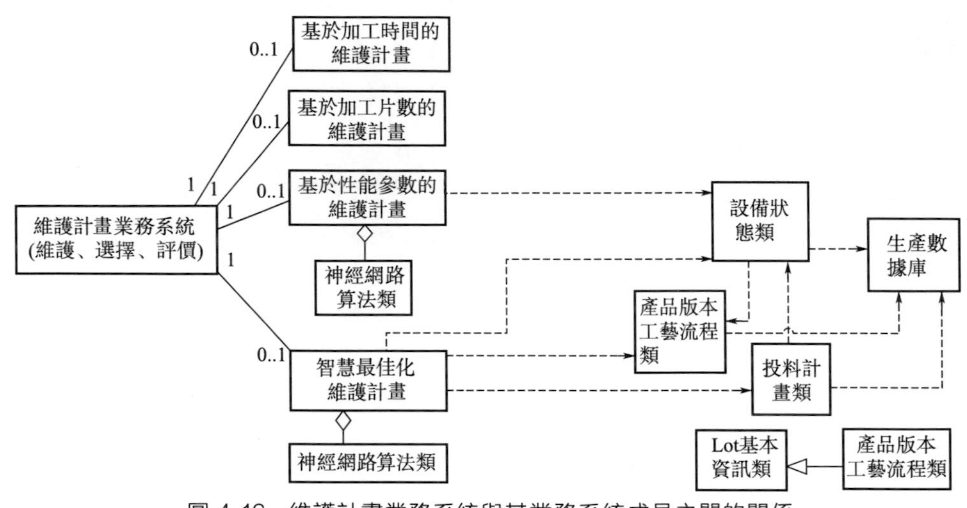

圖 4-16 維護計畫業務系統與其業務系統成員之間的關係

注：圖中 0..1 指 0～1。

(2) 業務過程視角

維護計畫的業務過程視角包括四個模型：業務活動模型、活動行為單元時序圖、業務過程模型、業務邏輯數據模型。

① 業務活動模型（BPV-1）

描述業務執行過程中，業務活動與活動行為單元之間、活動行為單元內部之間的資訊流。以智慧最佳化維護計畫為例，可建立如圖 4-17 所示的業務活動模型。

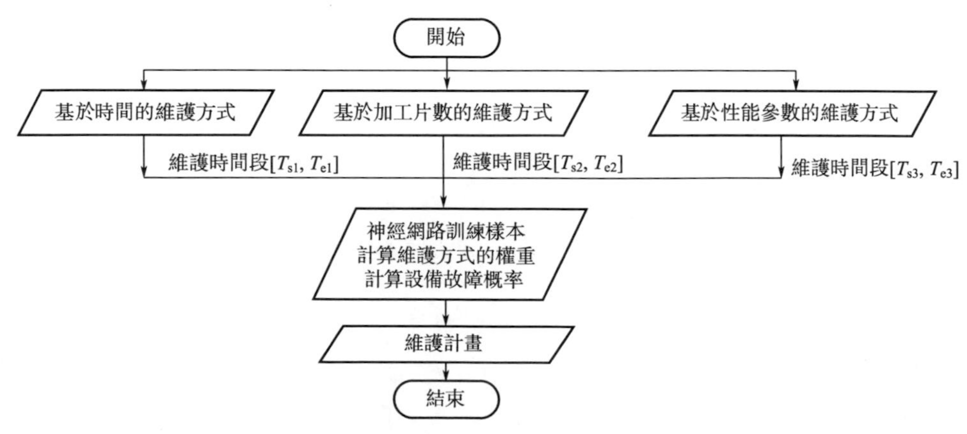

圖 4-17 智慧最佳化維護計畫的業務活動模型

② 活動行為單元時序圖（BPV-2）

用以描述活動行為單元的執行序列以及數據交換，如圖 4-18 給出了智慧最佳化維護計畫的活動行為單元的時序。

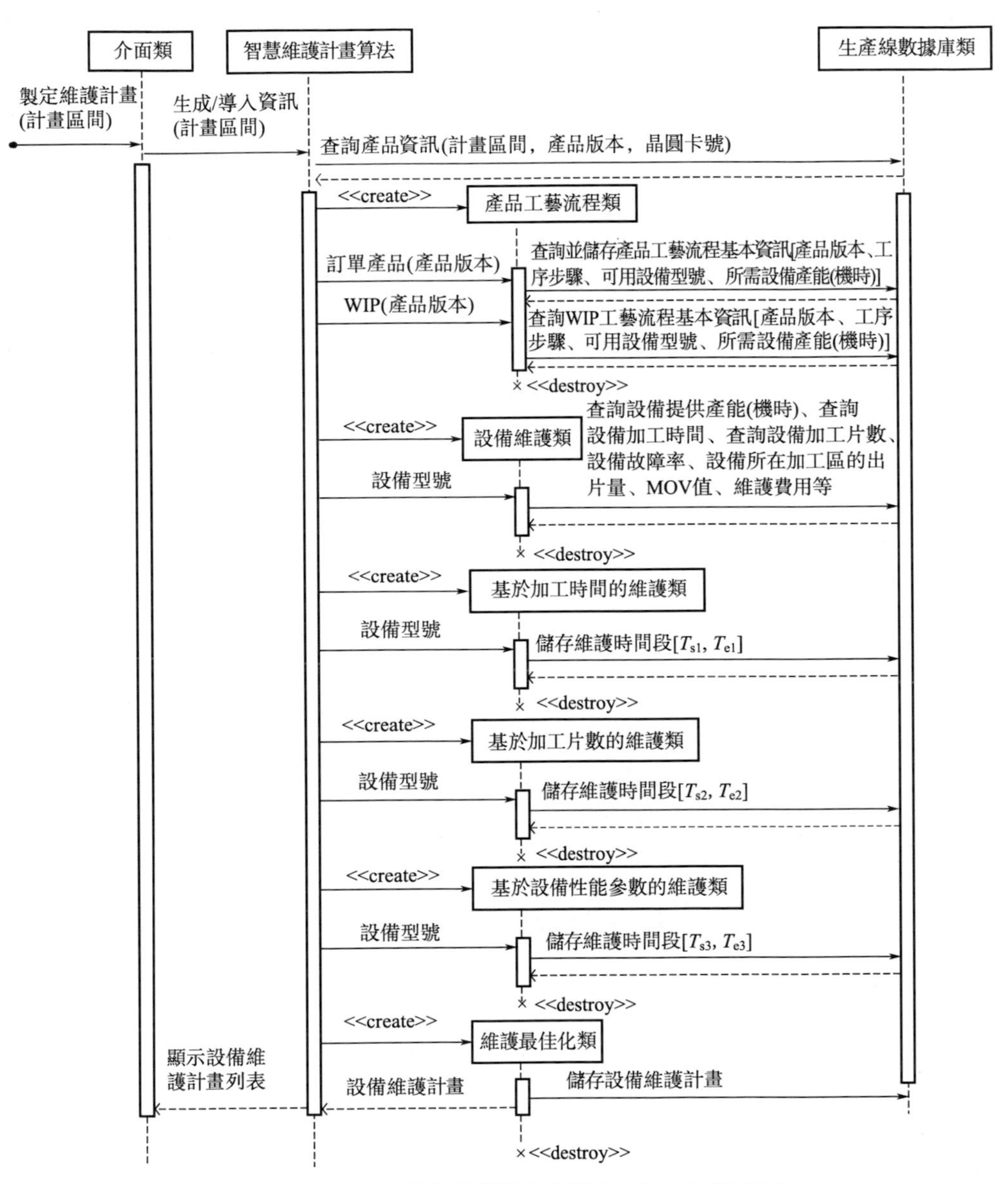

圖 4-18　智慧最佳化維護計畫的活動行為單元時序圖

③ 業務過程模型（BPV-3）

業務過程模型描述了業務活動的執行細節和具體的執行業務流程，如圖 4-19 所示。

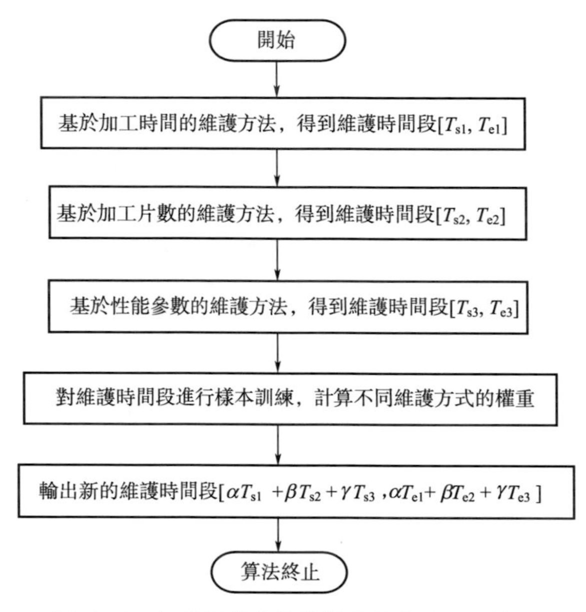

圖 4-19　智慧最佳化維護計畫的業務過程模型

④ 業務邏輯數據模型（BPV-4）

業務邏輯模型描述業務過程中的實體和實體之間的數據類型屬性及關係，採用 UML 類圖描述，維護計畫的業務邏輯數據模型與投料計畫的基本邏輯數據結構基本一致，參見第 2 章。

4.5.2 中期計畫集成控製

(1) 中期生產計畫集成控製框架

中期生產計畫集成控製框架（圖 4-20）的內容主要包括：投料計畫、維護計畫、仿真建模與調度方法。

框架分為兩個部分：第一部分是維護計畫框架。用不同的維護方式來得出不同的維護任務，并且將不同的維護方式進行相互配合，透過對企業提供的設備參數樣本數據，對設備進行分析，透過智慧化方法來計算設備的故障率曲線，并且考慮整個加工區的性能，綜合得出適合的維護任務。第二部分是調度框架。在生成維護任務之後，合理地將維護任務安排到工件調度中，統計出帶有維護任務的派工單。

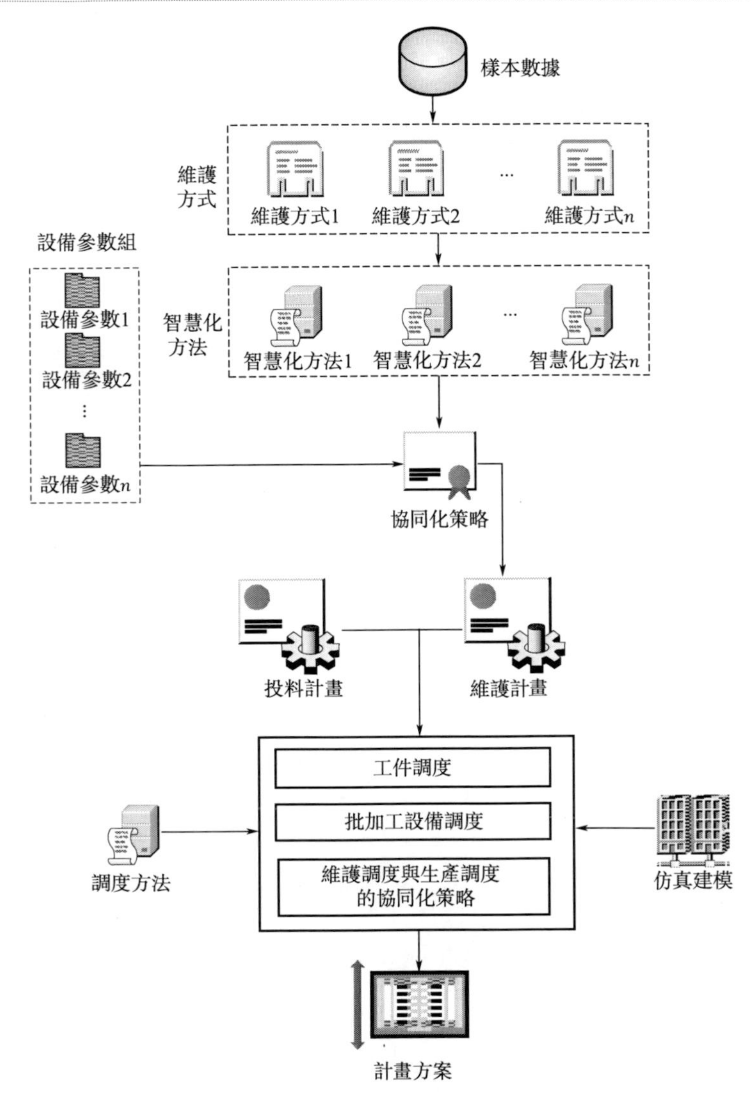

圖 4-20　中期生產計畫集成控制框架

(2) 中期生產計畫集成控制邏輯

中期計畫的控製系統分為兩個部分：動態參數獲取和模型仿真實現。如圖 4-21 所示，動態參數獲取是基於歷史數據建立的預測模型輸入半導體生產線實時狀態數據而得到的動態參數，如最佳生產負荷、設備的維護時間等，將這些參數輸入到半導體生產線模型中，進行仿真，得到投料表/維護計畫表和相應的生產線性能指標。

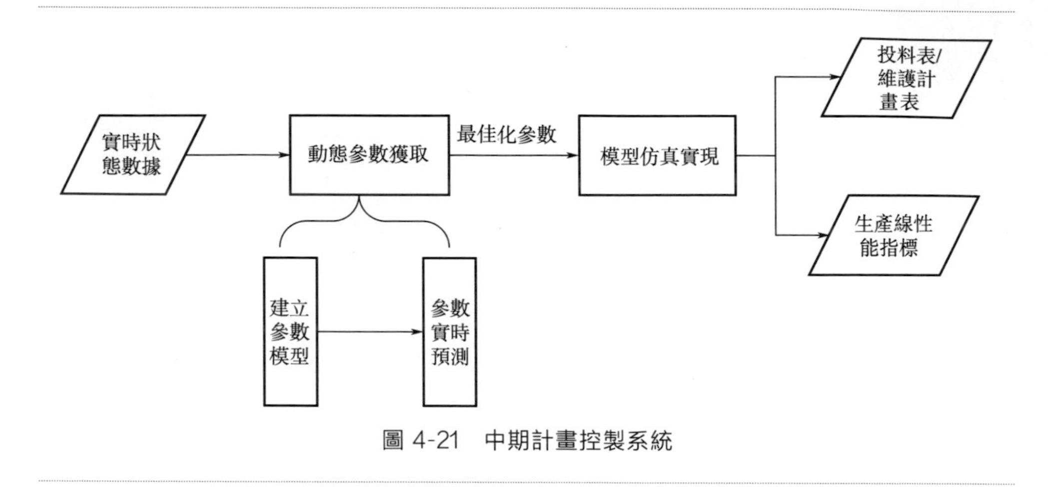

圖 4-21　中期計畫控制系統

中期計畫控制邏輯順序圖如圖 4-22 所示。

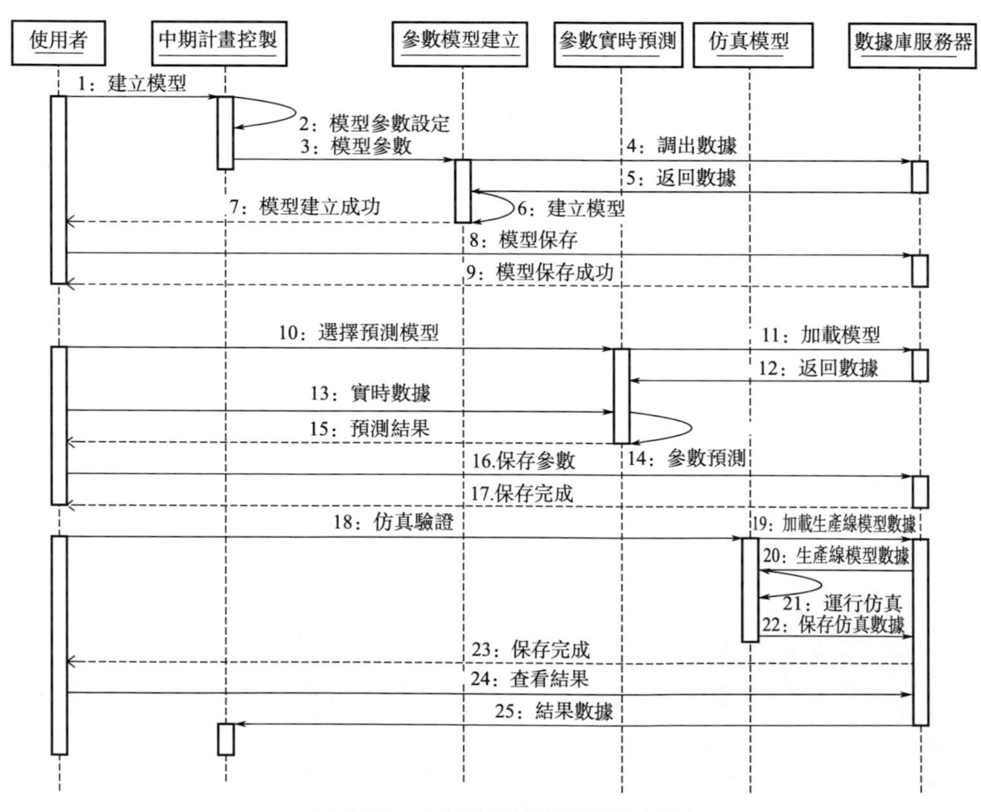

圖 4-22　中期計畫控制邏輯順序圖

4.5.3　中期計畫通用組件及介面

第2章闡述的體系結構模型中的通用角色維護模型（CV-3）負責通用角色功能的維護和更新，例如神經網路算法在中期計畫多個模塊中都被採用，如加工時間預測、性能指標預測以及動態負荷均衡投料控製等，是一個通用組件，具體透過軟體組件實現。

該組件如果基於C#語言開發將非常複雜并且花費大量的計算時間，Matlab強大的數值計算能力可以快速而準確地得到計算結果，大大提高分析計算效率。本節採用混合編程方式實現該通用.net組件，利用.m文件生成動態鏈接庫dll再由C#調用，這種.net組件具有良好的可移植性，目標機不需要安裝Matlab軟體，只需要安裝MCRinstaller.exe及dll註冊即可。採用Matlab與.net混合編程可以分為三步：編寫.m文件實現計算功能；將.m文件打包發布為dll；在C#中添加對dll的引用，透過創建Web Service實現，如表4-6所示。

表4-6　基本Web Service

介面名	功能描述
Set_model	設置神經網路模型參數
Train_model	訓練模型
Test_model	測試模型
Get_Prediction	實時預測

在Windows通訊開發平臺（Windows Communication Foundation，WCF）下創建Web Service，首先要創建服務，實際的服務代碼需要由介面派生實現。數據介面（Data Contract）用於製定雙方溝通時的數據格式。服務介面（Service Contract）用於製定服務的定義。操作介面（Operation Contract）用於製定服務提供的方法。消息格式（Message Contract）用於製定在通訊期間改寫消息內容的規範，見表4-7。

表4-7　部分通用組件介面描述

契約名	契約類型	功能描述
IDR	服務介面	定義服務
GetRawData	操作介面	獲取歷史數據
SetModelName	操作介面	設定新模型
Set_Model	操作介面	訓練新模型
Test_Model	操作介面	測試新模型
GetTestResult	操作介面	測試模型輸出結果
DisplayError	操作介面	獲取測試結果的平均誤差

續表

契約名	契約類型	功能描述
GetPrediction	操作介面	實時預測
GetPreTwl	操作介面	獲取實時預測結果中的 Pretwl 參數
GetPerformance	操作介面	獲取性能指標

通訊協議綁定：由於 WCF 支援了 HTTP、TCP、Named Pipe、MSMQ、Peer-to-Peer TCP 等協議，而 HTTP 又分為基本 HTTP 支援（BasicHttpBinding）以及 WS-HTTP 支援（WsHttpBinding），TCP 也支援 NetTcpBinding、NetPeerTcpBinding 等通訊方式，因此，雙方必須要統一通訊的協議，并且在編碼以及格式上也要一致。

例如，通訊協議綁定如下：

```
<servicename="DynamicRelease.Services.DR">
<endpointaddress = "" binding = " wsHttpBinding " contract = " DynamicRelease.Contracts.IDR">
<identity> <dnsvalue="localhost"/> </identity>
</endpoint>
<endpoint address="mex"binding="mexHttpBinding"contract="IMetadataExchange"/>
<host>
< baseAddresses > < addbaseAddress = " http://localhost: 8888/DynamicRelease/DR/"/> </baseAddresses>
</host>
</service>
```

完成上述工作後，就實現了對 WCF 服務的配置，可以發布該服務。此後，WEB 頁面只需要引用相關服務即可實現對數據的調用以及流程的控製。

4.6 案例：考慮了生產調度的維護計畫

4.6.1 案例描述

本案例將比較三種維護方式對加工區性能的影響。

方法一：表示智慧最佳化維護方式與工件調度結合。

方法二：表示不同維護方式直接與工件調度結合的方法。

無維護：表示生產調度中沒有包含維護任務，僅當發生故障時進行維護。

4.6.2 仿真模型

根據半導體生產線某一時間點的在製品狀況，按照一定的調度算法進行調度仿真；根據投料計畫將工件適時地投入生產線；根據設備當前狀態和歷史維護資訊定期進行預防性維護和修復性維護。在仿真中實時記錄設備的狀況、lot 的 MOVE 等指標，使得在仿真結束後使用者可以方便地獲得所需數據。

在仿真模型（圖 4-23）中，使用者可以透過使用者介面自行設置設備的調度規則，例如先進先出（FIFO）、批加工、最早交貨期優先等，使用者選擇不同的規則，模擬出不同的場景，然後選擇最優的情況。

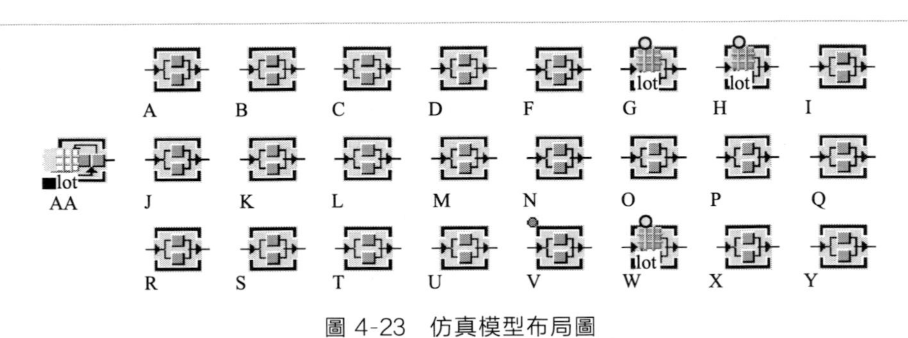

圖 4-23　仿真模型布局圖

4.6.3 仿真結果

採用方法一，得到的設備維護時間段為（5 月 7 日～5 月 10 日，6 月 11 日～6 月 14 日），假設 5 月 7 日前，維護任務的優先級為 0，當系統到達 5 月 7 日時，維護任務的優先級即變為 1，隨著時間不斷地成長，優先級不斷成長，以滿足維護任務必須在這個時間段內加工的需求。

採用方法二，基於時間的維護計畫即每 720h 維護一次，24h 內完成，安排在每月的 11 日，即（5 月 11 日～5 月 12 日，6 月 11 日～6 月 12 日）。

首先考慮 5 月的維護計畫，詳細如圖 4-24 所示。

基於性能　基於時間

7日　9日　11日　12日

圖 4-24　5 月維護計畫

可以發現，兩種維護方式生成的維護計畫並沒有交集，那麼，考慮 7 日至 12 日的時間段內的整體生產線的經濟效益。透過仿真可以得出結論，在 9 日中午 12 點時，經濟效益最大。所以，5 月的維護計畫會安排在 9 日中午 12 點進行。

6 月的維護計畫如圖 4-25 所示。

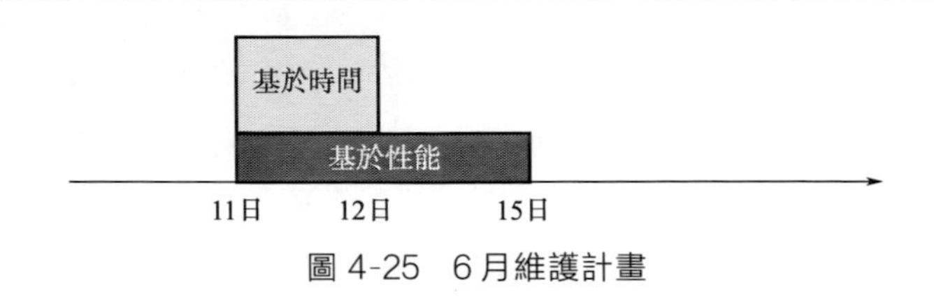

圖 4-25 6 月維護計畫

如圖 4-25 所示，6 月的兩種維護方式得出的維護計畫的交集為（6 月 11 日，6 月 12 日），所以在這段時間內計算整體生產線的經濟效益。透過仿真得出，11 日下午 4 點的時候，經濟效益最大，所以，6 月的維護計畫會安排在 11 日下午 4 點。

為了比較上述兩種維護方式與生產調度結合的方法以及沒有使用維護調度的方法，透過仿真，記錄整個加工區各個時刻的 MOV、出片量，用以比較三種方法的效果，具體見圖 4-26、圖 4-27。

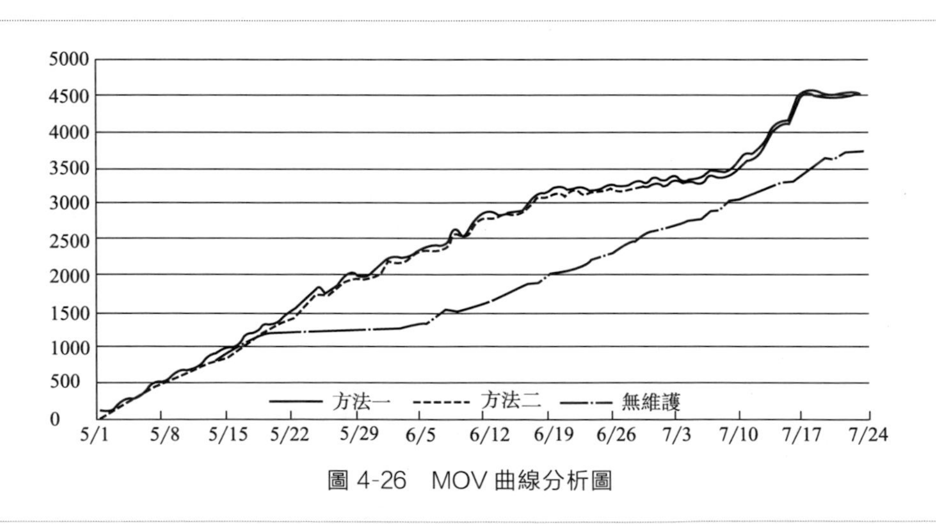

圖 4-26 MOV 曲線分析圖

如圖 4-26 可知，方法一略優於方法二，但兩者都優於無維護的方法。從圖 4-27 中可以看出，無維護的方法在設備連續加工後於 5 月 18 日發生故障，導致出片量的停滯，影響了整個生產線的狀況，給企業造成了直接的經濟損失。而方法一和方法二在對設備進行維護後並沒有出現設備故障的問題，并且出片量也呈穩態上升。因此，由上述分析可知，方法一與方法二相對於無維護而言，都是比較好的維護方法，可以達到避免設備發生故障，給企業帶來損失的效果。

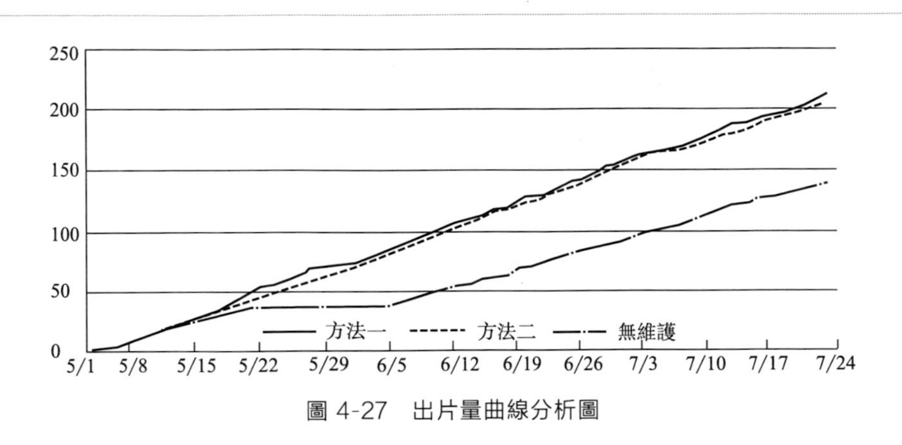

圖 4-27 出片量曲線分析圖

參考文獻

[1] Yeong-Dae Kiln, Sang-Oh Shim, Bum Choi, etc.Simplification methods for accelerating simulation-based real-time scheduling in a semiconductor wafer fabrication facility.IEEE Transactions on Semiconductor Manufacturing, 2003, 16(2): 290-298.

[2] Wein L M.Scheduling semiconductor wafer fabrication[J].Semiconductor Manufacturing, IEEE Transactions on, 1988, 1(3): 115-130.

[3] C.Roger Glassey, Mauricio G.C.Resende.Closed-loop job release control for VLSI circuit manufacturing[J].IEEE Transactions on Semiconductor Manufacturing, 1988, 1(1): 36-46.

[4] Spearman M L, Woodruff D L, Hopp W J.CONWIP: a pull alternative to kanban [J].The International Journal of Production Research, 1990, 28(5): 879-894.

[5] Lin Y H, LeeC E.A total standard WIP estimationmethod forwafer fabrication [J].European Journal of Operational Research, 2001, 131(1): 78-94.

[6] Rose O.CONWIP-like lot release for a wafer fabrication facility with dynamic load changes [J].Proceedings of the SMOMS, 2001, 1: 41-46.

[7] Sun R, Wang Z.DC-WIP—a new release rule of multi-orders for semiconductor manufacturing lines[C].2008 Asia Simulation Conference-7th International Conference on System Simulation and Scientific Computing.2008: 1395-1399.

[8] Wang Z, Wu Q, Qiao F.A lot dispatc-

hing strategy integrating WIP management and wafer start control[J].Automation Science and Engineering, IEEE Transactions on, 2007, 4 (4): 579-583.

[9] Rezaei K, Eivazy H, Rezazadeh A, et al.A production planning and scheduling model for semiconductor wafer manufacturing plants[J].Proceedings of the 41st International Conference on Computers & Industrial Engineering, 2011: 751-756.

[10] 趙喜林，許興華.現代製造系統維修策略研究[J].新技術新工藝，2006 (1)：49-51.

[11] 李兆佳.混合智慧算法在半導體生產線生產計畫中的應用研究[D].上海：同濟大學，2009.

[12] 李莉，喬非，吴啓迪.半導體生產線群體智慧調度模型研究.中國機械工程，2004，15 (22)：2006-2009.

第5章

複雜製造系統的短期計畫與調度

複雜製造系統的短期生產計畫與調度是對生產任務以「日、小時、分鐘」為單位進行的最佳化安排與管理，接受來自中期生產計畫下達的投料計畫任務，按照工藝流程要求的加工步驟細化分解，再根據實際製造系統的資源能力，安排各工序在設備上的加工順序，即確定所有工序由某臺設備在某個確定的時間段內完成。整個分解、分派、分配的過程都是在實際生產執行之前靜態完成的，以追求某個或某些性能指標的最佳化為目標。

在複雜製造系統短期計畫與調度研究中，調度最佳化與仿真是兩類非常重要的方法，本章介紹三種典型的方法及其可重構集成，這三種方法分別為：基於約束理論（TOC）的 DBR 短期計畫方法、基於仿真的多目標最佳化方法以及瓶頸區調度最佳化方法。其中，DBR 方法是生產線全局最佳化方法，基於仿真的多目標最佳化方法可以對生產線特定時間段的最佳化目標進行平衡，瓶頸區調度最佳化方法是對加工區域的最佳化。

5.1 短期生產計畫與調度概述

5.1.1 短期生產計畫與調度概念

本章所討論的短期生產計畫是處於中期生產計畫和在線實時調度之間的地位，既是對中期生產計畫形成的投料計畫的細化分解，又是在線實時調度調整的依據，是在生產活動開始之前的工廠工序級的最佳化決策，也相當於通常意義的工廠調度或作業調度。在後面的敘述中，不再對短期生產計畫、工廠調度、作業調度這些調度相關概念做特別的區分。

調度是為了實現期望目標而對共同使用的資源實行時間分配，探討在盡可能滿足約束條件（如交貨期、工藝路線、資源情況）的前提下，透過分配工件生產資源、安排工件加工時間及加工的先後順序，形成調度方案（Schedule），以獲得產品製造時間或成本的最最佳化[1]。

圖 5-1 示意了短期生產計畫與調度的過程與要素。

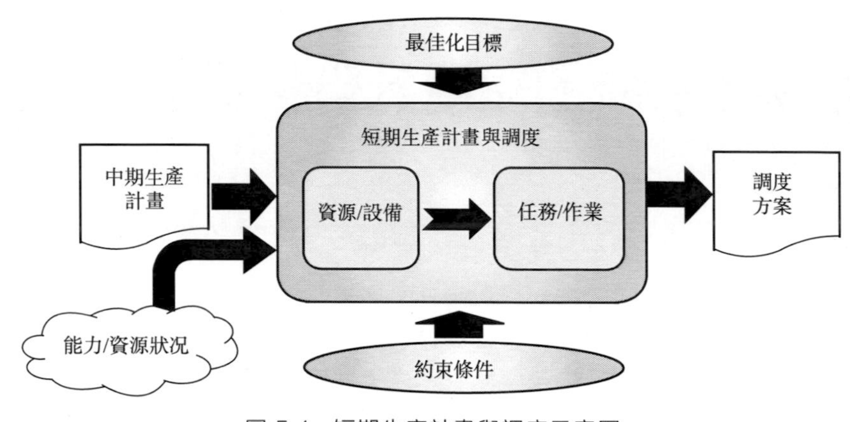

圖 5-1 短期生產計畫與調度示意圖

① 中期生產計畫是依據。對產品序列、交貨期、優先級等需要完成的生產任務做了規定及下達。

② 能力/資源狀況是條件。對設備生產能力和時間資源、在製品數量與分布、緩存區空間及容量等當前生產能力及可用資源狀況加以描述。

③ 約束條件是限製。包括工藝約束（分別對不同類型的產品規定了明確的加工工序順序及要求）、時間約束、資源約束等，都是在對作業任務和設備資源進行分配時所必須滿足的。

④ 最佳化目標是導向。包括設備相關的指標（如設備利用率、設備排隊隊長等）、產品相關的指標（如加工週期、準時交貨率等）、生產線相關的指標（如生產率、在製品數、產品移動步數等）等多種最佳化目標，以及它們的組合。

⑤ 調度方案是輸出的結果。提供生產線上未來一段時間的加工任務的最佳化排序方案，也即為加工任務的所有工序指定由某臺設備在某個確定的時間內完成。

5.1.2 短期生產計畫與調度方法

複雜製造系統生產調度問題的研究主要集中在工件調度、設備調度、批加工調度、瓶頸調度等領域。相關文獻資料非常多，難以很全面地進行介紹，本節將按照最佳化方法與仿真方法兩大類進行簡介。

（1）最佳化方法

1988 年，Wein[2] 發表了首篇關於半導體芯片加工生產線調度問題的研究。目前這一領域已積累了大量的方法，這些方法有建模方法，包括對生產線建模和對計畫調度最佳化方法的建模，例如排隊網路模型[3,4]、Petri網模[5~7]等圖論方法、基於知識管理的方法以及基於生產約束理論的方法[8]；有基本最佳化求解方法，例如數學解析方法、拉格朗日鬆弛算法、動態規劃方法、遺傳算法和模擬退火等智慧搜索方法、粒子群算法等智慧最佳化方法；有靜態和動態的調度方法；有基於Agent的分布式調度方法[9,10]；此外還有大量的組合/複合方法。Reha Uzsoy等[11,12]、曹政才等[8,13]對半導體生產線建模方法與調度策略研究進展進行了較為全面的綜述。表5-1中給出了對相關文獻的分類總結。

表5-1　文獻中所研究的業務問題及其方法

業務問題	目標、內容、方法等說明	文獻
批加工調度	①求解爐管區並行機批量、批次調度問題，用文化算法模型借鑒粗粒度並行遺傳算法，提出基於文化進化的雙層粒子群算法 ②決策樹與神經網路方法相結合求解一定約束下的批加工設備調度問題 ③以最小加工延遲為目標，為並行批加工設備調度建立混合整數非線性規劃模型 ④綜述1986年至2004年間關於半導體製造中批加工設備調度研究特點，並將文獻分為研究問題條件和研究解決方法兩類進行總結，指出批加工設備批量調度問題的研究方向 ⑤結合啓發式規則、動態規劃算法和遺傳算法研究批加工調度最佳化問題 ⑥利用仿真研究降低加工批量以及批加工設備中，允許小量加工對生產週期的影響	馬慧民等[14] Mönch等[15] Venkataramana等[16] Mathirajan等[17] Chou等[18] Schmidt和Rose[19]
瓶頸設備調度最佳化	①均衡設備負載，二維矩陣瓶頸設備調度模型 ②半導體封裝生產線的瓶頸設備調度，蟻群最佳化算法 ③光刻瓶頸區並行設備調度，蟻群最佳化算法	Shr等[20] Song等[21] 吳瑩等[22,23]
瓶頸實時調度	目標為降低生產週期、降低WIP水準以及保證交貨期，基於Holon機製	李曉紅等[24]
集束(Cluster)型設備調度	①有晶圓停留時間約束，用Petri網建模該問題，提出閉環調度算法獲得最佳化的週期性調度方案 ②以提高產出為目標，建立多集束型設備調度算法	吳乃琪等[25] Yi等[26]
運輸係統調度	最大化設備利用率，運用約束理論(TOC)	Koo等[27]
建模	①用Petri網對生產線計畫調度問題建模，探討複雜調度問題的描述實現及求解方法 ②用離散事件仿真系統對生產線事件進行建模	文獻[28~30] 文獻[31,32]

續表

業務問題	目標、內容、方法等說明	文獻
集成框架	①自主研發軟體 OPSched,目標管理-近實時調度-實時派工的集成框架	Intel 公司[33]
	②針對突發事件支援實時決策,裝載工件、初始化設置或是發送目標到低層的動作均稱為決策。根據事件發生頻率分層次,每一層的決策適用於該層的約束條件,並同時滿足更高層次的決策目標。由系統數據庫、時間常量以及由生產工藝流程決定的調度程序結構組成。系統分解為模塊,每個模塊對應於系統的一個有限部分,處理有限時間範圍內發生的事件。決策產生依賴於相應的模塊,并且具有層次結構,降低了計算量,實現實時調度	Bai 等[34]
	③基於工作流技術的分層調度模型,採用面向過程的思想,分別描述計畫過程和調度過程,針對一般企業	林慧蘋,范玉順等[35]

(2) 仿真方法

系統仿真技術是一種建模方法，將系統的相關要素按照實際運行的邏輯展現出來，反映系統行為，本質上是一種試驗方法。仿真建模伴隨著啓發式派工的進步亦有很大發展。Boesel 等[36] 曾指出，沒有啓發式派工的應用就可能沒有仿真最佳化的發展，啓發式派工推動了仿真軟體的商業化和實用化。在 1920 年代初，建立一個半導體生產線仿真模型非常困難[37]，而今卻比較容易，也有標準的 Benchmark 模型可以參考，比如 Intel 公司的 MiniFab 模型[38]、HP 公司的研究型 FAB：TRC 模型（Hewlett-Packard Technology Research Center Silicon Fab)[39]。

仿真模型通常是描述性的，在研究中經常作為一個黑盒被其他最佳化方法調用，通常以「最佳化算法的設計-仿真模型的構建」形式出現在文獻中。例如，Schmidt 和 Rose[40] 使用仿真分析半導體製造中降低加工批量及在批加工設備中允許小量加工對降低半導體製造加工週期的影響。Tavakkoli-Moghaddam 和 Daneshmand-Mehr[41] 使用仿真模型獲得具有最小完工時間的調度方案。Sivakumar[42] 使用離散事件仿真模型獲得半導體製造後端工藝的動態多目標最佳化調度方案。Ying 和 Lin[43] 提出了一種基於空閒時間與未完工率乘積的啓發式規則來提高準時交貨率，並透過仿真獲得調度方案。吕文彥等[44] 提出了可以實現緩衝區與傳統規則雙重選擇的緩衝區-時間規則，將遺傳算法與仿真相結合，對該規則組合進行最佳化。劉民等[45] 使用遺傳算法搜索組合調度規則，與仿真系統配合，獲得排程方案。

學術界對於仿真建模的態度非常矛盾：一方面為評價方案性能需要大量線下仿真的應用，另一方面基於仿真的性能評估又常常因為建立模型時間長、反覆執行及其試驗本質而不被認可[46]，并且仿真方法是基於試驗的，很難從特定的試驗中提煉出一般的規律，也難以用傳統的數學類的最佳化算法去衡量。

仿真方法在實用中的必要性在於，動態仿真模型可以在不破壞現有操作的情況下提供可證實的結果，例如，多產品的組合對生產效率的影響；多重入情況下工件排序的選擇；生產瓶頸和生產設備利用率分析；工件投料速度對生產效率的影響；生產需求變化、設備故障等的波動對生產效率的影響；生產資源配置的合理性分析。總之，對於半導體生產線的生產計畫與調度，仿真方法對於最佳化初始計畫和關鍵工序的調度十分重要。

經過幾十年來的研究積累，關於短期生產計畫與調度領域的成果極為豐富，雖然有大量理論研究的成果離實用還有距離，但也不乏能夠成功應用的算法和解決方案。當進一步考慮複雜製造系統的調度難度時，還是存在著值得探索的新的研究思路和研究空間。下面，我們結合近幾年的科學研究實踐，介紹幾種新的調度方法研究成果。

5.2 基於約束理論的 DBR 短期生產計畫方法

DBR 是約束理論（TOC）用於生產管理的經典應用，其工作方式類似於行軍拉練過程。在一支隊伍的行進過程中，有的士兵走得快，有的士兵走得慢。為了防止踐踏和踩傷，使整個隊伍有序行進，軍隊需要統一的號令（或者由走得最慢的人喊口號），稱之為鼓（Drum），整個隊伍行進的速度與鼓聲相符，或者與最慢的人的速度相符；為防止有人走得過快或過慢，造成隊伍脫節，走在隊首和隊尾的人與走得最慢的人分別牽著繩子的兩端，整支隊伍就會在一條線上，不會因某名士兵步伐不一致而脫離，此為繩子（Rope）的作用；在隊伍行進中，總會遇到一些急停或者遇到危險等突發性事件，士兵與士兵間應設置一段距離作為緩衝（Buffer），避免急停或冒進產生碰撞和混亂。鼓、繩子、緩衝的設置在隊伍行軍過程中扮演著非常重要的角色，這種機製在生產管理中起著相同的作用。

藉助這種鼓、繩子、緩衝的機製形成的基於 DBR（Drum-Buffer-Rope）的調度方法，是一種突出主要矛盾、著重解決瓶頸設備的調度最佳化，並以瓶頸設備的節奏帶動整個生產線控製的思想與方法。DBR 方法的三要素[47] 分別是：鼓，即識別瓶頸、發現關鍵問題；緩衝器，即藉助緩衝管理最大化利用瓶頸資源；繩子，即利用瓶頸資源的節奏控製非瓶頸資源的調度。透過大量案例的分析總結表明，在生產調度和控製中運用 DBR 方法，能夠取得縮短生產週期、提高準時交貨率、最佳化生產性能等較好效果[48]。

5.2.1 面向多重入製造系統實施的 DBR 分析

具有多重入特徵的半導體製造是在矽原料上形成多個具有特定電路性能的半

導體電路層，每一層的加工又基本是由氧化、沉積、離子注入、光刻、刻蝕等一系列化學及物理加工完成的。每一電路層的加工具有相似性，需要在一系列相同的設備上、以相似的過程進行加工，因此多重入是這類半導體製造的一個顯著特徵。重入現象的存在使得工件在加工過程中的不同階段可能重複訪問同一個設備(組)，同時也使得每個設備（組）需加工的工序集合和工件數量均大大增加。

重入特性給 DBR 理論的直接應用帶來困難，有必要結合多重入製造過程的特點研究 DBR 方法的改進措施。

（1）DBR 理論應用於多重入複雜製造的難點分析

將 DBR 方法直接用於重入特徵明顯的複雜半導體生產環境中，面臨著以下幾方面挑戰：①瓶頸識別困難。系統構成單元——加工區可以由一臺設備或一組設備構成，其加工方式也有單個加工、批量加工和多批加工多種可能，導致瓶頸識別較為困難。②以瓶頸節奏調節非瓶頸節奏的機製難以運用。多重入製造環境中存在多次重入現象，瓶頸緩衝區的工件可能來自多個上游設備，不僅難以預測瓶頸緩衝區的未來到達工件，也很難透過設置時間緩衝來避免瓶頸飢餓，重入流的存在使得透過控製投料和瓶頸設備上的加工節奏來調節非瓶頸設備的機製變得難以運用。

（2）關於瓶頸的基本概念

在瓶頸識別的研究中有以下問題需要考慮。

① 瓶頸的計算

用以計算瓶頸的指標有多種，可以透過分析等待加工的隊列、取隊列長度最大或等待時間最長的加工設備（組)，這種計算方法簡單但不適用於隊列空間受限的製造系統；也可以透過測量加工設備（組）的利用率，取利用率最高的加工設備(組)，這種方法受穩態系統的局限，不適用於確定瞬時製造瓶頸；還可以透過計算加工設備（組）的累積負荷或相對負荷，取負荷水準高的加工設備（組)。

② 瓶頸的選擇

無論用哪種瓶頸計算方法，理論上系統中的每個加工設備都能得到一個計算值，經排序後是取單瓶頸還是多瓶頸？如果取多瓶頸又取多少個？這就是瓶頸選擇的問題。

③ 瓶頸的漂移

由於瓶頸設備的確定是根據瓶頸計算值排序後選擇的結果，隨著生產推進過程中各種不確定事件（如設備停機、急件加工任務等）的發生，可能會造成加工設備的計算值及計算值排序的變化，從而造成瓶頸設備的確定隨時間而發生改變的現象，這種現象就是實際生產中所謂的瓶頸漂移。

基於以上討論，這裡首先給出幾個概念解釋。

① 瓶頸設備：製造系統中加工負荷最大的加工設備。可以有兩種計算方式。

累積負荷最大：

$$\max D_m = \max\left\{\sum_{n=1}^{N}\omega_{nm}Q_n\right\}, m=1,2,\cdots,M; n=1,2,\cdots,N \tag{5-1}$$

相對負荷最大：

$$\max b_m = \max\left\{\frac{D_m}{C_m}\right\} = \max\left\{\frac{1}{C_m}\sum_{n=1}^{N}\omega_{nm}Q_n\right\} \tag{5-2}$$

式中，D_m 為計畫期內資源 m 的累積負荷；ω_{nm} 為產品 n 關於資源 m 的消耗係數（即生產單位產品 n 對資源 m 的能力消耗）；Q_n 為產品 n 的需求數量；C_m 為計畫期內資源 m 最大生產能力；b_m 為資源 m 的負荷率（相對負荷）；M 為生產系統中的資源總數；N 為產品種類。

② 瓶頸飢餓：瓶頸加工設備由於沒有工件加工而發生停機的現象。

③ 緩衝區：存放加工設備等待加工工件的地方，這裡假定緩衝區的容量為無限。

(3) 分層瓶頸分析

多重入製造系統中存在著大量的並行設備和批加工設備，在計算瓶頸時，一方面必須以加工區為單位，對歸屬相同加工區的加工設備能力加以匯總，統一考慮；另一方面還需對批加工設備的加工時間進行可比換算，即用批加工設備的加工時間除以加工批量，得到設備的等價加工時間。根據以上分析，首先給出多重入製造系統的系統瓶頸的概念。

① 系統瓶頸

即多重入製造系統中累積負荷最大的加工設備。參考式 (5-1)，可得其計算公式為：

$$L_B = \max\{L_h\} = \max\left\{\sum_{i=1}^{x} q_i \sum_{j=1}^{y}\theta_{ijh} \times \left(\frac{t_{ijh}}{\mu_{ijh}}\right)\right\}, h=1,2,\cdots,H \tag{5-3}$$

式中，L_B 為瓶頸加工設備 B 的累積負荷；L_h 為加工設備 h 的累積負荷；x 為產品類型總數；q_i 為 i 類型產品的工件個數；y 為 i 類型產品的加工步數；θ_{ijh} 為設備相關係數，如果 i 類產品的第 j 步加工可以在加工設備 h 上進行則為 1，否則為 0；t_{ijh} 為 i 類產品第 j 步工序在加工設備 h 上進行加工所需要的加工時間；μ_{ijh} 為加工區內並行設備的批加工能力；H 為多重入生產系統中的加工設備總數。

重入現象的存在使得多重入生產系統的產品加工需要反覆多次經過瓶頸資源，圖 5-2 所示為將某產品 A 的加工流程展開後截取的部分片段[49]，圖中的數字表示流程經過的加工設備編號。

··· → 8 → 13 → 14 → 18 → 23 → 15 → (16) → 23 → 18 → 22 → 1 → 1 → 13 → 14 → 23
→ 15 → (16) → 24 → 23 → 22 → 17 → 1 → 2 → 8 → 9 → 21 → 22 → 1 → 4 → 22 → 22
→ 1 → 2 → 13 → 14 → 23 → 15 → (16) → 24 → 24 → 23 → 22 → 17 → 24 → 1 → 2 → 7
→ 1 → 3 → 22 → 13 → 15 → 23 → 22 → 22 → 22 → 17 → 13 → 14 → 18 → 23 → 15
→ (16) → 20 → 23 → 1 → 17 → 1 → 1 → 3 → 13 → 14 → (16)

圖 5-2　產品 A 的部分加工流程

如果根據式(5-3) 計算得到的瓶頸加工設備編號為 16，圖 5-3 說明了在產品 A 的加工過程中，至少有 5 個處於不同加工階段的加工任務要爭奪 16 號加工設備的使用。若把相鄰兩次瓶頸操作間的一系列操作看作一層 (Layer)，則整條生產流程就可被劃分為一系列層次。對圖 5-2 所示的流程片斷就可以被劃分為四個層次，如圖 5-3 所示。

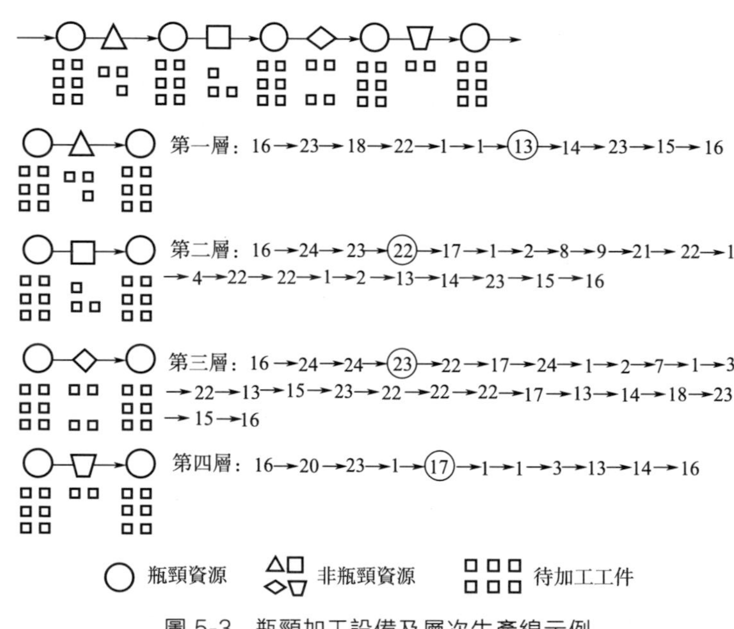

圖 5-3　瓶頸加工設備及層次生產線示例

如果把相鄰兩次瓶頸加工之間的流程看作是一個層生產線，則這段子生產線也應具有自己的生產節奏，即存在自己的瓶頸，據此引入一個新的層瓶頸概念。

② 層瓶頸

即相鄰兩次系統瓶頸操作之間（或一段層生產線中）累積負荷最大的加工設備。參照式(5-3) 給出層瓶頸的計算公式為：

$$L_k^l = \max\{L_r\} = \max\left\{\sum_{i=1}^{x} q_i \sum_{j=\mathrm{SB}_l+1}^{\mathrm{SB}_{l+1}-1} \theta_{ijr} \times \frac{t_{ijr}}{\mu_{ijr}}\right\} \quad (5\text{-}4)$$

$$r = \mathrm{SB}_l + 1, \cdots, \mathrm{SB}_{l+1} - 1$$

式中，L_k^l 為第 l 層瓶頸加工設備 k 的累積負荷，$l=0,1,2,\cdots$，L_r 為加工設備 r 的累積負荷；x 為產品類型總數；q_i 為 i 類型產品的工件個數；SB_l 為 i 類產品的流程中第 l 個出現的系統瓶頸的工序序號；θ_{ijr} 為設備相關係數，如果 i 類產品的第 j 步加工可以在加工設備 r 上進行則為 1，否則為 0；t_{ijr} 為 i 類產品的第 j 步工序在加工設備 r 上進行加工所需要的加工時間；μ_{ijr} 為加工設備，可分配給 i 類產品第 j 步工序的批加工能力。

根據式(5-4)，可以找出以系統瓶頸操作為分界點的各層層瓶頸。對圖 5-3 所示的 4 個層生產線進行分析，可以找到各層的層瓶頸分別為第 13、22、23、17 號加工設備。至此，針對多重入製造系統的流程特點，提出了兩種瓶頸概念：基於全局負荷計算的系統瓶頸 B、基於相鄰系統瓶頸間的層生產線負荷計算的層瓶頸 k。這就是面向多重入製造系統特點的分層瓶頸構成。無論是 B 還是 k，既然是瓶頸也就是說資源競爭的強度要比其他加工設備高，下面需要解決資源分派的最佳化問題。

5.2.2 基於 DBR 的分層調度算法

在多重入製造系統分層瓶頸分析和定義的基礎上，借鑒 DBR 理論，即在辨識系統約束的基礎上，著重管理和消除系統約束，並調動其他相關因素予以支援，據此設計了基於 DBR 的分層調度（Different Layers Scheduling，DLS）算法。

DLS 算法的基本思想是，以加工設備為單元，優先解決製造系統中緊迫度較高的瓶頸加工設備的調度問題，並以此為先導帶動其他加工設備的生產調度決策。在解決瓶頸加工設備的調度問題時，首先基於系統瓶頸的識別，把整個生產線劃分成若干條層生產線。由於層生產線上的重入特徵不明顯，若把各層起始處的系統瓶頸看成是其投料點，則在層生產線上就滿足了 DBR 方法運用的條件。接著，借鑒 DBR 調度思想，需要計算出層瓶頸的加工節奏，再按照層瓶頸的節奏選擇瓶頸緩衝區中的工件進行加工，以減少同層工件在生產線上的堆積，達到平衡生產線的目的。

根據 DLS 思想，首先根據產品的加工工序以系統瓶頸設備為節點將整個加工流程分成若干層；然後計算出每層的層瓶頸及層瓶頸負荷；接著設置一個變量記錄每層的最近一次的投料時間。執行調度的過程是，當某一工件進入瓶頸緩衝區時，先判斷屬於哪一層，再將該工件的投料時間（即進入該瓶頸區的時間）和與它同層的工件的最近投料時間之差作為瓶頸資源選擇工件的標準，時間差值越小的優先級越高，表示越能減少同層工件在非瓶頸設備上的堆積。DLS 算法流程如圖 5-4 所示。

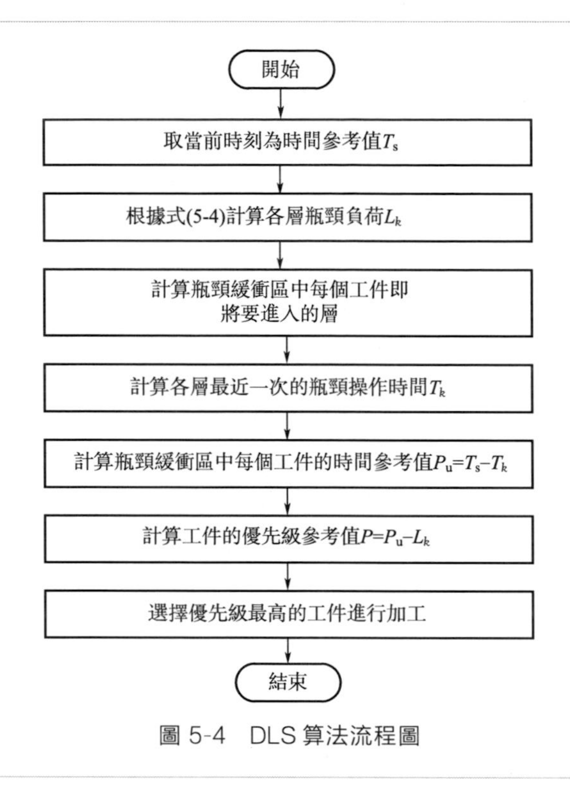

圖 5-4　DLS 算法流程圖

圖 5-4 中每個工件的時間參考值 P_u 是指當前調度時刻與最近一次往該層投料時間的差值，換算成統一時間單位後，與該層層瓶頸負荷再次求差，其值為正則說明該層飢餓，為負則說明該層阻塞。對所有的層進行計算後，差值最大的優先加工。

DLS 算法在綜合考慮瓶頸設備和非瓶頸設備的基礎上，根據非瓶頸設備的阻塞飢餓情況決策瓶頸設備的工件調度。該方法能夠平衡整個生產線，減少工件在非瓶頸設備處的擁堵，縮短平均加工週期是一種比較有效的瓶頸調度算法。

5.3 基於 SBO 的多目標調度最佳化方法

複雜製造系統是在不確定環境下的大規模複雜生產過程，很難用一般的數學規劃或智慧最佳化方法來求解。從 1920 年代開始，隨著各種商業化的仿真軟體的發展，仿真與最佳化技術的發展，基於仿真的最佳化（Simulation Based Optimization，SBO）方法也在幾代研究人員不懈努力之下得到了很大的發展，不僅已經在一些工程領域成功應用，而且也可以借用來對複雜製造系統的調度最佳化問題進行近似求解。

以最佳化目標的個數分類，可以將最佳化問題分為單目標最佳化和多目標最佳化。由於實際製造系統的複雜性，單目標最佳化難以充分滿足其最佳化要求。解決多目標最佳化的一種思路是將多個目標透過處理轉化為單個目標，用單目標最佳化算法求解，常用的轉化方法有加權求和、等式約束、最大最小等。這類方法的主要特點是求解效率高，但在將多目標轉化為單目標時一般會設置權重，而這其中受決策者主觀性影響明顯，而且往往依賴於問題的複雜性和所決斷問題的領域知識。

基於仿真的最佳化方法有利於消除人為主觀性的影響，而且其基於仿真的特點一次能平衡多個目標值。下面，我們面向複雜製造系統調度，提出一種基於SBO的多目標最佳化方法。

5.3.1 面向複雜製造調度的 SBO 方法設計

基於仿真的最佳化是一種交叉綜合了電腦技術、軟體開發技術、系統仿真技術、最佳化算法等多個學科的研究方法。基於仿真的最佳化方法的基本原理是用仿真系統來模擬實際系統，用仿真的結果去評價實際系統，再用上層的最佳化模塊對其進行最佳化，仿真得到的響應值反饋到最佳化算法中，作為最佳化算法確定新一輪搜索方向的依據，並將搜索結果重新輸入仿真模型中直到循環結束[50]。

基於 SBO 的複雜製造調度最佳化框架主要包括兩部分：仿真建模層及最佳化控製層（圖 5-5）。仿真建模層包含建模數據模塊和離散事件建模/仿真模塊。建模數據模塊的主要內容是將企業級數據庫透過抽取轉化後形成本地數據，為仿真建模提供相應的建模數據；而離散事件建模模塊的主要內容是基於不同的仿真軟體，採用離散事件建模方法對實際製造生產線進行仿真建模。

最佳化控製層主要包括性能指標選取模塊、最佳化模塊和統計模塊。性能指標選取模塊是透過一系列的性能指標數據分析，確立多目標最佳化的目標集；最佳化模塊主要是最佳化算法設計，並透過其與仿真建模層的結合實現基於仿真的最佳化；統計模塊用於統計仿真得到的各種性能指標值和對應的調度方案。

（1）仿真建模層

有效的建模工具和建模方法是實現基於 SBO 的調度最佳化的關鍵，鑒於離散事件仿真模型側重於對系統邏輯關係進行描述，主要透過模擬實際生產環境進行建模，我們給出如圖 5-6 所示的離散事件仿真模型的建立流程，並選取離散事件觸發機製作為仿真運行驅動。

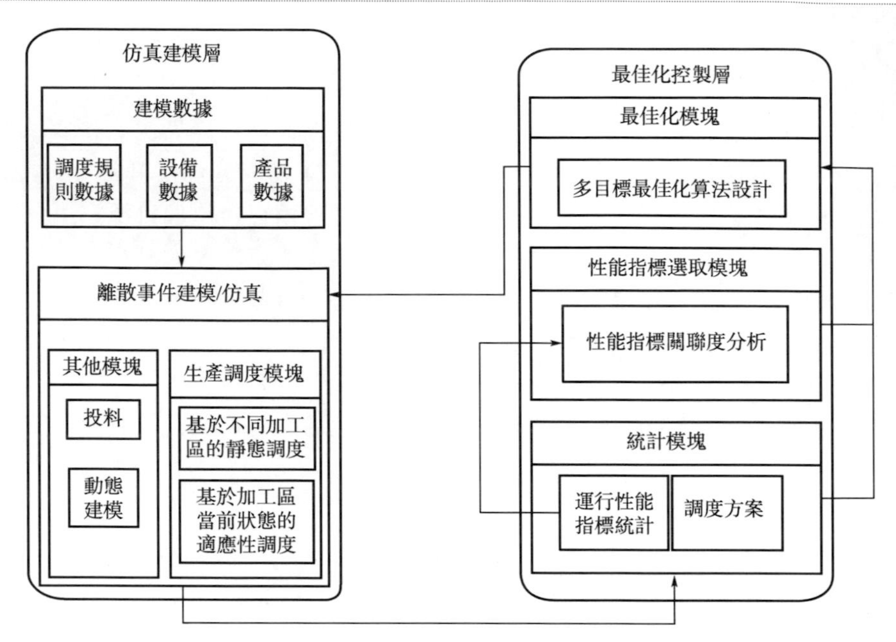

圖 5-5　基於仿真的最佳化（SBO）框架圖

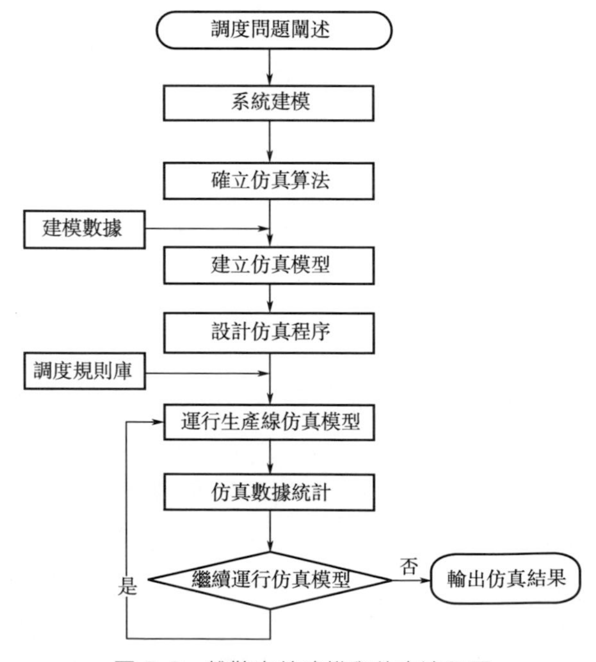

圖 5-6　離散事件建模與仿真流程圖

首先基於製造系統中的靜態和動態數據進行生產線建模。其中，靜態數據包括工藝流程資訊、加工設備資訊、產品資訊、客户優先級資訊、工件調度規則資訊等，數據量大且較為穩定，因此不需要每次仿真前都重複進行數據處理，只要在更新時才重新加載，例如引進新的工藝或者設備。動態數據是在生產調度過程中實時變化的數據資訊，如在製品資訊、設備維護資訊、設備狀態資訊以及其他一些需要實時更新的數據，實時仿真要求動態數據都是實時抽取的，以保證仿真結果的精確性，使調度結果符合實際生產情況。

在調度最佳化的執行過程中，所建立起來的仿真模型不斷被運行，並產生相應的仿真數據，以提供決策依據之用。每一次仿真都是在當前實時狀態條件下，透過運用不同的調度算法得到不同的運行結果，並加以比較分析，以決定仿真最佳化的走向，同時記錄和輸出仿真結果。

(2) 最佳化控製層

對於多目標最佳化問題的求解，透過簡單加權將多目標轉化成單目標的做法具有很大的局限性。通常，如果將多個最佳化目標不分主次地同時考慮，則目標之間往往存在互相製約，很難使得所有子目標同時達到最優值。較好的做法是協調各個子目標形成可能最優解的集合，集合中的各個元素稱為 Pareto 最優解或非劣最優解。如果對所有目標而言，解 S1 的目標值均優於解 S2，則稱 S1 支配 S2，而同時，若 S1 的解沒有被其他任何解所支配，則 S1 稱為非支配解。Pareto 最優解集合就是由非支配解構成的解集，在 Pareto 最優解中無優劣之分，最終使用者可以根據自己的偏好選擇最合適的解。這種透過尋找一系列 Pareto 非支配解集求解多目標最佳化問題的方法，雖然沒有主觀性的干擾，但最佳化目標數不能過多，一般不宜超過 5 個。

本節介紹的基於 SBO 的調度方法就是採用這樣的思路，其最佳化控製層的框架如圖 5-7 所示，由最佳化目標選取和最佳化算法尋優兩個部分構成。首先，利用灰色關聯度法對多個調度最佳化目標（表現為生產相關的各項性能指標）進行關聯度分析，從中選出關聯度較小的性能指標構成最佳化目標集。然後，再採用基於進化算法的多目標最佳化，以仿真建模層建立的模型作為仿真運算的支援工具，實現基於 SBO 的複雜製造生產調度的最佳化求解。兩個部分的具體方法設計將在後續兩小節中詳細闡述。

其中，基於 SBO 的最佳化實現主要體現在仿真模型與最佳化算法的交互上。即將生產線的仿真模型的輸出作為之後最佳化算法的評價和判定輸入，如此循環直到滿足終止條件，最終輸出最佳化結果。

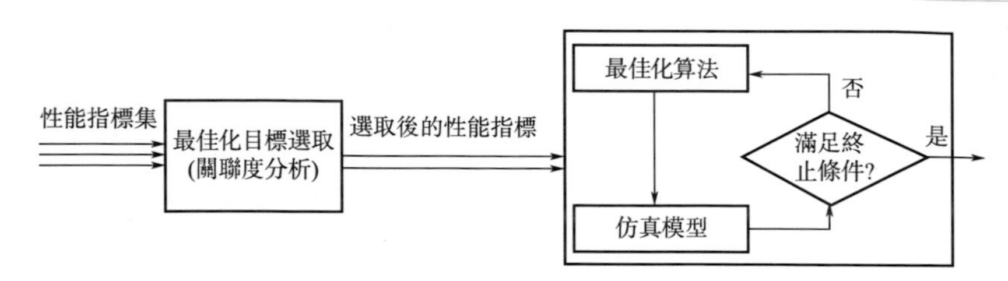

圖 5-7 SBO 方法的最佳化控製層框圖

5.3.2 基於灰色關聯度分析的最佳化目標選取

本節針對基於 SBO 的多目標最佳化方法的最佳化目標選取的問題，透過基於性能指標的關聯度分析，排除相關度高的目標，以達到縮減目標集合的同時又不會削減最佳化效果的目的。

本節的主要任務是在對各類性能指標作相關性分析的基礎上，最終選出可以作為最佳化目標的性能指標集。灰色關聯度分析法一般不需要典型的分布規律，對樣本數量也沒有過多的大小要求。這種方法主要是透過因素之間的相似或相異的程度來度量因素之間的關係，可以提煉影響系統的主要特徵，其結果與定性分析的結果一致，具有廣泛的實用性。

常用的關聯度量化模型有：絕對關聯度、鄧氏關聯度、斜率關聯度、廣義灰色關聯度等。這裡著重說明絕對關聯度計算步驟如下。

步驟①：確定需要進行相關度分析的樣本數列。

參考數列：
$$x_0=\{x_0(k),k=1,2,\cdots,m\} \tag{5-5}$$

比較數列：
$$x_i=\{x_i(k),k=1,2,\cdots,m,i=1,2,\cdots,n\} \tag{5-6}$$

步驟②：均值化數據處理。

參考數列：
$$y_0=\frac{x_0(k)}{\bar{x}_0},k=1,2,\cdots,m \tag{5-7}$$

比較數列：
$$y_i=\frac{x_i(k)}{\bar{x}_i},k=1,2,\cdots,m,i=1,2,\cdots,n \tag{5-8}$$

步驟③：求絕對關聯度係數 ε_i。

$$\varepsilon_i(k)=\frac{1}{1+|\Delta_{y_0(k)}-\Delta_{y_i(k)}|} \tag{5-9}$$

其中 $\Delta_{y_0(k)}=y_0(k+1)-y_0(k),\Delta_{y_i(k)}=y_i(k+1)-y_i(k),k=1,2,\cdots,m-1$

步驟④：求關聯度 r_i。

$$r_i=\frac{1}{n}\sum_{k=1}^{m-1}\varepsilon_i(k) \tag{5-10}$$

如果計算得到的關聯度 r_i 值越大，則說明樣本之間的相關度越高。

將上述關聯度計算方法運用到複雜製造系統的生產性能指標分析中，可以透過對多組仿真運行得到的性能指標樣本數據的分析，獲得各性能指標間的相關度大小。

考慮到性能指標又有短期與長期之分，因此可先將二類指標分別進行關聯度分析，然後再將短期性能指標轉換為長期性能指標進行分析。具體流程圖如圖 5-8 所示。

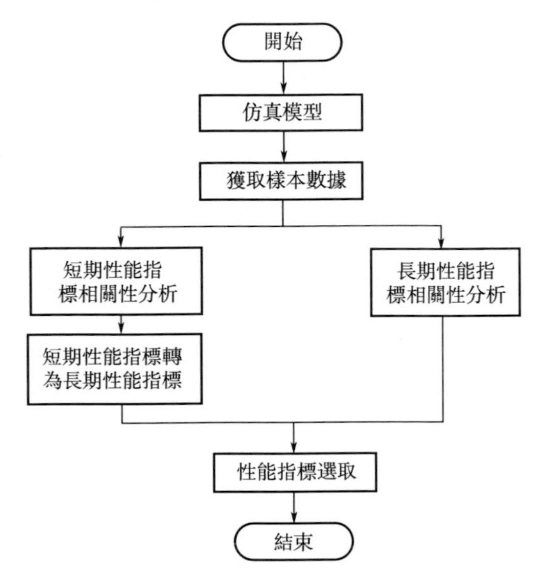

圖 5-8　性能指標相關性分析流程圖

例如，在不同的調度規則下，將獲取到的 60 條樣本做關聯度分析，首先，對 4 個短期性能指標（移動步數、平均等待隊長、在製品數和設備利用率）的絕對關聯度值進行計算分析，分別以某個指標（如移動步數）作為參考數列，其他指標作為比較數列，運用式(5-7)～式(5-10) 計算絕對關聯度值，得到表 5-2（對應第一行）所列計算結果，依此類推。從表中可見，移動步數與設備利用率的關聯度較大，平均等待隊長與在製品數關聯度也較大，均大於 85%。因此，在進行最佳化時，移動步數與設備利用率可以相互取代，只考慮其中之一，同理，平均等待隊長和在製品數也可以相互取代。

表 5-2　短期性能指標關聯度計算結果表　　單位：%

項目	移動步數	平均等待隊長	在製品數	設備利用率
移動步數	100	62.94	65.87	96.29
平均等待隊長	62.94	100	85.74	62.68

續表

項目	移動步數	平均等待隊長	在製品數	設備利用率
在製品數	65.87	85.74	100	66.02
設備利用率	96.29	63.68	66.02	100

再分析 4 個長期性能指標（生產率、交貨率、平均加工週期和平均加工週期的方差）的相關度，分別以某個指標（如生產率）作為參考數列，其他指標作為比較數列，運用式(5-7)～式(5-10) 計算絕對關聯度值，得到表 5-3（對應第一行）所列計算結果，依此類推。從表中可見，在長期性能指標中，生產率與交貨率的關聯度達 95％以上，說明這兩項的性能指標有同時增大或者減小的趨勢，因此這兩項性能指標在最佳化時也可以兩者選其一。

表 5-3　長期性能指標關聯度結果表　　單位：％

項目	生產率	交貨率	平均加工週期	平均加工週期的方差
生產率	100	96.98	73.17	67.94
交貨率	96.98	100	73.82	69.08
平均加工週期	73.17	73.82	100	76.10
平均加工週期的方差	67.94	69.08	76.10	100

最後，還需要將以上分別選取的性能指標匯總整合。先將精簡後的短期性能指標（設備利用率和平均等待隊長）做平均化處理後，轉化為長期性能指標；再按照長期性能指標的分析方法做關聯度分析，得到的結果如表 5-4 所示。

表 5-4　短期和長期性能指標關聯度結果表　　單位：％

項目	生產率	平均加工週期	平均加工週期的方差	設備利用率	平均等待隊長
生產率	100	73.17	67.94	89.33	79.18
平均加工週期	73.17	100	76.10	77	76.87
平均加工週期的方差	67.94	76.10	100	71.92	75
設備利用率	89.33	76.79	71.92	100	79.46
平均等待隊長	79.18	76.87	75.00	79.46	100.00

從表 5-4 中可見，生產率與轉為長期性能指標的設備利用率關聯度也很大，大於 85％，說明這兩項的性能指標可以擇其一。此例中，最終確立的多目標最佳化集合由 4 種性能指標構成：生產率、平均加工週期、平均加工週期的方差、平均等待隊長。

5.3.3 基於 NSGA-Ⅱ 算法的 SBO 多目標調度最佳化方法

(1) 改進的非支配排序遺傳算法（NSGA-Ⅱ）

改進的非支配排序遺傳算法（NSGA-Ⅱ）因為具有出色的尋優能力而被廣

泛認可和應用。本節首先介紹 NSGA-Ⅱ的通用設計，繼而再討論該方法運用於 SBO 的詳細設計方案。

由 Srinivas 和 Deb 於 1993 年提出的非支配排序遺傳算法（NSGA）的基本思路是，對所有個體按照不同的層次進行分級排序。由於 NSGA 的分級排序計算複雜性較高，且共享小生境中需要決策者製定特殊的共享參數，主觀性較大。因此，Deb 在 2002 年又對 NSGA 算法加以改進，提出了 NSGA-Ⅱ算法，該算法透過快速非支配排序的方式來實現多目標最佳化，增加了菁英保留策略和使用計算出來的擁擠距離值作為密度估計的值，從而克服了 NSGA 算法中的小生境的參數選取困難等缺點。

一般 NSGA-Ⅱ算法的運行流程如圖 5-9 所示。

作為目前最流行的多目標進化算法之一，NSGA-Ⅱ算法具有三個重要特點。

① 提出了快速非支配排序算法

快速非支配排序的含義是，對於一個規模為 N 的種群 P 進行分層排序。對於種群中的每個個體 i，如果種群中被其支配解的數量為 n_i，而被 i 所支配的個體的子集為 S_i，則將 P 按照如下要求分為若干個子集 Z_i。對於所有 $n_i=0$ 的個體，將其保存在當前集合 Z_l 中，然後遍歷 Z_l 中的每個個體所支配的個體集合 S_i，執行 $n_i=n_i-1$，一旦 n_i 為 0，則將 i 保存在集合 H 中，一直重複執行上述操作，直到種群分層。

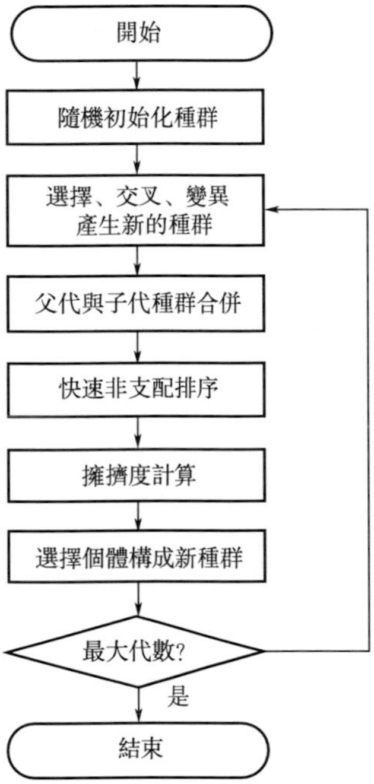

開始
隨機初始化種群
選擇、交叉、變異
產生新的種群
父代與子代種群合併
快速非支配排序
擁擠度計算
選擇個體構成新種群
最大代數?
否
是
結束

圖 5-9　一般 NSGA-Ⅱ算法運行流程圖

② 擁擠度和擁擠度比較算子

擁擠度計算：擁擠度的引進是為了保持個體的多樣性，防止個體在局部堆積。擁擠度的計算使得算法可自動調整小生境，得到均勻分布的解集。擁擠度的計算公式如下。

$$d_l=\sum_{i=1}^{N}\frac{f_i(x)-F}{f_i^{\max}-f_i^{\min}} \tag{5-11}$$

式中，d_l 為每個解的虛擬擁擠度；$f_i(x)$ 為第 i 個目標的目標值；F 為第 i 個目標的平均值；$f_i^{\max}$ 和$f_i^{\min}$ 分別為第 i 個目標的最大和最小目標值。

擁擠度比較算子：擁擠度比較算子是指經過快速非支配排序和擁擠度計算之後，每個種群中的個體 i 都會有非支配排序決定的非支配序i_{rank} 和擁擠度i_{d} 這兩個屬性。而擁擠度比較算子即為：個體 i 與另一個個體 j 進行比較，只要下面任意一個條件成立，則個體 i 獲勝。

a. 個體 i 處於更高的非支配層級，即 $i_{\text{rank}} < j_{\text{rank}}$。

b. 當個體 i 和個體 j 處於相同的層級時，個體 i 有更大的擁擠距離，即 $i_{\text{rank}} = j_{\text{rank}}$ 且 $i_{\text{d}} > j_{\text{d}}$。

以上第一個條件是為了確保被選中的個體屬於較為優秀的非劣等級。第二個條件是為了可以根據它們的擁擠距離選擇出在同一等級下而不分勝負的兩個個體中位於較不擁擠的一個，勝出的個體進入下一個操作。

③ 引進菁英策略

在傳統的進化算法中，當父代透過選擇交叉變異而產生新的子代時，有可能會丟失父代的優秀個體，而 NSGA-Ⅱ採用了菁英策略來保留父代的優秀個體，具體執行過程為：將父代 P 中的種群和子代 Q 中的種群全部個體合成為一個統一的 $2N$ 種群，然後對統一的種群進行非支配排序，根據分層結果選取前 N 個個體，如果某一層的個體數大於剩餘空間，則將擁擠度較大的個體選取出來，選出的優秀個體形成新的父代種群，具體過程如圖 5-10 所示。

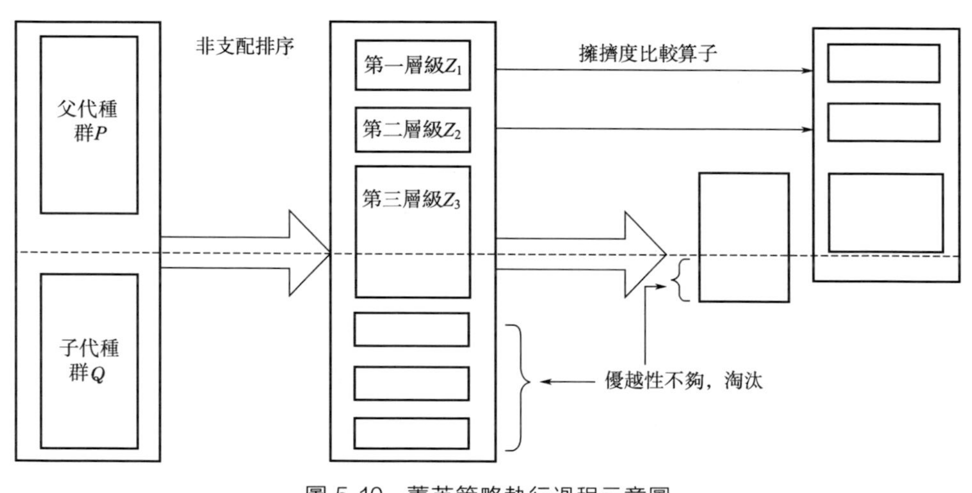

圖 5-10 菁英策略執行過程示意圖

(2) 基於 NSGA-Ⅱ和 SBO 的多目標尋優方法

基於 NSGA-Ⅱ算法的基本思想，進一步與 SBO 方法相結合，就形成了基於 NSGA-Ⅱ算法並結合 SBO 方法的多目標尋優方法，算法流程如圖 5-11 所示。主要是在 NSGA-Ⅱ算法框架下增加了兩方面改進。

一方面，在初始種群的生成方面不是採用普通的隨機初始化種群，而是分別對每一個目標函數用遺傳算法求解，然後由每一個目標函數的最優解和隨機解組成的種群作為初始化種群，理論上來說，每一個目標函數的最優解必然為多目標函數的非支配集，因此這一種方法可以加快算法的收斂速度。

另一方面，在當前種群的目標值計算時，將基於仿真的最佳化思想方法引入，透過運行 SBO 仿真模型完成 NSGA-Ⅱ算法每一次疊代中的目標函數值的計算，然後再根據這些目標函數值作為快速非支配排序的依據。

在圖 5-11 所示的流程圖中，由於將 SBO 最佳化方法的引入，使得算法性能得以提高。在種群規模 sizepop、交叉概率 P_c、變異概率 P_m 和最大進化代數 MaxGen 等算法參數明確後，則可以對輸入的調度策略集進行多目標最佳化，並輸出最佳化後的調度序列，即一組在多目標集下的 Pareto 非劣最優解。

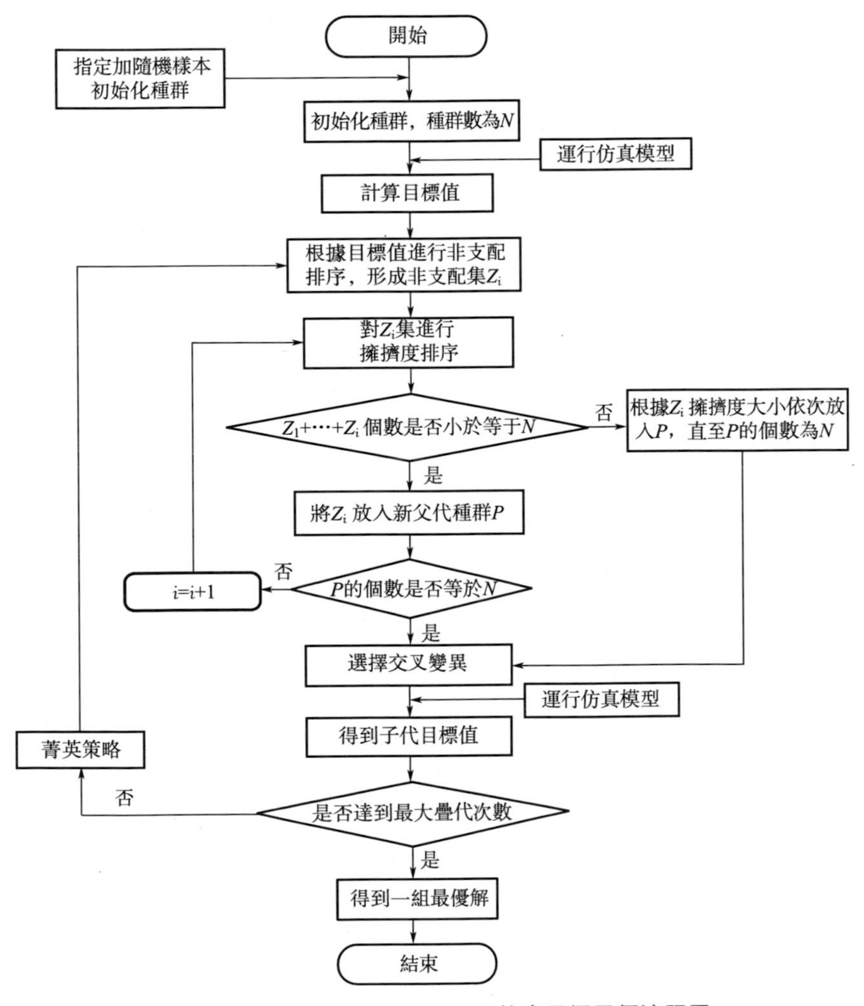

圖 5-11　基於 NSGA-Ⅱ和 SBO 的多目標尋優流程圖

5.3.4 基於層次分析法的最優解選取

NSGA-Ⅱ算法雖然得到了一系列最優解，但還需要從中選擇一個作為最終的決策結果。這裡採用層次分析法來幫助決策者選擇最符合自己偏好的最優解。仍以某半導體製造調度的多目標最佳化為例說明這一過程。

① 構建層次結構模型

層次結構模型如圖 5-12 所示。

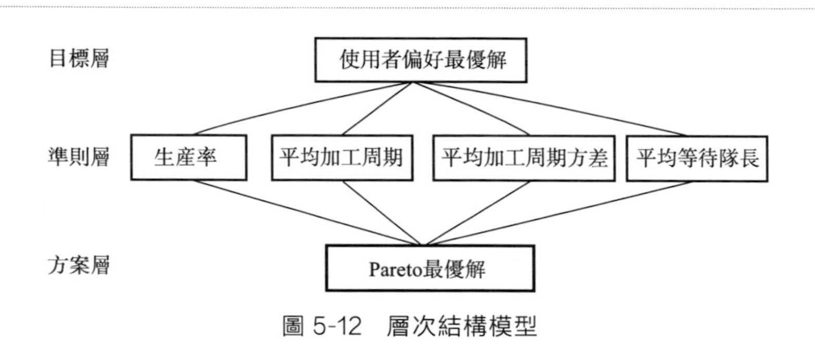

圖 5-12　層次結構模型

② 設立偏好矩陣

使用者偏好矩陣為：

$$\mathbf{A}=\begin{bmatrix} a_{11} & \cdots & a_{1n} \\ \vdots & \vdots & \vdots \\ a_{n1} & \cdots & a_{nn} \end{bmatrix} \tag{5-12}$$

式中，a_{ij} 為第 i 個和第 j 個目標之間的偏好資訊，標度值及含義如表 5-5 所示，其中 $a_{ij}=1/a_{ji}$。

表 5-5　偏好矩陣元素的標度值及含義表

標度	含義
1	表示兩個目標相比,決策者認為兩者同等重要
3	表示兩個目標相比,決策者認為前者比後者稍微重要
5	表示兩個目標相比,決策者認為前者比後者較強重要
7	表示兩個目標相比,決策者認為前者比後者強烈重要
9	表示兩個目標相比,決策者認為前者比後者極端重要
2,4,6,8	兩相鄰判斷的中間值

③ 一致性檢驗

對於每一個成對比較陣，計算最大特徵根及對應特徵向量，利用一致性指標、隨機一致性指標和一致性比率做一致性檢驗。若檢驗透過，特徵向量（歸一化後）即為權向量。若不透過，需重新構造成對比較陣。然後再基於偏好矩陣評估最優解。

④ 最優解選取

這裡假設決策者的偏好矩陣為：

$$\mathbf{A}=\begin{bmatrix} 1 & 1 & 4 & 2 \\ 1 & 1 & 4 & 2 \\ \frac{1}{4} & \frac{1}{4} & 1 & \frac{1}{2} \\ \frac{1}{2} & \frac{1}{2} & 2 & 1 \end{bmatrix} \tag{5-13}$$

同時對 Pareto 最優解也有一個默認的偏好矩陣，即根據每個目標值大小排列，依次偏好加 1，則最終得到的評估如表 5-6 所示。

表 5-6　最優解評估表

項目	B1(生產率)	B2(平均加工週期)	B3(平均加工週期方差)	B4(平均等待隊長)	綜合值
	0.3636	0.3636	0.0909	0.1818	
A1	0.0903	0.2914	0.2395	0.2495	0.205916
A2	0.0788	0.2804	0.0817	0.2300	0.179846
A3	0.1196	0.2583	0.0579	0.3550	0.207207
A4	0.3441	0.1126	0.3026	0.1204	0.215451
A5	0.3672	0.0574	0.3182	0.0450	0.19149

其中 B1～B4 分別代表生產率、平均加工週期、平均加工週期方差、平均等待隊長四項性能指標，A1～A5 代表得到的 Pareto 最優解。由表 5-6 中的綜合值可知，最符合此決策者偏好的解是 A4，在本例中，A4 對應的是一種組合規則的調度方案，具體為：加工區 1 採用 Random，加工區 2 採用 Slack，加工區 3 採用 CR。

為驗證尋優得到的最優調度方案的效果，分別將運用該最優組合調度方案的仿真結果與分別運用 FIFO、CR、EDD 這些單一調度規則的仿真結果相比較，得到的性能指標匯總在表 5-7 中，可以看出，決策者選取出的調度方案在各個性能指標上面都有較大改善，最佳化效果明顯。

表 5-7　性能指標對比表

項目	生產率	平均加工週期	平均加工週期方差	平均等待隊長
SBO 最優調度方案	16.23429	54.2	18.8	5.196
FIFO	13.8	142.3	65.2	15.768
CR	15.42857	103.6	44.7	11.124
EDD	15.39429	108.7	97.7	5.94

5.4 瓶頸區並行設備調度方法

5.4.1 瓶頸區調度最佳化方法簡介

複雜製造系統的生產過程是一個動態過程，加工的同時，各種工件不斷進入系統，完成加工的工件也不斷離開，部分即將到達的工件資訊如果被合理地掌握，也就有著更大的調度自由度。通常，生產線上交貨期緊迫的加工任務為拖期來源，同時生產線上也存在一些交貨期不緊迫的加工任務，可以在滿足生產約束條件下，將交貨期緊迫工件的工序合理提前。

以此為原理，本節提出一種瓶頸區調度最佳化方法，旨在降低生產線總體拖期水準。該方法與 EDD（Earliest Due Date）啓發式規則的不同之處在於，EDD 規則僅僅從已經到達的工件中依據交貨期進行選擇，是一個局部選擇方法，而瓶頸區調度最佳化方法是未來一段時間的全局統籌安排方法，以工件的平均拖期為最佳化目標，兼顧等待時長、設備負載等多種因素。

5.4.2 瓶頸區調度最佳化方法設計

（1）設計思路

首先，建立調度期內的加工任務數的上限。在實際生產中，瓶頸區平均每天每片晶圓的光刻次數（Daymask）是一個常用性能指標，Daymask 為在製品數與光刻區的日移動步數之比。以此為依據，透過生產線歷史數據的統計，可以得到未來一段時間內光刻任務數的上限。

其次，根據 Daymask 鬆弛交貨期寬裕的工件在未來一段時間的光刻步數，在滿足工藝約束、時間約束的前提下加快交貨期緊迫的工件的光刻工序步驟（簡稱緊急步數）。

最後，對瓶頸區存在多臺並行設備的情況，未來每步光刻可以安排在任一臺設備上，但每種安排都會對後面的排序產生完全不同的影響。因此，採用析取圖描述所有可能，透過最佳化算法進行選擇，每選擇一個節點根據約束條件縮減搜索空間，從而大幅減輕計算負荷，最終得到最佳化的瓶頸區調度方案。

（2）瓶頸區調度的基礎資訊

本節討論的瓶頸區設備調度方法利用三部分資訊產生短期生產計畫調度最佳化方案。

① 生產線先驗資訊　包括投料計畫、工件投料時間、工件權重、工件交貨期、每個在製品在生產線上的當前位置、工序資訊、緩衝區工件的已等待時間、正在加工工件的開始加工時間等，還包括與設備相關的資訊，如設備維護計畫、順序相關的整定時間、設備載荷資訊、設備利用率、故障率等歷史統計數據等，以及生產線相關資訊，如在製品水準、平均加工週期、準時交貨率、投料計畫等。

② 可預知資訊　如根據投料計畫可以得到的未來投料工件資訊。再如根據當前生產線上工件分布、工藝流程資訊及相關歷史數據，可以對一段時間內工件的工序、生產線節奏做出合理的預測。

③ 實時資訊　指生產系統中動態變化的資訊，如設備的負載資訊、工件某一工序在某臺設備上的最早開始時間隨該設備所選上一工件的完工時間不同而不同等。

(3) 問題描述及符號約定

調度的對象為瓶頸突出的生產線。調度的任務是，確定調度期內，每天每臺瓶頸設備上工件的加工順序及開工時間。調度的目標是使調度期內瓶頸加工區工件的平均拖期值較小。為便於方法介紹，先做如下約定。

① 不同工件的工序之間沒有順序約束，某一工序一旦開始加工不可以中斷。

② 每臺設備在同一時刻只能加工一道工序。每道工序所需時間已知，若該工序可由互替設備加工，則取平均值。

③ 生產線動態變化，在加工工件的同時，不斷有完工的工件以及新投料的工件。

④ 非瓶頸設備的加工能力大於瓶頸設備的加工能力。基於此，鬆弛非瓶頸設備的能力約束，即工序在非瓶頸設備上的等待時間為 0，非瓶頸設備採用 FIFO 規則調度工件。

⑤ 瓶頸加工區的多臺並行互替設備共用一個緩衝區。

⑥「光刻層」的描述性定義：假設某一產品，根據工藝流程完成生產需要 N 次光刻，從投料至第一次光刻開始前，編為第 0 層光刻；將每次光刻工序開始至下一次光刻工序開始之間的工序視為一光刻層，依序編號；最後一次光刻至最後一道工序完成，編為第 N 層光刻（圖 5-13）。

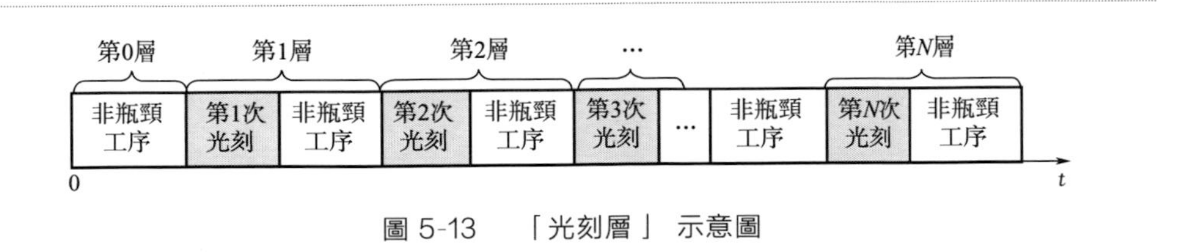

圖 5-13　「光刻層」示意圖

涉及的符號及含義如下。

t：決策時刻，處於生產系統運轉中的某一時刻，非零初始狀態。

T_s：設定的預測調度期，單位為天。

NewR：根據投料計畫，調度期 T_s 還將投入的新工件數。

WIP：生產線上在製品數。

n：T_s 天內經過瓶頸加工區的工件數目。存在關係 $n \leqslant \text{NewR}+\text{WIP}$。

N_i：工件 i 的工藝流程所包含的光刻工序數。調度期內，工件 i 第 j 次光刻工序表示為 $h_{ij}, i=1,2,\cdots,n, j=0,1,2,\cdots,H_i, 0\leqslant H_i \leqslant N_i$，$H_i$ 為 T_s 天內將要進行的光刻次數。

Task_{T_s}：在調度期 T_s 天，需要光刻加工區完成的加工任務集。包含兩類任務：新投料工件在 T_s 天內光刻任務，以及線上所有在製品工件在 T_s 天內的光刻任務。$\text{Task}_{T_s}=\{h_{11}, h_{12}, \cdots, h_{1H_1}, h_{21}, h_{22}, \cdots, h_{2H_2}, h_{i1}, h_{i2}, \cdots, h_{iH_i}, h_{n1}, h_{n2}, \cdots, h_{nH_n}\}$。

$A_{h_{ij}}, w_{h_{ij}}, D_{h_{ij}}, C_{h_{ij}}$：集合 Task_{T_s} 中的每個任務到達光刻區的時間記為 $A_{h_{ij}}$，權重記為 $w_{h_{ij}}$，光刻工序交貨期記為 $D_{h_{ij}}$，光刻工序完成時間記為 $C_{h_{ij}}$。

$A_{h_{i1}}, w_{h_i}, D_{h_i}, C_{h_i}$：工件 i 在預測調度期 T_s 內首次光刻開始的時間記為 $A_{h_{i1}}$；工件 i 的權重記為 $w_{h_j}: w_{h_j}=w_{h_{ij}}$；工件 i 在調度期內末次光刻的工序交貨期記為 $D_{h_i}: D_{h_j}=\max(D_{h_{ij}})$，末次光刻完成時間分記為 $C_{h_i}: C_{h_j}=\max(C_{h_{ij}})$。

PT_i, pt_{ij}：工件 i 完成加工共需要經過 P 道工序，總體淨加工時間為 PT_i，從第 1 步到 h_{ij} 光刻的淨加工時間為 pt_{ij}。工件 i 的交貨期為 D_i，h_{ij} 的工序交貨期計算如下：$D_{h_{ij}}=D_i \times (pt_{ij}/PT_i)$。

Td_{h_i}：工件 i 在調度期 T_s 內的拖期時間，用末次光刻工序交貨期拖期時間表示，記為：$Td_{h_i}=\max\{(C_{h_i}-D_{h_i}),0\}$。

故瓶頸區調度問題可以表達為：$m \mid A_{h_{ij}} \mid \min\left[\left(\sum_{i=1}^{n} w_{h_i} \times Td_{h_i}\right)/n\right]$。

5.4.3 調度期內瓶頸區工序集預測方法

調度算法著重關注的是 $t+T_s$ 窗口內生產線上所有工件的光刻任務在並行瓶頸設備上的安排，而不僅僅是瓶頸區的工件（圖 5-14）。任務集合的來源有如下四個部分：每個新投料工件的光刻步數；決策時刻 t 在瓶頸緩衝區排隊工件的光刻步及後續光刻步數；t 時刻在瓶頸設備上加工工件的後續光刻步數；t 時刻在其他設備上加工及在其他設備緩衝區中等候加工的工件的光刻步數。本小節給出各部分的預測計算方法。

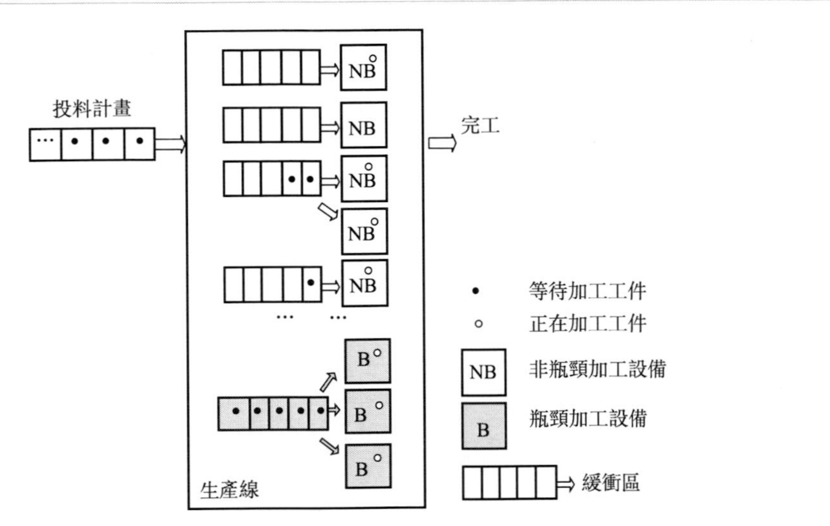

圖 5-14　決策時刻 t 生產線工件分布

① 根據投料計畫，在調度期 T_s 天新投料 NewR 個工件，工件 i 重入光刻設備次數 H_i 為：

$$H_i=\min\left\{\left[\frac{T_s}{(D_i-R_i)/N_i}\times co_{rh}\right],N_i\right\} \tag{5-14}$$

式中，R_i 為工件 i 的計畫投料時間；co_{rh} 為任務集調整係數，則光刻任務集為 $Task_{T_s\_NewR}=\{h_{ij}\mid i=lotID,j=1,2,\cdots,H_i\}$，工件 i 第一次到達光刻設備的時間為：$A_{h_{i1}}=R_i+pt_{i0}\times co_{rt}$，式中，$R_i$ 為該工件投料時刻，pt_{i0} 為第 0 層光刻的淨加工時長，均可從數據庫中得到，co_{rt} 為微調係數，依生產線載荷而定。

② 決策時刻在瓶頸緩衝區的工件數目為 WIP_{bb}，工件 i 在調度期 T_s 天重入光刻設備次數 H_i 為：

$$H_i=\begin{cases}\min\left\{\left[\dfrac{T_s}{(D_i-A_{h_i})\times co_{bb}/(N_i-N_{ti}+1)}\right],N_i-N_{ti}+1\right\}, & 如果(D_i-A_{hi})>0\\ N_i-N_{ti}+1, & 如果(D_i-A_{hi})\leqslant 0\end{cases} \tag{5-15}$$

式中，N_{ti} 為工件 i 所等待加工的光刻步，即將要進入第 N_{ti} 層光刻；co_{bb} 為任務集調整係數，則在 T_s 天內，光刻任務集為：$Task_{T_s\_WIP_{bb}}=\{h_{ij}\mid i=lotID,j=N_{ti},N_{ti}+1,\cdots,N_i-N_{ti}+1\}$，工件 i 第一次到達光刻設備的時間為：$A_{h_{i1}}=t_{inbf}+wait_{inbf}\times co_{bbt}$，$t_{inbf}$ 為工件到達當前瓶頸緩衝區時刻，可以從數據庫中得到，$wait_{inbf}$ 為預期等待平均時長，可根據歷史統計數據得到，co_{bbt} 為微調

係數，依生產線載荷而定。

③ 決策時刻正在瓶頸設備上加工的工件數目為 WIP_b，工件 i 在調度期 T_s 天還將重入光刻設備次數 H_i 為（不包括當前正在進行的光刻工序）：

$$H_i=\begin{cases} 0, & \text{如果 } N_i=N_{ti} \\ \min\left\{\left\lceil\dfrac{T_s}{(D_i-A_{h_i})\times co_b/(N_i-N_{ti})}\right\rceil, N_i-N_{ti}\right\}, & \text{如果}(D_i-A_{h_i})>0 \\ N_i-N_{ti}, & \text{如果}(D_i-A_{h_i})\leqslant 0 \end{cases} \tag{5-16}$$

式中，N_{ti} 為工件 i 正在進行的光刻工序，將其作為該工件調度期第一次光刻，在 T_s 天內，光刻任務集為 $\text{Task}_{T_s\text{-}WIP_b}=\{h_{ij}\mid i=\text{lot}ID, j=N_{ti}, N_{ti}+1,\cdots, N_{ti}+H_i\}$，工件 i 在調度期內第一次到達光刻設備時間 $A_{h_{i1}}$ 為當前光刻工序開始時間，可以從數據庫中得到；co_b 為任務集調整係數。

④ 決策時刻正在非瓶頸設備或非瓶頸設備緩衝區的工件數目為 WIP_{nb}，工件 i 在調度期 T_s 天重入光刻設備次數 H_i 為：

$$H_i=\begin{cases} \left\{\left\lceil\dfrac{T_s}{(D_i-A_{h_{i(j-1)}})\times co_{nb}/(N_i-N_{ti}+2)}\right\rceil, N_i-N_{ti}+1\right\}, & \text{如果}(D_i-A_{h_i})>0 \\ N_i-N_{ti}+1, & \text{如果}(D_i-A_{h_i})\leqslant 0 \end{cases} \tag{5-17}$$

式中，$A_{h_{i(j-1)}}$ 為上一次光刻開始時間；N_{ti} 為將要進入的光刻層；co_{nb} 為任務集調整係數，則在 T_s 天內，光刻任務集為：$\text{Task}_{T_s\text{-}WIP_{nb}}=\{h_{ij}\mid i=\text{lot}ID, j=N_{ti}, N_{ti}+1,\cdots, N_{ti}+H_i-1\}$，工件 i 在調度期內第一次到達光刻設備時間 $A_{h_{i1}}=t+\text{pt}(\text{now}, N_{ti})\times co_t$，其中 $\text{pt}(\text{now}, N_{ti})$ 表示當前工序至第一次光刻工序之間的淨加工時長，co_t 為微調係數。

至此，可以得到調度期 T_s 內經過光刻區的加工任務集 $\text{Task}_{T_s}=\text{Task}_{T_s\text{-}NewR}\cup\text{Task}_{T_s\text{-}WIP_{bb}}\cup\text{Task}_{T_s\text{-}WIP_b}\cup\text{Task}_{T_s\text{-}WIP_{nb}}$。

5.4.4 瓶頸區調度任務的最佳化

在對調度期內需要在瓶頸加工區中完成的工序任務集進行預測的基礎上，我們利用析取圖分析工序加工順序及時間安排的各種可能性，並採用蟻群算法得到調度期 T_s 中各臺瓶頸設備的最佳化調度方案，使得調度期內瓶頸加工區工件的平均拖期較小。

(1) 析取圖定義及建立過程

析取圖（Disjunctive Graph）模型是調度問題的一類常用描述形式，Balas

等人較早將其運用於 Job-shop 調度問題[51]。這裡將結合多重入特點，將其用於瓶頸區並行機調度問題描述。

定義　析取圖模型 $G=(Q,A,E)$，Q 為工序集 Task_{T_s} 與瓶頸設備集 M 的笛卡兒積，即 $Q=\mathrm{Task}_{T_s}\times M\cup O\cup X$，$O$ 為每臺設備虛設起始節點，$O=\{O_1, O_2,\cdots,O_m\}$，$X$ 為虛設終止節點，$X=\{X_1,X_2,\cdots,X_m\}$。

① A 是有向連接弧集，連接同一工件的相鄰光刻工序；從虛設起始節點 O 指向第一步可選工序；從可能的最後一步工序集指向終止節點 X。

② 弧$(h_{ij1},h_{ij2})\in A$ 的長度等於工件 i 的 j_1 次光刻的加工時間與第 j_2 次光刻前的非瓶頸設備加工時間和（即工件 i 的第 j_1 層光刻時間)。

③ E 是雙向析取弧集，連接光刻中心相鄰兩道不同工件的加工工序，弧 $(h_{i1j1},h_{i2j2})\in E, i_1\neq i_2$ 的長度為 h_{i1j1} 的完工時間 $t_{h_{i1j1}}$ 與緊接其後加工任務 h_{i2j2} 的最早到達時間 $A_{h_{i2j2}}$ 之差，即：

$$\mathrm{Len}(h_{i1j1},h_{i2j2})=\begin{cases}0, & t_{h_{i1j1}}\geqslant A_{h_{i2j2}}\\ A_{h_{i2j2}}-t_{h_{i1j1}}, & t_{h_{i1j1}}<A_{h_{i2j2}}\end{cases}\tag{5-18}$$

圖 5-15 用一個簡單例子描述上述析取圖建立過程。假設生產線上有工件 1 號和工件 2 號，按照 5.4.3 節計算方法，可得到在調度期 T_s 中，1 號工件將會進行 2 次光刻，2 號工件將會進行 3 次光刻，則任務集為 $\mathrm{Task}_{T_s}=\{h_{11},h_{12}, h_{21},h_{22},h_{23}\}$。瓶頸區有 3 臺互替設備可用 $M=\{k_1,k_2,k_3\}$，則 $\mathrm{Task}_{T_s}\times M$ 有元素 15 個：$\mathrm{Task}_{T_s}\times M=\{(h_{11},k_1),(h_{11},k_2),(h_{11},k_3),(h_{12},k_1),(h_{12},k_2), (h_{12},k_3),(h_{21},k_1),(h_{21},k_2),(h_{21},k_3),(h_{22},k_1)\}$，笛卡兒積包含了光刻任務分配至並行設備的每一種可能。

按上述定義可得到 2 個工件、5 步光刻工序、3 臺設備的調度問題的析取圖表示（圖 5-15)。

藉助於調度問題的析取圖描述，可以較為清晰地表達調度任務調整可能引發的結果及需要更新的相關動作。以圖 5-15 為例，選擇(h_{11},k_2)作為初始節點，也就意味著需要作如下刪除和更新動作。

① 刪除 h_{11} 在圖中同一行的其他節點，表示已安排 h_{11} 在 k_2 上加工，同時刪掉與之相連的雙向弧。

② 將原先指向被刪節點的有向連接弧重新指向到被刪節點的後續節點；h_{11} 節點相連的雙向析取弧方向確定為從自身出發，指向其他節點。

③ 更新節點的該次光刻工序的開始時間，並據此更新其後續光刻步最早到達時間。

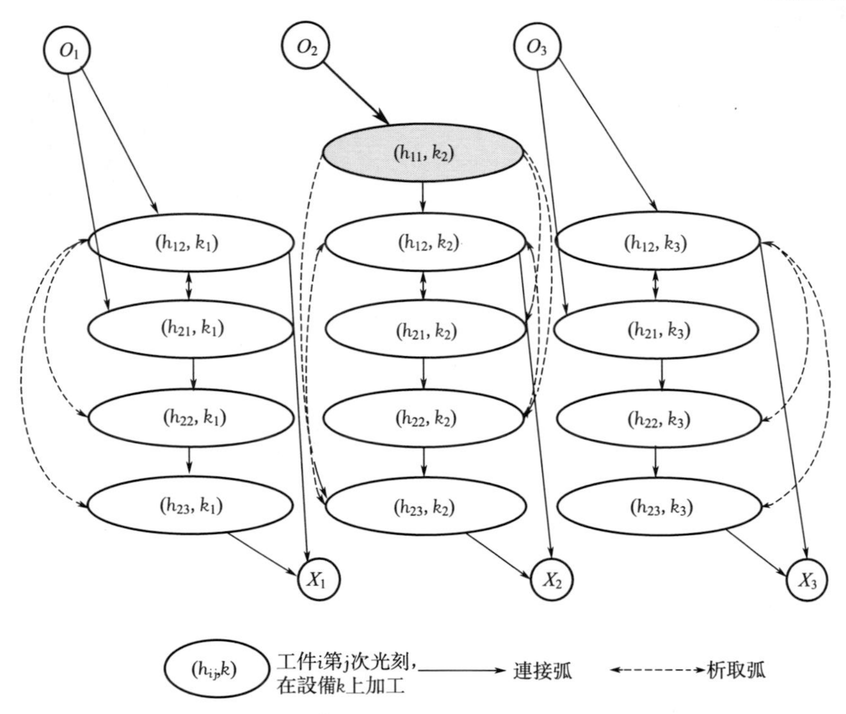

圖 5-15　選擇節點（h_{11}，k_2）後進行刪除和更新動作的結果

a. 理想的最早到達時間為當前光刻工序開始時間與該光刻層淨加工時間之和。

b. 最早到達時間作為後續蟻群搜索算法利用的啓發資訊之一。

c. 該時間直接受順序影響，同時使得按照式(5-18) 計算析取弧的長度不同，該長度也是蟻群搜索算法的啓發資訊之一。

選擇節點(h_{11}, k_2)後進行刪除和更新動作的結果如圖 5-15 所示。

重複以上過程，直至所有工序均分配到設備上。所選擇的析取弧集合為 S_E，有向弧集合為 S_A，則可以得到最終的有向圖 $G_S=(Q, S_A \cup S_E)$，每臺設備的有向子圖為 $G_{S_k}=(Q_k, S_{A_k} \cup S_{E_k})$，其中 $Q_k \in Q, S_{A_k} \in S_A, S_{E_k} \in S_E$。

透過上述析取圖建立過程，能夠建立調度問題的模型，對其求解過程即是對每臺設備的有向圖 G_{S_k} 求使其關鍵路徑的長度為最小值的解。

(2) 基於蟻群算法的最佳化實現

蟻群最佳化算法（ACO）的主要優點在於在解的構造過程中能方便地利用基於問題的啓發式資訊，因而在求解組合最佳化問題有突出的適用特徵。具體求解本節析取圖表述的關鍵路徑問題時，需著重解決以下三個問題。

① 算法參數初始化、費洛蒙初始化以及初始節點選擇。

從虛設節點至其他節點的有向連接弧上的費洛蒙初始值為：

$$\tau_0'=\begin{cases}10000, & h_{ij}\text{ 為正在瓶頸設備上加工}\\ 0, & h_{ij}\text{ 為非調度區間第一次光刻任務}\\ \dfrac{100(t-A_{ij})}{\max\limits_{i,j}(t-A_{ij})}+\dfrac{10(D_i-A_{ij})/(N_i-N_{ti}+1)}{\max\limits_{i,j}((D_i-A_{ij})/(N_i-N_{ti}+1))}, & h_{ij}\text{ 為調度區間第一次光刻任務}\end{cases}\tag{5-19}$$

其他雙向析取弧上的費洛蒙初始為一很小值：$\tau_0=1/K(1000\times \mathrm{TWT}_{\mathrm{ER}})$，式中，$K$ 為螞蟻數目；$\mathrm{TWT}_{\mathrm{ER}}$ 為生產線總拖期的歷史數據統計值。$l=\tau'_0+\max(\mathrm{rand}(0,1)\times\tau_0')$，螞蟻為 m 臺設備分別選擇 l 值最大的節點作為起始節點。

② 面臨多條路徑時的節點選擇。

螞蟻根據可選路徑上的費洛蒙濃度以及啓發資訊計算每一個可選路徑的選擇概率，計算如下：

$$l=\begin{cases}\operatorname{argmax}_{c\in L^k_{\mathrm{Task}}}\left\{\dfrac{\tau^{\alpha}_{c_0c}\eta^{\beta}_{c_0c}}{\sum_c\tau^{\alpha}_{c_0c}\eta^{\beta}_{c_0c}}\right\}, & \text{如果 } q\leqslant q_0\\ \max\limits_{c}\left(\mathrm{rand}(0,1)\times\dfrac{\tau^{\alpha}_{c_0c}\eta^{\beta}_{c_0c}}{\sum_c\tau^{\alpha}_{c_0c}\eta^{\beta}_{c_0c}}\right), & \text{其他}\end{cases}\tag{5-20}$$

式中，η_{c_0c} 為啓發式資訊，與下一節點的加工時間、最早到達時間、設備負載相關；c_0 為設備上正在加工工序；c 為所選擇的下一道工序。

$$\eta_{c_0c}=\left(1-\frac{(P_c+\max((A_c-C_{c_0}),0))}{(\max\limits_{c}(P_c)+\max((\max\limits_{c}(A_c)-C_{c_0}),0))}\right)+\Delta W_c\tag{5-21}$$

$$\Delta W_c=\begin{cases}\dfrac{W_c}{\max\limits_{m}(W_m)}, & \text{如果 } W_c\leqslant\max\limits_{m}(W_m)\\ \dfrac{W_c}{\max\limits_{m}(W_m)}-1, & \text{如果 } W_c>\max\limits_{m}(W_m)\end{cases}\tag{5-22}$$

式中，P_c 為下道工序的加工時長；ΔW_c 為選擇該道工序設備增加的載荷；$\max\limits_{m}(W_m)$ 為當前設備最大載荷。

選擇節點時，將各個節點的選擇概率做累計概率統計，然後系統產生 0～1 範圍內的隨機數 q_0，該隨機數若落在某個累計概率區間 $[q,1]$，該累計概率所對應的工序節點就作為下一個被選節點。這種方法不是只有概率最大的那個工序節點才有機會被選中，但選擇概率值越大的工序節點被選中的概率也就越大。這樣將確定性選擇與隨機性選擇相結合，以減少算法陷入局部解的概率。

為提高算法尋找最優路徑的概率，當一次疊代結束之後，對比當前疊代中各螞蟻搜索到的目標值，對全局費洛蒙進行一次更新。更新方式如下：$\tau_{xy}(t+1)=(1-\rho)\tau_{xy}(t)+\rho\Delta\tau_{xy}^{bs}, \forall(x,y)\in T^{bs}, \Delta\tau_{xy}^{bs}=1/\min((\sum_{i=1}^{n} w_{h_i}\times Td_{h_i})/n), 0<\rho<1$。式中，$\rho$ 為揮發係數，為一較小常數，如 0.1；T^{bs} 為當前疊代中最優方案。

③ 選擇時需要滿足兩個約束條件。

a. 有向連接弧規定了同一工件的相鄰光刻工序之間的順序約束，後繼節點不能先於前驅節點被選擇。

b. 式(5-18) 的隱含約束條件：設備加工完前道工序選擇後續節點時，可選節點集合首先限製為上一工序完成時能夠到達瓶頸區的節點集，若集合為空，則選擇能夠最早到達瓶頸區的節點。

在不斷更新生產線相關的先驗資訊、可預知資訊和實時資訊的條件下，透過反覆運用基於析取圖的分析，以及基於蟻群算法的最佳化，可以對多重入複雜製造中一類挑戰性較大的瓶頸區並行設備調度問題，找到一種新的解決方法，從而在瓶頸設備加工區內實現全局意義的工件平均拖期時間最佳化。該方法也可以作為短期生產計畫與調度層內的業務成員之一，被集成到複雜製造系統可重構體系結構之中。

5.5 短期計畫與調度的可重構集成

本節討論短期計畫與調度的體系結構模型表達，結合前面幾節所研究討論的基於約束理論（TOC）的 DBR 短期計畫方法、基於仿真的多目標最佳化方法以及瓶頸區並行設備調度方法，著重闡述與業務功能相關的業務系統視角模型和業務過程視角模型。

5.5.1 短期計畫與調度體系結構的業務系統視角模型

(1) 任務描述模型（BSV-1）

建立業務系統目標下的任務場景，說明完成此任務的業務對象和業務活動，是業務系統成員的執行基礎。以下分別介紹基於約束理論（TOC）的 DBR 短期計畫方法、基於仿真的多目標最佳化方法以及瓶頸區並行設備調度方法的任務描述模型。

① 業務場景名稱：基於約束理論（TOC）的 DBR 算法（短期計畫方法）。

業務場景 ID：系統生成，唯一。

業務活動：識別系統瓶頸，以其為分界點，根據業務流程，將整個生產線劃分成若干層，在層生產線計算層瓶頸加工節奏，再根據層瓶頸節奏選擇系統瓶頸緩衝區中的工件進行加工，以減少同層工件在生產線上的堆積，平衡整個生產線，縮短平均加工週期。

業務活動目標：得到生產線上系統瓶頸加工設備的工件調度方案。

業務對象：設備資源基本資訊，產品基本資訊，工藝菜單基本資訊，系統瓶頸緩衝區工件將要進入的層及該層投料時間。

模型輸入輸出必要參數：輸入參數為工藝菜單、設備能力、產品資訊。輸出參數為系統瓶頸的工件調度方案。

② 業務場景名稱：基於仿真的多目標最佳化方法。

業務場景 ID：系統生成，唯一。

業務活動：將常用性能指標進行關聯度分析，利用灰色關聯度法選取其中的幾項關聯度較小的性能指標作為最佳化目標，基於仿真的最佳化算法 NSGA-Ⅱ，對每一個目標函數用遺傳算法求解，然後由每一個目標函數的最優解和隨機解組成的種群作為初始化種群，進行 NSGA-Ⅱ運算，運行仿真模型，得到子代目標值，作為之後最佳化算法的輸入，如此循環直到滿足終止條件。

業務活動目標：得到多目標最佳化的各加工區調度方案。

業務對象：生產線中長期及短期的性能指標數據，各加工區可用調度規則。

模型輸入輸出必要參數：輸入參數包括生產線仿真模型、運行中長期及短期的性能指標數據、各加工區可用調度規則。輸出參數為各加工區可用調度規則。

③ 業務場景名稱：瓶頸區並行設備調度最佳化方法。

業務場景 ID：系統生成，唯一。

業務活動：對具有並行設備的瓶頸區未來一段調度時間段的任務集進行預測，採用蟻群最佳化方法，考慮工件拖期以及設備負荷，對工件選擇以及設備路徑選擇進行調度最佳化。

業務活動目標：得到瓶頸區並行設備調度最佳化方案。

業務對象：瓶頸區未來調度時間段的任務集、瓶頸設備列表、生產線 WIP；當得到任務集後，觸發蟻群尋優算法。

模型輸入輸出必要參數：輸入參數為時間段內經過瓶頸區的 WIP；輸出參數為並行設備的加工任務列表。

(2) 目標活動視圖（BSV-2）

業務活動為完成某目標而進行的一系列步驟，以圖形或文本的形式描述所包含的業務活動行為單元。

① 基於鼓-緩衝-繩子（DBR）的 DLS 算法（全局最佳化算法）的目標活動視圖，如圖 5-16 所示。

業務活動：基於DBR的DLS算法（全局最佳化算法）

↓

活動行為單元序列：
① 根據累積負荷識別系統瓶頸
需要產品類型總數，各類型工件個數，產品的加工步數，設備相關系數，各類型產品在加工中心的工序時間，多重入生產系統中的加工中心總數
② 計算層瓶頸
計算求得相鄰兩次系統瓶頸操作之間(或一段層生產線中)累積負荷最大的加工中心。需要產品類型總數，各類產品的工件個數，各類產品的流程中每次出現的系統瓶頸的工序序號，設備與工件相關系數，各類產品的每一次在層設備上重入加工所需要的加工時間
③ 計算系統瓶頸緩衝區工件優先級
新工件進入系統瓶頸緩衝區的時間，系統瓶頸緩衝區中待加工的工件個數，工件所屬的加工層數；第k 層的工件中，最近一次瓶頸投料時間，第k 層工序的層瓶頸負荷，計算優先級

圖 5-16　基於 DBR 的 DLS 算法的目標活動視圖（BSV-2）

② 基於仿真的多目標最佳化方法的目標活動視圖，如圖 5-17 所示。

業務活動：基於仿真的多目標最佳化方法

↓

活動行為單元序列：
①生產線性能指標數據採集，透過仿真模型
與設備有關的性能指標，即設備利用率和排隊隊長，與產品有關的性能指標，即在製品值和移動步數，長期性能指標，即生產率、準時交貨率和加工周期
②性能指標關聯度分析
短期性能指標之間關聯度分析，長期性能指標關聯度分析，短期與長期性能指標之間關聯度分析
③選取其中的幾項關聯度較小的性能指標作為最佳化目標。對每一個目標函數用遺傳算法求解
④由每一個目標函數的最優解和隨機解組成的種群作為初始化種群
⑤進行NSGA-Ⅱ運算，運行仿真模型，得到子代目標值
⑥輸出最優解集合
⑦用層次分析法來選擇符合決策者偏好的一組

圖 5-17　基於仿真的多目標最佳化方法的目標活動視圖（BSV-2）

③ 瓶頸區調度最佳化的目標活動視圖，如圖 5-18 所示。

業務活動：考慮了投料計畫的基於蟻群最佳化算法的瓶頸區並行設備調度與工件調度協同最佳化(加工區域算法)

活動行為單元序列：
①採集先驗資訊
WIP分布資訊、工件基本資訊、生產線歷史統計數據、設備歷史統計數據、投料計畫資訊
②部分可知資訊
計畫期內瓶頸區新投料工件和WIP的光刻任務
③實時
動態到達工件的狀態、完工時間、設備基本資訊等
④計算計畫期內調度任務集
⑤動態建立析取圖
⑥蟻群算法求解
⑦輸出瓶頸區調度最佳化方案

圖 5-18　瓶頸區調度最佳化的目標活動視圖（BSV-2）

（3）業務節點模型（BSV-3）

該視圖描述了相互配合節點所選業務系統的關聯，對所選業務系統及其成員和角色的關聯。短期計畫與調度最佳化的實施，需要接收上層投料和設備計畫系統的投料計畫與設備維護計畫，據此對生產線上工件及設備進行調度，同時需要分析生產線狀態數據，決定是以全局瓶頸最佳化為主，還是以全局多目標調度最佳化為主。因此短期計畫與調度的業務節點模型可以統一描述為圖 5-19。

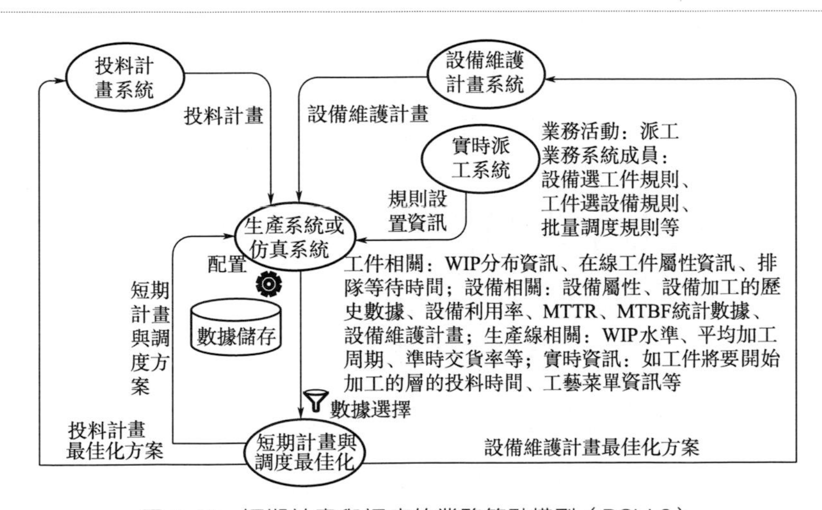

圖 5-19　短期計畫與調度的業務節點模型（BSV-3）

在業務節點模型中，資訊元素相關描述項有：資訊交換的名稱、資訊交換內容及類型，資訊交換發起方名稱、發起的業務活動名稱、接收方名稱、接收的業務活動名稱。資訊傳輸相關描述項有：傳輸類型、觸發傳輸的事件。不同的短期計畫與調度最佳化方法，在圖 5-19 所示業務節點模型中的區別是各算法資訊元素相關描述項與資訊傳輸相關描述項不同，資訊交換中的關鍵數據需求中，對於所有短期計畫與調度方法，靜態基本數據需求基本一致，包括工藝流程資訊、加工設備資訊、工件資訊、客户優先級資訊、工件調度規則資訊、生產線在製品水準和平均加工週期等資訊。動態數據需求分別描述如表 5-8 所示。

表 5-8　短期計畫與調度方法動態數據需求

業務活動名稱	資訊交換關鍵數據動態需求
基於 DBR 的 DLS 算法	在製品資訊、設備維護資訊、設備狀態資訊、加工設備累積負荷、設備最大產能，在製品品種與數量、工件數目、分層資訊、每層投料時間
基於仿真的多目標最佳化方法	移動步數、平均等待隊長、在製品數、設備利用率、生產率、交貨率、平均加工週期及方差等
瓶頸區調度最佳化方法	工件投料時間、在製品及其當前工序、設備組緩衝區工件等待時間、正在加工工件的開始加工時間、設備維護資訊

（4）系統維護模型（BSV-4）

該視圖說明業務系統、業務系統成員、角色之間的關係。短期計畫調度業務系統與其業務系統成員的關係如圖 5-20 所示。

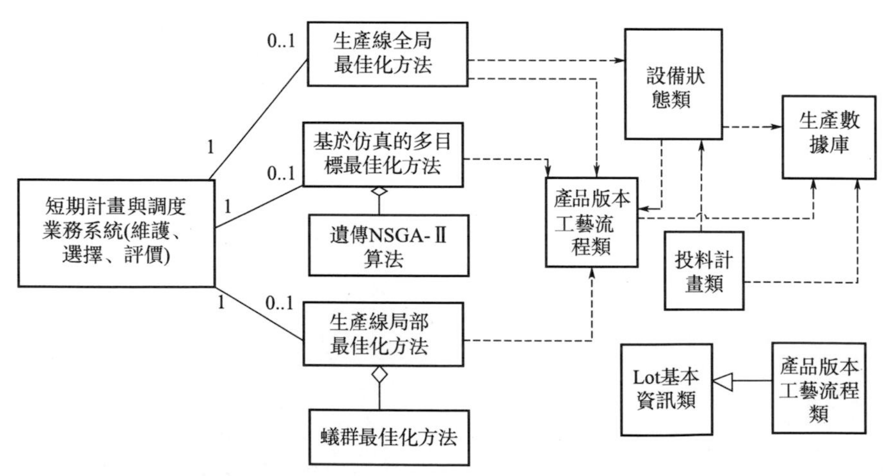

圖 5-20　短期計畫調度業務系統與其業務系統成員的關係（BSV-4）

注：圖中 0..1 表示該端可以有 0 個或 1 個。

5.5.2 短期計畫與調度體系結構的業務過程視角模型

本節介紹短期計畫與調度的業務過程視角下的集成體系結構模型：業務活動模型、活動行為單元時序圖、業務過程模型、業務邏輯數據模型。

(1) 業務活動模型（BPV-1）

該模型用於描述業務活動與活動行為單元之間的資訊流。

① 基於DBR的DLS算法（全局最佳化算法）的業務活動模型如圖5-21所示。

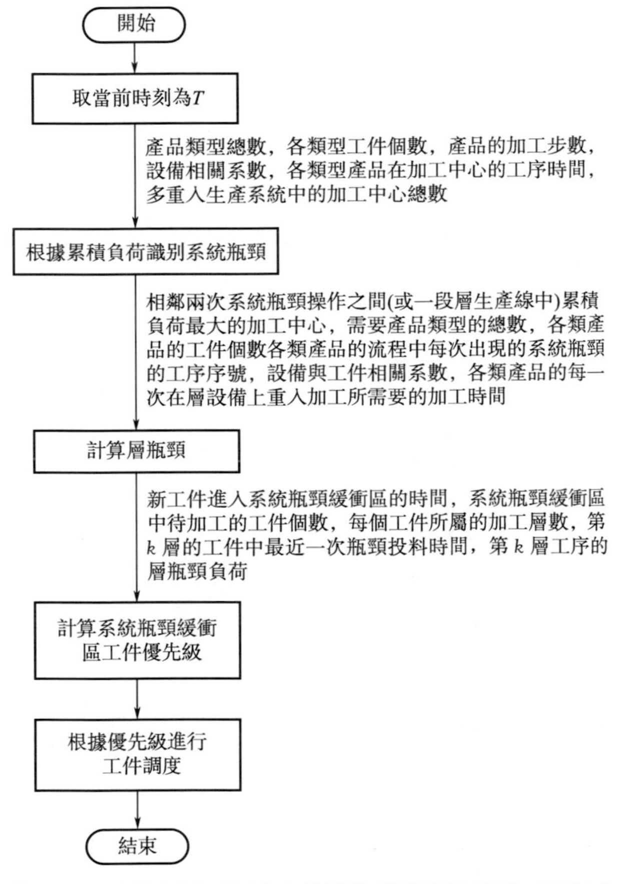

圖5-21　基於DBR的DLS算法的業務活動模型（BPV-1）

② 基於NSGA-Ⅱ和SBO的多目標最佳化方法的業務活動模型，如圖5-22所示。

③ 基於蟻群算法的瓶頸區調度最佳化的業務活動模型，如圖5-23所示。

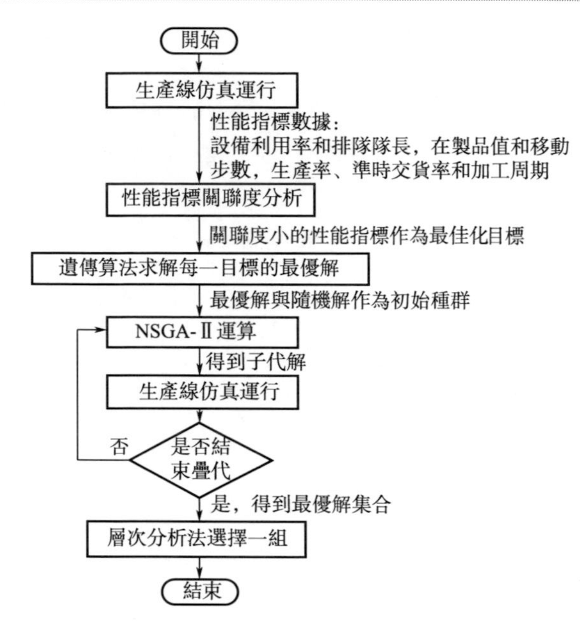

圖 5-22　基於 NSGA-Ⅱ和 SBO 的多目標最佳化方法的業務活動模型（BPV-1）

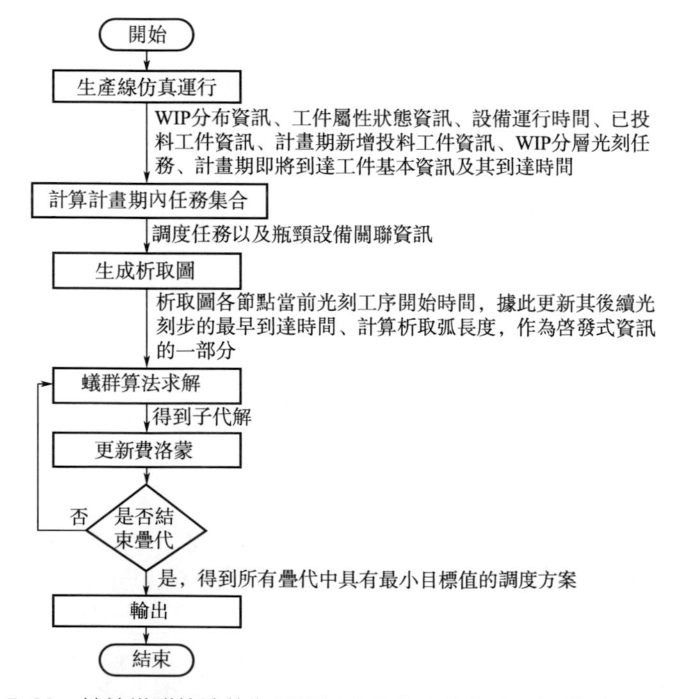

圖 5-23　基於蟻群算法的瓶頸區調度最佳化的業務活動模型（BPV-1）

(2) 活動行為單元時序圖(BPV-2)

① 基於 DBR 的 DLS 算法(全局最佳化算法)的活動行為單元時序圖,如圖 5-24 所示。

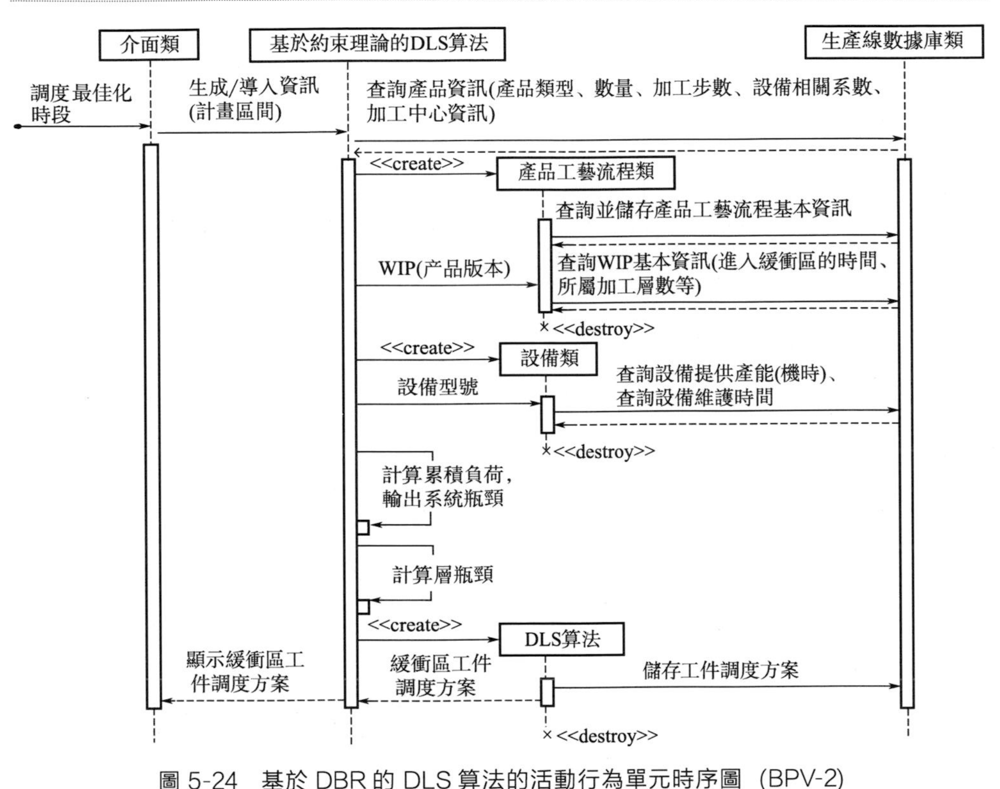

圖 5-24 基於 DBR 的 DLS 算法的活動行為單元時序圖(BPV-2)

② 基於 NSGA-Ⅱ和 SBO 的多目標最佳化方法的活動行為單元時序圖,如圖 5-25 所示。

③ 基於蟻群算法的瓶頸區調度最佳化的活動行為單元時序圖,如圖 5-26 所示。

(3) 業務過程模型(BPV-3)

在第 2 章體系結構模型構建中定義業務過程模型,用於描述計畫調度活動的執行流程,用程序流程圖描述,本章介紹的三種典型方法的程序流程圖在相應的算法部分均有介紹。

(4) 業務邏輯數據模型(BPV-4)

業務邏輯數據模型用於描述業務過程中的實體和實體之間關係的數據類型屬

性及關係，可以採用 UML 類圖來描述，這裡由於篇幅關係，僅給出瓶頸區調度最佳化的業務邏輯數據模型，如圖 5-27 所示。

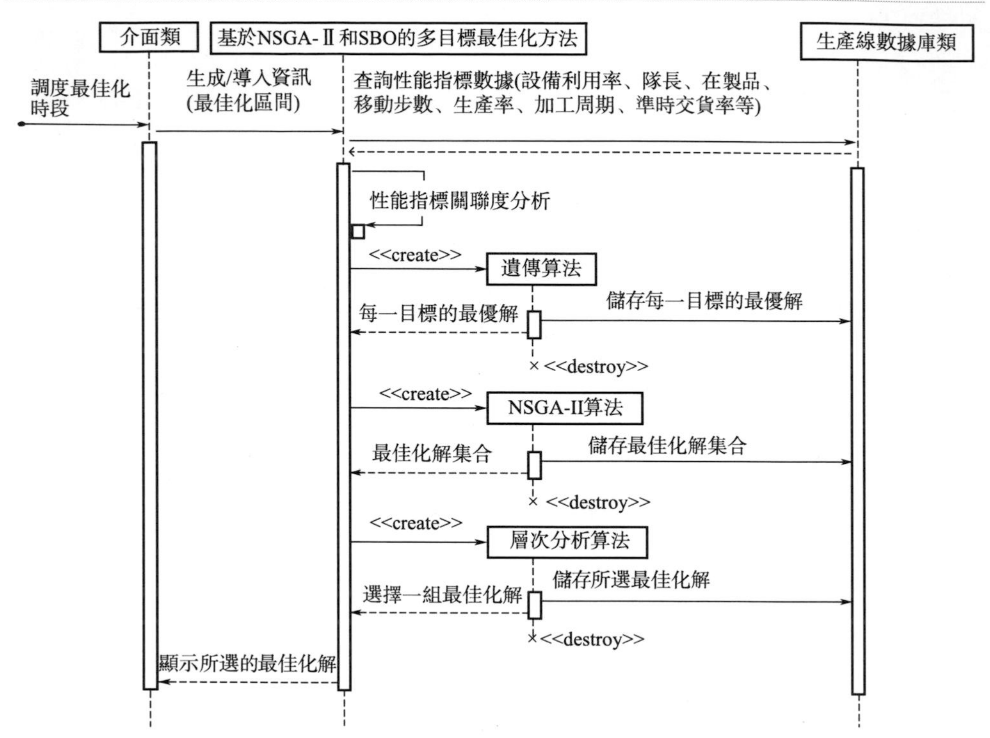

圖 5-25　基於 NSGA-Ⅱ和 SBO 的多目標最佳化方法的活動行為單元時序圖（BPV-2）

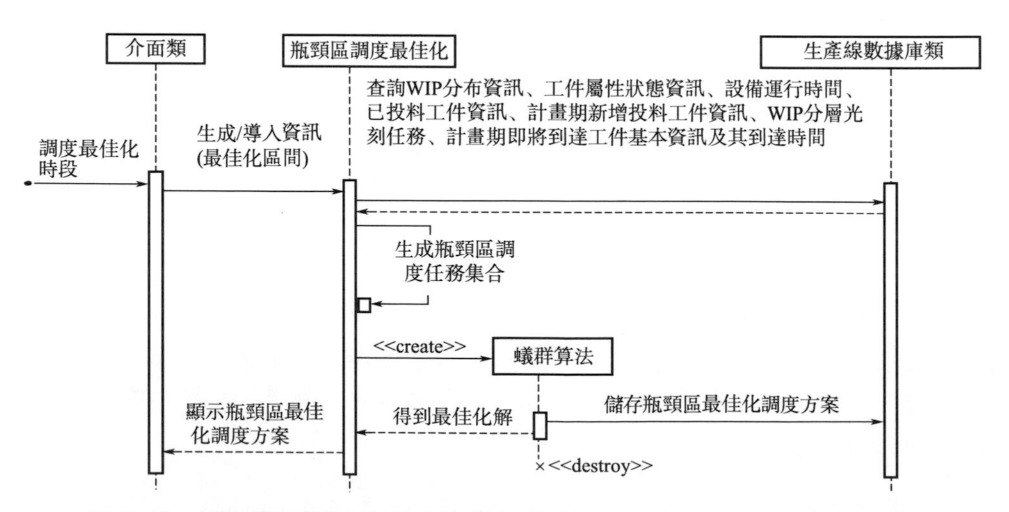

圖 5-26　基於蟻群算法的瓶頸區調度最佳化的活動行為單元時序圖（BPV-2）

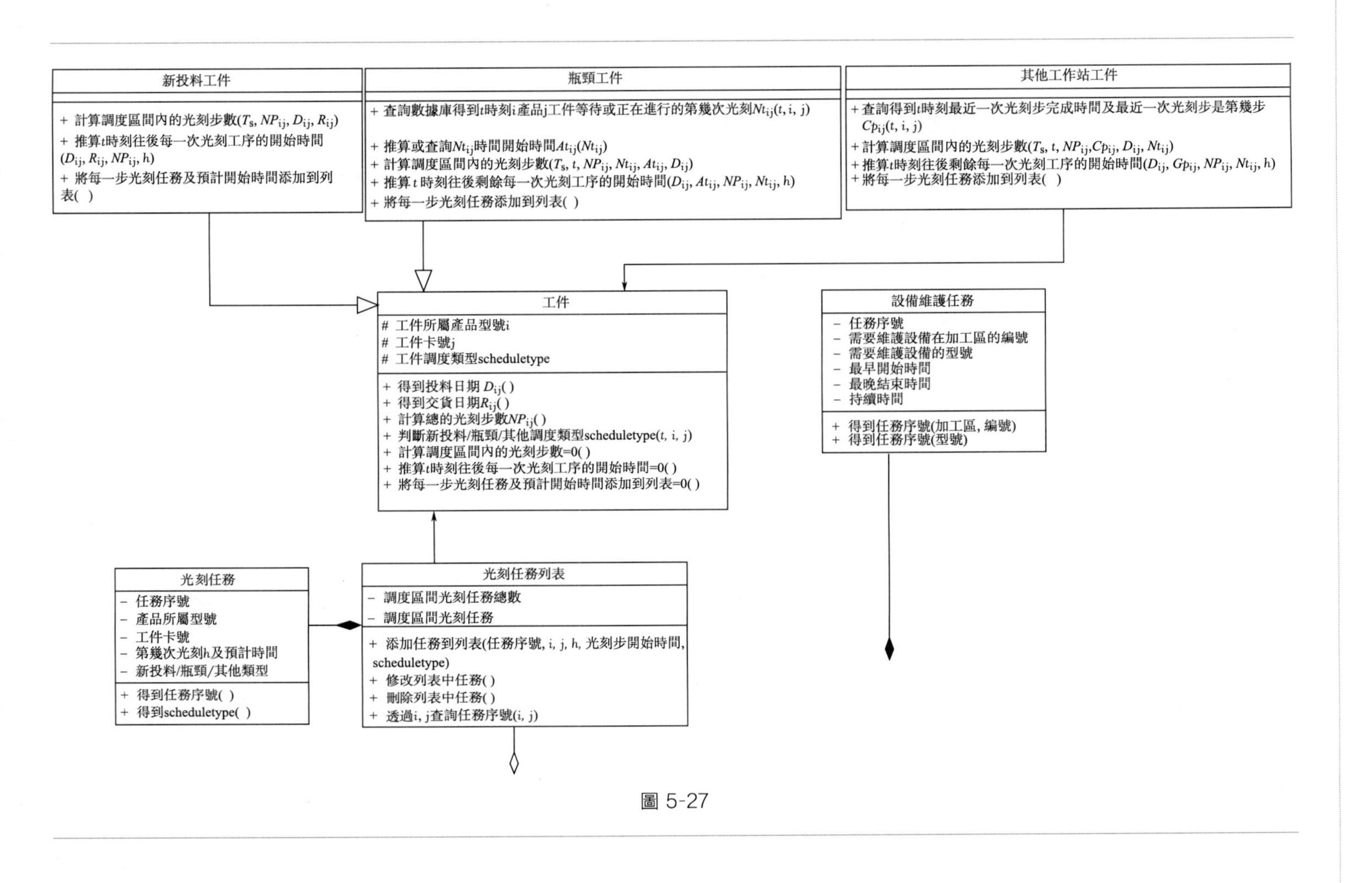
新投料工作
+ 計算調度區間內的光刻步數(T_s, NP_{ij}, D_{ij}, R_{ij})
+ 推算t時刻往後每一次光刻工序的開始時間(D_{ij}, R_{ij}, NP_{ij}, h)
+ 將每一步光刻任務及預計開始時間添加到列表( )
瓶頸工件
+ 查詢數據庫得到t時刻i產品j工件等待或正在進行的第幾次光刻$Nt_{ij}(t, i, j)$
+ 推算或查詢Nt_{ij}時間開始時間$At_{ij}(Nt_{ij})$
+ 計算調度區間內的光刻步數(T_s, t, NP_{ij}, Nt_{ij}, At_{ij}, D_{ij})
+ 推算t時刻往後剩餘每一次光刻工序的開始時間(D_{ij}, At_{ij}, NP_{ij}, Nt_{ij}, h)
+ 將每一步光刻任務添加到列表( )
其他工作站工件
+ 查詢得到t時刻最近一次光刻步完成時間及最近一次光刻步是第幾步$Cp_{ij}(t, i, j)$
+ 計算調度區間內的光刻步數(T_s, t, NP_{ij}, Cp_{ij}, D_{ij}, Nt_{ij})
+ 推算t時刻往後剩餘每一次光刻工序的開始時間(D_{ij}, Gp_{ij}, NP_{ij}, Nt_{ij}, h)
+ 將每一步光刻任務添加到列表( )
工件
工件所屬產品型號i
工件卡號j
工件調度類型scheduletype
+ 得到投料日期 D_{ij}( )
+ 得到交貨日期R_{ij}( )
+ 計算總的光刻步數NP_{ij}( )
+ 判斷新投料/瓶頸/其他調度類型scheduletype(t, i, j)
+ 計算調度區間內的光刻步數=0( )
+ 推算t時刻往後每一次光刻工序的開始時間=0( )
+ 將每一步光刻任務及預計開始時間添加到列表=0( )
設備維護任務
– 任務序號
– 需要維護設備在加工區的編號
– 需要維護設備的型號
– 最早開始時間
– 最晚結束時間
– 持續時間
+ 得到任務序號(加工區, 編號)
+ 得到任務序號(型號)
光刻任務
– 任務序號
– 產品所屬型號
– 工件卡號
– 第幾次光刻h及預計時間
– 新投料/瓶頸/其他類型
+ 得到任務序號( )
+ 得到scheduletype( )
光刻任務列表
– 調度區間光刻任務總數
– 調度區間光刻任務
+ 添加任務到列表(任務序號, i, j, h, 光刻步開始時間, scheduletype)
+ 修改列表中任務( )
+ 刪除列表中任務( )
+ 透過i, j查詢任務序號(i, j)
圖 5-27

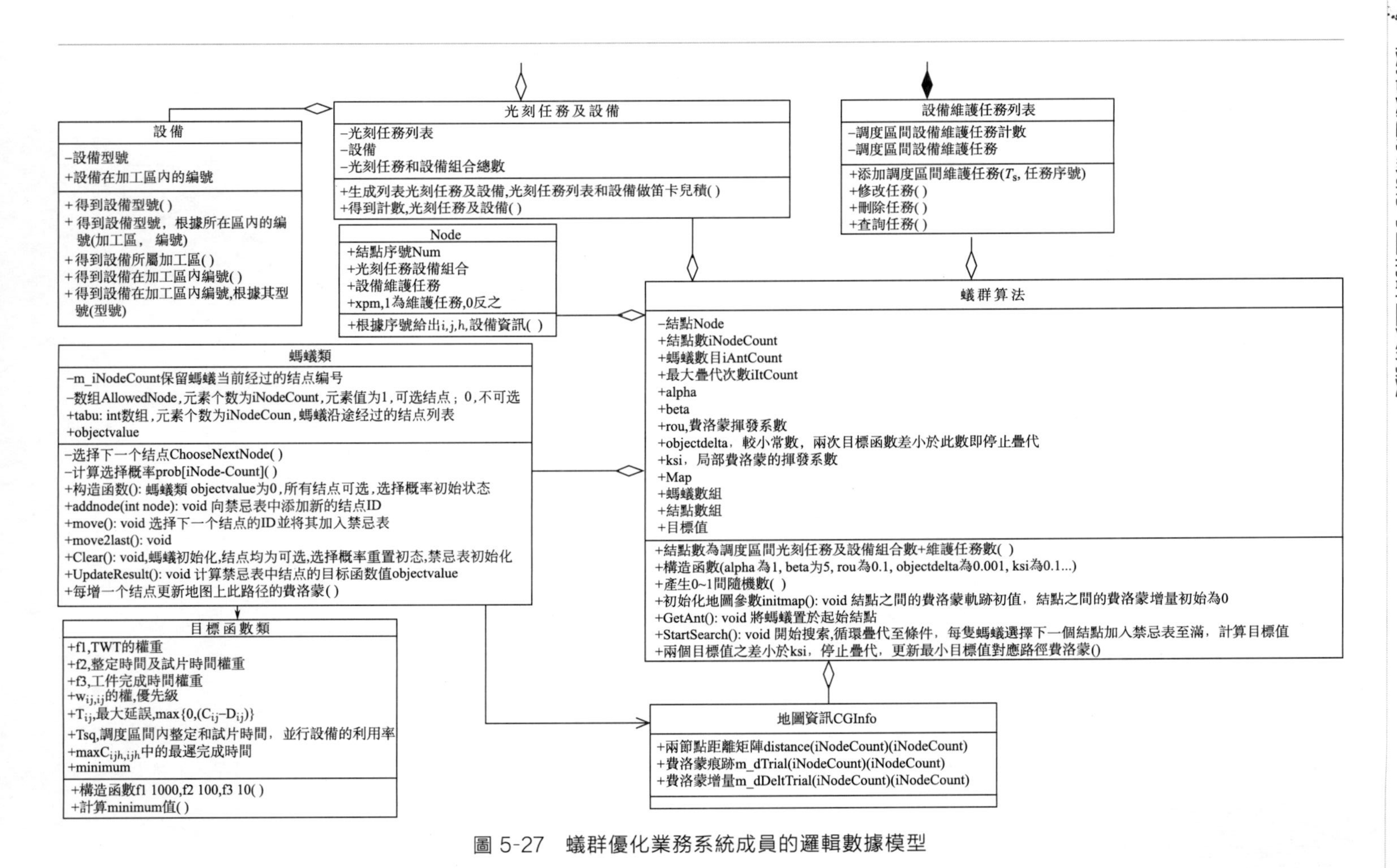

圖 5-27　蟻群優化業務系統成員的邏輯數據模型

5.6 案例：SBO 多目標調度最佳化方法

5.6.1 基於 BenchMark6 模型的 SBO 仿真最佳化

BenchMark6 模型包含 104 個設備群，228 臺設備。模型中有 9 種產品，分別對應的工序數如表 5-9 所示。由表 5-9 可知，每種產品對應的工序數眾多，同時產品在個別工序下的加工時間較長，最長達 18h，同時該模型考慮了裝貨和卸貨的時間，更符合實際情況。

表 5-9　BenchMark6 模型中產品工序數

產品名稱	工序數
38090964_B5C	331
07009066_B6HF	355
38090908_C4PH	234
08002618_C5F	322
38090718_C5P	247
38090962_C5PA	266
07004059_C6N3	287
08002596_C6N2	252
38092046_OX2	247

本案例中，BenchMark6 開始仿真日期為 2015/1/1，仿真 60 天，投料每個產品 2lot/天，採用固定間隔投料，9 種產品依次對應的交貨期為 2015/2/22，2015/2/16，2015/2/10，2015/2/18，2015/2/16，2015/2/18，2015/2/18，2015/2/18，2015/2/10，NSGA-Ⅱ中種群規模 sizepop、交叉概率 P_c、變異概率 P_m 和最大進化疊代次數 MaxGen 設置如表 5-10 所示。

表 5-10　適應性調度 NSGA-Ⅱ參數設置表

種群數	10
最大疊代次數	30
交叉概率	0.4
變異概率	0.7

經過 SBO 最佳化後得到 Pareto 最優解如表 5-11 所示。

表 5-11 Pareto 最優解

Pareto 解序號	生產率	平均加工週期	平均加工週期方差	平均等待隊長
1	3.067	303.962	34.597	13.567
2	3.1	324.555	34.799	13.1
3	4.5	434.803	50.03	12.6
4	4.9	464.803	115.03	12.4
5	5.1	521.466	213.019	11.083
6	5.25	564.697	243.021	10.8
7	5.4	717.97	213.705	10.617
8	5.4	717.97	213.705	10.617
9	5.483	687.853	181.75	10.633

決策者可以在表 5-11 得到的 Pareto 最優解中根據自身的實際需求進行選擇，為了更好地對比結果，將不考慮仿真最佳化，即所有的加工區採用單一的調度規則仿真得到的性能指標與 Pareto 最優解進行比較，得到的結果如圖 5-28～圖 5-31 所示，其中單一調度規則的橫軸在上方，Pareto 最優的橫軸在下方。

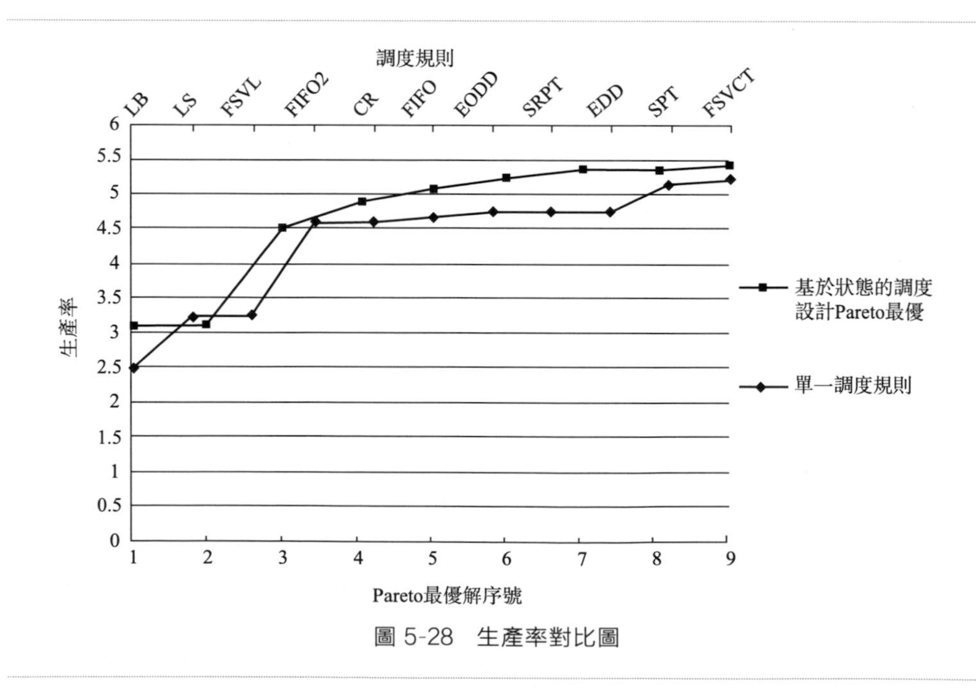

圖 5-28 生產率對比圖

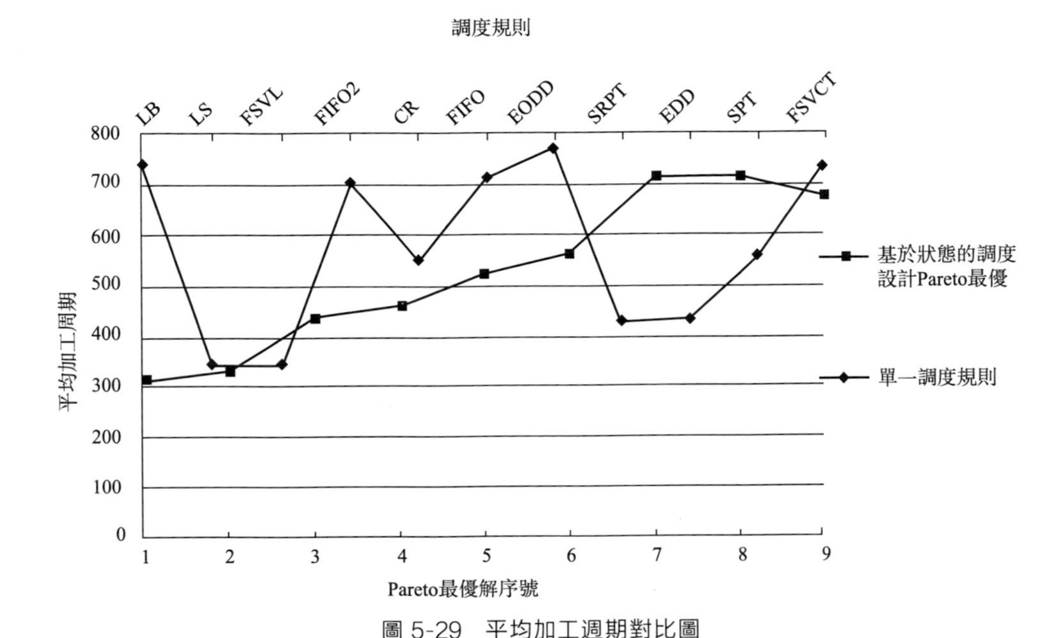

圖 5-29 平均加工週期對比圖

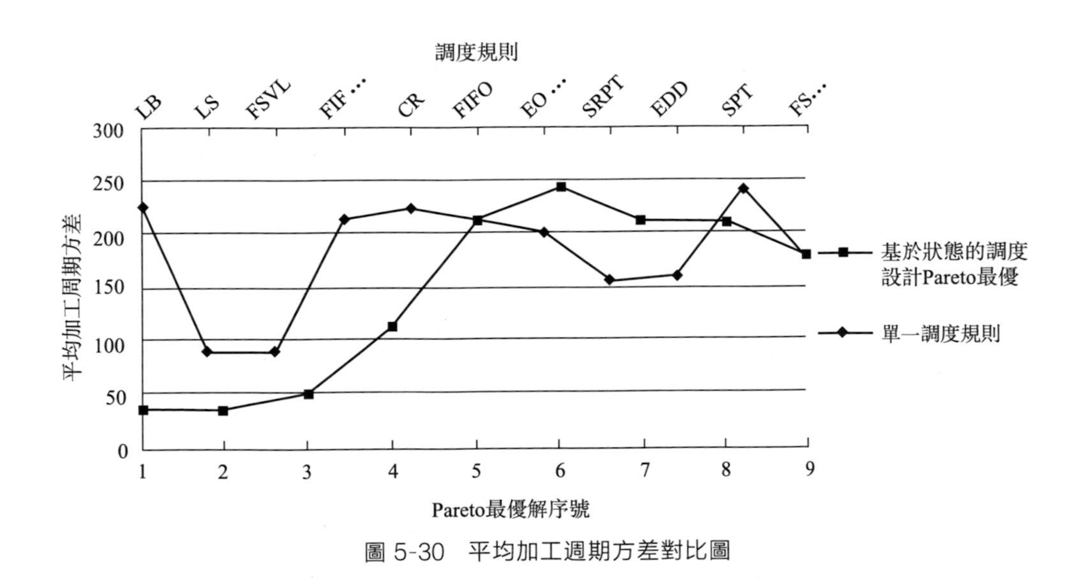

圖 5-30 平均加工週期方差對比圖

由圖 5-28 和圖 5-31 可以明顯看出，與單一的調度規則相比，透過 SBO 適應性調度方法提高了生產率，縮短了工件的平均等待隊長，而同時，從圖 5-29 和圖 5-30 可以看出，該方法不是以犧牲平均加工週期為代價提高的生產率，平均加工週期和平均加工週期方差都沒有顯著增大，反而較為平穩，相比較單一調度規則而言，整體性上有所改善。

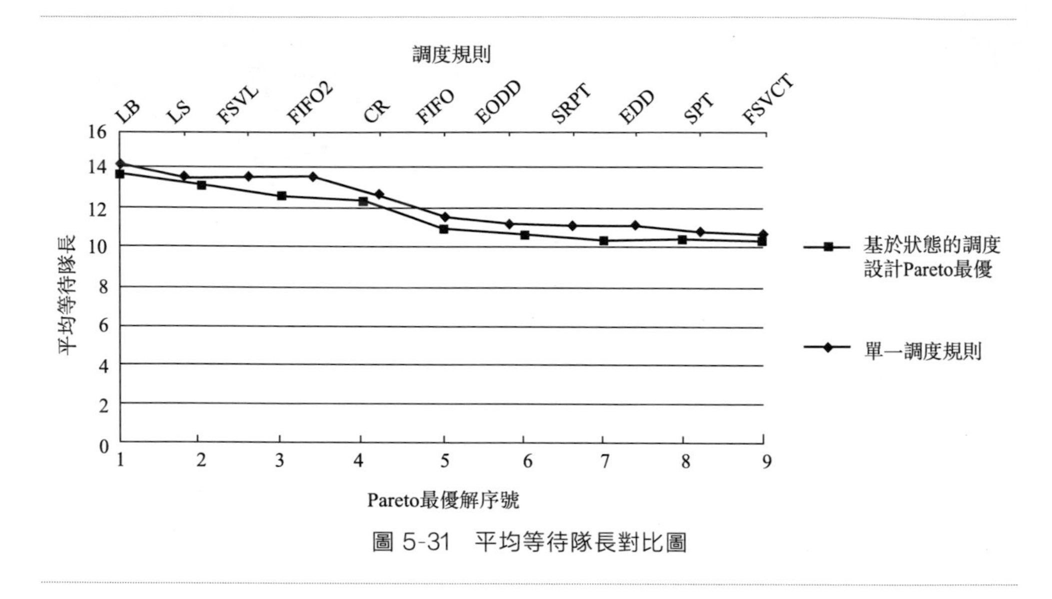

圖 5-31　平均等待隊長對比圖

5.6.2 最優解選取

這裡採用第 5.3.4 節提到的層次分析法對 Pareto 最優解進行選取，這裡假設決策者的偏好矩陣如下。

$$\mathbf{A}=\begin{bmatrix} 1 & 1 & 4 & 2 \\ 1 & 1 & 4 & 2 \\ \frac{1}{4} & \frac{1}{4} & 1 & \frac{1}{2} \\ \frac{1}{2} & \frac{1}{2} & 2 & 1 \end{bmatrix} \tag{5-23}$$

則得到的評估如表 5-12 所示。

表 5-12　評估表

項目	B1	B2	B3	B4	綜合值
	0.3636	0.3636	0.0909	0.1818	
A1	0.0196	0.3128	0.3126	0.0193	0.152785
A2	0.0266	0.2224	0.2219	0.0261	0.115452
A3	0.0378	0.1552	0.1544	0.0371	0.090955

續表

項目	B1	B2	B3	B4	綜合值
	0.3636	0.3636	0.0909	0.1818	
A4	0.0551	0.1069	0.1059	0.054	0.078347
A5	0.0811	0.073	0.048	0.0791	0.074774
A6	0.12	0.0496	0.0221	0.1158	0.084728
A7	0.1648	0.0231	0.0316	0.2497	0.116588
A8	0.2022	0.0231	0.0316	0.2497	0.130187
A9	0.2928	0.0337	0.0718	0.1693	0.156021

其中 B1～B4 分別代表生產率、平均加工週期、平均加工週期方差、平均等待隊長四項性能指標，A1～A5 代表得到的 Pareto 最優解。

由表 5-12 可知，最符合此決策者偏好的解是 A9，得到的調度方案和對應的性能指標如表 5-13 所示。

表 5-13　最優調度方案表

FIFO2	FSVCT	CR	FSVL	0.3	4.3

這裡將性能指標與簡單的 FIFO、EDD、FSVCT 相比，由表 5-14 可以看出，決策者選取出的調度方案除了在平均加工週期上面會比 EDD 稍微差一點以外，在其他的性能指標上都有很大的改善。

表 5-14　結果對比表

項目	生產率	平均加工週期	平均加工週期方差	平均等待隊長
SBO 最優調度方案	5.483	687.853	181.75	10.633
FIFO	4.6833	716.9907	213.0953	11.5666
EDD	4.8	434.6932	162.2834	11.2666
FSVCT	5.2666	747.248	180.5941	10.933

本案例展示了基於 SBO 的半導體生產線短期計畫與調度過程與效果。利用 Plant Simulation 仿真軟體的可擴展性和多目標遺傳算法內在的並行性，將 5.3 節討論的基於 SBO 的多目標調度最佳化方法在一個大型生產線 BenchMark6 中進行了實驗驗證，將調度結果與運用單一調度規則所得的結果進行對比，驗證了該方法的有效性和合理性。

參考文獻

[1] K. Baker. Introduction to sequencing and scheduling. New York: Wiley, 1974.

[2] L. M. Wein. Scheduling semiconductor wafer fabrication. IEEE Transactions on Semiconductor Manufacturing, 1988, 1 (3): 115-130.

[3] M. K. Govil, M. C. Fu. Queueing theory in manufacturing: a survey. Journal of Manufacturing Systems, 1999, 18 (3): 214-240.

[4] M. Venkataramana, N. R. S. Raghavan. Scheduling parallel batch processors with incompatible job families to minimise weighted completion time. International Journal of Industrial and Systems Engineering, 2006, 19 (3): 235-245.

[5] Y. F. Lee, Z. B. Jiang, H. R. Liu. Multiple-objective scheduling and real-time dispatching for the semiconductor manufacturing system. Computers and Operations Research, 2009, 36 (3): 866-884.

[6] 吳鐵軍. 一類離散事件動態系統: 狀態空間模型、分析與應用. [D]. 杭州: 浙江大學, 1988.

[7] 何佳. 基於 Petri 網模型的生產調度系統的建模、仿真與投料策略控製的研究. [D]. 上海:上海交通大學, 控製理論與控製工程, 2006.

[8] 丁小進. 基於 DBR 的半導體製造生產調度研究. [D]. 上海:同濟大學, 電子資訊工程學院, 2008.

[9] 楊帆, 蕭德雲. 基於 Agnet 的流程工業製造執行系統結構研究. 電腦集成製造系統, 2003, 9 (2): 107-111.

[10] Hadavi, K., Hsu W., Chen T. et al. An architecture for real-time distributed scheduling. AI Magazine, 1992, 13 (3): 47-57.

[11] Uzsoy, R., C. Y. Lee, and L. A. Martin-Vega. A review of production planning and scheduling models in semiconductor industry. Part Ⅰ: System characteristics, performance evaluation and production planning. IIE Transactions, 1992, Vol. 24 (4):47-60.

[12] Uzsoy. R., C. Y. Lee, and L. A. Martin-Vega. A review of production planning and scheduling models in semiconductor industry. Part Ⅱ: Shop floor control. IIE Transactions, 1994, Vol. 26 (5): 44-54.

[13] 曹政才, 吳啓迪, 喬非, 王遵彤. 基於遺傳算法的半導體生產線調度研究進展. 同濟大學學報: 自然科學版, 2008, 36 (1): 97-102.

[14] 馬慧民, 葉春明. 半導體爐管區批調度問題的粒子群最佳化算法研究. 電腦集成製造系統, 2007, 13 (6): 1121-1126.

[15] L. Mönch, J. Zimmermann, P. Otto. Machine learning techniques for scheduling jobs with incompatible families and unequal ready times on parallel batch machines. Engineering Applications of Artificial Intelligence, 2009, 4 (1): 76-93.

[16] M. Venkataramana, N. R. S. Raghavan. Scheduling parallel batch processors with incompatible job families to minimise

weighted completion time. International Journal of Industrial and Systems Engineering, 2006, 19 (3): 235-245.

[17] Mathirajan M., A. I. Sivakumar. A literature review, classification and simple meta-analysis on scheduling of batch processors in semiconductor. The International Journal of Advanced Manufacturing Technology, 2006, 29 (9-10): 990-1001.

[18] CHOU Fuh-Der, WANG Hui-Mei. Scheduling for a single semiconductor batch-processing machine to minimize total weighted tardiness. Journal of the Chinese Institute of Industrial Engineers, 2008, 25 (2):136-147.

[19] Schmidt K.; Rose O. Simulation analysis of semiconductor manufacturing with small lot size and batch tool replacements. Simulation Conference, 2008: 2118-2126.

[20] M. D. Shr, A. L. Liu, P. P. Chen. Load balancing among photolithography machines in the semiconductor manufacturing system. Journal of Information Science and Engineering, 2008, 24 (2): 379-391.

[21] Y. Song, M. T. Zhang, J. Q Yi, et al. Bottleneck station scheduling in semiconductor assembly and test manufacturing using ant colony optimization. IEEE Transactions on Automation Science and Engineering, 2007, 4 (4): 569-578.

[22] 吳瑩，喬非，李莉，古攀．晶圓生產線瓶頸區並行機半在線調度方法．控製與決策，2011，26 (3): 339-345.

[23] Ying Wu, Fei Qiao, Li Li, Qi Di Wu. An optimal method for bottleneck station short-term scheduling in wafer fabrication line with nonzero initial state. Proceedings of the 2010 IEEE International Conference on Mechatronics and Automation August 4-7, 2010, Xi'an, China: 167-172.

[24] 李曉紅，周炳海．晶圓製造過程中動態瓶頸設備的實時調度．上海交通大學學報，2008，42 (4): 599-602, 606.

[25] N. Q. Wu, C. B. Chu, F. Chu, et al. A Petri net method for schedulability and scheduling problems in single-arm cluster tools with wafer residency time constraints. IEEE Transactions on Semiconductor Manufacturing, 2008, 21 (2): 224-236.

[26] J. G. Yi, S. W. Ding, D. Z. Song, et al. Steady-state throughput and scheduling analysis of multicluster tools: A decomposition approach. IEEE Transactions on Automation Science and Engineering, 2008, 5 (2): 321-336.

[27] Pyung-Hoi Koo, Jaejin Jang, Jungdae Suh. Vehicle dispatching for highly loaded semiconductor production considering bottleneck machines first. International Journal of Flexible Manufacturing Systems, 2005, 17 (1): 23-38.

[28] Da-Yin Liao, Mu-Der Jeng, Meng Chu Zhou. Application of petri nets and lagrangian relaxation to scheduling automatic material-handling vehicles in 300-mm semiconductor manufacturing. Systems, Man, and Cybernetics, Part C: Applications and Reviews, IEEE Transactions, 2007, 37 (4): 504-516.

[29] Huai Zhang, Zhibin Jiang, Chengtao Guo, Huiran Liu. An extended object-oriented petri nets modeling based simulation platform for real-time scheduling of semiconductor wafer fabrication system. In: IEEE International Conference on Systems, Man and Cy-

bernetics，Taipei，Taiwan. 2006，4: 3411-3416.

[30] 曹政才，喬非．基於有色賦時 Petri 網的半導體生產線建模技術研究．系統仿真學報，2007，19（s1）: 210-213.

[31] 吕文彥，黨延忠．可重入製造系統中可視化仿真調度的研究與應用．系統仿真學報，2003，15（9）:1297-1299，1303.

[32] Zhongjie Wang，Xinhua Jiang，Qidi Wu. Modeling and real-time scheduling of semiconductor manufacturing line based on simulation. In: International Conference on Life System Modeling and Simulation，Shanghai，China，2007: 579-589.

[33] A. I. Sivakumar. Multiobjective dynamic scheduling using discrete event simulation. INT. J. Computer Integrated Manufacturing，2001，14（2）: 154-167.

[34] Xiewei Bai，N. Srivatsan，Stanley B. Gershwin. Hierarchical real-time scheduling of a semiconductor fabrication facility. IEEE/CHMT’90 IEMT Symposium，1990: 312-317.

[35] 林慧蘋，范玉順，吳澄．基於分層調度模型的生產計畫和調度集成研究．電腦集成製造系統，2002，8（8）: 602-606.

[36] Boesel J. Bowden Jr R，Glover F. et al. Future of simulation optimization. Proc Winter Simulation Conference. Arlington: IEEE Computer Society Press，2001: 1466-1469.

[37] J. P. Shim，M. Warkentin，J. F. Courtney，D. J. Power，R. Sharda，C. Carlsson. Past，present，and future of decision support technology，Decision Support Systems，2002，33: 111-126.

[38] K. S. Tsakalis，J. J. Flores Godoy，A. A. Rodriguez. Hierarchical mini-fab benchmark. In Proc. ETFA’97，6th IEEE Int. Conf. Emerging Technology Factory Automation，Los Angeles，CA，1997: 514-519.

[39] L. M. Wein. Scheduling semiconductor wafer fabrication. IEEE Transactions on Semiconductor Manufacturing，1988，1（3）: 115-130.

[40] Schmidt K，Rose O. Simulation analysis of semiconductor manufacturing with small lot size and batch tool replacements. Simulation Conference，2008: 2118-2126.

[41] R. Tavakkoli-Moghaddam，M. Daneshmand-Mehr. A computer simulation model for job shop scheduling problems minimizing makespan. Computers & Industrial Engineering，2005，48: 811-823.

[42] A. I. Sivakumar. Multiobjective dynamic scheduling using discrete event simulation. INT. J. Computer integrated manufacturing，2001，14（2）: 154-167.

[43] K. C. Ying，S. W. Lin. Raising the hit rate for wafer fabrication by a simple constructive heuristic. Expert Systems with Applications，2008，35（4）: 1889-1898.

[44] 吕文彥，黨延忠．基於 B-T 規則與遺傳算法的可重入生產系統調度．系統仿真學報，2005，17（4）: 993-996.

[45] M. Liu，C. Wu. Genetic algorithm using sequence rule chain for multi-objective optimization in re-entrant micro-electronic production line. Robotics and Computer- Integrated Manufacturing，2004，20（3）: 225-236.

[46] L. Mǎnch，Peter Lendernann，Leon F，McGinnis，arnd Schirrmann. A survey of challenges in modeling and decision-making for discrete event logistics systems. Computers in Industry，2011，

62（6）：557-567.

[47] SCHRAGEHEIM E，RONEN B. Drum-buffer-rope shop floor control[J]. Production and Inventory Management Journal，1990(3):18-22.

[48] Victoria J. Mabin，Steven J. Balderstone. The performance of the theory of constraints methodology. International Journal of Operations & Production Management，2003，23(6)：568-595.

[49] DANIEL V，GUIDER R. Scheduling with priority dispatching rules and drum-buffer-rope in a recoverable manufacturing system[J]. International Journal of Production Economics，1997，53(1):101-116.

[50] 李東，汪定偉. 基於仿真的最佳化方法綜述. [J]. 控製工程，2008(6)：672-677.

[51] Balas E. Machine scheduling via disjunctive graphs：an implicit enumeration algorithm. Operations Research，1969，17（6）：941-957.

第6章

複雜製造系統的實時調度

靜態生產調度強調在確定的生產環境下對生產調度問題構造精確的機理模型，並針對該模型採用高效的最佳化方法求取最優解或近似最優解。但在實際的製造系統中，常常存在許多不確定因素，包括：①生產過程中的不確定因素，如設備故障、物料延期到達等資源相關的不確定因素，以及緊急工件、交貨期變化等工件相關的不確定因素；②外部環境中的不確定因素，如：產品需求量或價格的變化、能源和原材料供應波動等，來自於產品全生命週期中的其他過程、供應鏈中的其他環節的不確定因素。由於這些不確定因素，特別是第一類來自生產過程的不確定因素的存在，使得處於動態生產環境中的生產調度，需要具有一定程度應對不確定擾動的快速響應能力，該類考慮不確定因素的調度問題稱為動態調度問題[1]。本章討論的實時調度和下一章討論的重調度分別是動態調度的兩類主要的處理方式。

複雜製造系統的實時調度是在生產調度過程中實時生成調度方案。利用實時狀態及加工任務資訊，透過一系列動態、局部的最佳化決策，為待加工工件確定加工設備或加工區，為空閒的設備確定加工任務，從而實現生產系統的加工任務分派。時間精度一般為分鐘、秒，屬於動態生產調度的範疇。調度以事件驅動方式或週期方式運行，週期可固定也可不固定，提供的只是生產線上局部區域當前加工任務的安排。

調度規則是最常用的實時調度方法，能夠在計算時間和調度效果之間進行折中平衡，而且在實施中簡單易行，計算複雜度低。隨著物聯網、大數據等新一代資訊技術向製造領域的全面滲透，生產計畫與調度管理領域涉及的生產數據呈現海量式成長，使製造系統具備了對工廠實時狀態和動態資訊的全面感知能力。在這種新環境下，如何充分利用大量生產相關的離線和在線數據，建立高效的生產調度系統是保證製造系統最佳化運行的新的研究方向。

本章首先概要總結實時調度的傳統基於規則的方法和新興基於數據的方法，在此基礎上，著重介紹作者近年來在實時調度方面所做的關於基於數據的相關研究工作，包括基於數據的動態調度規則以及基於數據的瓶頸設備實時調度規則，並研究其在可重構系統中的集成。

6.1 實時調度概述

6.1.1 基於規則的實時調度方法

調度規則是一種基於局部資訊的近似最佳化算法，通常是指一個或多個優先規則的組合，以及一個或多個啓發式規則的組合，用來將工件分配給加工設備。每當有設備空閒時，調度規則依據工件、設備、加工狀態等工廠實時資訊，按照某種規律或原則，從等待該設備加工的工件隊列中選擇一個進行加工。

在調度研究的相關文獻中，關於規則的術語常見有：調度規則（Scheduling Rule）、派工規則（Dispatching Rule）、優先級規則（Priority Rule）、啓發式規則（Heuristic Rule），這些術語的本質是一致的。Panwalkar 等總結了各種不同類型、不同形式的實時調度規則，達百餘種之多[2]。大致可以分為三個大類：優先級規則、啓發式規則和其他規則。

① 優先級規則。分為三個子類：基本規則、由基本規則分組排序的分組規則、加權規則。下面給出複雜製造系統中常用的規則例子。

a. 常用的基本規則有基於如下資訊的規則。

• 加工時間。如最短加工時間優先（Shortest Processing Time，SPT）、最長加工時間優先（Longest Processing Time，LPT）。

• 交貨期。如最早交貨期優先（Earliest Due Date，EDD）、最早工序交貨期優先（Earliest Operation Due Date，EODD）、臨界值（Critical Ratio，CR）、最短剩餘時間優先（Smallest Remaining Processing Time，SRPT）。

• 等待時間。如先序先服務（First Buffer First Serve，FBFS），也即按時間順序的 FIFO（First in First Out）。

• 負載平衡。如下一排隊隊列最小的工件優先（Fewest Lots at the Next Queue，FLNQ）、流程控製（Flow Control，FC）、產線平衡（Line Balance，LB），即與既定的 WIP 值（Work in Process）目標偏差大的物料擁有較高的優先級。

• 其他還有工序數目、成本、設備整定時間、工件到達時間等資訊，此處不一一列舉。

b. 分組規則是指用優先級將工件隊列分組。例如，FIFO＋計算每一個工件的下一道工序中的待加工工件數目，該值小於或等於 n 的工件集合先按 FIFO 派工，其餘工件在前一組派工完畢也按 FIFO 派工。類似的規則還有

SRPT+等。

c. 加權規則是為前兩種規則分別賦以不同權重進行調度派工。

② 啓發式規則。這類規則包括了多種複雜資訊，如設備的負載、更改路徑的影響等，通常包括一些智慧啓發資訊，會聯合使用第①類中的規則，也通常會輔之以分組、加權、組合等形式。例如，Shen[3] 等人應用隨機規劃算法來獲得理想的 WIP 指標；李莉等[4] 提出的蟻群費洛蒙規則包含批量加工組批啓發資訊；Chiu[5] 等人運用 CBR 原理，給出了 GA-CBR 算法；王遵彤[6] 等人基於 CBR 原理，給出了由 SRPT、LPT 及 SPT 3 種啓發式規則共同組成的新的調度策略，相比於 3 種調度策略中的任意一種，其在平均加工週期及方差的性能指標上得到了最佳化；Dabbas[7] 等人以 LB、CR、TP、FC 四個啓發式算法構成的組合調度規則分別在準時交貨率、平均加工週期以及平均加工週期方差性能指標上獲得了較優的結果。

③ 其他規則。包括為特定問題設計的規則、以工件屬性為參數的複合優先級算法等。例如企業在生產實際中積累的生產經驗，根據不同的加工區採用不同的派工規則，不僅考慮工件的優先級，還將加工區的工藝特點考慮進來。以光刻區加工為例，該區的關鍵工序是對準曝光，使用掩膜版作為輔料。不同產品的掩膜版不同，相同產品處於不同光刻層的掩膜版也不同。設備更換掩膜版需要一定的切換整定過程（20min 左右），為節省時間，一般優先加工不需要更換掩膜版的工件。所以在光刻區存在這樣的經驗規則：按照優先級順序從高到低分為 5 級加工，1 級工件優先級最高；在相同優先級的工件中，與剛完工產品版本相同且光刻層數相同的工件優先加工；若這樣的工件不只一個，則交貨期近的工件優先；若仍然有多個工件，則遵循 FIFO。

以上按優先級規則、啓發式規則和其他規則三個類別劃分的方式，是依據了規則的決策方式不同。如果根據規則的結構特徵劃分，也可將調度規則分為簡單優先規則、組合規則、加權規則和啓發式規則。

① 簡單優先規則。通常只包括一個工廠系統參數，如加工工時、交貨期、工序數量和到達時間，具體的規則有 SPT、EDD 等，但是沒有一個簡單優先規則能在所有的性能指標下都表現良好。

② 組合規則。採取將簡單優先規則中好的特性結合起來的方式以期取得滿意的結果，組合形式包括用不同算子將不同資訊組合或者依據不同情況採取不同的調度規則。研究表明，組合規則比簡單優先規則更有效，因為它在繼承了簡單優先規則簡潔性的同時，還在工廠規模擴大時獲得了一定的可擴展性。

③ 加權規則。是以計算權重將簡單優先規則進行線性組合得到的，權值是根據具體的環境，由工件的重要程度決定的。

④ 啓發式規則。是依賴於系統配置的規則，通常與上述幾種規則結合起來

使用。啓發式規則有時也會利用人的經驗知識，如透過對一個調度方案進行目測，從而將一道工序插入到一段空閒時間裡。

盡管對於調度規則的研究越來越多，後期出現的規則多是對已有規則的修正，如進行組合或截斷形成新的規則[8,9]，再比如針對某個性能指標或者某個具體的調度環境提出新的規則[10]。許多新的調度規則也都顯示出較好的性能效果，但是這些結果都是在給定的實驗環境下得到的。許多已有的研究表明，沒有一個規則能在所有的調度環境下都比其他規則性能表現好[11]。因此，僅僅集中在設計針對不同加工環境的最好的規則或者提出新的規則方面並不是最好的策略。由於動態工廠的加工環境會隨時間發生變化，所以有必要及時獲取工廠最新的狀態數據及動態資訊，進一步與不斷積累並蘊含價值的歷史數據相結合，探索基於數據的新的實時調度方法和思路。

6.1.2 基於數據的實時調度方法

生產調度作為一項具有半個多世紀歷史的研究命題，長期以來其問題求解的一般思路一直是建模加最佳化。調度方法強調對生產調度問題構造精確的機理模型，並針對該機理模型調用高效的最佳化方法得到最優解或近似最優解。隨著製造複雜度的日益提高，這種傳統的調度方式在複雜製造系統調度問題求解中存在的不足日益顯現[12]。

在複雜製造系統調度建模方面：

① 部分調度因素難以在模型中描述（如帶有時間約束的工藝限製），導致無法精確建模從而影響模型的準確性，亦有部分調度因素會導致模型異常複雜（如半導體製造的多重入加工流），使得模型難以最佳化和分析。

② 如果忽略上述複雜因素，降低模型複雜度的同時亦降低了模型精度，導致獲得的調度方案與實際調度環境有偏差，可操作性差。

③ 建立的模型無法考慮調度環境中的不確定性因素，因此缺乏準確及時的模型參數，影響其使用效果，無法響應動態不確定環境。

在複雜製造系統調度最佳化方面：

① 調度問題本身是 NP-難問題，無法在多項式時間內獲得最優解，盡管尋求滿意解可以緩解求解效率的問題，卻犧牲了最佳化性能。

② 在複雜製造系統的調度過程中獲取調度知識尤為困難，需要透過大量的模型仿真來獲取，透過傳統機器學習技術構造的知識庫的泛化能力亦較弱，存在過擬合和欠擬合的問題。

製造過程越複雜，傳統調度的上述局限性越突出。與此同時，日益成熟的製造企業資訊化系統，如 ERP、MES、APC、SCADA 等，積累并儲存了大量的離在線歷史數據，其中蘊含了豐富的和調度相關的知識；另外，新一代資訊及網路技術，包括無線感測網（Wireless Sensor Network，WSN）、無線射頻識別（Radio Frequency Identification，RFID）等技術的發展使得製造系統在線數據的獲取更為實時和精確。如何有效地利用這些數據，運用基於數據的方法，更好地解決複雜製造系統調度問題，引起了學術界與工業界的普遍關注。

基於數據的調度方法相較於傳統調度，更加注重知識在調度中的作用，在最佳化製造系統運作性能的同時，強調調度方法的自適應性與調度方案的可操作性，特別是對複雜製造系統的高度不確定性環境的實時響應能力。因此，基於數據的調度方法尤其適合於解決面向動態生產環境的實時調度問題。

根據最佳化調度方案生成的方式不同，基於數據的調度最佳化研究主要分為以下三類。

① 基於離線仿真的調度知識挖掘

諸多研究表明，不存在所謂最優的實時調度規則適應於各種類型的製造系統的問題。實時調度規則的有效性和生產線運作狀態直接相關，應根據生產的調度環境指導調度規則的選擇。仿真是用於比較和選擇複雜製造系統調度決策的重要技術之一。一般而言，有兩種仿真方式來選擇調度決策。一種是離線仿真的方式，對於不同的生產線狀態採用不同的調度決策進行仿真，保留最能滿足性能指標的調度決策，以此構造知識庫。顯然，這類方法效率不高，所構造知識庫的泛化能力也很弱；另一種是在線仿真的方法，在決策點採用不同的調度決策進行仿真，選擇性能指標最優的調度決策來指導實時派工。在線仿真對於仿真時間的要求較為苛刻，稍不滿足就無法實時派工。

② 基於離線最佳化的調度知識挖掘

隨著電腦計算能力的加強，使得大規模調度問題的求解成為可能。基於最佳化算法求解調度問題的更大的瓶頸在於實際複雜製造系統中大量的不確定性擾動因素導致得到的派工方案難以執行。如何從大量的最佳化方案中挖掘出調度決策，即用合適的實時調度規則來擬合最佳化算法，使得實時調度規則所生成的調度方案能較好地逼近最佳化算法的調度方案，以此進一步適應實時派工的需求，是很有實用價值的研究。

③ 基於資訊系統離線數據的調度知識挖掘

企業資訊系統中的離線數據蘊含了調度相關資訊，也可以從中提取實時調度規則。例如，Choi 等[13] 以多重入製造系統為研究對象，考慮了製造系統的調度環境，使用決策樹從離線數據中挖掘出實時調度規則選擇的知識；Kwak 和 Yih[14] 使用決策樹方法從製造系統離線運行歷史數據中挖掘出短調度週期內，在不同的調度環境下，實時調度規則選擇對性能指標的影響，透過仿真獲取長期有效的實時調度規則。

目前，在基於數據的調度最佳化方法領域取得的成果仍然停留在從既定的實時調度規則集中選取特定的規則或者離線挖掘出某一特定規則運用於實際派工階段，柔性不足，無法在生產線運作過程中實時調整。面向的生產系統還主要集中於小型的作業工廠或生產線工廠，有必要進一步深入研究。

接下來的兩節內容分別介紹作者在基於數據的調度最佳化領域的研究工作。

6.2 基於數據的組合規則調度策略

本節透過離線仿真數據的方式，在固定投料和混合智慧投料兩種投料方式下，分別從平均加工週期、平均加工週期方差、準時交貨率、生產率、移動速率、在製品數量以及仿真耗時 7 個角度，針對 5 類 10 個啓發式規則、1 個具有代表性的智慧調度算法以及 2 個組合調度規則進行比對、分析與研究。在此基礎上，以數據為驅動，提煉指導調度策略優選的規律知識，用於實時調度決策。

本節研究將要用到的參數及變量定義如下。

P_i：工件 i 的調度優先級。

D_i：工件 i 的交貨期。

F_i：工件 i 所屬產品的倍增因子。

ω_k：權重參數。

P_{if}：工件 i 在 FIFO 規則下的調度優先級。

P_{ie}：工件 i 在 EODD 規則下的調度優先級。

P_{is}：工件 i 在 SPT 規則下的調度優先級。

CP_i：工件 i 的組合優先級。

AT_i：工件 i 進入緩衝區的時刻。

OD_{ik}：工件 i 將要加工工序 k 時的決策值。

PT_{in}：工件 i 加工第 n 工序時花費的時間，包括等待時間。

CR_{ik}：工件 i 將要加工第 k 工序時的臨界值。

RP_i：工件 i 的計畫剩餘可加工時間。

τ_n^t：工件 n 在時刻 t 的費洛蒙變量。

id：設備 i 的下游設備（群）索引號。

Now：當前決策時刻。

SPT_i：工件 i 的入線時刻。

RPT_{ik}：工件 i 當前已用加工得總時間，包括等待時間。

AWT_i：工件 i 的鬆弛時間。

TRPT_{ik}：工件 i 從第 k 工序後的剩餘淨加工時間。

$ProTime_{ir}$：工件 i 在加工第 r 工序時所用的加工時間。

$OnlineTime_i$：工件進入系統的時間。

6.2.1 調度規則庫的設計與選取

根據調度規則自身的特點，可以將其分為 5 大類[15~18]，分別是：基於工件等待時間的啓發式規則、基於工件交貨期的啓發式規則、基於工件加工週期的啓發式規則、智慧算法以及組合調度規則。本節研究分別從中做如下選擇。

（1）基於工件等待時間的啓發式規則

選取 2 個基於工件等待時間的啓發式調度規則，包括：先入先出調度規則（FIFO）以及最小鬆弛時間優先調度規則（LS）。

① 先入先出調度規則（FIFO）

將工件進入緩衝區的時刻作為調度的決策依據。越早進入緩衝區的工件調度優先級越高。

$$AT_i < AT_j \ (i \neq j) \Rightarrow P_i > P_j \tag{6-1}$$

② 最小鬆弛時間優先調度規則（LS）

將工件的交貨期、剩餘淨加工時間以及當前時刻作為決策因素。鬆弛時間較小的工件具有較高的調度優先級。

$$AWT_{im} < AWT_{jn} \ (i \neq j) \Rightarrow P_i > P_j \tag{6-2}$$

$$AWT_{ik} = D_i - TRPT_{ik} - Now \tag{6-3}$$

$$TRPT_{ik} = \sum_{r=k}^{s} ProTime_{ir} \tag{6-4}$$

（2）基於工件交貨期的啓發式規則

選取 3 個基於工件交貨期的啓發式調度規則，包括：最早交貨期優先調度（EDD）、最早工序交貨期優先調度（EODD）以及最小臨界比優先調度（CR）。

① 最早交貨期優先調度（EDD）

將工件的計畫交貨日期作為調度的決策依據。距離當前決策時刻越近的工件具有較高的調度優先級。

$$D_i < D_j \ (i \neq j) \Rightarrow P_i > P_j \tag{6-5}$$

② 最早工序交貨期優先調度（EODD）

將工件的入線時刻、當前已用加工的總時間以及該工件所屬產品的倍增因子作為決策因素。決策值較小的工件具有較高的調度優先級。

$$OD_{im} < OD_{jn} \ (i \neq j) \Rightarrow P_i > P_j \tag{6-6}$$

$$OD_{ik} = SPT_i + RPT_{ik} \times F_i \tag{6-7}$$

$$\mathrm{RPT}_{ik}=\sum_{n=1}^{k}\mathrm{PT}_{in} \tag{6-8}$$

③ 最小臨界比優先調度（CR）

將工件的交貨期、當前時刻以及該工件的剩餘淨加工時間作為決策因素。決策值較小的工件具有較高的調度優先級。

$$\mathrm{CR}_{im}<\mathrm{CR}_{jn}\,(i\neq j)\Rightarrow P_i<P_j \tag{6-9}$$

$$\mathrm{CR}_{ik}=\begin{cases}(1+\mathrm{TRPT}_{ik})/(1+D_i-\mathrm{Now}) & \mathrm{Now}<D_i\\(1+\mathrm{TRPT}_{ik})/(1+\mathrm{Now}-D_i) & \mathrm{Now}>D_i\end{cases} \tag{6-10}$$

(3) 基於工件加工週期的啓發式規則

選取 5 個基於工件加工週期的啓發式調度規則，包括：最短工序優先調度（SPT）、最長工序優先調度（LPT）、最小剩餘加工時間優先調度（SRPT）、加工週期波動平滑調度規則（FSVCT）以及拖期方差波動平滑調度規則（FSVL）。

① 最短工序優先調度（SPT）

將工件當前待加工工藝的加工時間作為調度的決策依據。加工時間較短的工件具有較高的調度優先級。

$$\mathrm{ProTime}_{im}<\mathrm{ProTime}_{jn}\Rightarrow P_i>P_j \tag{6-11}$$

② 最長工序優先調度（LPT）

將工件當前待加工工藝的加工時間為調度的決策依據。與 SPT 相對，加工時間較長的工件具有較高的調度優先級。

$$\mathrm{ProTime}_{im}>\mathrm{ProTime}_{jn}\Rightarrow P_i>P_j \tag{6-12}$$

③ 最小剩餘加工時間優先調度（SRPT）

將工件的交貨期、當前決策時刻以及剩餘加工時間作為決策因素。決策值較小的工件具有較高的調度優先級。

$$\mathrm{RP}_i<\mathrm{RP}_j\Rightarrow P_i>P_j \tag{6-13}$$

$$\mathrm{RP}_i=D_i-\mathrm{Now} \tag{6-14}$$

④ 加工週期波動平滑（FSVCT）

將工件進入系統的時間與剩餘淨加工時間的差值作為決策因素。決策值較小的工件具有較高的調度優先級。

$$\mathrm{FS}_{im}<\mathrm{FS}_{jn}\Rightarrow P_i>P_j \tag{6-15}$$

$$\mathrm{FS}_{ik}=\mathrm{OnlineTime}_i-\mathrm{TRPT}_{ik} \tag{6-16}$$

⑤ 拖期方差波動平滑調度規則（FSVL）

依據 FSVL，具有最短交貨期與剩餘淨加工時間差值的工件優先接受加工，以獲得拖期方差最小。

(4) 基於費洛蒙的智慧算法 DDR

智慧算法是人們受到自然規律的啓發，借鑒其原理，模仿生物而設計的一類用來求解實際問題的算法。智慧算法以其靈活性與健壯性，已經在電腦科學、機器人、生產管理等多個研究領域顯現了它的潛力。結合複雜生產製造調度需求，選取面向半導體生產線的動態調度策略（Dynamic Dispatching Rule，DDR）[19]參與研究和討論。

DDR 是一種能對當前生產製造環境做出及時響應的動態派工規則。此規則主要受到蟻群生態系統的啓發，將個體螞蟻間基於費洛蒙的通訊機製應用於生產調度問題。根據生產線的設備特性，模仿費洛蒙通訊機製，從而實現動態派工，最佳化生產線。DDR 可以根據要最佳化的性能指標相應地改變費洛蒙的表示方式，從而在調度的結構不受影響的情況下，方便地實現方法的重用。基於費洛蒙的動態調度規則的 6 個參數($\alpha_1,\beta_1,\alpha_2,\beta_2,\gamma,\sigma$)是可調的，在對 DDR 智慧調度算法進行仿真分析時，需要先對算法中 α_1 與 β_1 兩個參數進行遍歷優選，在此基礎上，再對 4 個用於批量加工設備的權重參數 α_2、β_2、γ 以及 σ 進行遍歷。透過對算法中參數的遍歷，以期獲得該算法對生產線的最大最佳化，DDR 決策流程如圖 6-1 所示。

（5）組合調度規則

① 算法間融合

例如，從基於工件等待時間、交貨期以及加工週期 3 個不同的角度各挑選出一個啓發式規則用於算法融合，它們分別是：FIFO、EODD 與 SPT，綜合指標大者優先級更高。

$$\mathrm{CP}_i > \mathrm{CP}_j \Rightarrow P_i > P_j \tag{6-17}$$

$$\mathrm{CP}_i = \omega_1 P_{if} + \omega_2 P_{ie} + \omega_3 P_{is} \tag{6-18}$$

② 算法間相互配合應用

對不同類型的設備選擇不同的調度算法。這裡將啓發式規則應用於非批加工設備，選擇 DDR 智慧算法用於批量加工設備，透過仿真查看生產線整體最佳化情況。

6.2.2 性能指標集的設計與選取

生產調度的主要目標就是最佳化系統性能，反映系統性能的指標有很多方面，需要從中加以合理選取。不失一般性，這裡選取以下 7 個性能指標用於規則組合的研究[20]。

① 平均加工週期及方差　平均加工週期是所有完成加工的工件的加工時間的平均值，其方差是指各工件加工週期與平均加工週期之差的平方的平均數。透過這兩個指標可以查看生產系統的響應能力及準時交貨的能力。

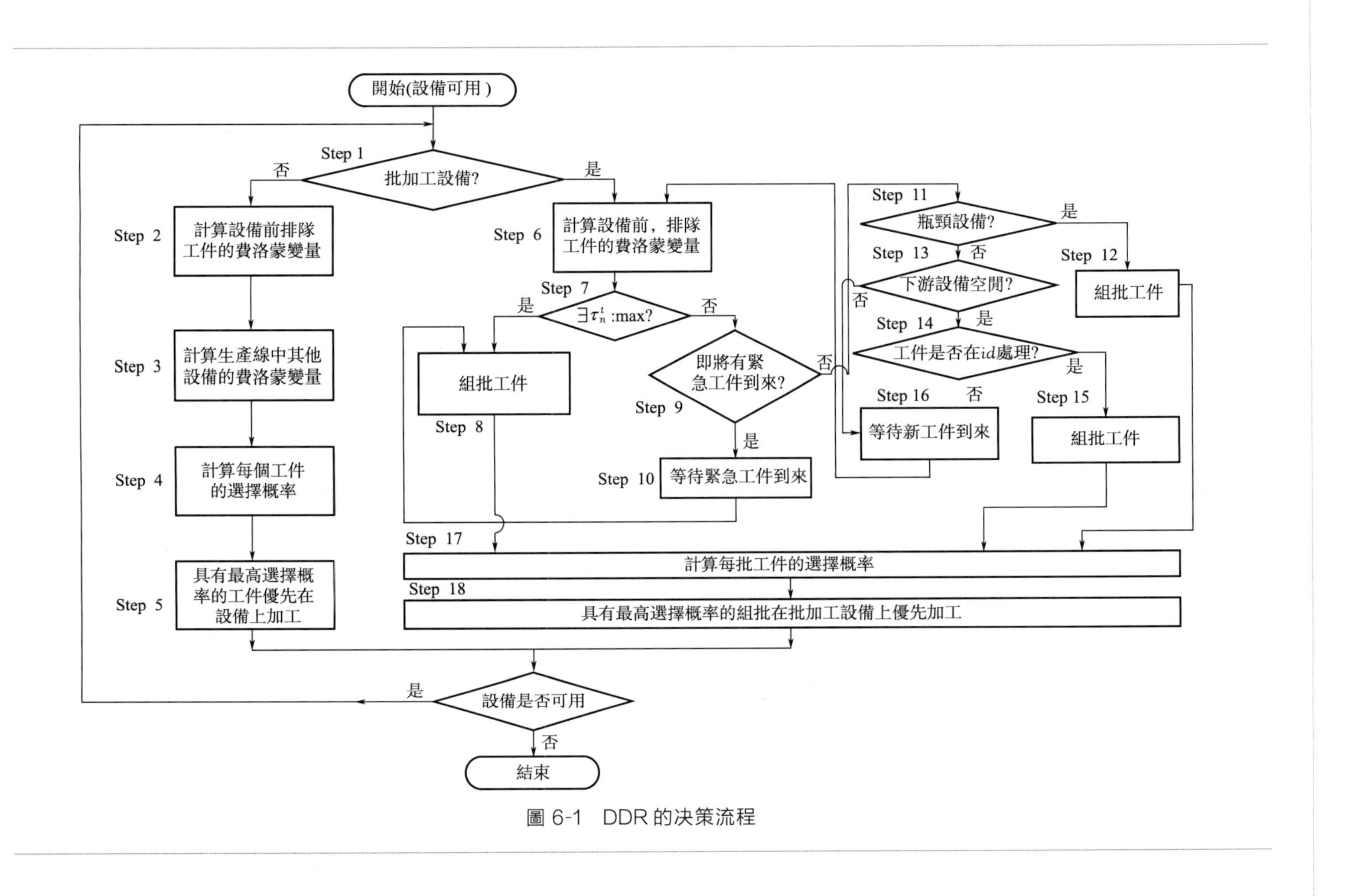

圖 6-1 DDR 的決策流程

② 準時交貨率　指按時或提前交貨的工件數占完成加工的工件總數的百分比。準時交貨率與生產率、加工週期等都有間接的關係，它是衡量半導體生產調度方案優劣的重要指標。

③ 生產率　指單位時間內生產線上完工的工件數。顯然，生產率越高，單位時間內創造的價值越高，生產線的加工效率越高。

④ 移動速率　指單位時間內工件的平均移動步數。移動速率越高，表明工件在生產線上的流動速度越快，生產線越流暢。

⑤ 在製品數量　指某一時刻生產線上所有未完成加工的工件數，即分布在生產線上各加工工位及各等待隊列的工件數之和。在製品數量反映了一段時間內的生產線負載情況。

⑥ 仿真耗時　指一次仿真總共需要花費的時間。可以用來衡量仿真模型的運行效率以及模型複雜度或計算成本。

⑦ 綜合評價　生產調度是典型的多目標最佳化問題，本指標透過對上述 6 個性能指標採用加權求和的方式觀察算法對生產線的綜合調度影響：

$$\text{TotalPerformance}=\sum_{i=1}^{6}\omega_i\times n_i \tag{6-19}$$

式中，$n_i(i=1,2,3,4,5,6)$依次代表上述各性能指標歸一化後的數值，「1」代表最優，「0」代表最劣；$\omega_i(i=1,2,3,4,5,6)$為權重參數，可簡化為均取值「1/6」。

6.2.3　基於數據的實時調度

基於數據的實時調度本質上是一種調度策略知識的挖掘與應用，調度策略知識反映的是某個生產線狀態下，調度最佳化目標集與最優調度規則組合之間的映射關係。調度最佳化目標集取自 6.2.2 節介紹的性能指標，最優調度規則取自 6.2.1 節介紹的三類調度規則。基於這樣的調度策略知識，就可以在複雜製造系統動態執行過程中，透過判斷生產線的當前狀態，根據調度目標的需求選擇最佳的調度規則組合，完成基於數據的實時調度決策。這一調度最佳化思想涉及三方面的任務。

(1) 基於生產屬性特徵子集的生產線狀態的表達

生產線的狀態是一個十分寬泛的概念，從不同的角度觀察一個生產系統，可以得到不同的生產屬性和相關數據。複雜製造系統的生產屬性尤其數量多、範圍廣，目前並沒有一個相對系統的、全面的描述集合，一般可分為生產線屬性和加工區屬性（表 6-1）。生產線屬性主要從全局的角度對生產線的實際生產狀態進行描述；加工區屬性描述的是每個局部加工區的生產狀態。在實際生產調度中，每個加工區所使用的調度規則可能是不同的。因此，針對加工區生產狀態屬性的提取有利於生產管理者根據相對全面的數據分析進行調度決策。

表 6-1 生產線和加工區屬性集

分類	屬性名稱	屬性含義
生產線屬性	WIP	系統中當前在製品數量
	WIP_X	系統中在製品分類數量
	NoBL	系統中緊急工件數量
	PoBL	系統中緊急工件所占比例
	NoE	系統中當前可用設備數量
	NoBE	系統中瓶頸設備數量
	PoBE	系統中瓶頸設備所占比例
	MeTD	系統中工件從當前時刻到理論交貨期的平均剩餘時間
	SdTD	系統中工件從當前時刻到理論交貨期的剩餘時間標準差
	PC	系統加工產能比
加工區屬性	WIP_WA	各加工區中在製品數量
	PoBW	各加工區中的在製品占總在製品數的比例
	PC_WA	各加工區加工產能比
	NoE_WA	各加工區可用設備數量
	NoBE_WA	各加工區瓶頸設備數量
	PoBE_WA	各加工區瓶頸設備占該區可用設備的比例

生產線的屬性可以表徵生產線的當前狀態，但由於一方面生產屬性之間存在相關甚至冗餘，另一方面全部考慮所有的生產屬性也會帶來高維數據的困難。因此，有必要在不損失生產線狀態表達能力的情況下選取部分生產屬性子集替代生產屬性的全集，稱這樣的子集為生產線特徵屬性。

關於特徵選擇的方法，可以按照特徵子集的形成過程分為窮舉法、啓發式方法和隨機方法三類[21]，這裡，我們選取概率隨機方法中的遺傳算法作為特徵選擇方法，一方面避免了窮舉搜索帶來的時間損耗與效率損耗；另一方面，利用遺傳算法在全局尋優的優越性，保證了算法的精確度與可行性。

(2) 調度策略知識的學習與降維

這是一個基於大量樣本數據透過訓練獲取調度策略知識的過程。樣本數據可以表達為$\{P,F,D\}$的形式。式中，F 為用以表徵生產線狀態的生產屬性集；D 為該樣本所採用的調度規則；P 為在此生產狀態（F）下運用調度規則 D 所得到的性能指標，即調度產生的效果。樣本數據的來源可以是生產線運行記錄的歷史數據，也可以是仿真得到的數據。實際生產運行產生的歷史數據具有真實可靠的效果，但在多樣性和分布均衡方面往往不能得到保證，而且也需要有長期的積累，因此有必要根據調度知識挖掘的需要和導向，有針對性地藉助於仿真系統的模擬運行，透過在不同生產狀態下採用不同的調度規則，生成組合多樣且覆蓋面廣的仿真樣本數據，以充分支援調度策略知識的學習和積累。

在樣本集基礎上進行訓練，就是透過對相同生產狀態下運用不同規則產生的性能效果的比較分析，從中挖掘出特定條件下的調度知識集$\{K_i\}, i=1,2,\cdots,N_k$。$N_k$ 體現了調度知識集的規模，其中每一條知識 K_i 對應於一個最優樣本$\{P_i, F_i, D_i^*\}$，這裡的 D_i^* 就是當以 P_i 為最佳化目標集合時，在 F_i 生產狀態下的最優調度規則。

在以$\{P, F, D\}$形式表達的樣本數據和以$\{P_i, F_i, D_i^*\}$形式表達的調度策略中，生產狀態都是用生產屬性集的取值來表徵的。對於複雜製造系統而言，其規模大、因素多、約束多樣等複雜性特點越大，就使得其生產屬性集越大，從而導致樣本的維度就越高。前文分析過，生產特徵屬性作為全局生產屬性集的子集，可以在不損失生產線狀態表達能力的情況下減少生產屬性集合的大小，因此，我們可以藉助於生產特徵屬性 $SF \subseteq F$ 對調度知識集數據加以降維處理，得到等價的調度知識樣本$\{P, SF, D^*\}$，以及以降維形式表達的調度知識集$\{K'_i\}, i=1,2,\cdots,N_k$。

(3) 運用調度策略知識的實時調度過程

在基於數據的訓練學習的基礎上，又經過生產特徵屬性的約簡，形成了更為實用有效的調度策略知識集，以此為指導，就具備了基於生產線實時狀態支援最佳化調度決策的能力。在任意給定的製造系統生產狀態之下，以遺傳算法尋優得出的生產屬性特徵子集作為選擇要素，在調度策略知識集 $\{K'_i\}$ 中，運用 K-NN 鄰近算法選擇最相似的知識樣本數據，將相應的最優調度規則作為實時調度的決策結果。

在具體的實施過程中，上述基於數據的實時調度三方面任務是穿插交互進行的，概要過程描述如下。

步驟①：根據半導體生產線數據動態建立仿真模型。

步驟②：在仿真模型中建立調度算法庫以及性能指標集。

步驟③：在模型中提取、計算相關生產屬性值。

步驟④：透過仿真獲取在某個歷史生產狀態及相關性能指標下的最優調度規

則，建立調度策略知識集。

步驟⑤：應用遺傳算法及資訊熵理論對訓練樣本集進行訓練，獲取在某一性能指標下的半導體生產屬性特徵子集。

步驟⑥：建立測試樣本集（獲取方法同步驟④）。

步驟⑦：應用 K-NN 鄰近算法對所選出的生產屬性特徵子集進行測試評估。

步驟⑧：若由基於特徵子集所預測的最優調度規則的正確率相當於基於生產屬性全集的預測結果，則將該生產屬性子集記錄在特徵子集庫中；否則，調整生產歷史數據輸入，以期獲得理想結果。

步驟⑨：對任意給定的製造系統生產狀態，決策者根據所關注的某一性能指標，在特徵子集庫中選擇相應的特徵子集作為選擇要素，應用 K-NN 鄰近算法在歷史庫中選擇若干最相鄰的數據樣本，獲取生產調度規則。

基於調度策略知識的實時調度方法從樣本的產生到知識的訓練，再到基於知識的規則選擇，整個過程框圖見圖 6-2。

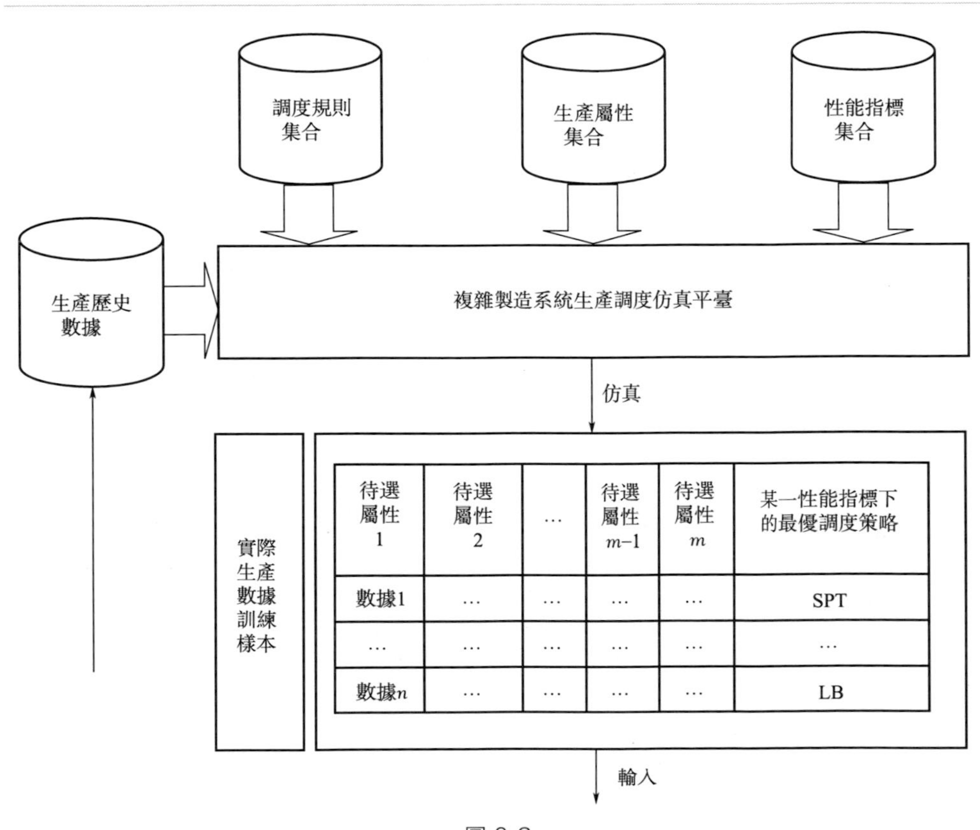

圖 6-2

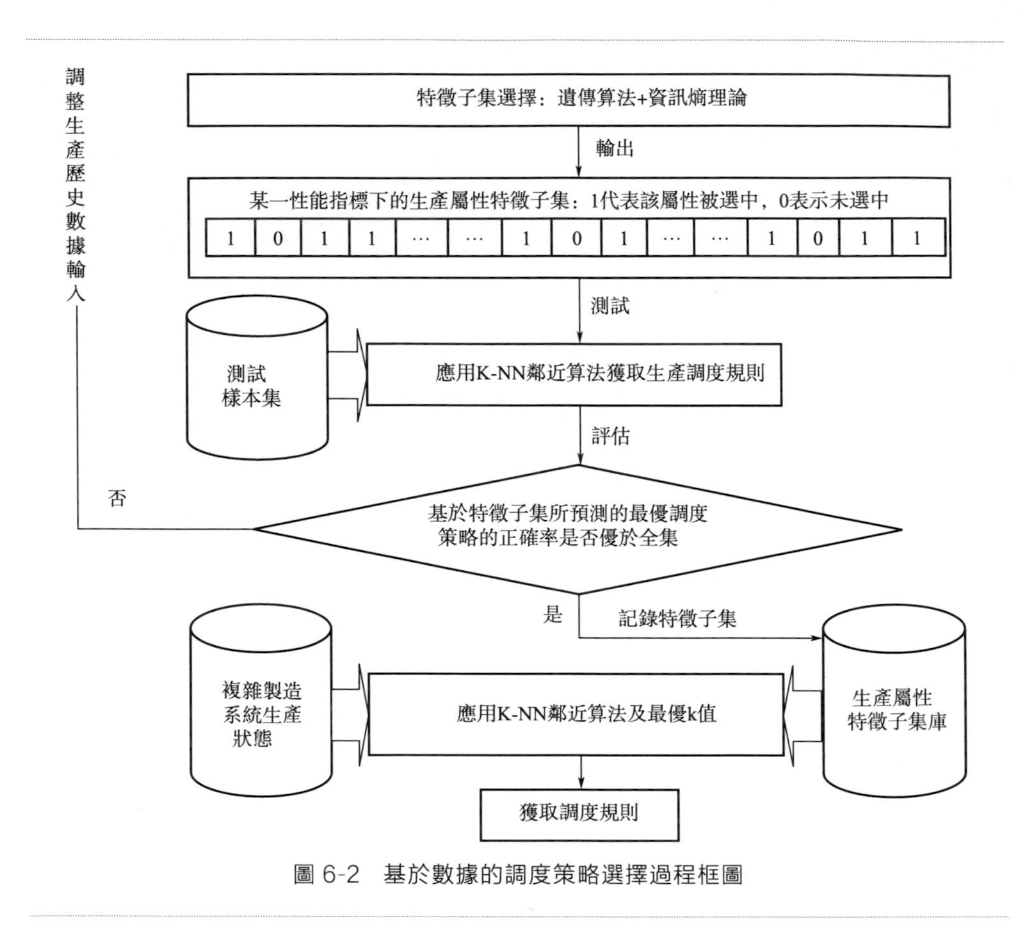

圖 6-2 基於數據的調度策略選擇過程框圖

6.3 基於數據的瓶頸設備實時調度

在第 5 章討論靜態生產調度問題時，曾涉及瓶頸區並行設備調度（5.4 節）和突出瓶頸區最佳化的基於 DBR 的調度方法（5.2 節），當時對瓶頸設備的理解還主要是局限在固定靜態瓶頸的認識。然而，對於實際的複雜製造生產線，因其流程複雜，不確定因素多，作為調度關鍵環節的瓶頸設備經常會發生變化，即出現瓶頸漂移的現象。造成瓶頸漂移的原因通常有[22,23]：a. 產品的變化。在多產品情況下，不同產品有著不同的工藝路徑，產品種類的變化會改變設備的負荷。另外，緊急任務的出現使原先任務需求的變更也有可能導致瓶頸漂移。b. 設備情況的變化。主要是設備維護和故障等，會導致設備停運一段時間，使得所在的加工區加工能力變弱，從而形成瓶頸。c. 投料和調度的不合理。若投料和調度不當，會導致某些設備加工任務過多，成為新瓶頸。

本節著重討論動態調度背景下的瓶頸設備實時調度，首先就需要突破靜態瓶頸的局限。為此，擬充分利用實際複雜生產系統積累的歷史數據和不斷產生的實時數據，提出一種基於數據的實時瓶頸設備識別方法，再綜合考慮實際生產狀態，研究瓶頸設備的實時調度方法。

6.3.1 基於數據的瓶頸識別

(1) 運用分類算法的瓶頸識別

基於數據的瓶頸識別可以藉助數據挖掘領域常用的分類（Classification）技術，透過基於數據的訓練，構建出用以支援瓶頸識別的分類器。構建分類器的過程主要包括訓練和測試兩個階段[24]。在訓練階段，執行分類算法對訓練數據集加以學習，透過分析和計算得到分類器。在測試階段，利用第一階段得到的分類器對測試數據集執行分類操作，計算分類器正確率。常見的分類算法有支援向量機、貝葉斯算法、決策樹算法等。

① 支援向量機（Support Vector Machine，SVM）

支援向量機[25] 是一種依據結構風險最小原理和統計學習理論的分類算法。在面對小樣本、非線性和高維度的情形時表現出了良好的性能，相比於其他分類算法，往往能取得較好的泛化效果，并且具有較高的魯棒性和分類準確度。然而支援向量機在解決多類別分類問題時存在困難，而且在處理大規模訓練樣本時需要消耗大量的時間。

② 貝葉斯（Bayes）算法

貝葉斯算法[26] 是一類利用概率統計知識進行分類的算法，依據貝葉斯理論從待選類別中選出可能性最大的類別。包括樸素貝葉斯（Naive Bayes）和貝葉斯網路（Bayesian Network）等。貝葉斯分類算法具有算法容易理解，運行速度快等優點，然而由於貝葉斯定理需要在各個屬性間相互獨立時才會具有較高的準確率，在實際應用中很難滿足這個條件，因此需要在訓練前透過特徵選擇或者聚類算法降低屬性間的關聯度。

③ 決策樹（Decision Tree，DT）算法

決策樹算法作為一種分類算法，目標就是將具有 p 維屬性的 n 個樣本分到 c 個類別中去。相當於作一個投影，將樣本經過一種變換賦予一種類別標籤。算法為了達到這一目的，可以把分類的過程表示成一棵樹，即決策樹[27]。決策樹是透過將訓練樣本集進行計算和分析，建立起來的一棵二叉樹或者多叉樹。常用的決策樹有 ID3、C4.5 和 Fuzzy C4.5 等。決策樹被廣泛應用於分類，圖 6-3 示意了一棵典型的決策樹。運用決策樹算法的分類過程就是從上到下根據非葉子節點

決定數據所屬的類別，樹中每一個葉子節點代表一個類別，而從根節點到葉子節點的一條路徑代表一條分類規則，非葉子節點包含屬性值的比較，用於判斷一條數據將要進入哪一條分支。

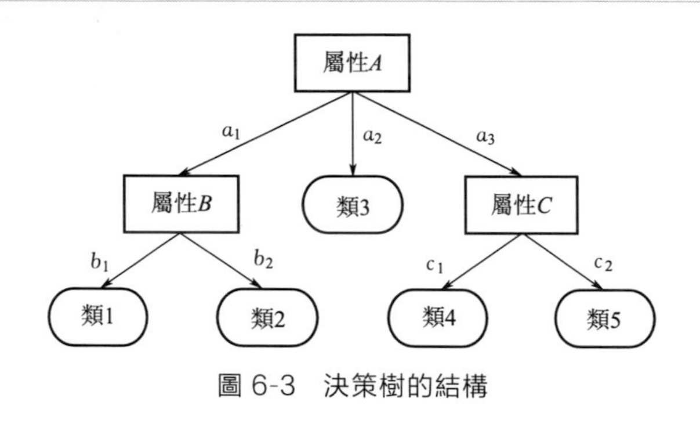

圖 6-3　決策樹的結構

決策樹的構建主要分兩步（圖 6-4）：一是建立決策樹，輸入訓練樣本集，透過從上到下的遞歸方式選擇屬性進行分類；二是決策樹的剪枝，根據測試樣本集測試精度，剪去一些樹枝以獲得更高的分類精度，得到最終決策樹。

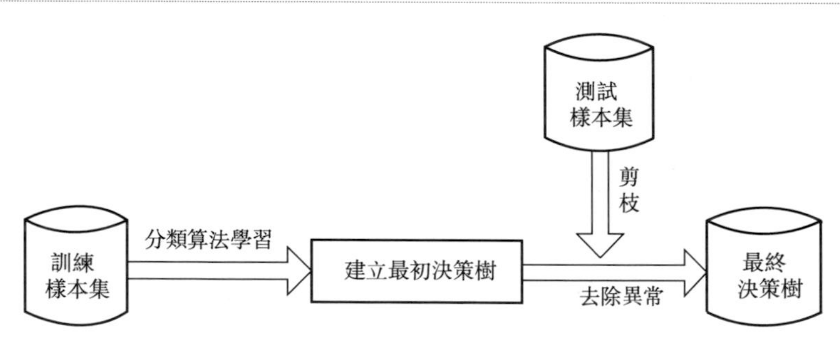

圖 6-4　決策樹構建流程圖

針對實時調度中對瓶頸識別的實時性和準確性需求，下面的研究將選擇採用 C4.5 決策樹，因其分類準確率高，在分類時計算量較小，運算速度快，能夠較好地滿足實時調度進行快速決策的需要。

（2）C4.5 決策樹的建立

基於決策樹的分類過程，是以決策樹作為預測模型，每次選擇一個屬性並計算分析該屬性的測試結果，決定分枝走向。不同的決策樹算法有著不同的屬性選擇方案，C4.5 決策樹算法是根據資訊增益率來進行分枝的。

對於訓練樣本集 T，假設其共有 n 類，記為 $C=\{C_1,C_2,\cdots,C_n\}$，C_i 表示第 i 類的樣本個數，而 T 裡總共的樣本個數是 $|T|$，記一條樣本屬於第 i 類的概

率是 P_i，則有：

$$P_i=\frac{C_i}{|T|} \tag{6-20}$$

用 C4.5 算法對 T 按 C 進行劃分，則 T 的資訊熵值為 $E(T, C)$，簡記為 $E(T)$：

$$E(T)=-\sum_{i=1}^{n}P_i\log_2 P_i \tag{6-21}$$

C4.5 算法的訓練過程就是使得決策樹對劃分的不確定程度逐漸減小的過程。假設選擇測試屬性 A 進行測試，設屬性 A 具有性質 $a_1,a_2,a_3,\cdots,a_m$，記 T_j 為 $A=a_j$ 時的樣本集。

當選擇測試屬性 A 後計算得到每個 $A=a_j$ 葉節點 X_j 的資訊熵為：

$$E(T\mid A)=-\sum_{j=1}^{m}P(A=a_j)E(T_j) \tag{6-22}$$

C4.5 算法採用資訊增益率（Information Gain Ratio）最大的屬性進行分枝，資訊增益率定義為資訊增益（Information Gain）與分割資訊量（Split Information）的比值，見式（6-23）：

$$\text{GainRatio}(A)=\frac{\text{Gain}(A)}{\text{Split}(A)} \tag{6-23}$$

其中，資訊增益的計算式為：

$$\text{Gain}(A)=E(T)-E(T|A) \tag{6-24}$$

分割資訊的計算式為：

$$\text{Split}(A)=-\sum_{i=1}^{m}\frac{|a_i|}{|a|}\log_2\frac{|a_i|}{|a|} \tag{6-25}$$

概括 C4.5 決策樹的建立流程如下[28]。

① 根據式(6-23) 計算每一個待分枝屬性的資訊增益率。

② 選取資訊增益率最大的屬性進行分枝，並對訓練樣本集進行劃分。

③ 若存在沒有分枝的屬性，則返回①，否則進行第④步。

④ 根據設定的置信因子對建立好的決策樹進行剪枝。

(3) C4.5 決策樹的剪枝

決策樹透過剪枝來減小樹的規模，提高預測精度。常用的剪枝處理方法[29]分為預剪枝（Pre-pruning）和後剪枝（Post-pruning）兩種。預剪枝透過在建樹前設定閾值，如樹的最大深度等，使節點不再分裂，從而進行剪枝。但是預剪枝可能會限製樹的生長，影響預測精度。後剪枝是在樹完全建成以後，透過一定的規則，如估算錯分率，如果剪掉某子樹能提高決策樹的預測精度，那麼就剪去該子樹。後剪枝能夠合理有效地提高樹的預測精度，這裡選擇後剪枝。

根據德莫佛-拉普拉斯 De Moivre-Laplace 定理，設隨機變量 $\mu_n(n=1,2\cdots)$ 服從二項分布 $B(n,p)(0<p<1,q=1-p)$，則對一切 x，恆有：

$$\lim_{n\to\infty} P\left(\frac{\mu_n - np}{\sqrt{npq}} \leqslant x\right) = \frac{1}{\sqrt{2\pi}}\int_{-\infty}^{\pi} e^{-\frac{t^2}{2}} dt \tag{6-26}$$

假設式(6-26) 中的 μ_n 為 n 次伯努利試驗出現錯誤的頻數，另設 f 為該 n 次試驗中出現錯誤的頻率，則有 $f=\mu_n/n$。故式(6-26) 又可以改寫為：

$$\lim_{n\to\infty} P\left(\frac{f - p}{\sqrt{pq/n}} \leqslant x\right) = \frac{1}{\sqrt{2\pi}}\int_{-\infty}^{\pi} e^{-\frac{t^2}{2}} dt \tag{6-27}$$

由式(6-27) 可以看出，當 n 足夠大時，統計量 $\frac{f-p}{\sqrt{pq/n}}$ 近似服從標準正態分布 $N(0，1)$。

若某節點期望會分類錯誤的概率為 q，而這 N 個實例是根據一個以 q 為參數的伯努利試驗產生的，其中錯誤的個數為 E，在這裡用置信上限估計錯分率。對於給定置信因子 c，可以由式(6-28) 計算出置信極限 z：

$$c = p\left(\frac{f-q}{\sqrt{q(1-q)/N}} > z\right) \tag{6-28}$$

式中，N 為實例的數量；$f=E/N$ 為觀察到的錯分率；q 為實際錯分的概率。給定 c 值，由式(6-28) 以及查標準正態分布表可以計算得到 z 值。再透過式(6-29)，由 f、N 和 z 的值可以計算得到對 q 的一個置信上限 e。把該上限作為錯分率的估計：

$$e = \frac{f + \frac{z^2}{2N} + z\sqrt{\frac{f}{N} - \frac{f^2}{N} + \frac{z^2}{4N^2}}}{1 + \frac{z^2}{N}} \tag{6-29}$$

根據計算出剪枝前後 e 的大小，進而決定是否進行剪枝。

(4) 基於 C4.5 決策樹算法的瓶頸識別

基於 C4.5 決策樹進行瓶頸識別的算法流程可以大致分為三個部分，如圖 6-5 所示。

• 數據採集和預處理：透過採集大量的生產線實時數據和歷史數據，並加以分析轉換，得到訓練樣本集。

• 分類器模型建立：在得到的訓練樣本集基礎上，採用 C4.5 決策樹算法對樣本集進行訓練，最終建立瓶頸識別的分類器模型。

• 實時瓶頸識別：基於已建立的分類器模型，輸入實時生產線狀態，獲取該實時狀態下生產線的瓶頸。

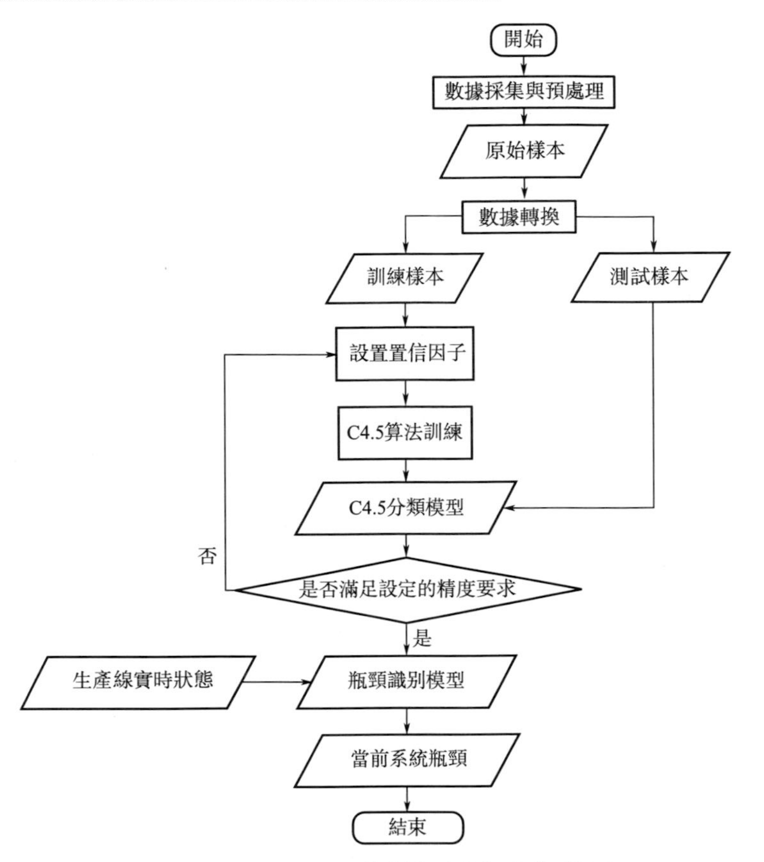

圖 6-5　基於 C4. 5 決策樹算法的瓶頸識別流程

以上基於 C4. 5 決策樹算法的瓶頸識別方法，不同於傳統靜態計算的瓶頸識別方法，充分利用生產線以往的歷史數據和當前的實時數據，從中挖掘出瓶頸識別知識，表現為 C4. 5 決策樹，以此為基礎，可以實現生產線上瓶頸設備的實時識別，並不受瓶頸漂移的限製。

6.3.2 基於數據的瓶頸調度算法

經過上節基於 C4. 5 決策樹算法得到的實時瓶頸設備，正是生產線當前調度的關鍵環節，瓶頸設備的加工節奏帶動著也製約著整個生產線的運行，所以是進行實時調度的著重對象。一個優秀的瓶頸調度算法不僅能帶動非瓶頸設備協調工作，而且在一定程度上可以避免瓶頸飢餓和瓶頸漂移現象的發生。本節針對具有多重入特點的複雜半導體製造系統，提出一種基於數據的瓶頸實時調度算法。

(1) 多重入生產線瓶頸調度算法

由於多重入生產線的複雜特點，瓶頸設備前不僅堆積著來自同一種產品的不同階段的工件，還有著不同種類的產品（圖 6-6）。對瓶頸設備的實時調度，就是透過合理安排瓶頸設備前等待加工的工件的加工順序，達到最佳化生產線性能的目的。

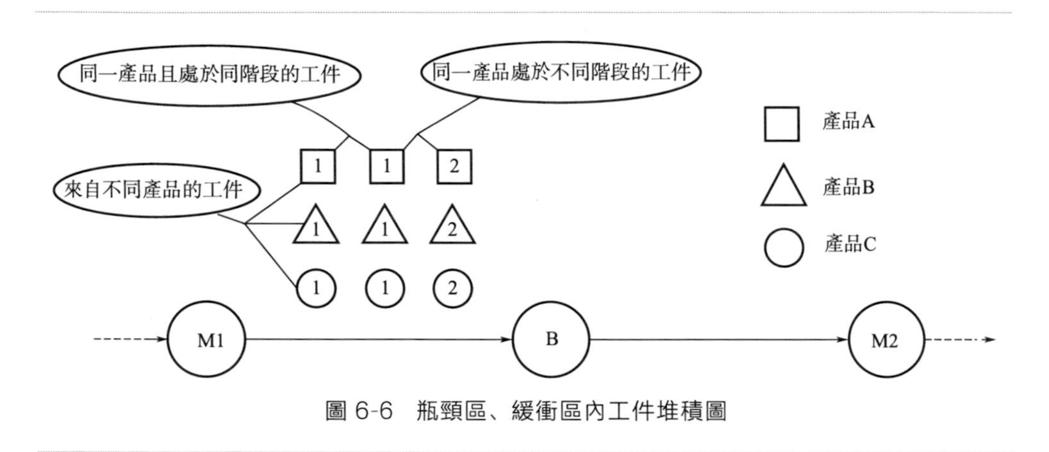

圖 6-6　瓶頸區、緩衝區內工件堆積圖

本算法的主旨思想是基於生產線實時數據統計加工區權重，並依據加工區權重核定每種工件的目標等待時間和目標在製品數，透過測定工件實時在製品數和目標在製品數的差值，以及瓶頸設備上下游設備的狀況，得到瓶頸設備前各等待加工工件的優先級，以此作為調度的依據。因此，算法的核心在於工件優先級的計算。

(2) 工件優先級計算

本算法的工件優先級的計算過程如下。

① 確定加工區的權重 ω_k

加工區權重反映了各設備的重要程度，當前設備權重表徵方法主要是考察在生產中系統各加工區的指標值，如加工區利用率、工件等待時間等。本算法將加工區 k 的權重表示為 ω_k，權重考察生產系統各加工區上一週期的加工區利用率，權重值越大，代表對生產系統影響越大，權重值為 $\omega_k = \text{util}_k / \sum_{i=1}^{M} \text{util}_i$，式中，$\text{util}_k$ 為加工區 k 上一週期的利用率；M 為生產線加工區總數。在系統績效滿足的情況下，加工區利用率可以近似看作是在週期內加工區對負荷的需求，可以反映加工區的重要程度。

② 計算各工序的目標等待時間 W_i

一種產品總體生產週期可以分為淨加工時間和緩衝區等待時間兩部分，其中淨加工時間由其加工工藝決定，是固定值，因此要控製一種產品的生產週期只有透過控製其等待時間來實現。

設 G_i 為產品 i 的目標生產週期，PT_i 為產品 i 的淨加工時間，透過 $W_i = G_i - PT_i$ 可以得到產品 i 的目標等待時間。在得到產品目標等待時間之後，再將其依據工藝流程分配給各工序。而約束權重越大的加工區，其重要性越大，為其工件分配的等待時間就越長。式(6-30) 為依據工件的約束權重得到目標等待時間 TW_{ij} (Target Waiting Time) 的方法。

$$TW_{ij} = W_i \times \omega_{e(ij)} / \sum_{j'=1}^{n_i} \omega_{e(ij')} \tag{6-30}$$

式中，$e(ij)$ 為加工產品 i 的第 j 道工序的設備，n_i 為產品 i 加工的總工序數。式 (6-30) 為依據某一工序所屬加工區的約束權重 ω，用在該產品加工流程中的所有工序的相關約束權重和的比率來分配等待時間 W_i。

③ 計算各工件目標在製品數量 WIP_{ij}

在得到了工序的目標等待時間後，又可以根據 $TC_{ij} = t_{ij} + TW_{ij}$ 反過來得到該工序的目標生產週期，t_{ij} 為產品 i 的第 j 道工序所需要的加工時間。

根據 Little 公式 $WIP_{ij} = TC_{ij} \times v_i$ 得到產品在各個工序的目標在製品數量。式中，v_i 為第 i 種產品的投料率。

④ 確定瓶頸區前工件的加工優先級 P

瓶頸調度的主要規則是避免在製品水準過高或者過低，本文用 P 來表示每種產品各個階段的目標在製品水準與實際在製品水準的相對差值：

$$P_{ij} = \frac{WIP'_{ij} - WIP_{ij}}{WIP_{ij}} \tag{6-31}$$

式中，WIP'_{ij} 為產品 i 的 j 道工序的工件的實際在製品水準。

P 值能夠反映出工件過多或者缺乏的程度，因此可以據此對瓶頸區緩衝區所有工件設定相應的加工優先權：P 值越高，表明相應工件的實際在製品數大於目標在製品數的程序越高，因此其相應的加工優先權越高。P 值越低，表明相應工件的實際在製品數大於目標在製品數越低，因此其加工優先權越低。這樣可以讓實際數量過多的工件優先加工，而讓實際數量過少的產品延後加工，讓生產線上的工件能夠有序地得到加工。

(3) 瓶頸調度算法流程

在實際的調度過程中，當某一工序的工件在製品數量低於目標在製品數到達一定程度，則表明該階段工件已經出現缺貨的狀況，為了平衡瓶頸區前工件的數量，需要加快上游加工區工件的加工，這裡採用最低允許值 (Lowest Limited Value，LLV) 監測工件數量是否過低，該值透過多次仿真分析得到。

當設備出現空閒狀態時，將按照如下的算法流程，從緩衝區中選擇適當的工件進行加工。

① 若該加工區為瓶頸區，則按 P_{ij} 計算工件的優先級。

② 若該加工區不是瓶頸區，則首先計算各工件的下游瓶頸區，若下游的瓶頸區存在 P_{ij} <LLV，即瓶頸區中存在某一工序階段的工件短缺，則將相應的上游工件優先級設為最高，否則將工件按照 FIFO 規則排序。

③ 若一個加工區前有多個工件的加工優先級一致，則按照 FIFO 規則排序，先到達的工件先加工。

瓶頸調度流程如圖 6-7 所示。

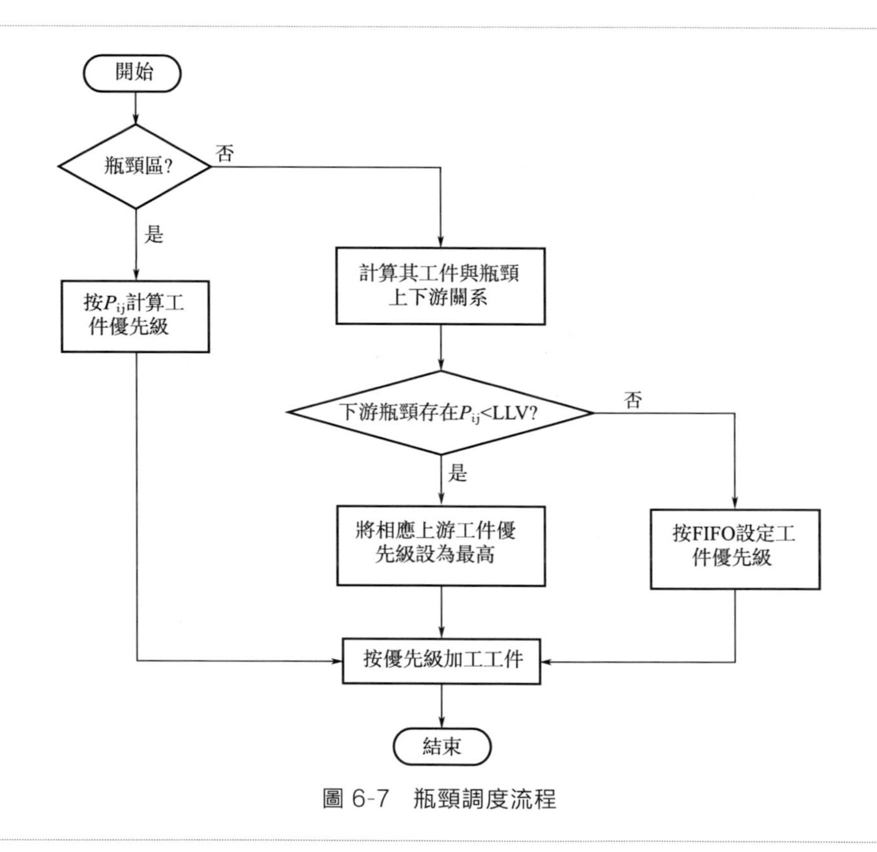

圖 6-7　瓶頸調度流程

6.4 實時調度的可重構集成

本節討論實時調度的體系結構模型表達，透過模型表達將實時調度方法集成到可重構體系中，以基於數據的瓶頸識別及實時調度方法的體系結構集成模型為例。

6.4.1 實時調度的業務系統視角模型

(1) 任務描述模型 (BSV-1)

業務場景名稱：基於數據的瓶頸識別及實時調度算法。

業務場景 ID：系統生成，唯一。

業務活動：基於生產系統歷史數據與實時數據，運用 C4.5 決策樹算法建立瓶頸識別的分類器模型，獲取生產線實時瓶頸，計算緩衝區內工件優先級，實現實時派工。

業務活動目標：對瓶頸區內工件進行派工。

業務對象：業務對象分為輸入參數和輸出參數。其中，輸入參數包括投料計畫產品種類及數量、緩衝區工件隊長、生產線在製品數、加工區上一個週期的利用率、等待時間、工件目標在製品數量；輸出參數包括瓶頸區及其緩衝區的工件優先級。

(2) 目標活動視圖 (BSV-2)

基於數據的瓶頸識別及實時調度算法的目標活動視圖如圖 6-8 所示。

業務活動：基於數據的瓶頸識別及實時調度算法

↓

活動行為單元序列：

①查詢周期內產品投料計畫，得到投料產品種類與數量

②查詢緩衝區工件隊長、生產線在製品數，計算加工區上一個周期的利用率

③按生產線屬性進行採集

④採用C4.5算法對樣本集進行訓練，調用Weka平臺建立決策樹，建立起能識別瓶頸的分類器模型

⑤對於已建立的分類器，輸入生產線實時採集數據，獲取該實時狀態下生產線的瓶頸

⑥統計各加工區的利用率，計算加工區權重

⑦依據加工區權重計算各工件的目標等待時間

⑧根據Little公式計算每一種工件的目標在製品數量

⑨計算工件實時在製品和目標在製品的數量差

⑩計算瓶頸區前每種工件的加工優先級

圖 6-8 基於數據的瓶頸識別及實時調度算法的目標活動視圖（BSV-2）

(3) 業務節點模型 (BSV-3)

業務節點模型，用於動態關聯管理業務系統成員。實時調度算法的業務節點模型如圖 6-9 所示。

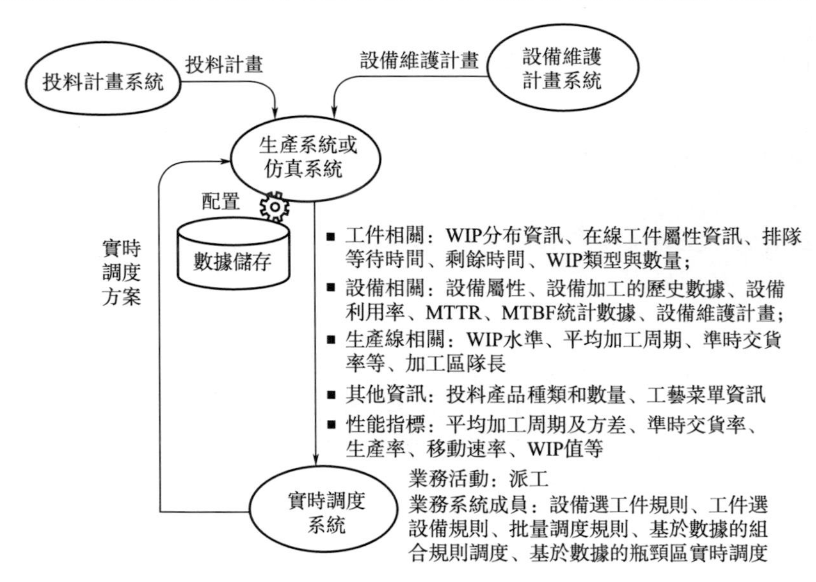

圖 6-9　實時調度算法的業務節點模型（BSV-3）

（4）系統維護模型（BSV-4）

該視圖用於說明業務系統、業務系統成員、角色之間的關係。實時調度業務系統與其業務系統成員之間的關係如圖 6-10 所示。

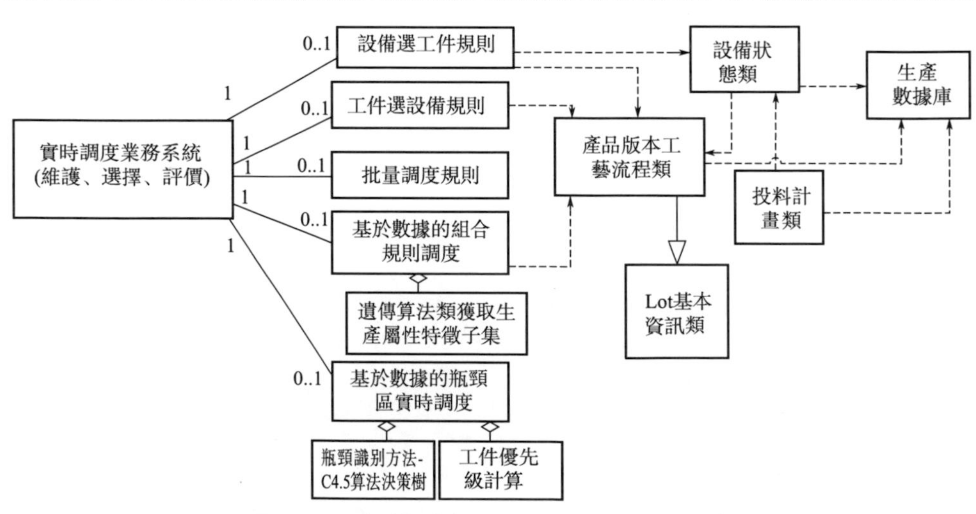

圖 6-10　實時調度的系統維護模型（BSV-4）

注：圖中 0..1 指 0 或 1。

6.4.2 實時調度的業務過程視角模型

本節介紹以基於數據的瓶頸區實時調度為例，建立業務過程視角下實時調度的集成體系結構模型：業務活動模型、活動行為單元時序圖、業務過程模型、業務邏輯數據模型。

(1) 業務活動模型（BPV-1）

基於數據的瓶頸區實時調度，其業務活動模型描述了活動行為單元之間的資訊流，如圖 6-11 所示。

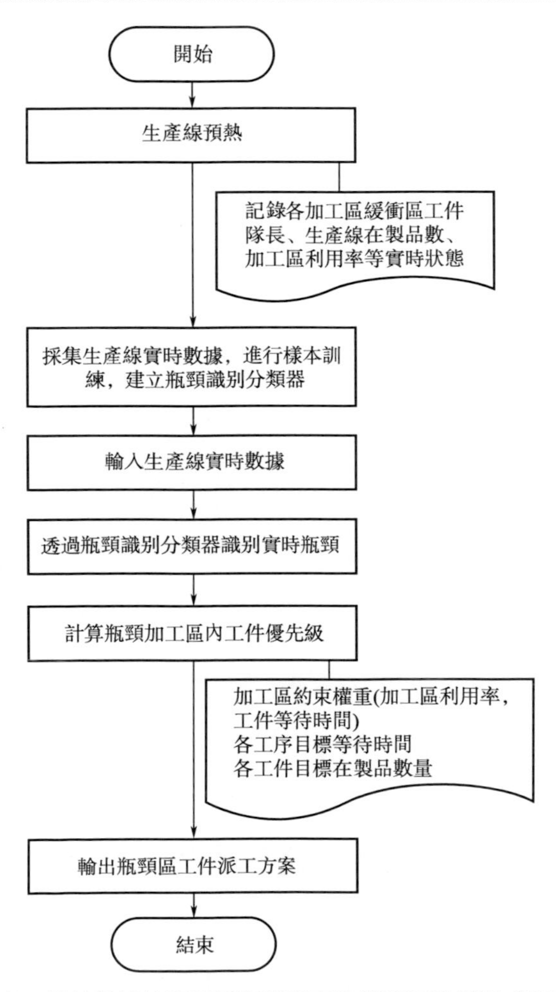

圖 6-11　基於數據的瓶頸區實時調度的業務活動模型（BPV-1）

(2) 活動行為單元時序圖(BPV-2)

基於數據的瓶頸區實時調度的活動行為單元時序圖描述了活動行為單元之間的時序關係,如圖 6-12 所示。

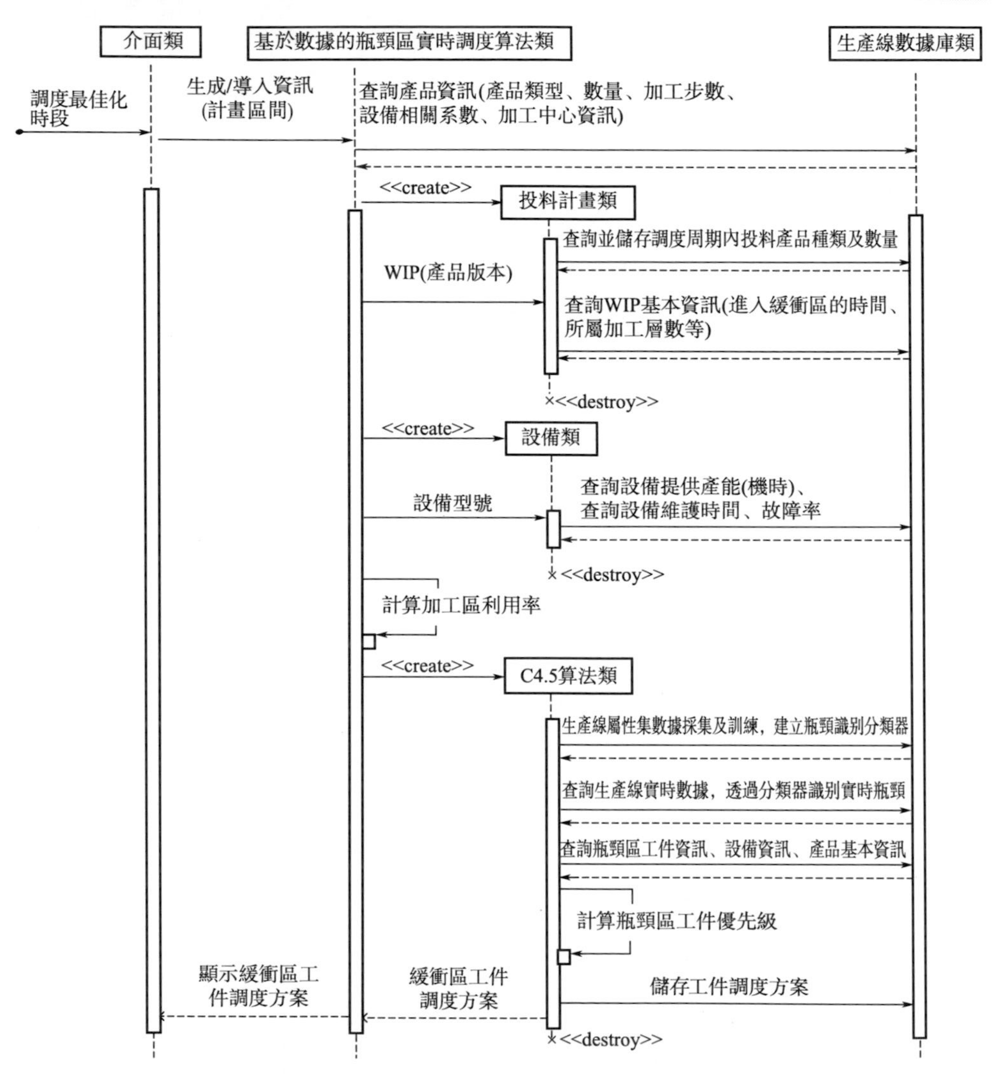

圖 6-12 基於數據的瓶頸區實時調度的活動行為單元時序圖(BPV-2)

(3) 業務過程模型(BPV-3)

基於數據的瓶頸區實時調度的業務過程模型,描述其實時調度活動的執行流程。對於該算法,其流程圖包括用 C4.5 算法建立瓶頸識別分類器、利用瓶頸識別分類器識別生產線實時瓶頸並計算工件優先級，其中瓶頸調度算法流程見圖 6-13。

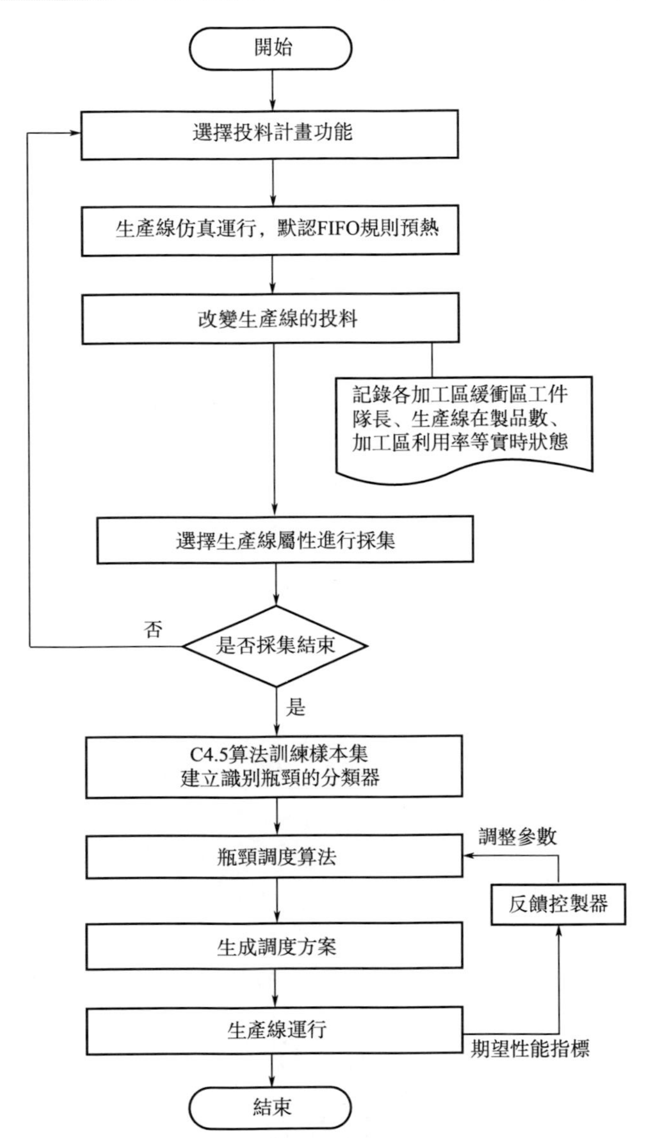

圖 6-13　基於數據的瓶頸區實時調度的業務過程模型（BPV-3）

(4) 業務邏輯數據模型（BPV-4）

基於數據的瓶頸區實時調度的業務邏輯數據模型如圖 6-14 所示。

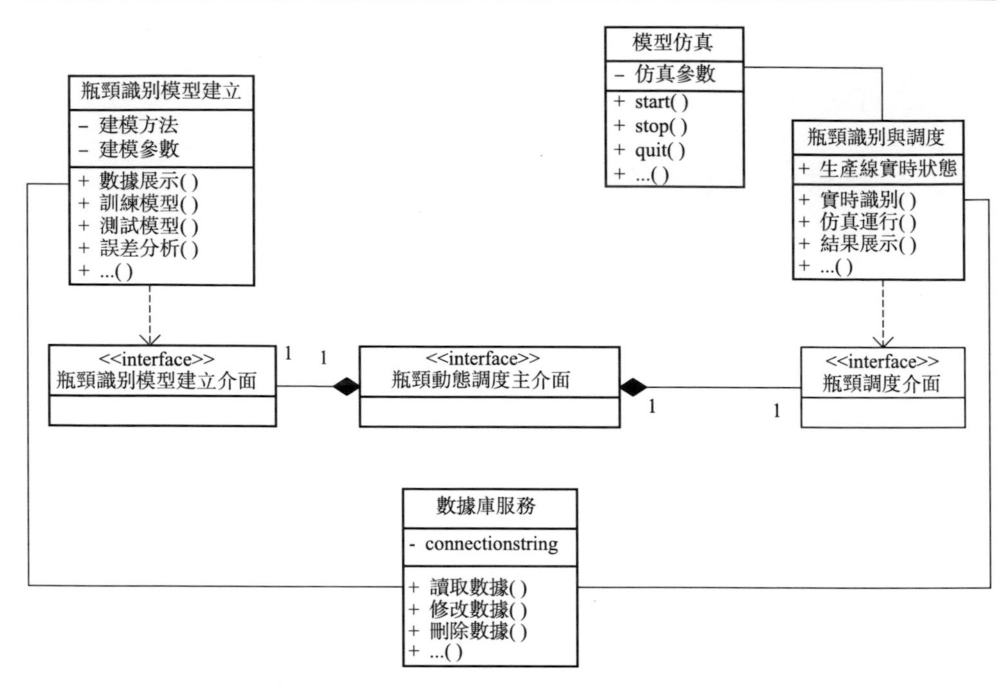

圖 6-14　基於數據的瓶頸區實時調度的業務邏輯數據模型（BPV-4）

6.5 案例：基於數據的瓶頸設備實時調度

案例數據來源於上海某半導體企業的實際生產線 BL6 模型，該模型包含 12 個加工區，277 臺設備。BL6 模型可以加工多種產品，透過改變產品的投料情況來改變仿真條件。由於不同產品的工藝流程不同，當產品組合比例不同時，系統的瓶頸可能會發生變化，因此每次調度的對象可能會不同。本案例考慮對 5 種產品的 5 種不同的組合進行仿真分析，採取固定時間間隔投料，產品交貨期分別為第 170、172、175、178、180 天，5 種產品組合如下。

組合一：1∶1∶1∶1∶1，5 種產品 2 天投 5 卡。

組合二：1∶2∶1∶3∶1，5 種產品 2 天投 8 卡。

組合三：2∶1∶2∶2∶1，5 種產品 2 天投 8 卡。

組合四：1∶1∶2∶1∶3，5 種產品 2 天投 8 卡。

組合五：1∶4∶1∶1∶1，5 種產品 2 天投 8 卡。

案例運行在 Plant Simulation 仿真平臺上，Plant Simulation 軟體是一款離散

事件動態系統仿真軟體，常常被用於生產線、物流等過程的仿真，具有圖形化、可編程、靈活性等優點。該軟體可以採用 SimTalk 語言設計各功能，并且開放性好，能夠用其他程式打開和調用。

本案例運行的仿真週期設為 180 天，預熱 60 天，預熱期間採用 FIFO 規則調度。透過仿真，比較 6.3 節討論的基於數據的瓶頸設備實時調度算法與常規 FIFO、SPT 等算法的調度，考察的性能指標包括準時交貨率、平均加工週期、生產率等。

首先，透過仿真對算法中的最低允許值 LLV 參數進行合理設置，該參數用於判斷某一工序的實際在製品數量是否過低。為此，將 LLV 的取值範圍設為 [−1, 0]，選取其中 5 個點，透過多次仿真，比較不同參數值時的生產率（卡/天），選取生產率最大時的 LLV 值。從仿真獲得的比較結果（表 6-2）可以看出，組合一條件下，生產率最大值 2.367 對應的 LLV 值為−0.25，組合二至組合五條件下，生產率最大時，分別對應的 LLV 值為−0.5、−0.5、−0.25、−0.5。

表 6-2 不同 LLV 值時的仿真結果

生產率 \ 產品	LLV				
	0	−0.25	−0.5	−0.75	−1
組合一	2.356	2.367	2.361	2.350	2.350
組合二	2.428	2.456	2.483	2.394	2.378
組合三	2.078	2.111	2.144	2.039	2.017
組合四	1.611	1.694	1.644	1.550	1.533
組合五	2.094	2.139	2.156	2.050	2.033

繼而，基於仿真選取的 LLV 參數值，運用基於數據的瓶頸設備實時調度算法（Data-Based Bottleneck Scheduling，DBBS，參見 6.3.2 節）進行實時調度，並同運用幾種常規調度方法的結果加以對比分析，得到如表 6-3 所示的各項性能指標的數據結果。

表 6-3 DBBS 與 FIFO、SPT 性能指標比較結果

投料組合	調度方法	準時交貨率/%	生產率/(卡/天)	平均加工週期/天	平均移動步數/(步/天)
組合一	DBBS	93.19	2.36	9.37	570.84
	FIFO	91.65	2.29	12.35	558.61
	SPT	92.75	2.32	11.17	561.22

續表

投料組合	調度方法	準時交貨率/%	生產率/(卡/天)	平均加工週期/天	平均移動步數/(步/天)
組合二	DBBS	60.03	2.48	34.17	559.86
	FIFO	55.77	1.91	47.67	541.31
	SPT	48.21	2.21	40.86	563.90
組合三	DBBS	51.37	2.14	53.95	532.86
	FIFO	48.63	1.61	54.98	519.49
	SPT	40.8	1.92	47.38	544.81
組合四	DBBS	31.24	1.69	64.52	446.82
	FIFO	26.84	1.12	66.63	465.00
	SPT	18.68	1.41	57.90	491.54
組合五	DBBS	55.08	2.16	29.03	601.26
	FIFO	42.58	1.33	62.34	537.38
	SPT	34.07	1.68	54.27	570.26

根據表 6-3 中的結果，圖 6-15～圖 6-18 進一步按照各性能指標加以直覺對比。從中可見，在投料方式不斷改變的情況下，DBBS 算法相比其他兩種算法，在準時交貨率和生產率方面有明顯的提升，在平均加工週期方面也有一定的表現。

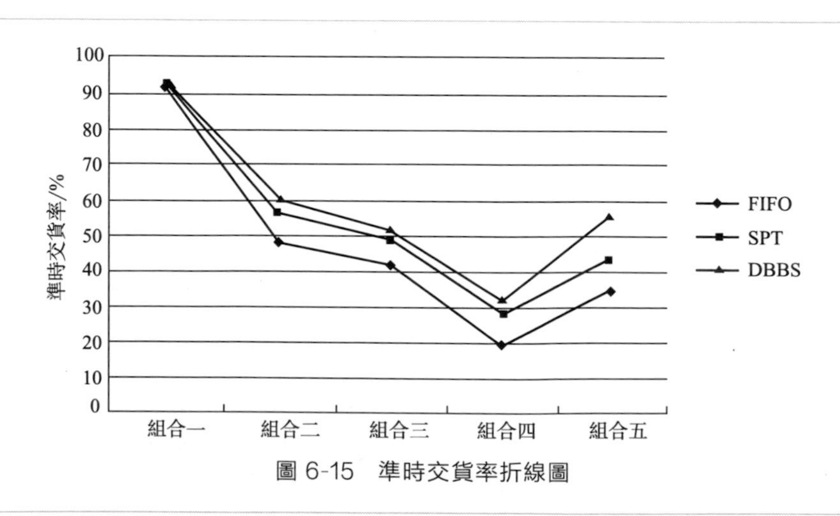

圖 6-15 準時交貨率折線圖

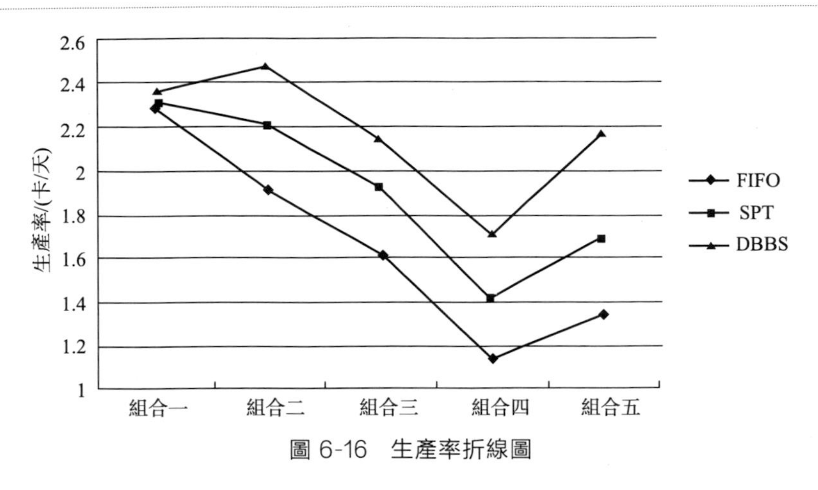

圖 6-16 生產率折線圖

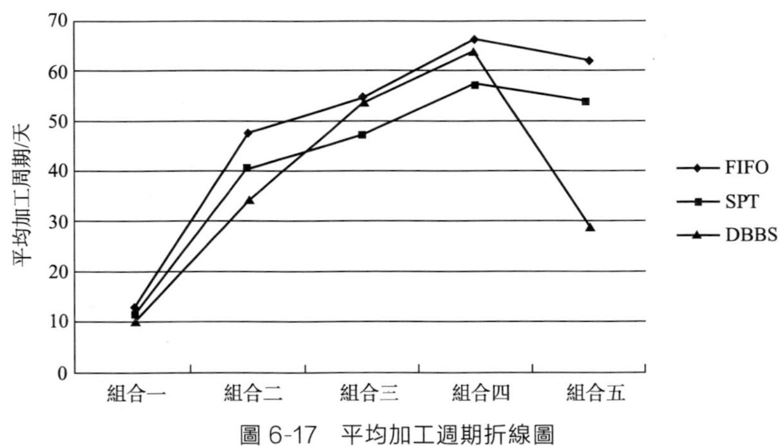

圖 6-17 平均加工週期折線圖

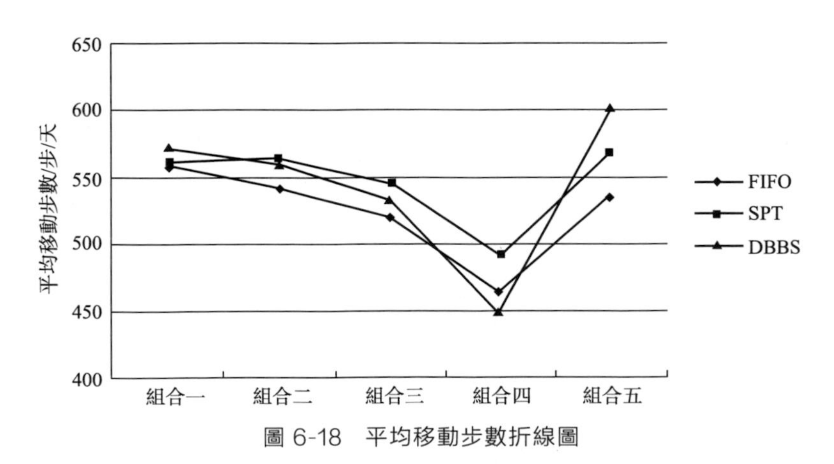

圖 6-18 平均移動步數折線圖

參考文獻

[1] Ouelhadj, D. , & Petrovic, S. A survey of dynamic scheduling in manufacturing systems [J]. Jour nal of Scheduling, 2009 12 (4), 417.

[2] S. S. Panwalkar, W. Iskander. A survey of scheduling rules. Operations Research, 1977, 25 (1): 45-61.

[3] Shen Y X, Leachman R C. Stochastic wafer fabrication scheduling. IEEE Transactions on Semi conductor Manufacturing, 2003, 16 (1): 2-14.

[4] 李莉，喬非，姜樺，吳啓迪．基於費洛蒙的半導體生產線動態智慧調度方法研究．第五屆全球智慧控製與自動化大會會議，2004，(4)：2990-2994.

[5] Chiu C C, Chang P C, Chiu N H. A Case-based expert support system for due-date assignment in a wafer fabrication factory [J]. Journal of Intelligent Manufacturing, 2003, 14: 287-296.

[6] 王遵彤，喬非，吳啓迪．基於 CBR 的半導體生產線組合調度策略的研究[J]. 電腦工程，2005，31 (7)：183-188.

[7] Dabbas R. A new scheduling approach using combined dispatching criteria in semiconductor manufacturing systems. PHD Thesis, Arizona State University, Tempe, AZ, 1999.

[8] Tay J C, Ho N B. Evolving dispatching rules using genetic programming for solving multi-objec tive flexible job-shop problems[J]. Computers & Industrial Engineering, 2008, 54 (3): 453-473.

[9] Chen B, Matis T I. A flexible dispatching rule for minimizing tardiness in job shop scheduling [J]. International Journal of Production Economics, 2013, 141 (1): 360-365.

[10] Vázquez-Rodríguez J A, Petrovic S. A new dispatching rule based genetic algorithm for the multi-objective job shop problem[J]. Journal of Heuristics, 2010, 16 (6): 771-793.

[11] Blackstone J, Phillips D, Hogg G. A state-of-the-art survey of dispatching rules for manufactur ing job shop operations[J]. International Journal of Production Research, 1982, 20 (1): 27-45.

[12] 吳啓迪，喬非，李莉，等．基於數據的複雜製造過程調度[J]．自動化學報，2009，35 (6)：807-813.

[13] Choi H S, Kim J S, Lee D H. Real-time scheduling for reentrant hybrid flow shops: a decision tree based mechanism and its application to a TFT-LCD line [J]. Expert Systems with Applications, 2011, 38: 3514-3521.

[14] Kwak C, Yih Y. Data-Mining Approach to Production Control in the Computer-Integrated Test ing Cell [J]. IEEE Transactions on Robotics and Automation, 2004, 20 (1): 107-116.

[15] Kumar. P R. Re-Entrant Lines. Special Issue on Queuing Networks, 1993, 13 (1): 87-11.

[16] Perkins J R, Kumar P R. Stable distributed real-time scheduling of flexible manufacturing, as sembly, disassembly systems. IEEE Transactions on Automatic Control, 1989, 34(2): 139-148.

[17] Kumar P R. Scheduling manufacturing systems of re-entrant lines. Stochastic Modeling and Analysis of Manufacturing Systems, Springer-Verlag, New York, 1994: 325-360.

[18] Lu S H, Kumar P R. Distributed scheduling based on due dates and buffer priorities. IEEE Trans Actions on Automatic Control, 1991, 36(12): 1406-1416.

[19] Chakraborty B. Genetic Algorithm With Fuzzy Fitness Function for Fea-ture Selection [A]. Proceeding of the 2002 IEEE International Symp on Industrial Electronics, Vol. 1 [C], 2002, 315-319.

[20] S. Chiang, C. Kuo and S. M. Markova. Bottlenecks in markovian production lines: a sys tems approach [J]. IEEE Transactions on Robotics and Automation, 1998, 14(2): 352-359.

[21] Fei Qiao, Yumin Ma, Xiang Gu, Attribute selection algorithm of data-based scheduling strategy for semiconductor manufacturing, 2013 IEEE International Conference on Automation Science and Engineering (CASE 2013), Aug. 18-21: 410-415.

[22] Savell D V, Perez R A, Song W K. Scheduling semiconductor wafer production: an expert system implementation[J]. IEEE Expert Intelligent Systems & Their Applications, 1989, 4(3): 9-15.

[23] 彭亞珍. 基於DBR的多重入製造系統調度方法研究[D]. 北京: 北京化工大學, 2012.

[24] Chen Z B, Pan X W, Li L, et al. A new release control policy (WRELM) for semiconductor. wafer fabrication facilities[C]. Networking, Sensing and Control (ICNSC), 2014 IEEE on 11th International Conference, 2014: 64-68.

[25] Cristianini N, Shawe-Taylor J. An introduction to support vector machines: and other kernel-based learning methods [M]. Cambridge University Press, 1999.

[26] Friedman N, Linial M, Nachman I, et al. Using bayesian network to analyze expression. data[J]. Journal of Computational Biology, 2000, 7(3-4): 601-20.

[27] Quinlan J R. Induction of decision trees, machine Learning[J]. Goals and General Description of the IN L. EN System, 1986: 257-264.

[28] 王威. 基於決策樹的數據挖掘算法最佳化研究[J]. 現代電腦月刊, 2012(19): 11-14.

[29] 戴南. 基於決策樹的分類方法研究[D]. 南京: 南京師範大學, 2003.

第7章

複雜製造系統的重調度

製造環境的不確定性不僅為調度最佳化本身帶來困難，更對最佳化後生成的調度方案的實際可執行性帶來挑戰。對於複雜製造系統，產品、工藝、設備等的綜合複雜性及高度變化的市場環境等，使得其在生產過程中存在著許多不可預測的擾動因素，透過靜態調度方法得到的最佳化解，常常因為一些生產擾動而不再適用。如果直接將這些調度方案丟棄，需要重新耗費大量的電腦資源和計算時間來進行新一輪的調度，這也意味著之前為生產任務安排所做的物料安排、人員安排等資源配置都全部作廢。對於有些局部或小幅擾動來說，這種處理方式將對平穩生產帶來過大衝擊，而且也相當耗時耗力。如何在已有靜態調度方案的基礎上，根據生產系統的現場狀態，透過及時進行靜態調度方案的調整，給出適合新環境的調度方案，即為複雜製造系統的重調度問題（Rescheduling）。重調度作為一種反應式的動態調度，是保證處於不確定環境下的生產調度活動平穩高效運作的重要途徑。

本章從重調度概念出發，在對重調度策略、重調度方法和重調度評價三方面的研究現狀和發展趨勢加以總結分析的基礎上，著重研究幾種新型重調度策略與方法，進而討論重調度在可重構體系中的集成。

7.1 重調度概述

所謂重調度，是指當既定生產調度方案在其執行過程中被干擾時，在既定調度方案的基礎上生成新的調度方案，以適應變化了的新的生產狀態的過程[1]。重調度兼顧了最佳化調度的最優性和動態調度的實時性，在最佳化計算量及調度品質間尋找合適的折中點，是保證處於不確定環境及誤差干擾下的生產活動能夠平穩高效運作的主要途徑。

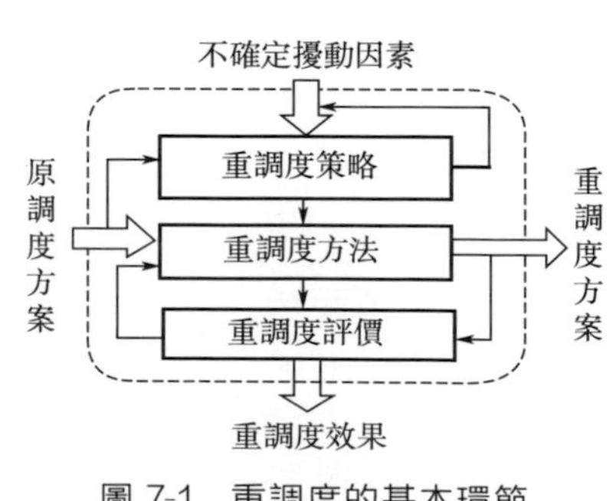

圖 7-1 重調度的基本環節

製造過程重調度的基本環節一般有：重調度策略、重調度方法和重調度評價，如圖 7-1 所示。

重調度策略依據不確定性生產擾動因素決定何時啓動重調度；重調度方法在既定調度方案的基礎上，根據實時生產狀態產生適應新生產狀態的重調度方案；重調度評價對產生的重調度方案進行綜合評價，分析其性能效果及對調度過程的影響。

7.1.1 重調度策略的研究現狀與發展

重調度策略是根據各種重調度因素，決定何時引發重調度，採用何種重調度方法。常見的有三種重調度策略：週期性重調度策略、事件驅動重調度策略和混合重調度策略。

週期性重調度策略以恆定的時間間隔有規律地啓動重調度，不考慮事件觸發。週期性重調度是最普遍的重調度策略，通常是基於管理區間（如一周、一天或一個班次）進行的。Church 和 Uzsoy[2] 給出了這種重調度策略詳細的解釋。Chen 和 Ji[3] 採用固定步長的週期性重調度策略，運用遺傳算法研究了一種新型的動態計畫和調度方法，能夠提高調度的穩定性和有效性。Kempf[4] 提出了一種基於人工智慧的預先調度方法，該方法以班次為週期執行，給出最佳化的調度方案。Sabuncuoglu 和 Karabuk[5] 在柔性製造系統中考慮重調度頻率對系統效能的影響。不同的重調度週期對生產線的影響很大，如何確定最佳重調度週期是一項困難而重要的工作[6]。

事件驅動重調度策略由擾動事件觸發重調度，能夠即時響應動態製造系統中的擾動事件，修改原調度方案或生成新的調度方案。有可能觸發重調度的擾動事件有很多，如設備故障、緊急訂單、產品需求量或交貨期的改變等。Vieira 等描述了在動態系統中利用分析模型比較基於隊列長度的事件驅動重調度策略的性能。Bierwirth 和 Mattfeld[7] 研究的重調度策略，以新工件到達事件為驅動創建一個新的調度。然而，完全的事件響應可能會導致過度的計算開銷，降低生產的平穩性。

混合重調度策略將上述兩種重調度策略相結合，在週期性觸發重調度的基礎上，根據擾動事件對原調度方案的影響程度有選擇地觸發重調度，希望能夠在有效追踪系統變化的同時控製重調度啓動的次數，以盡可能保證系統的平穩運行。Chacon[8] 描述了在 Sony 半導體生產線中使用的系統，採用週期性重調度策略，并且當非預期事件發生時手工進行重調度。Suwa[9] 採用固定週期重調度策略，同時計算累積任務延遲，當累計任務延遲達到預先設定的臨界值時開始重調度。混合型重調度既可以避免週期性重調度對非預期事件不敏感的問題，又可以避免事件驅動型重調度易造成過度頻繁的重調度導致計算量過大的缺點。

7.1.2 重調度方法的研究現狀與發展

複雜製造系統中常用的重調度方法分為兩類：①生成式重調度，當生產線受到擾動，若原調度方案失效，根據當前生產線實際狀況採用與生成原調度方案相同的方法重新生成全新的調度方案；②修正式重調度，當生產線受到擾動，若原調度方案失效，則根據生產線實際狀況對原調度方案進行調整以得到一個可行的調度方案。

生成式重調度根據是否考慮生產線不確定因素可以分為：常規性調度和魯棒性調度。常規性調度通常忽略隨機擾動因素，旨在給出最佳化的靜態調度方案，但是對隨機擾動處理能力不夠。常規性調度可以借鑒已有的調度方法，如離散事件系統仿真、運籌學、計算智慧等。魯棒性調度在常規性調度的基礎上研究生產線的各種隨機因素，在調度的時候提前考慮各種干擾的影響，所以給出的調度方案更適用於實際的生產。不少學者對不確性模型的魯棒性調度展開了研究，Metha 和 Uzsoy[10] 提出的預期調度方案透過插入一些空閒的時間片來減少隨機擾動的影響。Daniels 和 Kouvelis 等人[11] 考慮生產線處於最壞情況下給出最佳化調度方案，這樣可以更有效地減少隨機事件的干擾，但是在擾動較少的情況下可能會降低生產率。

當原有的調度方案由於各種隨機因素不適用的時候，需要進行修正，即進行修正式重調度。修正式重調度主要分為兩類：局部修正式重調度、全局修正式重調度。局部修正式重調度僅僅修正那些受擾動直接影響和間接影響的派工方案。Miyashita 和 Sycara[12] 在基於約束的基礎上根據不同的情況選擇局部修正的方法，具體包括調整開始加工時間、交換操作和切換到其他可選資源。全局修正式重調度由重調度點開始更新整個調度方案。Abumaizar 等[13] 提出的右移重調度（Right Shift Rescheduling）就是最簡單的全局修正式重調度方法，該方法將重調度點之後的加工任務統一延後一定的時間（即在調度甘特圖中將相應的加工任務向右移動），使得調度方案變得可行；Bierwirth 和 Mattfeld[7] 在原調度方案的基礎上使用遺傳算法生成新調度，該方法可以有效地減少重新生成調度方案的計算開銷。James[14] 等人提出了一種基於原調度方案的匹配調度方法，考慮了多種資源約束、工件的投料和生產線擾動。

7.1.3 重調度評價的研究現狀與發展

由於重調度引發的根本原因在於生產執行過程中出現了未能預料到的擾動，因此必然會對原有已最佳化的生產運行造成衝擊，勢必帶來性能、時間等的負面影響。同時也會帶來額外的調度最佳化方面的付出。為衡量重調度決策的優劣，往往需要從有效性、穩定性、靈敏度等方面進行綜合評價。

有效性評價主要考察重調度的效果，通常使用一些基於時間的指標，如加工週期[15]、平均延遲[16]、平均資源利用率[17,18]、最大延遲等。穩定性評價主要考察新舊調度方案開始時間的偏差和新舊調度方案各個操作順序的差異。靈敏度評價用以衡量重調度區分生產擾動並做出合理反應的能力。重調度評價的基本出發點是：一方面要保證系統的性能盡可能最佳化；另一方面則要求重調度方案與原調度方案間的變化盡量小，以免對生產線的物流造成大的衝擊。

近年來的相關研究有：Mason 等[19] 針對半導體製造環境下的設備意外故障、訂單取消、緊急訂單與物料缺失問題，對已有的右移重調度方法、固定排序重調度方法與完全重調度方法進行了性能比較分析；Hvalica 等[20] 使用與或圖分析了如何使用靈敏度指標來衡量作業工廠環境下重調度方案與原調度方案之間的接近程度；Dupon 等[21] 則從重調度引起的工件排序順序的變化對提前期產生的影響進行了實驗研究，其仿真結果表明，重調度造成的工件排序變化對工件的平均加工週期影響較小，但對工件的平均加工週期方差影響較大，從而可能影響客户服務品質；Pfeiffer 等[22] 基於仿真方法對不同重調度方法從穩定性和有效性方面加以測試、評價和對比；Vieira 等[23] 分析了預測週期型重調度和基於隊長的事件驅動型重調度對單機系統動態性能的影響；Qi 等[24] 透過仿真實驗分析重調度效果，指出在單機或並行機環境下，使用最短加工時間獲得的調度方案具有較好的魯棒性。

7.2 基於模糊 Petri 網推理的重調度策略

作為製造過程重調度的三個基本環節（圖 7-1）之一，重調度策略著重解決重調度的判定和重調度方法選擇的問題。透過追踪生產現場的變化，及時捕獲可能引發重調度的擾動因素，繼而對收集到的擾動因素進行分析、綜合，判斷最佳進行重調度的重調度點，並根據實際的生產情況和調度目標，考慮擾動對原調度方案的破壞程度，選擇使用對當前條件最為適合的重調度方法。

重調度策略需要解決的問題具有一定的隨機而模糊的特點，舉例如下。

• 在重調度引發判定中，如何將多種、程度也可能不同的生產擾動事件加以綜合，形成引發判定決策。

• 在重調度方法選擇中，如何根據具體生產情況，考慮不同重調度方法的各自特點，在每一重調度點進行合理選擇。

本節把這兩類問題組合起來進行研究，設計一種描述這一組合問題的模糊 Petri 網模型，運用模糊 Petri 網表達非結構化資訊和組合推理的能力，來解決此重調度決策問題。

7.2.1 面向重調度決策的模糊 Petri 網模型[25,26]

(1) Petri 網模型

Petri 網是對離散並行系統的模型表達，既有嚴格的數學表達方式，也有直覺的圖形表達方式，同時也是豐富的系統描述手段和系統行為分析技術。自 1960 年代產生以來，已在多個領域得到廣泛應用。

經典 Petri 網模型是簡單的過程模型，由庫所、變遷、有向弧和托肯（Token）等元素組成，如圖 7-2 所示。

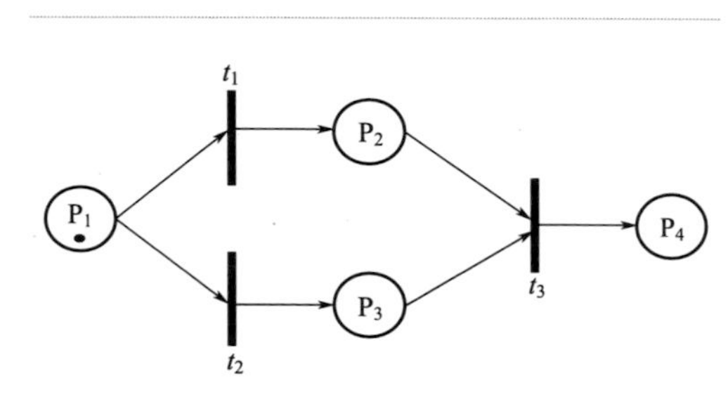

圖 7-2　經典 Petri 網模型示例

Petri 網的形式化定義為：

$$PN=\{\boldsymbol{P},\boldsymbol{T},\boldsymbol{I},\boldsymbol{O},\boldsymbol{S}_0\} \quad (7\text{-}1)$$

式中，庫所 $\boldsymbol{P}=\{p_1,p_2\cdots,p_n\}$ 為有限庫所集，用圓圈表示，n 為庫所個數；

變遷 $\boldsymbol{T}=\{t_1,t_2\cdots,t_m\}$ 為有限變遷集，用短線或矩形表示，m 為變遷個數；

輸入函數 $\boldsymbol{I}:\boldsymbol{P}\times\boldsymbol{T}\rightarrow N$ 為輸入函數，定義了從 $\boldsymbol{P}$ 到 $\boldsymbol{T}$ 的有向弧的集合；

輸出函數 $\boldsymbol{O}:\boldsymbol{T}\times\boldsymbol{P}\rightarrow N$ 為輸出函數，定義了從 $\boldsymbol{T}$ 到 $\boldsymbol{P}$ 的有向弧的集合；

初始標識 $\boldsymbol{S}_0$ 為 PN 的初始標識，表示初始狀態時托肯在各庫所中的分布情況。

由於基本的 Petri 網存在著模擬能力和可解性等方面的局限，隨著 Petri 網理論的發展和應用的推廣，不斷有新的 Petri 網擴展形式產生，包括：有色 Petri 網、賦時 Petri 網、分層 Petri 網、時序 Petri 網、模糊 Petri 網等。

模糊 Petri 網是在經典 Petri 網的基礎上，透過引入人工智慧和專家系統領域的知識推理機製加以擴展。基於規則的推理方法可簡單表示為：

$$\text{if } U_1 \text{ and } U_2 \text{ and}\cdots\text{and } U_n \text{ then } D_1,D_2\cdots,D_m \quad (7\text{-}2)$$

式中，$U_1,U_2\cdots,U_n$ 為條件；$D_1,D_2\cdots,D_m$ 為結論。

這條規則的含義為：如果 $U_1,U_2\cdots,U_n$ 為真，則可以推出結論 $D_1,D_2\cdots,D_m$ 為真。

在實際問題中，往往還要考慮以下幾個問題。

a. 前提條件中，各條件的權重因素，它表示了對結論的貢獻程度。

b. 規則實現的閾值，這是使推理得以進行的最低可信度。

c. 結論的可信度，它代表了條件滿足時結論的可信程度。

所以，更一般的規則推理可以表示為：

$$\text{if } U_1(\alpha_1) \text{ and } U_2(\alpha_2) \text{ and}\cdots\text{and } U_n(\alpha_n) \xrightarrow{\tau} D_1(\beta_1), D_2(\beta_2), \cdots, D_m(\beta_m)$$

採用模糊邏輯表達式可表示為：

$$(U_1 \times \alpha_1) \wedge (U_2 \times \alpha_2) \wedge \cdots \wedge (U_n \times \alpha_n) \xrightarrow{\tau} D_1(\beta_1), D_2(\beta_2), \cdots, D_m(\beta_m) \quad (7\text{-}3)$$

將這種模糊概念透過觸發閾值和庫所置信度引入一般的 Petri 網，可以建立起具有推理運算能力的模糊 Petri 網。式(7-3) 所表達的推理邏輯則可轉化為圖 7-3 所示的模糊 Petri 網模型。

(2) 面向重調度決策的模糊 Petri 網模型

針對本節所討論的重調度策略問題的內容與需求，下面給出一種面向重調度決策的模糊 Petri 網（Fuzzy Petri Net for Rescheduling，FPNR）模型的形式化描述：

$$\text{FPNR} = \{\boldsymbol{P}, \boldsymbol{T}, \boldsymbol{I}, \boldsymbol{O}, \boldsymbol{\tau}, \boldsymbol{\gamma}, \boldsymbol{S}_0\} \quad (7\text{-}4)$$

式中，$\boldsymbol{P}=\boldsymbol{P}_U \cup \boldsymbol{P}_D$ 為模型的模糊庫所集合，是由一組模糊推理條件集$\boldsymbol{P}_U=\{p_1, p_2, \cdots, p_{m_1}\}$和一組模糊推理結論集 $\boldsymbol{P}_D=\{d_1, d_2, \cdots, d_{m_2}\}$的並集構成，庫所節點數 $m=m_1+m_2$；

$\boldsymbol{T}=\{t_1, t_2, \cdots, t_n\}$為模型的變遷集，對應於一組推理規則；

$\boldsymbol{I}=\{I_{ij} \mid p_i \in P, t_j \in T\}$為定義在 $\boldsymbol{P}\times\boldsymbol{T}$ 上的帶標識的模糊輸入關係，可用一個 $m \times n$ 維矩陣表示，表示庫所到變遷的連接情況和每個連接權係數：$I_{ij} \in [0,1]$；

$\boldsymbol{O}=\{O_{ij} \mid p_i \in P, t_j \in T\}$為定義在 $\boldsymbol{P}\times\boldsymbol{T}$ 上的帶標識的模糊輸出關係，也可用一個 $m\times n$ 維矩陣表示，表示變遷到庫所的連接情況和每個連接權係數：$O_{ji} \in [0,1]$；

$\boldsymbol{\tau}:\boldsymbol{T}\rightarrow(0,1]$ 為定義在集合 $\boldsymbol{T}$ 上的一個映射函數，表示變遷節點的引發閾值；

$\boldsymbol{\gamma}:\boldsymbol{P}\rightarrow(0,1]$ 為定義在集合 $\boldsymbol{P}$ 上的一個映射函數，表示庫所節點的觸發閾值；

$\boldsymbol{S}_0:\boldsymbol{P}\rightarrow[0,1]$ 為定義在集合 $\boldsymbol{P}$ 上的一個映射函數，表示庫所節點的初始標記，即條件命題的可信度，結論命題的初始可信度為 0。

圖 7-4 給出了一個模糊 Petri 網推理的示例模型。

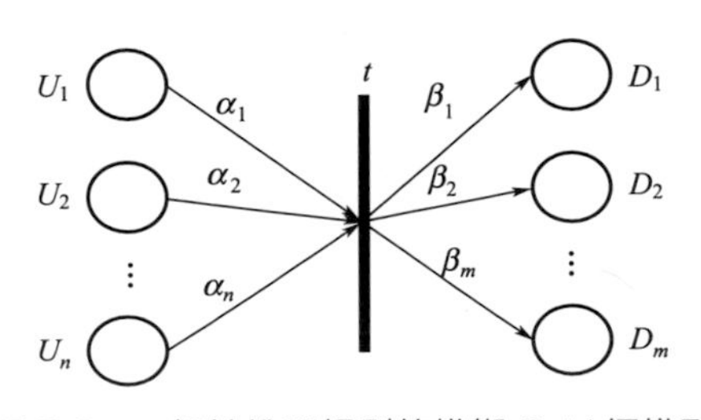

圖 7-3 一般性推理規則的模糊 Petri 網模型

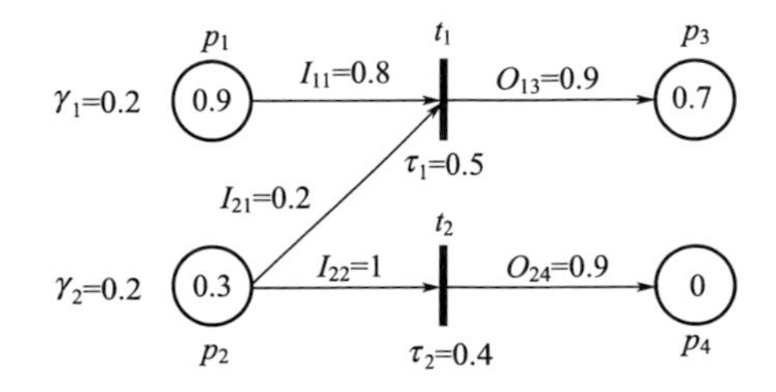

圖 7-4 模糊 Petri 網模型示例

由於$\{S_0(p_1)=0.9\}>\{\gamma_1=0.2\}$，

且$\{S_0(p_1)=0.3\}>\{\gamma_2=0.2\}$、$\{S_0(p_1)\times I_{11}+S_0(p_2)\times I_{21}=0.78\}>\{\tau_1=0.5\}$，

因此 t_1 可以引發，產生 $S(p_3)=0.78\times O_{13}=0.78\times 0.9=0.7$。

然而，由於$\{S_0(p_2)\times I_{22}=0.3\}<\{\tau_2=0.4\}$，所以 t_2 不能引發，故 $S(p_4)$ 仍為 0。

由此例子可以看出 FPNR 對經典 FPN 進行的兩方面擴充及擴充帶來的優點：一是將輸入輸出函數的取值範圍進行了擴充，增強了對推理過程不確定性的描述和處理能力；二是對庫所引入了閾值，使得庫所引發的判定中除了要滿足變遷輸入條件，還需滿足自身的閾值，從而使得模型可以忽略一些微小的干擾因素。對於不確定因素多而複雜的半導體生產線來說，能夠透過合理設置庫所的觸發閾值及變遷的引發閾值，提高重調度系統的穩定性。

(3) 面向重調度決策的模糊 Petri 網建模

針對前面定義的模糊 Petri 網模型 FPNR$=\{\boldsymbol{P},\boldsymbol{T},\boldsymbol{I},\boldsymbol{O},\boldsymbol{\tau},\boldsymbol{\gamma},\boldsymbol{S}_0\}$，面向重調度決策的建模過程就是，透過分析生產系統的擾動因素、重調度策略的推理關係與結論等，將模型定義中的七元組賦予實際的意義，具體分為以下三個階段。

① 第一階段：定義模糊庫所集 P。

根據 FPNR 庫所集的定義，$\boldsymbol{P}=\boldsymbol{P}_{\mathrm{U}}\cup\boldsymbol{P}_{\mathrm{D}}=\{p_1,p_2,\cdots,p_n\}$由一組模糊推理條件集 $\boldsymbol{P}_{\mathrm{U}}$ 和模糊推理結論集 $\boldsymbol{P}_{\mathrm{D}}$ 的並集構成。這裡的模糊推理條件集 $\boldsymbol{P}_{\mathrm{U}}$ 反映到模型中可以是一些生產線擾動因素的隸屬值，也可以是當前生產線狀況的隸屬值。模糊推理結論集 $\boldsymbol{P}_{\mathrm{D}}$ 是指重調度推理的結論集合。

以半導體製造為例，最為常見的擾動因素有設備突發故障、任務返工和任務加急。透過分析，這幾種擾動因素發生後都會造成設備機時被占用，這裡用設備機時被占用的多少來衡量擾動的大小，同時透過生產線當前的狀態資訊，如設備瓶頸程度、距離下一次週期性重調度點的距離和原調度方案的鬆弛程度作為重調度判定的決策條件。重調度判定的結論集為不進行重調度、進行局部重調度和進行全局重調度。

所以，模糊庫所集 P 可以定義為如下由 9 個推理條件庫所元素和 3 個推理結論庫所元素組成的共 12 個元素組成的集合。

$\boldsymbol{P}=\boldsymbol{P}_{\mathrm{U}}\cup\boldsymbol{P}_{\mathrm{D}}=\{p_1,p_2,\cdots,p_9\}\cup\{p_{10},p_{11},p_{12}\}$＝{任務返工占用機時長，設備故障占用機時長，緊急任務占用機時長，距離下一個週期性調度點近，原調度方案鬆弛，設備處於瓶頸狀態，局部影響小，局部影響大，全局影響大}∪{不進行重調度，進行局部重調度，進行全局重調度}

② 第二階段：定義模糊變遷集 T。

模糊變遷集 T 是模型規則的集合。首先，透過提煉積累重調度決策規則，匯總推理規則集（R），再根據 R 集合定義模型的變遷元素集合 T。在前面所舉的半導體製造重調度的例子中，透過對決策條件和結論的分析，建立如下 9 條重調度推理規則，分別對應 FPNR 中的 9 個變遷，並共同構成了模糊變遷集的 9 個元素。

規則 1：如果返工占用機時長，則對生產線造成較小的局部影響 and 較大的局部影響 and 較大的全局影響。

規則 2：如果設備占用機時長，則對生產線造成較小的局部影響 and 較大的局部影響 and 較大的全局影響。

規則 3：如果緊急任務占用時間長，則對生產線造成較小的局部影響 and 較大的局部影響 and 較大的全局影響。

規則 4：如果距離下一次週期性重調度點近，則暫時不進行重調度。

規則 5：如果原調度方案鬆弛，則暫時不進行重調度 and 進行局部重調度。

規則 6：如果設備瓶頸程度嚴重，則進行局部重調度 and 進行全局重調度。

規則 7：如果生產線受到較小局部影響，則不進行重調度 and 進行局部重調度 and 進行全局重調度。

規則 8：如果生產線受到較大局部影響，則不進行重調度 and 進行局部重調度 and 進行全局重調度。

規則 9：如果生產線受到較大全局影響，則不進行重調度 and 進行局部重調度 and 進行全局重調度。

上述每一條規則的輸入是一個推理條件庫所，決定著基於該規則進行的推理是否具備啓動條件；輸出是一個或多個條件/結論庫所，表明基於該條規則的推理可能影響的範圍。以規則 5 為例，當「原調度方案鬆弛」滿足成立條件時，會啓動基於規則 5 的推理，並根據輸出權重改變庫所「不進行重調度」（若對應的輸出權重取值 0.4 時，表明有 40％的可能不需要重調度）和庫所「進行局部重調度」（若對應的輸出權重取值 0.6 時，表明有 60％的可能需要進行局部重調度）的值。具體參數的設定和計算方法將在 7.2.2 節中詳述。

③ 第三階段：FPNR 模型的網路結構構造。

經過前兩個階段，FPNR 的兩類模型元素 $\boldsymbol{P}$ 和 $\boldsymbol{T}$ 分別得到了定義，本階段將根據條件-規則及規則-結論之間相互關係的分析，給出 P 集合和 T 集合中各元素之間的輸入、輸出關係，且以 Petri 網結構的形式表達。

沿用之前的舉例，可以構建多擾動因素的 FPNR 模型，如圖 7-5 所示。

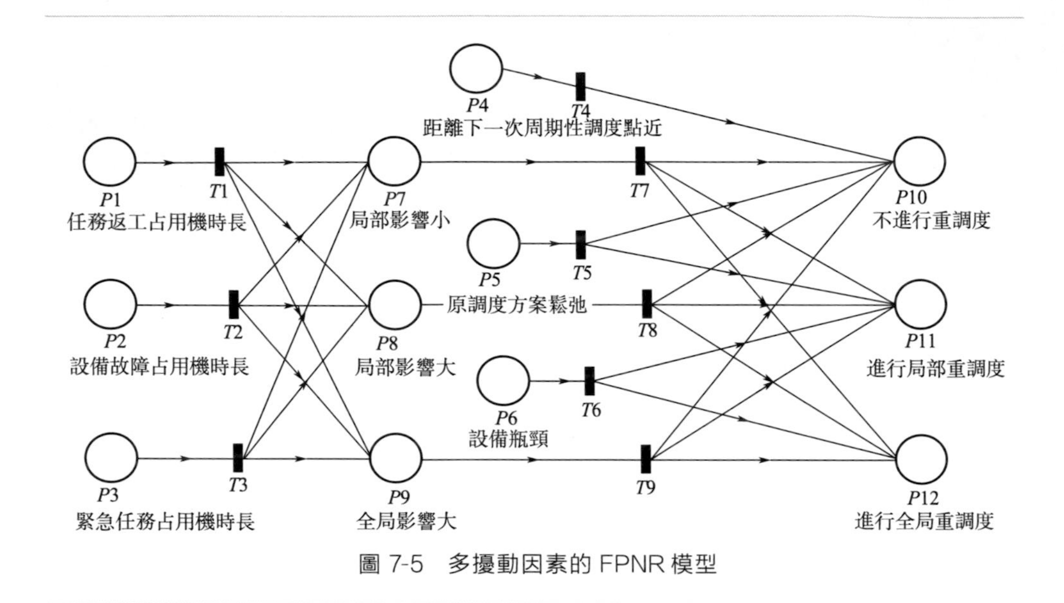

圖 7-5 多擾動因素的 FPNR 模型

經過以上三個階段就可以確立重調度問題的 FPNR 的定性模型，也即建立了模型元素和定性關係的描述，但因為尚沒有具體的量化參數給定，所以模型並不具備運行能力，下一節將對模型的參數設置及參數設置後的模型推理方法加以進一步討論。

7.2.2 基於模糊推理的重調度決策

(1) 模糊 Petri 網形式化推理機

模糊 Petri 網的運行過程就是一個重調度決策的過程。推理機在這一過程中將根據事實庫、規則庫中的已有知識不斷以疊代的方式（把推導出的結論作為新的事實）對新的事實的確信度進行計算，最後得出問題答案的可信度。常用的推理過程有數據驅動（也稱正向推理）和目標驅動（也稱反向推理）兩種方式，由於 Petri 網的運行機製採用的是變遷事件的驅動方式，在數據資訊的流向上與正向推理過程一致，因此採用正向推理模式進行形式化推理。

模糊 Petri 網形式化推理機的原理描述如下。

首先，定義幾種常用的運算操作，設 $\boldsymbol{A}$、$\boldsymbol{B}$、$\boldsymbol{C}$、$\boldsymbol{D}$、$\boldsymbol{E}$ 均為 $n \times m$ 維矩陣。

定義加法算子$\oplus$：$\boldsymbol{C}=\boldsymbol{A} \oplus \boldsymbol{B}$，其中 $c_{ij}=\max(a_{ij}, b_{ij})$。

定義比較算子$\ominus$：$\boldsymbol{D}=\boldsymbol{A} \ominus \boldsymbol{B}$，其中 $d_{ij}=\begin{cases}1 & a_{ij} \geqslant b_{ij} \\ 0 & a_{ij}<b_{ij}\end{cases}$

定義直乘算子$\otimes$：$\boldsymbol{E}=\boldsymbol{A} \otimes \boldsymbol{B}$，其中 $e_{ij}=a_{ij} \times b_{ij}$。

上述算子中，$i=1,2,\cdots,n$，$j=1,2,\cdots,m$。

假設在一個具有 n 個庫所和 m 個變遷的模糊 Petri 網模型中，輸入矩陣為 $\boldsymbol{I}_{n\times m}$，輸出矩陣為 $\boldsymbol{O}_{n\times m}$，變遷閾值向量為 $\boldsymbol{\tau}$，狀態向量為 $\boldsymbol{S}$。推理過程可以分解為以下六個步驟進行[27,28]。

① 計算等效模糊輸入可信度。

$$\boldsymbol{E}=\boldsymbol{I}^{\mathrm{T}}\cdot\boldsymbol{S}_0 \tag{7-5}$$

式中，$\boldsymbol{E}=[e_1,e_2,\cdots,e_m]^{\mathrm{T}}$，這一步是將同一變遷中多個模糊輸入按照它們的可信度和權係數等效為一個權係數為 1 的模糊輸入。

② 等效模糊輸入可信度與變遷閾值的比較。

$$\boldsymbol{G}=\boldsymbol{E}\ominus\boldsymbol{\tau} \tag{7-6}$$

式中，$\boldsymbol{G}$ 為 m 維列向量，當等效模糊輸入的可信度大於或等於變遷的閾值時，$g_i=1$，否則 $g_j=0$，$j=1,2,\cdots,m$。

③ 剔除等效模糊輸入中可信度小於變遷閾值的輸入項。

$$\boldsymbol{H}=\boldsymbol{E}\otimes\boldsymbol{G} \tag{7-7}$$

式中，$\boldsymbol{H}$ 為與 $\boldsymbol{E}$、$\boldsymbol{G}$ 同維的列向量，經過這一步計算後，$\boldsymbol{H}$ 中只包含可使變遷觸發的等效模糊輸入的可信度。

④ 計算模糊輸出庫所的可信度。

$$\boldsymbol{S}^1=\boldsymbol{O}\cdot\boldsymbol{H} \tag{7-8}$$

式中，$\boldsymbol{S}^1$ 為 m 維列向量，表示經過第一輪推理後，可以直接得到的結論命題的可信度。在 $\boldsymbol{S}^1$ 中，不能直接推理得到不是結論命題的庫所，可信度為零。

⑤ 計算當前可得到的所有命題的可信度。

$$\boldsymbol{S}_1=\boldsymbol{S}_0\oplus\boldsymbol{S}^1 \tag{7-9}$$

⑥ 用式(7-9) 中的 $\boldsymbol{S}^1$ 代替式(7-5) 中的 $\boldsymbol{S}^0$，反複用式(7-5)～式(7-9) 進行疊代。設 $\boldsymbol{S}_k$ 為第 k 步推理得到的結論，則在第 k 步推理進行後，所有命題的可信度為：

$$\boldsymbol{S}_k=\boldsymbol{S}_{k-1}\oplus\boldsymbol{S}^k \tag{7-10}$$

當推理計算不再使任何命題的可信度發生變化時，即 $\boldsymbol{S}_k=\boldsymbol{S}_{k-1}$ 時，推理結束。

(2) 基於 FPNR 的推理過程

運用所提出的 FPNR 模型解決半導體生產重調度決策應用的完整過程，如圖 7-6 所示，主要由基於 FPNR 的重調度問題建模和基於 FPNR 的模糊推理兩部分構成。其中建模部分［圖 7-6(a)～(c)］已在 7.2.1 節討論過。這裡討論基於模型的推理部分，包括模型參數設置［圖 7-6(d)］和基於 FPNR 模型的模糊推理［圖 7-6(e)］。

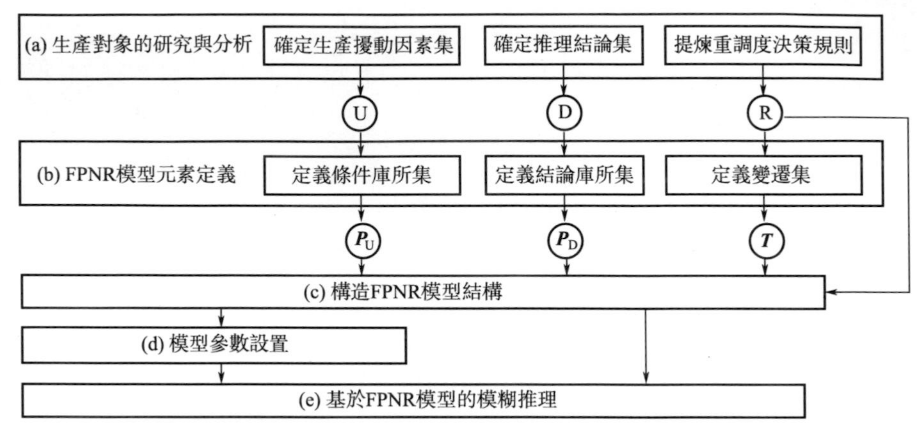

圖 7-6　FPNR 的模型構造與推理過程

① FPNR 模型參數設置

FPNR 模型的參數設置是對建模階段構建的定性 FPNR 模型結構的量化，涉及初始標識 $\boldsymbol{S}_0$、庫所閾值 γ 和變遷閾值 τ 三類模型參數初始化。

設置參數 $\boldsymbol{S}_0$：重調度模型的庫所集由條件庫所集和結論庫所集兩個子集組成，其初始標識 $\boldsymbol{S}_0$ 的設置需要根據生產線的實時資訊對庫所集中的決策條件模糊化。由於庫所集中，結論庫所的初始標識總為 0，因而只有條件庫所需要動態設置。參數 $\boldsymbol{S}_0$ 是一個動態參數，在每次重調度決策前都需要重置。在進行初始標識設置時，可以選用不同的隸屬度函數，下面介紹兩種常用的隸屬度函數。

偏小型函數：

$$\mu_A(x)=\begin{cases}1 & x\leqslant a\\ 1-2\left(\dfrac{x-a}{b-a}\right)^2 & a<x<\dfrac{a+b}{2}\\ 2\left(\dfrac{x-b}{b-a}\right)^2 & \dfrac{a+b}{2}\leqslant x\leqslant b\\ 0 & x>b\end{cases} \tag{7-11}$$

其特點是 x 越大，則它對模糊集合 $\mathbf{A}$ 的隸屬度越小。

偏大型函數：

$$\mu_A(x)=\begin{cases}0 & x\leqslant b\\ 2\left(\dfrac{x-b}{a-b}\right)^2 & b<x<\dfrac{a+b}{2}\\ 1-2\left(\dfrac{x-a}{a-b}\right)^2 & \dfrac{a+b}{2}\leqslant x\leqslant a\\ 1 & x>a\end{cases} \tag{7-12}$$

其特點是 x 越大，則它對模糊集合 $\boldsymbol{A}$ 的隸屬度越大。

在前文所舉半導體製造重調度的例子中，以庫所 p_1（返工占用機時長）為例說明決策條件模糊化過程，當工件發生返工的時候，確定該返工流程將占用的設備機時，查詢設備可以加工的工序集中最大加工時間和最小加工時間，將其作為 $\boldsymbol{a}$ 和 $\boldsymbol{b}$ 代入偏大型隸屬函數，得到當前返工工序占用機時的模糊量，作為 $S_0(p_1)$ 的初始化值。同樣的，參照該方法可以計算其他決策條件的模糊量，最後確定 FPNR 模型的初始標識向量 $\boldsymbol{S}_0$。

設置參數 γ：γ 定義了每個庫所 $p_i(i=1,2,\cdots,m)$的引發閾值，即 $\gamma(p_i)$ 決定了庫所 p_i 所對應的條件能夠發生作用的最低限值，比如，當 $\{S_0(p_i)<\gamma(p_i)\}\wedge\{I_{ij}>0\}$時，$t_j$ 不使能。因此，可以透過合理設置 $\gamma(p_i)$ 值來控製 p_i 元素對重調度推理的影響，特別是可以透過 $\gamma(p_i)$ 引入一些主觀意識對重調度推理決策的影響。

設置參數 τ：τ 定義了每個變遷 $t_j, j=1,2,\cdots,n$ 的引發閾值，即 $\tau(t_i)$ 決定了使能變遷 $t_j(j=1,2,\cdots,n)$能夠被引發的最低限值，對於使能變遷 t_j，如果有 $\sum\limits_{p_i\in t_j}\{S_0(p_i)\times I_{ij}\}<\tau_j$，則 t_j 不能引發。因此可透過合理設置 $\tau(t_i)$ 值來控製 t_j 元素所對應的重調度推理規則的執行。同樣，$\tau(t_i)$ 也可以成為引入決策者主觀意識的途徑之一。

② 基於 FPNR 模型的模糊推理

基於 FPNR 模型的模糊推理，根據 FPNR 模型的結構與參數，把推理決策過程體現為基於模型運行的運算。基於 FPNR 的模糊推理是建立在矩陣運算的基礎上的，下面先形式化 FPNR 模型的矩陣表達。

推理過程的輸入包括：輸入矩陣 $\boldsymbol{I}$ 和輸出矩陣 $\boldsymbol{O}$ 分別為 $m\times n$ 維矩陣，庫所閾值 $\boldsymbol{\gamma}$ 和庫所初始標識 $\boldsymbol{S}_0$ 均為 m 維列向量，變遷閾值 $\boldsymbol{\tau}$ 為 n 維列向量。

推理過程的輸出 $\boldsymbol{P}_{\mathrm{D}}\subset\boldsymbol{P}$，為 m_2 維列向量，$\boldsymbol{S}_0(p_k)=0, p_k\in\boldsymbol{P}_{\mathrm{D}}$。

引發條件：當且僅當 $\forall p_i$，$\forall t_j$ 時，有式(7-13) 成立，則 t_j 具備在 S_k 條件下引發的條件。

$$\{\boldsymbol{S}_k(p_i)>\gamma(p_i)\}\wedge\{\boldsymbol{I}_{ij}>0\}\wedge\sum\{\boldsymbol{S}_k(p_i)\times\boldsymbol{I}_{ij}\}>\tau_j \tag{7-13}$$

引發規則：當 t_j 具備在 $\boldsymbol{S}_k$ 條件下引發的條件並引發後，產生的 $\boldsymbol{S}_{k+1}$ 可由式(7-14) 計算得到。

$$\boldsymbol{S}_{k+1}(p_i)=\begin{cases}\sum\{\boldsymbol{S}_k(p_i)\times I_{ij}\}\times\boldsymbol{O}_{jl}, & \boldsymbol{O}_{jl}>0\\ \boldsymbol{S}_k, & \boldsymbol{O}_{jl}=0\end{cases} \tag{7-14}$$

結論綜合：當多個變遷均產生相同的輸出庫所時，需要綜合形成一個結論值，一般採用取極大值的方法，即

$$\boldsymbol{S}_{k+1}=\boldsymbol{S}_k\oplus\boldsymbol{S}_{k+1} \tag{7-15}$$

基於 FPNR 的模糊推理過程［圖 7-6(e)］就是在 FPNR 模型結構及參數設置的基礎上，進一步明確了 $\boldsymbol{I}$、$\boldsymbol{O}$、τ、γ 和 $\boldsymbol{S}_0$ 輸入條件後，不斷判定式(7-13)，在條件滿足的情況下，運用式(7-14) 和式(7-15) 計算模型的後續標識，直至 $\boldsymbol{S}_{k+1}=\boldsymbol{S}_k$（說明不再使任何命題的可信度發生新的變化），或不存在任何使能變遷（說明沒有任何滿足條件的規則可運行，並導出新的推理結論）時，推理過程結束。

對於本節一直討論的半導體製造重調度決策例子，根據圖 7-5 所示的 FPNR 模型結構圖，可知其輸入矩陣、輸出矩陣分別為：

$$\boldsymbol{I}=\begin{bmatrix}1&0&0&0&0&0&0&0&0\\0&1&0&0&0&0&0&0&0\\0&0&1&0&0&0&0&0&0\\0&0&0&1&0&0&0&0&0\\0&0&0&0&1&0&0&0&0\\0&0&0&0&0&1&0&0&0\\0&0&0&0&0&0&1&0&0\\0&0&0&0&0&0&0&1&0\\0&0&0&0&0&0&0&0&1\\0&0&0&0&0&0&0&0&0\\0&0&0&0&0&0&0&0&0\\0&0&0&0&0&0&0&0&0\end{bmatrix}$$

$$\boldsymbol{O}=\begin{bmatrix}0&0&0&0&0&0&0&0&0\\0&0&0&0&0&0&0&0&0\\0&0&0&0&0&0&0&0&0\\0&0&0&0&0&0&0&0&0\\0&0&0&0&0&0&0&0&0\\0&0&0&0&0&0&0&0&0\\0.6&0.2&0.2&0&0&0&0&0&0\\0.3&0.5&0.3&0&0&0&0&0&0\\0.1&0.3&0.5&0&0&0&0&0&0\\0&0&0&0.5&0.4&0&0.6&0.2&0.1\\0&0&0&0&0.6&0.4&0.25&0.6&0.3\\0&0&0&0&0&0.6&0.15&0.2&0.6\end{bmatrix}$$

結合經過參數設置分析得到的庫所閾值和變遷閾值：

庫所閾值 τ=[0.3,0.3,0.3,0.5,0.7,0.6,0.2,0.2,0.2,0.1,0.1,0.1]

變遷閾值 γ=[0.2,0.2,0.2,0.6,0.6,0.6,0.1,0.1,0.1]

則參數化後的 FPNR 模型就隨著初始變量 $\boldsymbol{S}_0$ 的動態變化，FPNR 推理機將根據不同的參數設置進行決策推理，然後比較模糊結論集中多個結論的可信度，選擇可信度最高的結論作為重調度決策的指導。

本節研究的基於模糊 Petri 模型的重調度策略推理方法，將重調度問題的條件與結論用模糊 Petri 網庫所元素，將重調度推理規則用模糊 Petri 網變遷元素，在 FPN 原有參數的基礎引入庫所引發閾值，不僅能夠綜合時間週期的均衡及對動態擾動事件的響應，而且還進一步在重調度決策點上給出建議的重調度方法。

7.3 匹配重調度方法

匹配重調度方法屬於一種修正式的重調度。本書 7.1.2 節曾總結過，修正式重調度又有局部修正式和全局修正式之分。無論是哪一種修正式重調度，都是在一定範圍內對已有調度方案進行的調整，當這一範圍擴大到極限時，局部與全局就彼此統一了。為此，進行修正式重調度方法的研究，首先需要界定一個重調度的最佳調整範圍。在現有關於局部修正式重調度方法的研究中，對「局部」的認定大多指被調度工件的一部分。本節所研究的方法首先將「局部」的概念從部分工件擴展到也可以是部分設備或部分時段，並用「匹配區域」來界定「局部」的邊界。在搜索匹配區域的基礎上，透過在有限區域內的局部調整，以期獲得原始調度最小淨改變的重調度方案。

7.3.1 匹配時段與匹配區域

(1) 右移重調度

在介紹匹配重調度方法之前，首先介紹一種簡單常用的修正式重調度方法——右移重調度方法（Right Shift Rescheduling，RSR）[18]。這種方法的主要思想是，當生產線產生某種擾動，這裡假設為某臺設備突發故障，需要耗費該設備一定的機時 T，則從受影響的任務開始，原調度方案上所有未加工的任務統一向後延遲時間 T。

圖 7-7 所示為兩臺設備 4 個工件的調度甘特圖，其中 T_{d} 為故障開始時間，T_{u} 為故障結束時間。按照上述 RSR 方法的思想，在 T_{d} 時刻後續的任務都將依次推遲 $T_{\mathrm{u}}-T_{\mathrm{d}}$ 時間段。

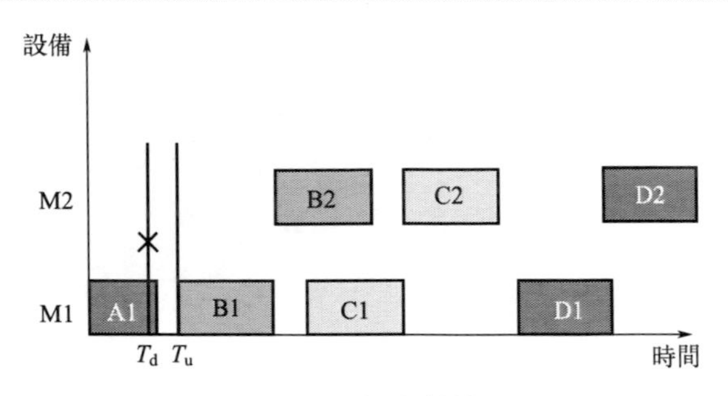

圖 7-7 原調度甘特圖

採用 RSR 方法重調度後，新調度方案的甘特圖如圖 7-8 所示，可以看到任務 A1 在故障後繼續前面未完成的加工，其他任務都依次推遲了 $T_u - T_d$。

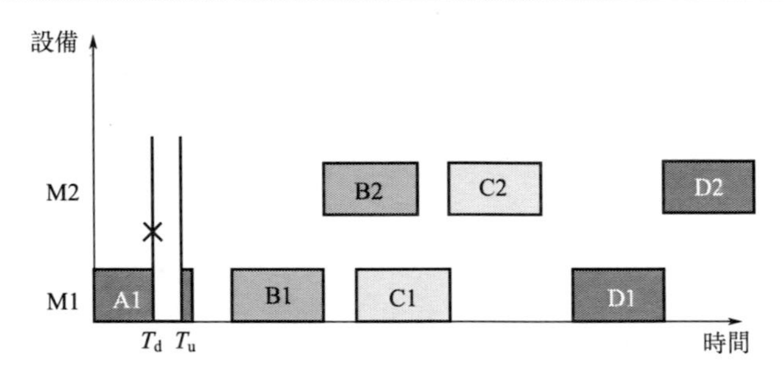

圖 7-8 右移重調度（RSR）後得到的甘特圖

採用 RSR 方法可以保證調整後的調度方案仍然適用於生產線，并且對原調度的穩定性破壞不大，但是故障後所有任務的完工時間都會延遲。由圖 7-7 甘特圖可以發現，原調度方案的任務與任務之間原本存在著一些空閒時間，這些空閒時間往往是由於等待上游即將達到的任務引起的。在重調度過程中，如果可以有效地利用這些空閒時間，那麼擾動占用的將不完全是實際的設備加工時間，而是可以將這些沒有經濟產出的空閒時間也充分利用起來。這就是提出一種以利用空閒時間為思想的匹配重調度方法的初衷。

(2) 匹配時段

作為一種局部修正式重調度方法，匹配重調度只對失效的原調度方案的一部分進行調整，並生成新的重調度方案。為此，需要解決兩方面的問題：一是局部重調度的範圍，也就是在時間上確定匹配的時段，在空間上確定匹配的區域；二是如何調整匹配區域內的原調度方案，使之恢復可行性並趨優。第二個問題所涉及的匹配重調度算法將在後續兩小節中討論。

對於重調度的匹配時段的確定，需要滿足的條件是：①在這個時段內，能夠透過改變原調度方案的派工計畫，使得由生產意外擾動對調度可行性帶來的破壞和衝擊被消解。也即調整後的重調度方案在新改變的生產環境下可行、有效。②在這個時段之外，原調度方案的可行性沒有受到意外擾動的破壞，依然被重調度方案所採用。而且，匹配區域內調度方案的調整也不會影響其可行性。區分這個時段的時間點稱為匹配點（Match-up Point），用 T_p 表示。

如果我們把經過靜態調度最佳化形成的初始調度方案從時間上劃分為三個部分（圖 7-9）：在故障發生之前，生產線按照原調度進行，記為 S_0；假設在 T_d 時刻發生了一個破壞原調度方案可行性的意外擾動事件（假設是某設備發生故障），則從 T_d 時刻開始到 T_p 時刻為止，原調度方案 S_d 受到擾動影響需要進行重調度，這個階段是匹配重調度過程，生成的調度方案記為 S'_d；在 T_p 之後的調度方案因沒有重到擾動和重調度的影響，仍保持不變，記為 S_r。

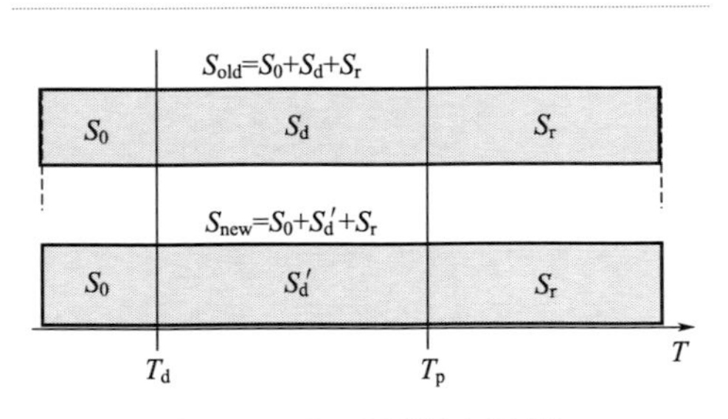

圖 7-9　匹配重調度思想

這樣新的調度可以表示為$S_{new}=S_0+S'_d+S_r$，與初始調度方案 $S_{old}=S_0+S_d+S_r$ 對比，只在匹配時段 T_p-T_d 內的部分有差別。這部分調整了的調度方案，體現了匹配重調度方法充分利用設備任務與任務之間的空閒時間，消除擾動對調度方案的影響的基本思想。

(3) 匹配區域

匹配區域規定了匹配重調度對初始調度方案調整的局部空間，一方面在該空間裡的資源具有承擔需要重調度的調度任務的執行能力；另一方面該空間裡有一定的冗餘資源以供重調度調整時使用。簡單地，可以只考慮重調度任務所在的當前設備自身，作為重調度的匹配區域。由於複雜製造系統中還存在著一些互替設備，相互之間具有相同或相似的加工能力，稱為設備組（Machine Group，MG），也可以作為重調度調整可考慮的區域範圍。

表 7-1 給出了一個半導體製造系統中的設備組實例，這是一個由 5 臺加工能力相似的加工設備組成的 MG：（M1，M2，…，M5），具有加工 10 種菜單（對應不同的工序）RP-1 到 RP-10 的加工能力。格中的數字表明工序可以被對應設備所加工，以及完成加工所需要的加工時間。

表 7-1　設備組（MG）實例

可加工的菜單編號	M1	M2	M3	M4	M5
RP-1	5	2.5	4.38	5	
RP-2	6.25		6.25	7.5	6.25
RP-3	6.25	5.4	6.25		
RP-4	5	5		5	
RP-5	5		4.85	4.85	
RP-6			4	4	4
RP-7	5	5	5	5	5
RP-8		5	5		
RP-9			7.5	7.5	7.5
RP-10	5	2.5	5	4.1	5

從表 7-1 中可見：

① MG 包含了一組具有加工若干工序的能力的設備。設備組用 MG＝{Mi}，$i=1,2,\cdots,m$ 表示，相應可加工能力用工序菜單集合的並集 $\Omega=\Omega_1\cup\Omega_2\cup\cdots\cup\Omega_m$ 表示。這裡，m 是設備組 MG 包含的加工設備數量。

② 某加工設備 Mi 的加工能力是整個設備組加工能力的子集 $\Omega_i\subseteq\Omega$。例如，表 7-1 中 M2 可以加工 6 種工序，對應菜單編號分別為：RP-1、RP-3、RP-4、RP-7、RP-8、RP-10，而 M5 只可以加工 5 種。對於工序 RP-7 和 RP-10，這兩個設備是可以互替的，對其他工序則不行。

③ 對工序而言，每個工序可以被 MG 中的一部分設備加工，如可加工 RP-7 和 RP-10 的設備集為 MG 全集，可加工 RP-8 的設備集為{M2,M3}⊆MG。

④ 即使對於可互替加工的同一個菜單，其加工時間也會因被加工的設備不同而不同。如，RP-10 可被 MG 中所有的 5 臺設備加工，但在 M1、M3 或 M5 上加工時，其加工時間為 5，而在 M2 上時為 2.5。

7.3.2 單臺設備匹配重調度方法

生產線中的任務調度是相互影響的，一般對於某臺設備下一個任務的最早開始時間由兩個因素決定：①該設備當前任務的最早完工時間；②新任務的最早到達時間。也就是說，下一個任務的最早開始時間是這兩個因素的最大值確定。其實，常見的任務間的等待也是由於這兩個時間點不一致造成的。這種等待在重調度過程中實質是一種約束，可以分為兩類：①設備新任務必須在舊的任務完工後才能開始；②工件下一步工序必須在上一步結束後才能開始。處理好這種等待約束是解決重調度方案有效性問題的關鍵。

匹配重調度方法的一般有以下幾種假設。

假設 1：設備的故障發生是隨機的，當設備發生故障之後，故障需要的維修時間是已知的。

假設 2：重調度算法是基於原調度方案的，這裡原調度方案應該是一個最佳化的調度方案，對原調度方案過大的破壞將影響生產線的穩定性。

假設 3：對原調度方案的調整是局部進行的，時間範圍考慮到匹配點之前的時段，區域範圍可考慮單臺設備匹配重調度（Single Machine Match-up Rescheduling，SMUR）和設備組匹配重調度（Group Machine Match-up Rescheduling，GMUR）兩種。

首先，統一說明算法研究中將用到的符號表達。

n：Match-up 階段中的任務數。

m：設備數。

$p_{i,k}$：第 i 個任務在第 k 臺設備上的加工時間。

k_{d}：故障的設備。

T_k^B：原調度中第 k 臺設備的調度開始時間。

T_k^M：新調度中第 k 臺設備的 Match-up 時間點。

T_{p}：重調度匹配點。

$T_{\max}$：最大 Match-up 時間點（原調度的結束時間）。

k_i^f：加工任務 i 的第一臺設備。

k_i^l：加工任務 i 的最後一臺設備。

$ES_{i,k}$：操作（i，k）可能的最早時間。

$LF_{i,k}$：操作（i，k）可能的最遲時間。

$X_{i,k}$：原調度中操作（i，k）的開始時間。

$Y_{i,k}$：新調度中操作（i，k）的開始時間。

t_{d}：擾動的開始時間。

t_{u}：擾動的結束時間。

$O_{[i]}$：發生擾動後，原序列中第 i 個任務。

ζ_k：設備 k 的重調度任務集。

ζ：所有設備的重調度任務集。

對於單設備的匹配重調度 SMUR 方法，主要分為三個子過程，總體框圖如圖 7-10 所示。

① 尋找匹配點，這是確定是否可以採用 SMUR 方法的判定過程，由於調度方案的鬆弛程度不定，只有在有限的時間內找到這樣的匹配點才能透過 SMUR 方法調整，若找不到這樣的匹配點，則採用常規的 RSR 方法調整。

② 確定重調度任務集，從擾動開始時間到匹配點之間的受影響任務將是 SMUR 調整的對象。

③ 更新任務加工時間，在上面討論的等待約束的範圍內，疊代更新任務的開始時間和結束時間。

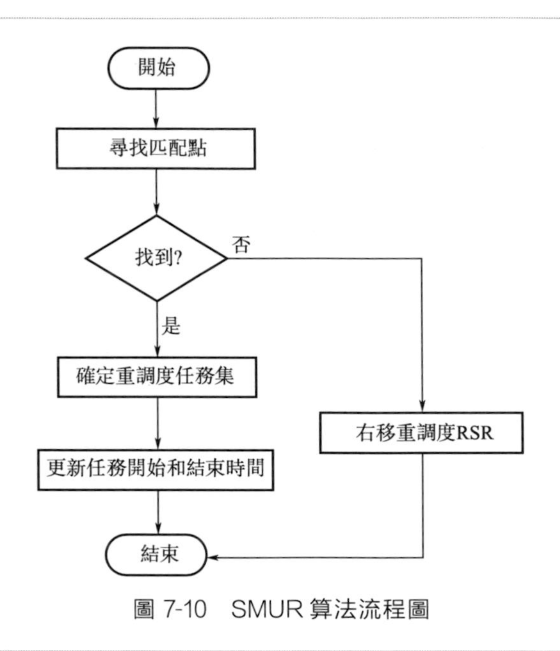

圖 7-10　SMUR 算法流程圖

(1) 確定匹配點和任務集

在重調度實現的時候，尋找匹配點和確定重調度任務集兩個過程可以合併在一起，下面給出其基本實現過程。

步驟 1：確定故障設備 k_{d} 的匹配點 $T_{k_{\mathrm{d}}}^{M}$ 和需要重調度的任務集 $\zeta_{k_{\mathrm{d}}}$。

步驟 1.1：對故障設備的任務集進行刷選與排序，選擇滿足式(7-16) 的任務，並按任務的開始時間升序排列。

$$O_{[1]}=\min_{\forall i}(X_{i,k_{\mathrm{d}}} \mid X_{i,k_{\mathrm{d}}} \geqslant t_{\mathrm{d}}) \tag{7-16}$$

步驟 1.2：找出故障結束後最早滿足式(7-17) 的任務序號 np。

$$t_{\mathrm{u}}+\sum_{i=1}^{np} P_{[i],k_{\mathrm{d}}}-X_{[np+1],k_{\mathrm{d}}} \leqslant 0 \tag{7-17}$$

可以得到，故障設備的匹配點為 $T_{k_{\mathrm{d}}}^{M}=X_{[np+1],k_{\mathrm{d}}}$，故障設備的重調度任務集為 $\zeta_{k_{\mathrm{d}}}=\{O_{[1]},O_{[2]},\cdots,O_{[np]}\}$。

步驟 2：確定其他設備的匹配點 T_{k}^{M} 和重調度任務集 ζ_{k}。

步驟 2.1：第 k 臺設備的匹配點可以由 $T_{k}^{M}=\max_{i\in\zeta_{k_{\mathrm{d}}}} X_{i,k}+p_{i,k}$ 來確定。

步驟 2.2：對於任意滿足式子 $t_d \leqslant X_{i,k} \leqslant T_k^M$ 的任務，其中 $k=1,2,\cdots,m$ 且 $k \neq k_d$，將其加入任務集 ζ_k。

步驟 3：確定 SMUR 匹配點 T_p 和重調度任務集 ζ。

SMUR 方法的匹配點 $T_p = \mathrm{Max}(T_k^M)$。

重調度的任務集為 $\zeta=\zeta_1 \cup \zeta_2 \cup \cdots \cup \zeta_m$，其中 $k=1,2,\cdots,m$。

(2) 更新任務時間

確定了重調度匹配點後，根據匹配點是否在規定的時域範圍內選擇更新任務時間的方法。上述過程同時也確定了重調度任務集，下面將介紹如何更新這些任務的開始加工時間和結束加工時間。由於任務之間存在著上面提到的等待約束關係，調度更新被設計為一個疊代的過程，從故障開始的一刻依次更新任務集中的任務，對於已經更新的任務，則從任務集中移除。

這裡的任務集採用一種隊列的數據結構，如圖 7-11 所示。對於隊列中每一個任務，其結構如圖 7-11 中 q 所示，包含產品號、工件號、設備號、當前步數、開始加工時間和任務加工時間這些必要的資訊。

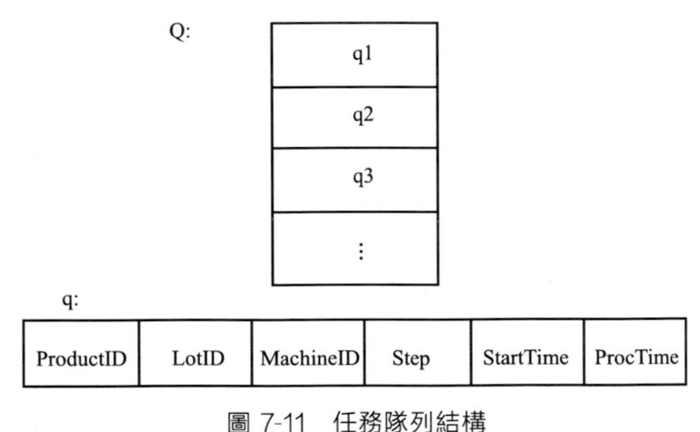

圖 7-11　任務隊列結構

調度更新過程如圖 7-12 所示，任務的新的開始加工時間由設備的最早可用時間和任務的最早到達時間兩者的最大值確定。設備的最早可用時間一般由兩個因素的最大值確定：①該設備上一個任務的結束時間；②設備擾動結束時間（如故障修復好的時間、維護保養的完成時間）。任務的最早到達時間需要考慮兩種情況：①對於單卡加工設備，任務的最早到達時間由該任務上一步的完工時間確定；②對於批加工設備，任務的最早達到時間由該批任務中工件上一步任務完工時間的最大值確定。

以上 SMUR 重調度方法的設計目標是有效利用任務間空閒時間、快速響應生產線擾動、及時更新調度方案、保持原調度方案的最佳化性能。

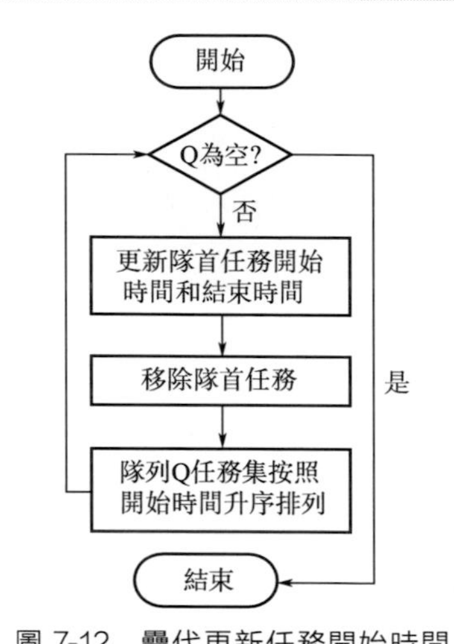

圖 7-12　疊代更新任務開始時間和結束時間

7.3.3　設備組匹配重調度方法

（1）GMUR 方法總體思想

由於複雜製造系統的生產線中往往存在著一些具有相同或相似加工能力的準互替設備（其特點和複雜性可參考本章 7.3.1 小節中介紹的設備組），當設備組中的某臺設備突發故障之後，我們不僅可以針對該設備考慮單設備的匹配重調度，同時還可以擴大重調度區域，在該設備所屬的設備組中移動加工任務以減輕故障設備的機時壓力。這種有效利用整個設備組空閒時間的匹配重調度方法稱為設備組匹配重調度（Machine Group Match-up Rescheduling，GMUR）。

下面給出 GMUR 方法的流程圖，如圖 7-13 所示。

（2）GMUR 方法中的選擇策略

對於 GMUR 方法，需要考慮以下幾個選擇策略問題。

① 從故障設備任務集中選擇哪一個任務移動到互替設備上？

② 選擇哪臺互替設備作為移動任務的目標機器？

③ 移動任務插入到互替設備任務集的哪個位置？

對於問題①，我們可以選擇故障設備任務集隊首任務，也可以選擇隊尾任務，當然也可以隨機選擇一個任務。由於任務受等待約束的限製，後面的任務即使移動到互替設備也不能立即開始，這意味著互替設備的任務空閒時間不能很好地利用，因而選擇隊列較前的任務有利於尋找匹配點，這裡採用的是隊首優先原則，即優先選擇故障設備任務集靠前的任務。

對於問題②，我們的目的是充分利用設備空閒時間，因而互替設備越是空閒，則越能減少任務移動數量，加快匹配速度。這裡採用的是空閒設備優先原則，即優先將任務移動到最空閒的設備上。

對於問題③，由於 GMUR 尋找匹配點是一個疊代過程，可能需要經過多次的任務移動才能找到匹配點，為了充分利用設備空閒時間，移入的任務當盡可能早的加工，這樣為下一次任務移入留下更多的空閒時間。因而，這裡採用的是插入任務優先原則，即目標設備優先加工移入的任務。

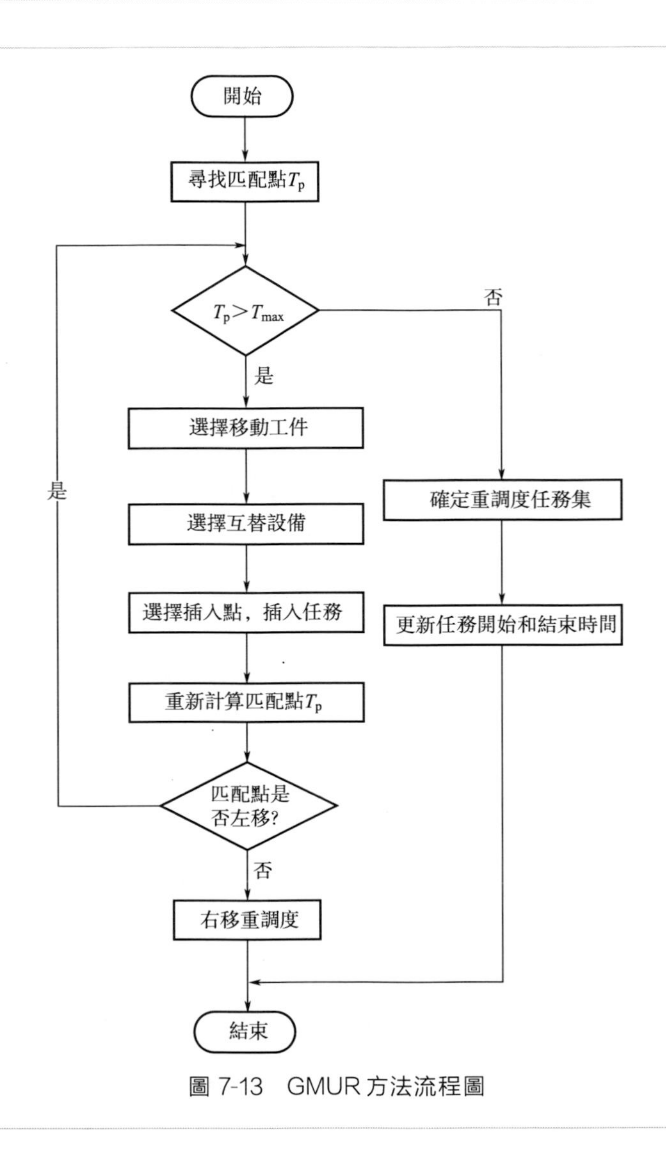

圖 7-13　GMUR 方法流程圖

7.3.4　兩種匹配重調度方法的比較分析

在原調度方案比較緊湊的時候，算法考慮將部分任務移動到互替的設備，使得故障設備有更多的空閒機時，這樣可以增加找到匹配點的可能性。考慮到任務在設備間的移動將對調度的穩定性有較大的影響，算法設計為優先使用 SMUR 方法，即如果單臺設備上可以找到匹配點，則直接使用 SMUR 方法重調度，只有在單臺設備無法找到匹配點的情況下才疊代移動加工任務，使匹配點左移，直至匹配點落在既定的時域範圍內。

下面透過比較來說明調度方案鬆弛和緊湊兩種情況下 SMUR 與 GMUR 的算法效果。

圖 7-14 是原調度鬆弛情況下 SMUR 和 GMUR 方法的比較，圖中深色塊為設備 M1 的故障時間，可以看到圖 7-14(b) 中 SMUR 方法只是推遲了任務 B 的開始加工時間，任務受到等待約束的限製無法提前。在圖 7-14(c) 中 GMUR 方法將任務 B 移到互替設備 M2 上，同樣的由於調度鬆弛，M1 還是要等待後續任務 C。所以說，在原調度鬆弛的情況下，SMUR 方法比 GMUR 方法具有較好的穩定性。

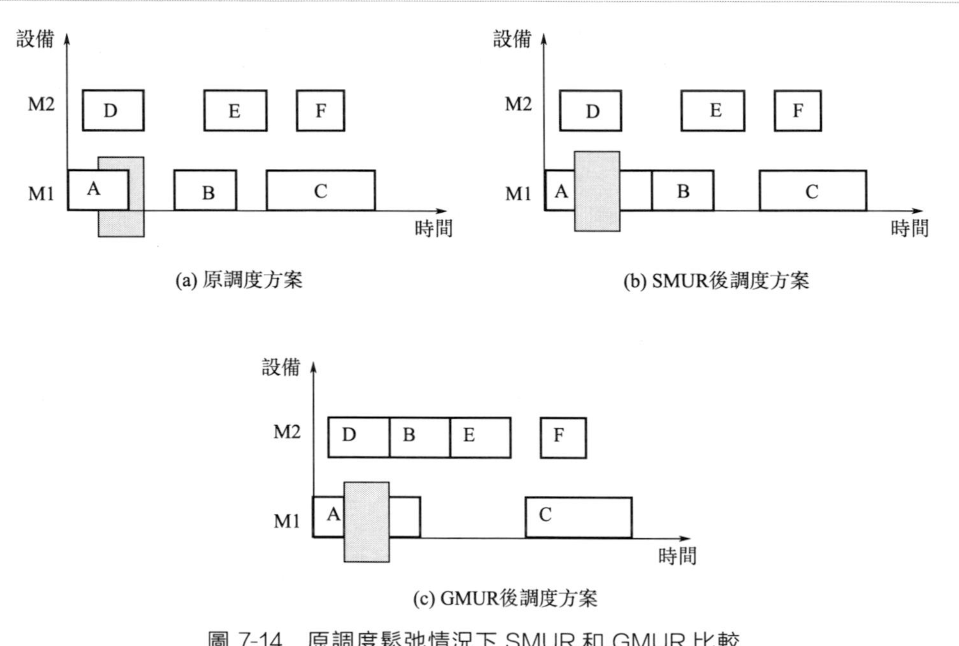

圖 7-14　原調度鬆弛情況下 SMUR 和 GMUR 比較

接著比較原調度方案緊湊的情況，如圖 7-15 所示。可以看到，在圖 7-15(b) 中，由於調度方案緊湊，SMUR 無法在既定的時域範圍內完成匹配重調度，而使用 GMUR，透過設備組間的任務移動，GMUR 在既定範圍內找到了匹配點。

透過以上的分析可以看出，GMUR 在調度緊湊的情況下可以增加找到匹配點的可能性，這正好彌補了 SMUR 的不足。

另外，還需要說明的是，當原調度方案中可用於重調度的空閒時間過少時，也可能出現運用 GMUR 方法也無法搜索到匹配點的情況，這時就說明局部修正式的匹配重調度方法已不適合解決當前的重調度問題，可以採取全局重調度方法加以解決。

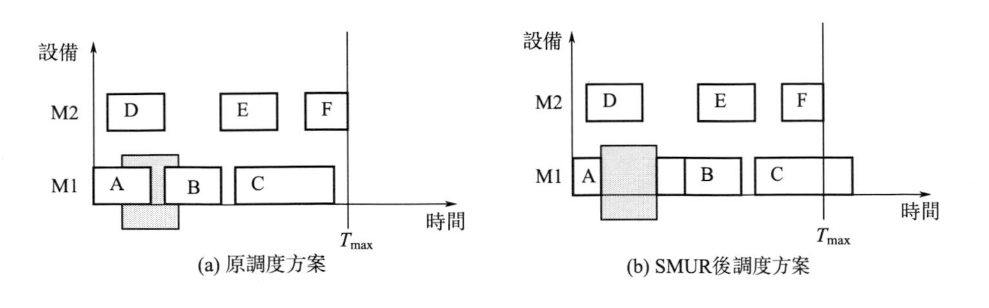

(a) 原調度方案
(b) SMUR後調度方案

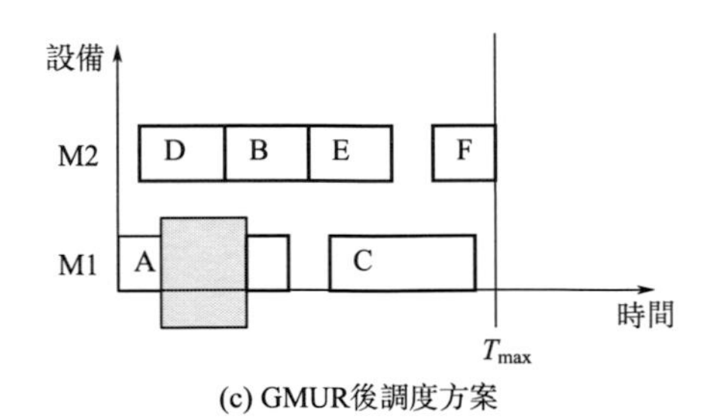

(c) GMUR後調度方案

圖 7-15　原調度方案緊湊情況下 SMUR 和 GMUR 比較

7.4 重調度評價

7.4.1 穩定性評價

穩定性評價衡量調度修改後與原調度方案的差異。常用的穩定性評價有基於任務開始加工時間偏差的方法和基於任務加工次序變化的方法。本模型採用平均加工時間偏差作為穩定性評價指標，如式(7-18) 所示。

$$\mathrm{Stab}(S_0, S_{\mathrm{new}}) = \frac{\sum_{i=1}^{n} |\mathrm{ST}_{\mathrm{new},i} - \mathrm{ST}_{0,i}|}{n} \tag{7-18}$$

式中　S_0——原調度方案；

S_{new}——新調度方案；

n——原調度方案的加工任務的數目；

$\mathrm{ST}_{\mathrm{new},i}$——新調度方案中任務 i 的開始加工時間；

$\mathrm{ST}_{0,i}$——原調度方案中任務 i 的開始加工時間。

特別地，當擾動時間較長的時候，新調度方案可能無法包含原調度方案中某些加工任務，這時 $ST_{new,i}$ 將設置為下個週期性重調度點，即認為這些任務將在下一個調度週期立即加工。

由式(7-18) 可以看出，公式計算值越小，其穩定性越好。

7.4.2 有效性評價

有效性評價衡量調度修改以後對於原調度目標函數的改進：有效性評價考慮了新調度 S_{new} 的目標函數與原調度 S_0 的目標函數之間的差別。本模型中選擇設備的利用率作為調度的目標函數，如式(7-19) 所示。

$$\mathrm{util}(S_0, S_{new}) = \sum_{i=1}^{m} \lambda_i \frac{p_{new,i} - p_{0,i}}{p_{0,i}} \tag{7-19}$$

式中 S_0——原調度方案；

S_{new}——新調度方案；

m——生產線包含的設備數目；

$p_{new,i}$——新調度下第 i 臺設備的利用率；

$p_{0,i}$——原調度下第 i 臺設備的利用率；

λ_i——設備重要性權重。

由式(7-19) 可以看出，公式計算值越大，其有效性越好。

7.5 重調度的可重構集成

7.5.1 重調度的業務系統視角模型

(1) 任務描述模型 (BSV-1)

業務場景名稱：匹配重調度方法。

業務場景 ID：系統生成，唯一。

業務活動：設備突發故障，確定局部重調度的匹配時段與匹配區域，調整並最佳化匹配區域內的調度方案。

業務活動目標：尋找匹配時段，執行匹配算法，保持原調度方案的可行性。

業務對象：故障設備的任務集，輸出設備或設備組的重調度方案。

(2) 目標活動視圖 (BSV-2)

匹配重調度方法的目標活動視圖如圖 7-16 所示。

業務活動：匹配重調度方法

活動行為單元序列：

①對故障設備的任務集進行篩選與排序

②找出故障結束後最早滿足條件的任務序號

③確定故障設備的匹配點，如果找到匹配點，繼續執行第④ ~ ⑦步(SMUR)。如果找不到故障設備的匹配點，則直接執行第⑧ ~ ⑨步(GMUR)

④確定故障設備的重調度任務子集

⑤確定其他設備的匹配點和重調度任務子集

⑥確定最終的匹配點和重調度任務集

⑦更新重調度任務集中每個任務的開始時間和結束時間，輸出重調度方案，結束

⑧在可互替設備組集合中尋找最為空閒的設備作為目標設備

⑨確定匹配點，如果找到匹配點，繼續執行第⑩ ~ ⑫步。如果在互替設備上找不到匹配點，直接執行第⑬步

⑩確定設備組的匹配點和重調度任務集

⑪選擇故障設備重調度任務集隊首任務，將移動任務插入目標設備的加工任務集合中，並賦予最高優先級

⑫更新重調度任務集合中每個任務的開始時間和結束時間，輸出重調度方案，結束

⑬局部修正式的匹配重調度方法不適合解決當前的重調度問題，採取全局重調度方法，結束

圖 7-16　匹配重調度方法的目標活動視圖（BSV-2）

（3）業務節點模型（BSV-3）

重調度系統與其他計畫調度系統聯繫的業務節點模型如圖 7-17 所示。

（4）系統維護模型（BSV-4）

系統維護模型用於業務系統和業務系統成員的關係說明，重調度業務系統的系統維護模型與實時調度和短期最佳化調度的成員有所不同，實時調度和短期最佳化調度的業務成員之間是並行可選關係，這裡三個成員是順序必選關係，如圖 7-18 所示。

7.5.2 重調度的業務過程視角模型

本節以匹配重調度方法為例，建立業務過程視角下重調度的集成體系結構模型：業務活動模型、活動行為單元時序圖、業務過程模型、業務邏輯數據模型。

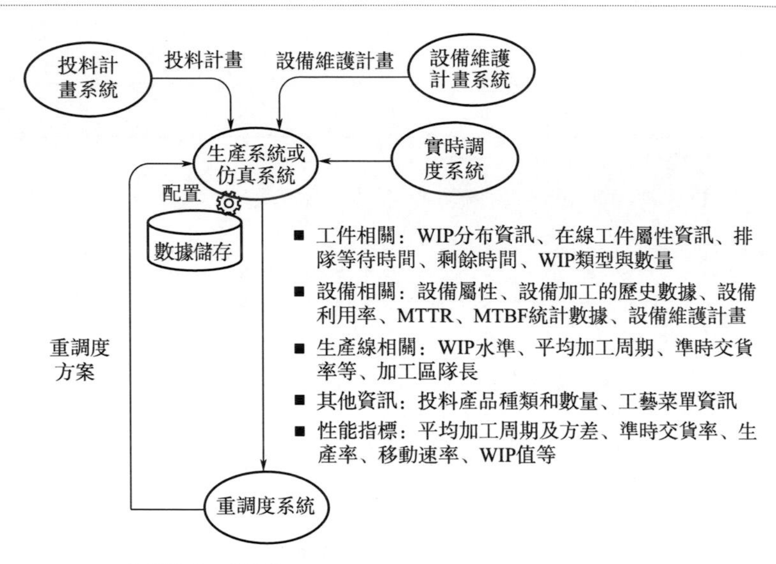

圖 7-17 匹配重調度方法的業務節點模型（BSV-3）

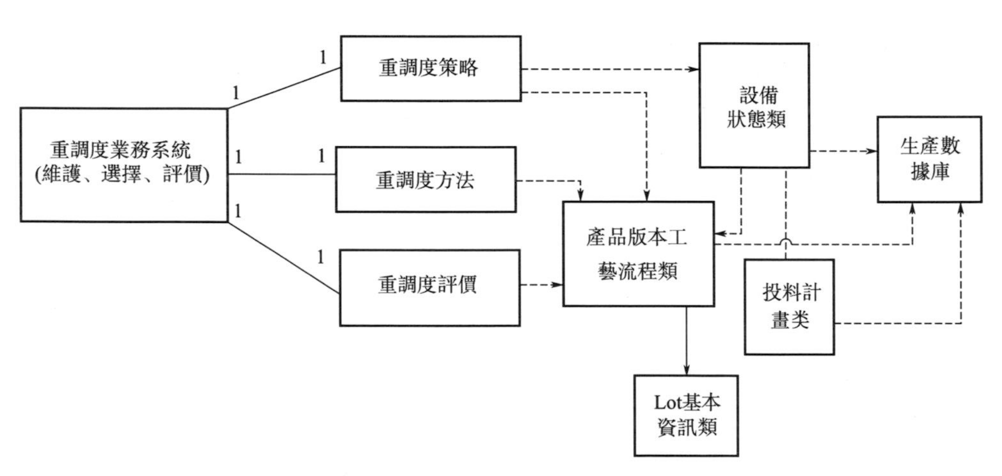

圖 7-18 重調度的系統維護模型（BSV-4）

（1）業務活動模型（BPV-1）

匹配重調度方法的各個活動行為單元之間的資訊流較為簡單，資訊流主要內容為：故障設備型號、故障設備組、原調度方案、預估設備故障結束時間、重調度任務集。限於篇幅不再作圖說明。

(2) 活動行為單元時序圖（BPV-2）

匹配重調度方法的活動行為單元時序圖如圖 7-19 所示。

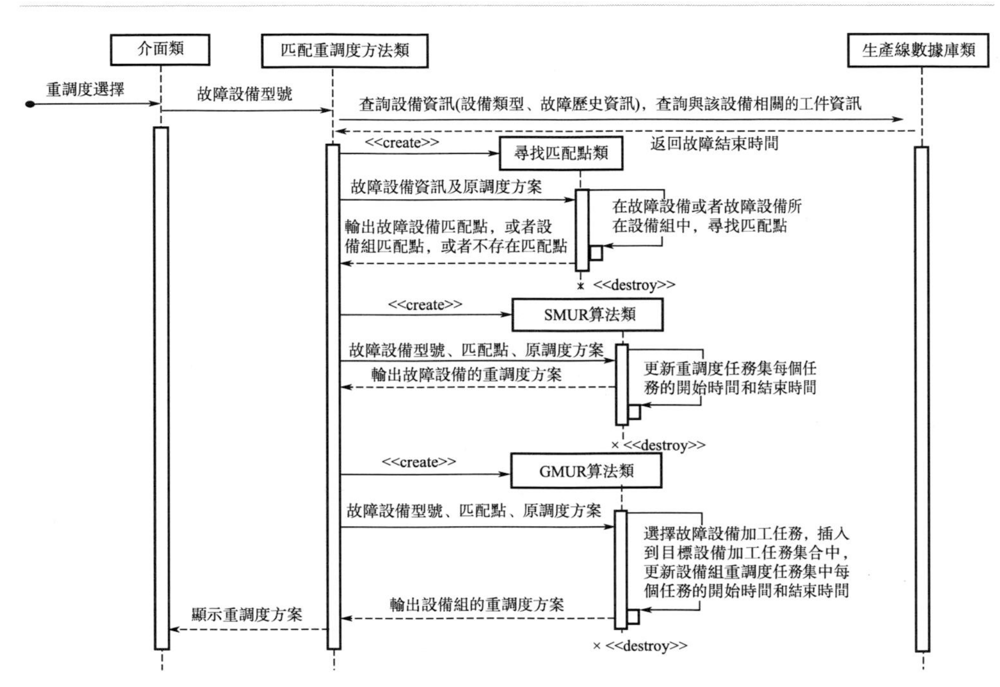

圖 7-19　匹配重調度方法的活動行為單元時序圖（BPV-2）

(3) 業務過程模型（BPV-3）

匹配重調度方法的業務過程模型如圖 7-20 所示。

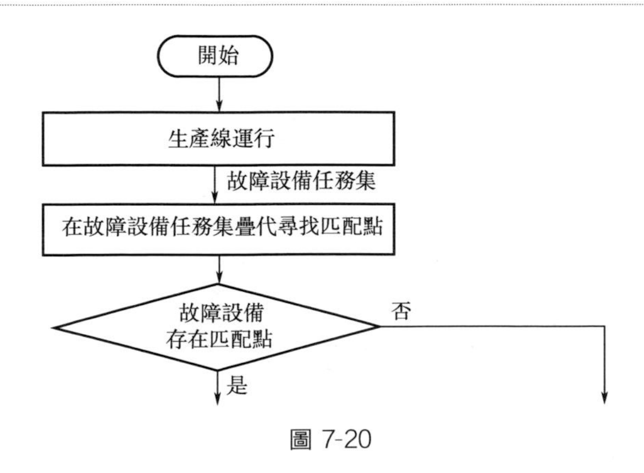

圖 7-20

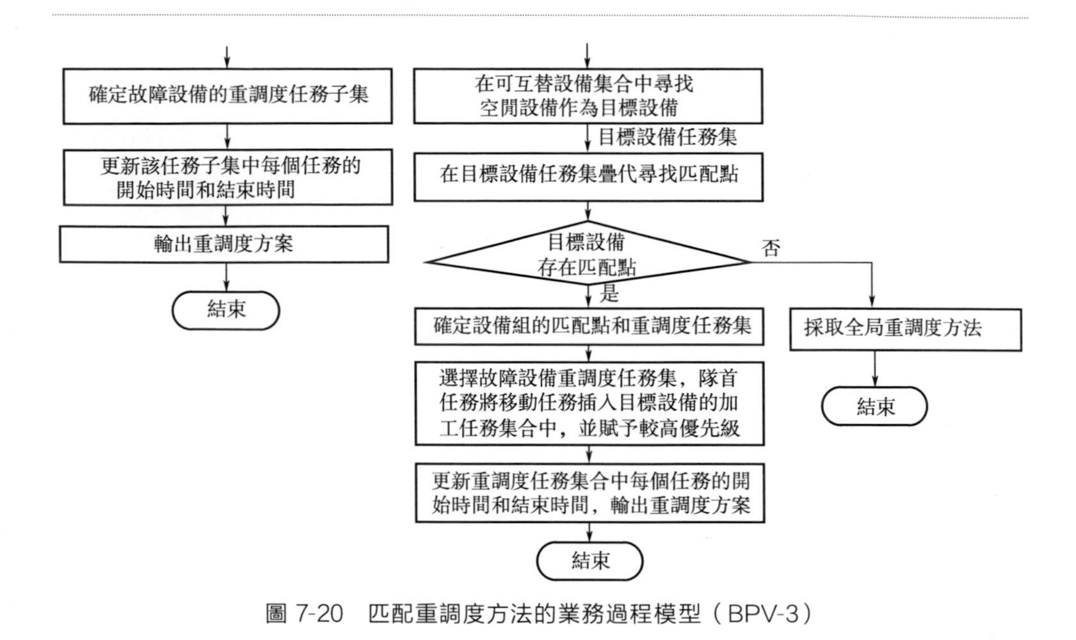

圖 7-20　匹配重調度方法的業務過程模型（BPV-3）

（4）業務邏輯數據模型（BPV-4）

匹配重調度方法的業務邏輯數據模型如圖 7-21 所示。

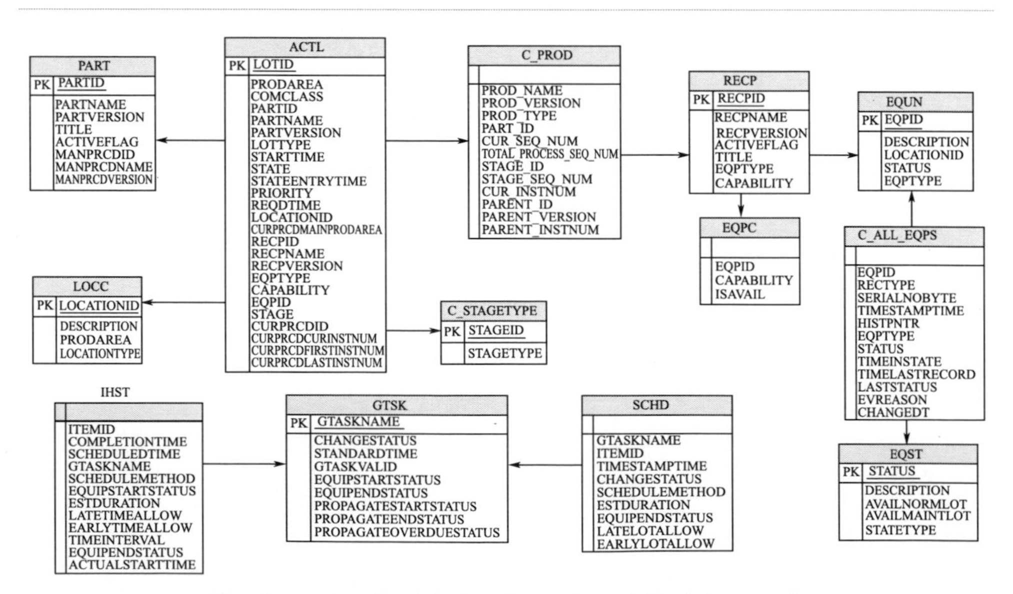

圖 7-21　匹配重調度方法的業務邏輯數據模型（BPV-4）

7.6 案例：在線重調度

本節結合案例應用，對生產計畫與調度體系結構在線最佳化單元中的匹配重調度方法進行實現和驗證。選擇提取自 Intel 公司的一個經典可重入半導體製造模型 Minifab 為模型對象，將 7.3 節研究討論的 SMUR 和 GMUR 匹配重調度方法與全局生成式重調度方法（Full Generation Rescheduling，FGR）和右移重調度方法（RSR）進行對比，並對上述四種方法從穩定性和有效性兩個方面進行比較分析。

Minifab 是根據實際生產線簡化而來的一個簡單的半導體生產線模型，由 3 個設備組、5 臺設備組成。根據 Minifab 的設備、工件、流程等模型描述，建立如圖 7-22 的 Minifab 仿真模型，模型分為初始化、投料控製、流程控製、故障控製和性能評價五大模塊。其中，投料控製採用固定日投料方法；流程控製包含了常用的啓發式調度規則，有先入先出（FIFO）、最早交貨期（EDD）、最短加工時間（SPT）、最短等待時間（LS）和批加工調度規則，如最小加工批量、最大加工批量；生產線上設備狀態資訊的變更由故障控製模塊實現；性能評價模塊負責仿真過程中資訊的收集和分析。

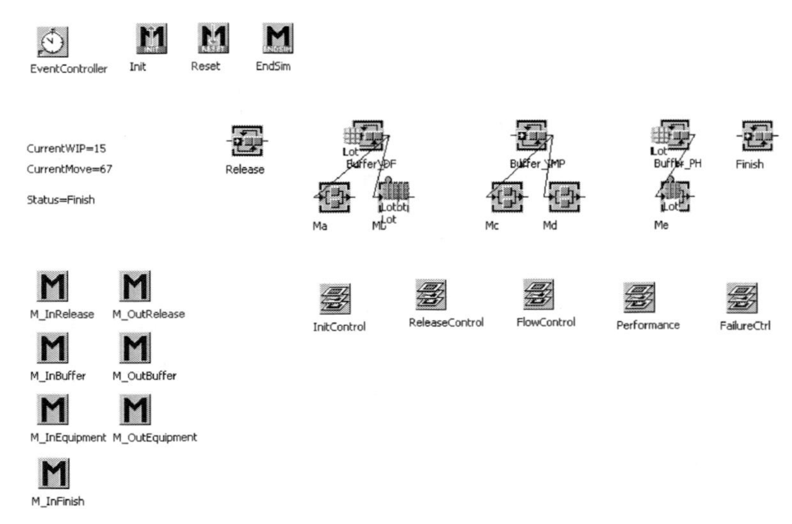

圖 7-22 Minifab 仿真模型

採用上面的 Minifab 模型，我們可以生成基於規則的靜態調度方案，同時可以模擬設備的突發故障，而這些資訊都屬於重調度框架的輸入層。

重調度框架的決策層、重調度層和評價層的模塊實現如圖 7-23 所示，決策層採用簡單的事件驅動，在重調度方法選擇的時候，採用固定設置的重調度方法進行重調度，這樣便於各種不同重調度方法的性能比較。重調度層包含一個重調度方法庫，其中有基於仿真的全局生成式重調度方法（FGR），採用右移重調度（RSR）的全局修正式重調度和本章提出的 SMUR 和 GMUR 局部修正式重調度方法。

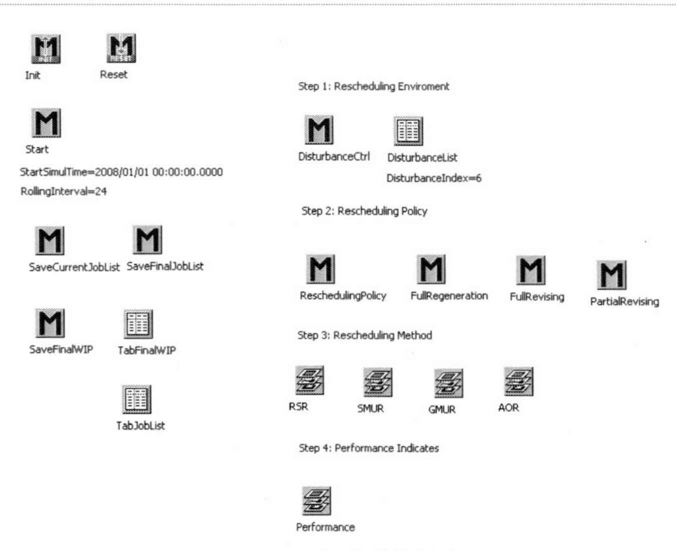

圖 7-23 重調度模塊的實現

仿真採用 24h 作為重調度週期，考慮一個週期內，不同的故障次數對重調度的穩定性和有效性影響。表 7-2 給出了 8 次故障資訊。

表 7-2 生產線設備故障資訊

ID	開始時間	擾動類型	設備名	持續時間/min
1	2008-1-1 3:13	3	Ma	55
2	2008-1-1 5:13	3	Mc	34
3	2008-1-1 7:13	3	Me	60
4	2008-1-1 9:13	3	Mb	40
5	2008-1-1 10:25	3	Md	40
6	2008-1-1 12:51	3	Ma	68
7	2008-1-1 14:21	3	Mc	68
8	2008-1-1 18:04	3	Me	39

透過仿真一個調度週期內不同次數的設備故障，得到了全局生成式重調度

(FGR)、右移重調度(RSR)、單臺設備匹配重調度(SMUR)和設備組匹配重調度(GMUR)隨故障次數增加穩定性和有效性的變化曲線,如圖 7-24 和圖 7-25 所示。

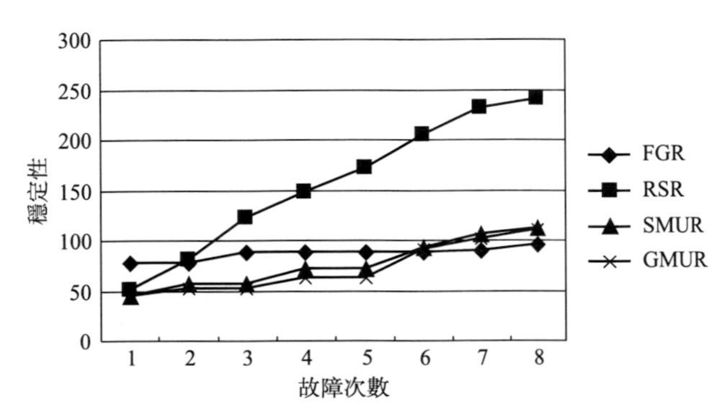

圖 7-24 穩定性隨故障次數變化曲線

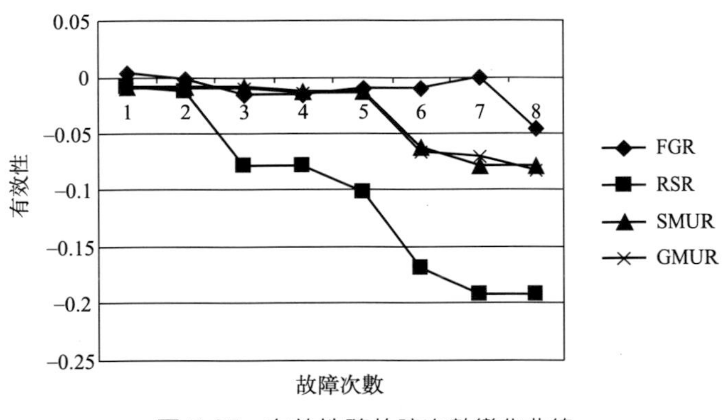

圖 7-25 有效性隨故障次數變化曲線

由圖 7-24 可以看出,在故障次數較少的情況下,SMUR 和 GMUR 方法具有較好的穩定性,但隨著故障次數的增加,全局生成式重調度 FGR 保持較好的穩定性,右移重調度 RSR 的穩定性較差。

由圖 7-25 可以看出,在故障次數較少的情況下,SMUR、GMUR 和 FGR 具有較好的有效性,但隨著故障次數的增加,SMUR 和 GMUR 方法的有效性明顯降低了,這主要是因為故障時間大大超出了任務間空閒時間,部分任務被移動到下一個重調度週期。

透過以上的仿真驗證與分析,可以看到,在故障頻率不高的情況下,SMUR 和 GMUR 不僅具有較好的穩定性,并且可以保持原調度方案的最佳化性能,但隨著故障頻率的提高,全局修正式重調度方法具有一定的優勢。

參考文獻

[1] OLUMOLADE M, NORRIE D, Reactive scheduling system for cellular manufacturing with failure-prone machines [J]. International Journal of Computer Integrated Manufacturing, 1996, 9, 2: 131-144.

[2] Church L K, Uzsoy R. Analysis of periodic and event-driven rescheduling policies in dynamic shops [J]. International Journal of Computer Integrated Manufacturing, 1992, 5 (3) :153-163.

[3] K. J. Chen, P. Ji, A genetic algorithm for dynamic advanced planning and scheduling (DAPS) with a frozen interval[J], Expert Systems with Applications, 2007. 33 (4), 1004-1010.

[4] Kempf Karl G. Intelligently scheduling semiconductor wafer fabrication. Morgan Kaufmann Publishers, San Francisco, 1994.

[5] Sabuncuoglu I, Karabuk S. Rescheduling frequency in an FMS with uncertain processing times and unreliable machines [J]. Journal of manufacturing systems, 1999, 18 (4): 268-283.

[6] Vlelra G E, Jeffrey W H, Edward L. Analytical models to predict the performance of a single-machine system under periodic and event-driven rescheduling strategies [J]. International Journal of Production Research, 2000, 38 (8): 1899-1915.

[7] Bierwirth Christian, Dirk C Mattfeld. Production scheduling and rescheduling with genetic algorithms [J]. Evolutionary Computation, 1999, 7 (1) :1-17.

[8] Chacon G R. Using simulation to integrate scheduling with the manufacturing execution system [J]. International of Future Fab, 1998: 63-66.

[9] Haruhiko Suwa. A new when-to-schedule policy in online scheduling based on cumulative task delays [J]. International Journal of Production Economics, 2007, 110 (1) :175-186.

[10] Metha S V, R M Uzsoy. Predictable scheduling of a job shop subject to breakdowns [J]. International Journal of IEEE Trans, 1998, 14:365-378.

[11] Daniels R L, P Kouvelis. Robust scheduling to hedge against processing time uncertainty in single-stage production [J]. Manage. Sci., 1995, 41 (2) :363-376.

[12] Miyashita Kazuo, Katia Sycara. Adaptive case-based control of schedule revision. Morgan Kaufmann Publishers, San Francisco, 1994.

[13] Abumaizar, R. J, Svestka J. A., Rescheduling job shops under random disruptions, International Journal of Production Research, 1997, 35: 2065-2082.

[14] James C. Bean, John R. Birge, John Mittenthal, Charles Noon. Match-up scheduling with multiple resources, release dates and disruptions[J]. European Journal of Operational Research, 1991, 39 (3) :470-483.

[15] FANG J, XI Y. A rolling horizon job shop rescheduling strategy in the dy-

namic environment [J]. International Journal of Advanced Manufacturing Technology, 1997, 13(3): 227-232.

[16] Kim M H, Y D Kim Simulation-based real-time scheduling in a flexible manufacturing systems [J]. European Journal of Operational Research, 1994, 13: 85-93.

[17] Henning G P, J Cerda. An expert system for predictive and reactive of multi product batch plants [J]. Latin Am. App. Res., 1995, 25:187-198.

[18] Jain A K, H A Elmaraghy. Production scheduling/rescheduling in flexible manufacturing [J]. Int. J. Prod. Res., 1997, 35: 281-309.

[19] S. J. Mason, S. Jin, C. M. Wessels. Rescheduling strategies for minimizing total weighted tardiness in complex job shops. int. j. prod. res., 2004, 42, No. 3, 613-628.

[20] Dugan Hvalica, Ludvik Bogataj. Sensitivity results considering rescheduling by AND/OR graphs. Int. J. Production Economics 93-94 (2005): 455-464.

[21] A. Dupon, I. Van Nieuwenhuyse, N. Vandaele. The impact of sequence changes on product lead time. Robotics and Computer Integrated Manufacturing 18 (2002): 327-333.

[22] András Pfeiffer, Botond Kádár and László Monostori, Stability-oriented evaluation of resched uling strategies, by using simulation[J]. Computers in Industry, 2007, . 58 (7), 630-643.

[23] Vieira. performance of rescheduling strategies for parallel machine systems. Journal of Manufacturing Systems, 2000, 19(4): 256-266.

[24] Qi X T, Bard J, Yu G. Disruption management for machine scheduling: The Case SPT Schedulers, 2004.

[25] 喬非，李莉，馬玉敏，王遵彤，施斌．基於模糊推理的半導體生產重調度策略研究[J]．電腦集成製造系統，2009，15(01):102-108，116.

[26] 施斌，喬非，馬玉敏．基於模糊 Petri 網推理的半導體生產線動態調度研究[J]. 機電一體化，2009，15(04):29-32，40.

[27] 賈立新，薛鈞義，茹峰，採用模糊 Petri 網的形式化推理算法及其應用[J]，西安交通大學學報，2003，37，12: 1263-1266.

[28] Chen S M, Ke J S, Chang J F, Knowledge representation using fuzzy Petri net[J]. IEEE Transactions on Knowledge and Data Engineering, 1990, 2(3):311-319.

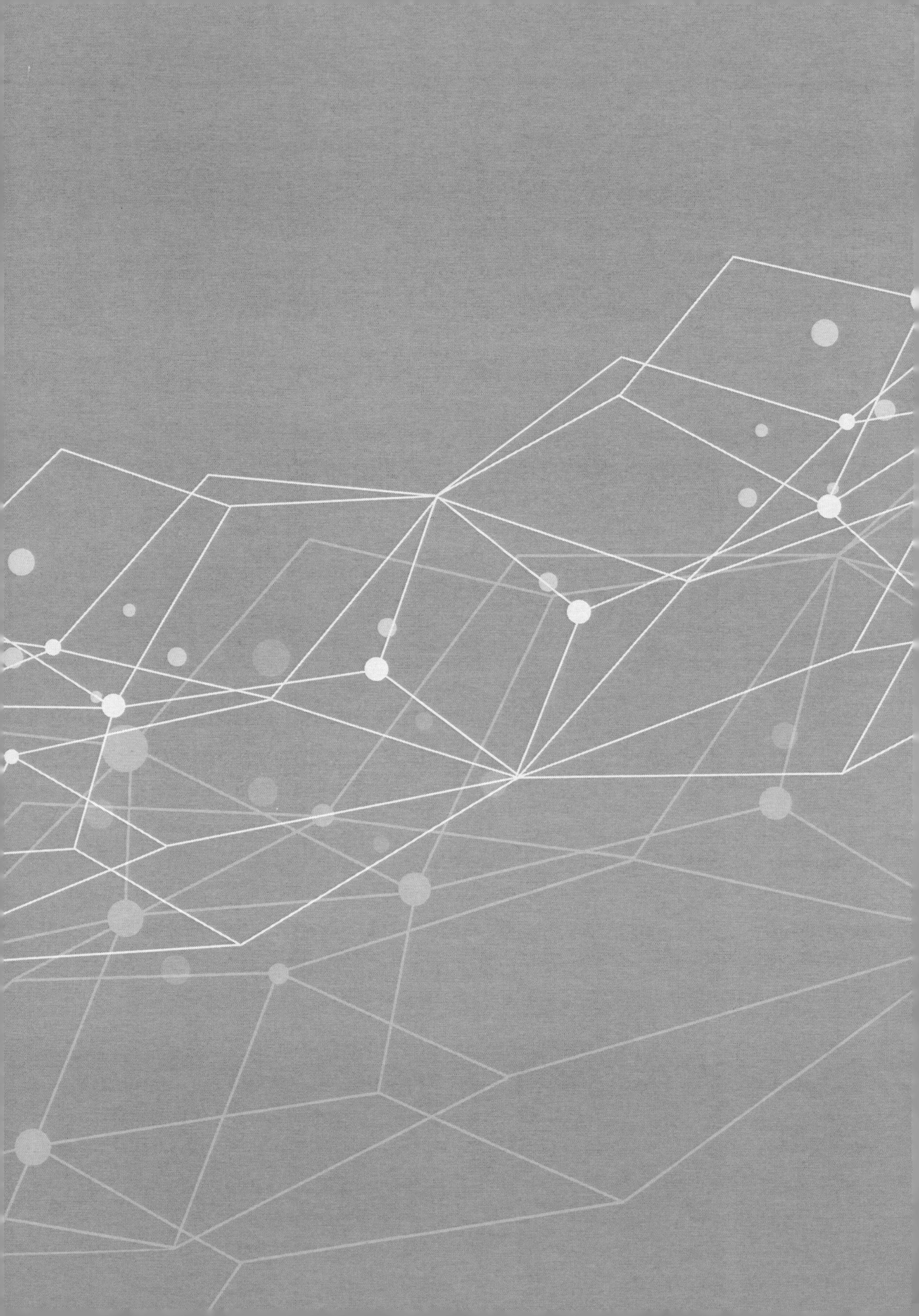

第3篇

可重構實施篇

本書前兩篇分別討論了面向複雜製造系統的可重構生產計劃與調度體系結構的理論與方法，本篇側重於在第1篇理論指導下，對第2篇涉及的方法加以集成實現和協同應用。

在集成實現方面，完成了一個可重構生產計劃與調度體系原型系統（MRPSS）的設計開發。以複雜的半導體製造為背景，集成了6種大、中、小規模不等的代表性半導體生產線模型。本篇將第1篇所構建的三層四單元的生產計劃與調度體系結構作為原型系統的框架，透過由數據層、軟體層和仿真層三部分構成的基礎架構形成原型系統的有機體，為複雜製造系統計劃與調度研究和應用提供集成平臺。將第2篇針對計劃調度領域各核心環節所討論的單元問題及解決方案，作為組件嵌入於原型系統，並借助於數據接口、模型、算法等技術，實現組件的協同工作，最終獲得系統的可重構能力。以上內容構成本篇第8章。

在應用實踐方面，主要說明如何將本書討論的體系結構理論、方法和原型系統，運用於解決複雜製造系統生產計劃與調度的各類問題，大致可分為三種類型：一是單元方法在體系結構框架下的實現與集成，這部分內容在第2篇分別針對四個核心單元討論時，已透過案例進行了分析和說明；二是可重構的驗證，針對具體的生產計劃和調度問題，如何透過協同不同層次或不同單元中的相關方法加以解決；三是面向複雜製造系統的動態需求，如何應用生產計劃和調度體系結構的協同和可重構，以及如何透過發揮系統的可重構能力達到優化系統、滿足需求的目的。對於後兩類的應用實踐，將在本篇第9章結合案例加以討論分析。

第8章

可重構體系原型系統設計

在複雜製造系統可重構體系結構和組件方法的理論基礎上，本章介紹可重構體系原型系統，即組件化可重構生產計畫與調度系統（Modular Reconfigurable Planning and Scheduling System，MRPSS）的設計與實現，簡便起見，下文全部採用系統簡稱，即 MRPSS。

MRPSS 的設計與實現主要兼顧兩方面內容：原型系統的通用基礎架構與計畫調度的軟體功能集成。原型系統基礎架構是計畫調度系統運行的基礎設施，包括生產線仿真模型、仿真平臺和數據三部分設計；計畫調度的軟體功能實現是 MRPSS 的業務主體，包括中期生產計畫、短期生產計畫、瓶頸調度、在線最佳化等非結構化決策問題的求解，最終透過軟體組件的形式並嵌入 MRPSS 系統架構之中，以體現可重構和軟體複用的能力。

8.1 原型系統簡介

MRPSS 以多重入的半導體製造為背景，面向複雜製造系統生產計畫與調度問題的集成求解與相互配合最佳化。系統透過整合各類異構生產線模型，使之轉換成標準的系統結構，並將系統內嵌的各類標準算法庫應用於生產模型之上，從而輔助工程研究人員進行調度決策。

在業務模型方面，MRPSS 整合了 6 個半導體生產線模型，有根據實際半導體生產線建立的系統模型 BL4、BL6，有以實際生產線為背景簡化和多樣化的模型 HP24Fab1、HP24Fab2 和 HP24Fab3，也有廣泛用於半導體製造調度研究的經典模型 MiniFab。

在業務功能方面，MRPSS 涵蓋了複雜製造系統生產計畫與調度體系中的各個核心問題，並以組件化、可重構的方式加以集成。

① 投料計畫系統實現了 4 個業務系統成員：多目標最佳化投料、基於交貨期的投料、固定 WIP 投料以及混合智慧投料。

② 設備維護計畫系統實現了 3 個業務系統成員：按時維護、按片維護、智慧維護計畫。

③ 瓶頸調度系統實現了 2 個業務系統成員：瓶頸區並行設備調度最佳化、

DBR 生產線瓶頸分層最佳化。

④ 批加工調度系統實現了 1 個業務系統成員：基於蟻群最佳化算法的批加工設備調度。

⑤ 實時派工系統實現了 10 餘種基本派工規則與複合優先級規則，如費洛蒙算法規則、網格算法規則、批加工設備規則等。

⑥ 在線最佳化系統實現了 3 個業務系統成員：單臺設備匹配重調度、設備組匹配重調度與右移重調度。

⑦ 工件調度系統，該子系統的功能是進行非批、非瓶頸加工區的工件選擇，或者當下游瓶頸設備、批加工設備發生瞬時瓶頸情況時進行工件調度最佳化，在原型系統裡透過實時派工系統實現相應功能。

透過使用 MRPSS 可以減少模型開發的成本，提高製造系統模型的靈活度，提高調度決策的準確性與快速性，與此同時，提供各類算法在實際生產過程中的反饋資訊，透過大量數據，進一步提高算法的適用範圍與強壯性，為複雜製造系統研究提供了良好的研究平臺。

8.2 原型系統設計

8.2.1 原型系統基礎架構設計

MRPSS 分為 3 部分：數據層、軟體層、仿真層，如圖 8-1 所示。

(1) 數據層

數據層儲存著 MRPSS 包含的所有半導體生產線模型的數據，每個數據庫均為同構數據庫。數據層與仿真層和軟體層之間的通訊不是直接通訊，是透過各自的數據介面對數據層間接通訊，從而實現半導體生產線模型的自由切換。

(2) 軟體層

軟體層是 MRPSS 系統的核心部分，用於半導體生產線標準建模，組件配置管理，使用者介面交互等。軟體層透過數據介面對數據層進行讀取，並在層內進行組件的配置以及參數的設置，最後調用仿真層，實現半導體生產線模型的仿真。

(3) 仿真層

仿真層用於對系統當前模型進行調度仿真，為軟體層的特定組件提供仿真平臺。仿真層作為軟體層的支援平臺本身不可自行啓動，需透過軟體層控製其啓動、仿真、停止等活動。

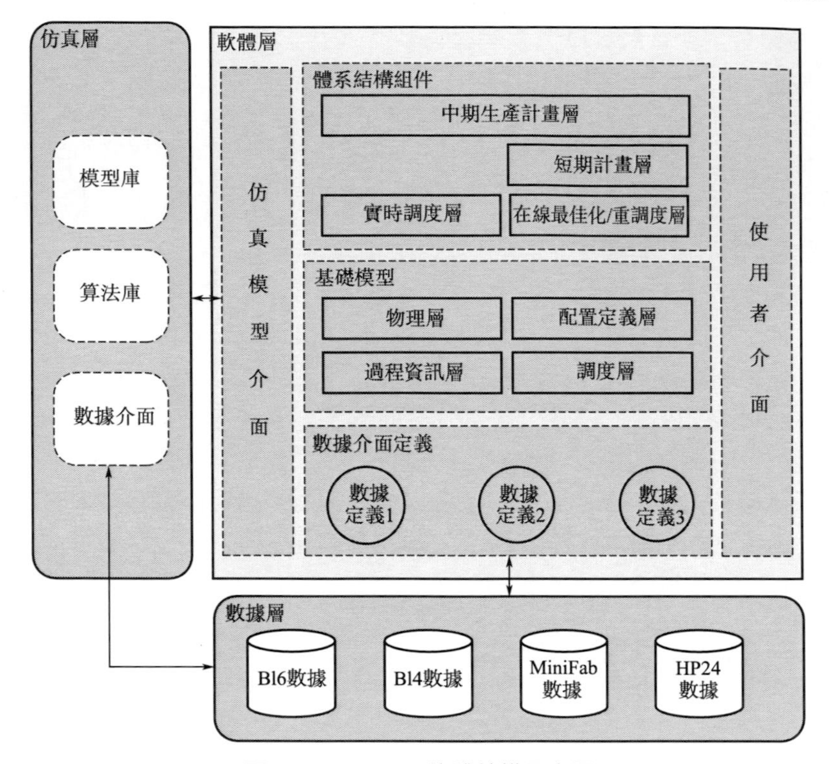

圖 8-1 MRPSS 總體結構示意圖

8.2.2 數據層設計

數據層儲存了 MRPSS 包含的 6 個半導體生產線數據，是軟體層建立基礎模型的依據。數據層設計的原則是必須保證 6 個模型數據結構的一致，由通用結構模型對數據的需求，分析出以下幾個基本數據實體表。

① 訂單表。包括訂單的客户、優先級、數量、交貨期等相關屬性，這是計畫投料的基礎。

② 投料表。包括投料數量、投料日期、所屬產品等。

③ 維護任務表。包括維護任務的最晚開始時間、最早開始時間、持續時間等。

④ 產品表。包括產品的流程定義、每步流程的加工時間、產品的平均加工時間、平均移動步數等。

⑤ 加工區、設備表。包括加工區構成、設備狀態、設備類型、設備使用的調度規則、加工歷史記錄等。

⑥ 在線工件表。包括在線工件的狀態、所在設備、狀態開始時間、結束時間等。

⑦ 派工單表。包括開始時間、結束時間、工件編號、設備編號等。

⑧ 性能統計表。包括生產線上各種性能指標的記錄。

⑨ 調度算法表。包括調度算法名資訊，以及算法與設備的關聯。

原型系統基礎架構資訊層次見圖 8-2，資訊層次與數據實體表對應關係如表 8-1 所示。

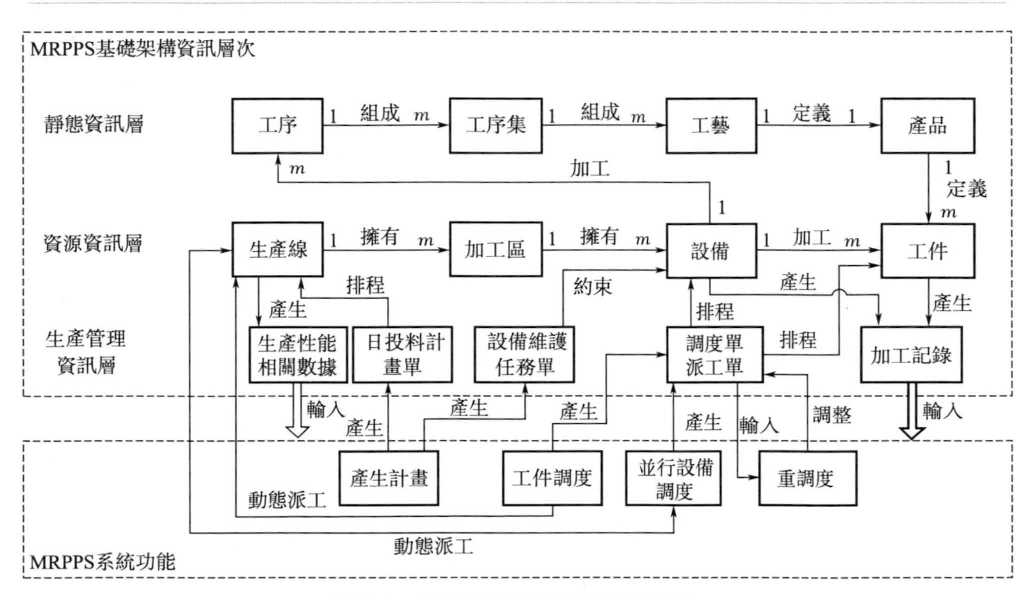

圖 8-2　原型系統基礎架構資訊層次

表 8-1　原型系統基礎架構資訊層次與數據實體表對應關係

模型層次	數據表
靜態資訊層	產品表
資源資訊層	加工區、設備表、在線工件表
生產管理資訊層	投料表、維護任務表、派工單表、性能統計表
系統功能層	調度算法表

8.2.3　軟體層設計

軟體層主要由 5 部分組成：數據介面定義、基礎模型、體系結構組件、仿真介面、使用者介面。以下介紹每一部分的詳細設計。

(1) 數據介面定義

數據介面定義的作用是，當軟體層需要訪問數據層的數據時，原生數據經由數據介面定義部分加工，成為軟體層可方便利用的數據，且數據的組織方式就按照半導體生產線通用結構模型來定義。

數據層包括 6 個半導體生產線模型的數據，雖然數據不同，但數據庫的結構都是相同的，所以數據介面定義只需要參數實例化即可完成對任意一種模型的讀取與寫入。若有不同數據結構的數據庫加入，只需在軟體層再定義一份與之對應的數據介面定義，則可完成異構數據庫的集成。因此，這樣的設計對系統有一定的擴展性。

如圖 8-3 所示，虛線框部分為數據介面，工作分兩個階段：首先，根據不同的數據庫選擇不同的數據庫介面定義；然後根據表 8-1 加工原生數據。加工後的數據由軟體層將其填充入基礎模型。

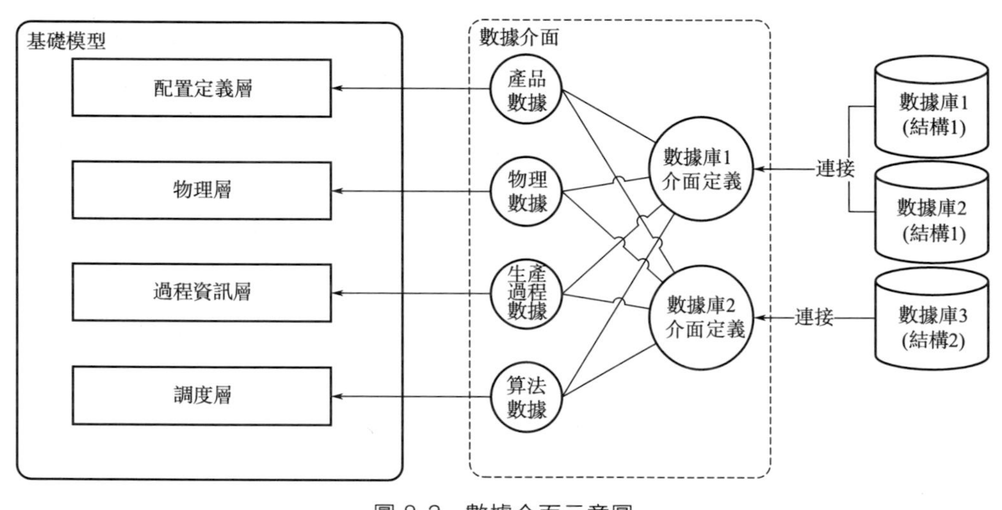

圖 8-3 數據介面示意圖

(2) 基礎模型

基礎模型的作用是，將從數據層讀取的數據以一定的組織方式加載入內存中，以方便各組件對數據的快速調用。數據的組織方式是按照半導體通用結構模型的定義來設定的。

基礎模型的數據輸入透過數據介面加載數據，它的輸出是符合各組件介面定義的規範化數據，供各組件使用。組件介面的定義方式是按照組件化可重構體系結構的理論基礎，與體系結構各層次一一對應，即中期生產計畫介面、短期生產計畫介面、實時調度與在線最佳化（重調度）介面。

（3）體系結構組件

在 MRPSS 上的各種算法都是透過多種組件來體現的，按照體系結構的設計，複雜製造系統的生產計畫與調度分為 3 層結構，由 4 個單元組成。每個單元內可以針對不同問題和不同算法形成多個組件，這些組件的基本結構都是類似的，一般包括四個部分：組件數據元、組件介面、組件工具、組件算法。

組件數據元是指與組件算法相關的特殊數據，也包括從基礎模型中獲取的數據，並將其轉化成能被組件方便利用的數據。組件數據元是作為組件算法的輸入與輸出，是組件數據的最小單位。

組件工具主要的作用包括：將基礎模型原始數據轉化為組件數據元，算法數據的統計、導出、讀取，生成圖表，組件參數管理。總體來說，組件工具的主要作用是對組件進行管理，使數據更易被組件使用，使統計結果更符合統計目的。

組件介面是組件與使用者交互的部分，使用者可透過介面調整算法參數，運行算法，並最終展現運算結果。

組件算法是組件的主體，是一段算法的具體實現。它結合組件的其他各部分相互配合完成工作。透過系統介面，組件得到使用者輸入的算法配置資訊，然後透過組件工具，將生產線以及算法參數數據，以組件數據元的形式讀入算法內部，經過算法運算，將結果再次透過組件工具生成對應統計結果，並由相應的導出工具或圖表工具生成結果，最後經由使用者介面將結果反饋。

（4）仿真介面

仿真介面是指軟體層與仿真層的通訊介面，仿真層是指具體的仿真軟體，理論上，只要滿足仿真介面定義的仿真軟體都可與軟體層對接。

仿真介面的主要功能包括：仿真模型的打開、關閉、保存；仿真控製（仿真開始、暫停、重置）；執行仿真內部腳本語言。

調用仿真介面的一般步驟如下。

步驟①：軟體層根據當前載入的模型數據打開特定的仿真模型。

步驟②：執行仿真軟體腳本語言初始仿真參數。

步驟③：開始仿真。

步驟④：結束仿真。

步驟⑤：保存仿真模型並退出。

仿真介面的算法全部採用異步設計，這樣可使軟體層的管理與仿真同步進行，互不干擾。

（5）使用者介面

使用者介面是指使用者操作軟體層的交互介面。使用者介面的設計原則是全開放式，即將所有設置參數的面板都集中在主介面上，盡量減少菜單的數量。這樣方便使用者對各層次進行比對，同時也使使用者操作更為簡便。另外，軟體的主介面按照半導體生產體系結構的層次來設計，使介面更符合軟體的操作順序。

8.2.4 仿真層設計

仿真層是基於商業仿真平臺 Plant Simulation 進行開發，所以要求仿真軟體有較強的使用者訂製功能。仿真層主要包括三塊：模型庫、算法庫、數據介面。

（1）模型庫

模型庫包含 6 種半導體生產線仿真模型。模型庫的建立過程是動態的，即採用動態建模技術動態地生成 6 種模型（動態生成過程見圖 8-4），這 6 種模型的結構、控製程序、數據介面都是相同的。

生產線仿真模型具備上一小節所述四類數據時，便可以被動態加載入仿真平臺和計畫調度原型系統，并且能夠將生產線模型資訊顯示在原型系統的介面上。

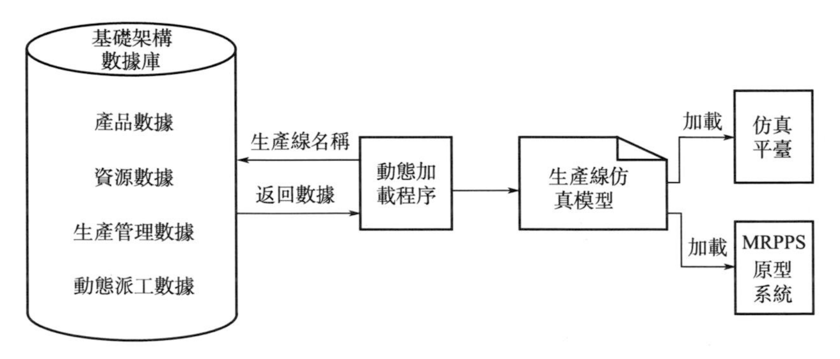

圖 8-4　基於數據的生產線仿真模型動態生成過程

（2）算法庫

算法庫包括四塊內容：模型自動加載算法（基於數據動態建立模型的過程）、仿真模型控製算法（指控製工件加工流程的底層算法）、調度策略算法（包括啓發式規則、智慧調度算法等），以及統計算法。由於仿真模型結構的統一，所有的算法可適用於所有仿真模型。

（3）數據介面

數據介面的主要工作是與數據庫進行交互，原始數據到仿真模型需要一個標準化的轉化，數據庫介面提供轉化的相關程序。另外，在數據寫回數據層的過程中，數據介面進行了一個相反的轉化過程。

8.3 數據層實現

根據表 8-1 設計的數據表種類，各模型數據表的實現細節如表 8-2 所示。

表 8-2　數據表

數據表	參數名	說明
產品表	Product	產品
	Process	產品流程
	Step	工藝步驟
加工區、設備表	WorkArea	加工區
	Equipment	設備
	EquipmentStatus	設備狀態
在線工件表	Lot	在線工件
	LotHistory	工件歷史
	LotStatus	工件狀態
	LotType	工件類型
投料表	Order	訂單
	Schedule	投料
維護任務表	Maintenance	維護
派工單表	Dispatch	派工單
性能統計表	WorkAreaStatistic	加工區性能統計
	EquipmentUsage	設備利用率統計
調度算法表	DispatchRule	調度算法
	EquipmentToRule	設備算法關聯

各數據表之間的關聯如圖 8-5 所示。

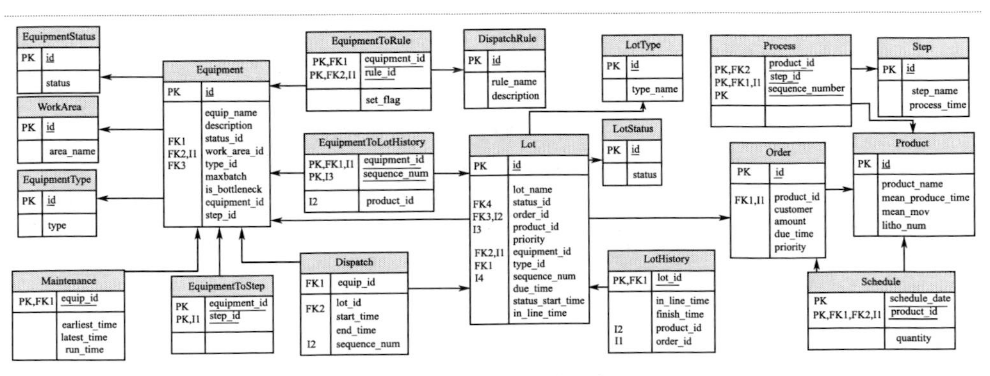

圖 8-5　數據表關聯示意圖

8.4 軟體層實現

MRPSS 的實現平臺為 .Net Framework 3.5，開發工具為 Visual Studio，程序語言為 C#。系統基於面向對象設計原則，程序各模塊相對獨立。以下簡要介紹系統程序大致框架。

系統實現主要分為五類模塊：基礎數據類、組件類、數據介面類、系統介面類、工具類。各部分與 8.2.3 節軟體層設計的對應關係如表 8-3 所示。

表 8-3　軟體層組成與系統模塊對應表

軟體層組成	系統模塊	程序包名稱
數據介面定義	數據介面類	dataTable
基礎模型	基礎數據類	bean
體系結構組件	組件類	component
仿真模型介面	工具類	util
使用者介面	系統介面類	ui

各個模塊的描述與 8.2.3 描述基本一致，只有在仿真模型介面的實現上，對應的工具類除了實現對仿真模型的操作功能外，還附加了對系統數據的統計、生成圖表、生成統計文件、系統參數管理等功能的實現。

以下對軟體層組成的實現作分別詳述。

8.4.1 數據介面定義實現

數據介面的實現主要包括兩部分：介面定義、介面實現。介面定義指的是將數據介面的功能透過方法聲明在代碼中羅列。介面實現指的是根據介面定義，對每一項功能進行具體的代碼實現。數據介面定義與介面實現的對應關係如表 8-4 所示。

表 8-4　數據介面定義與介面實現對應表

介面定義	介面實現	說明
DispatchRuleTableInt	DispatchRuleTable	調度規則表
DispatchTableInt	DispatchTable	派工單表
EquipmentStatusTableInt	EquipmentStatusTable	設備狀態表
EquipmentStepTableInt	EquipmentStepTable	設備加工工藝表
EquipmentTableInt	EquipmentTable	設備表

續表

介面定義	介面實現	說明
EquipmentTypeTableInt	EquipmentTypeTable	設備類型表
LotStatusTableInt	LotStatusTable	工件狀態表
LotTableInt	LotTable	工件表
LotTypeTableInt	LotTypeTable	工件類型表
OrderTableInt	OrderTable	訂單表
ProcessTableInt	ProcessTable	產品流程表
ProductTableInt	ProductTable	產品表
ScheduleTableInt	ScheduleTable	投料表
SimulConfigTableInt	SimulConfigTable	仿真參數表
StepTableInt	StepTable	工藝步驟表
WorkAreaTableInt	WorkAreaTable	加工區表

數據介面定義與數據庫的物理表一一對應，而介面實現則可看作為數據層在軟體層的軟表（仿真模型內部表）。加載程序對軟表再加工，使之組織成基礎模型，加載流程如圖 8-6 所示。

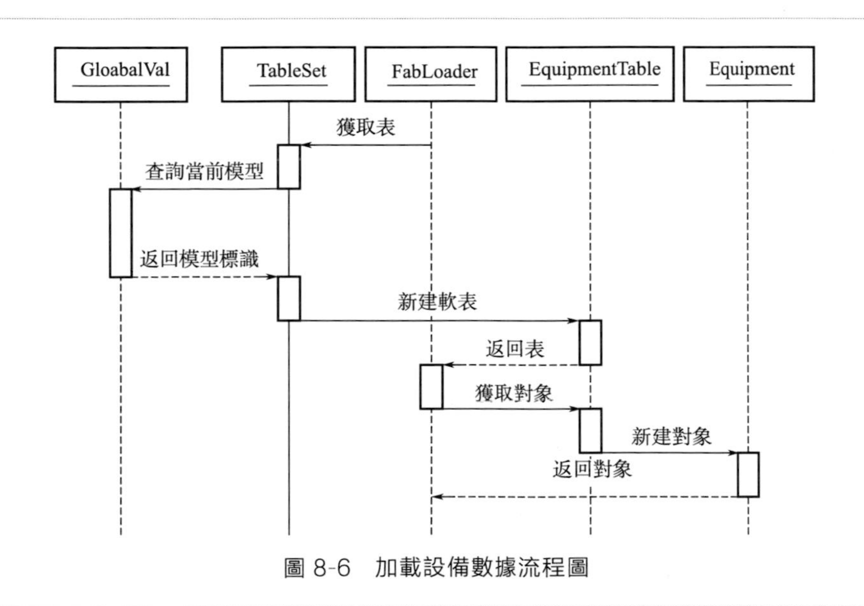

圖 8-6 加載設備數據流程圖

FabLoader 是工具類中用於加載模型的類，首先由它發起加載設備表的請求。TableSet 類是數據表的集合，透過它可獲取當前模型數據中的任意表。TableSet 透過 GloabalVal 查詢當前何種模型在運行，之後 TableSet 根據當前運行模型的標識，選擇對應的 EquipmentTable 生成實例，最後 FabLoader 得到該實例。FabLoader 調用 EquipmentTable 的 load 方法生成 Equipment 實例，將其放入基礎模型，繼續加載模型其他部分。

8.4.2 基礎模型實現

基礎模型由數據介面所加載的軟表組織而成，基礎模型的每個部分往往對應多個軟表，因為數據表之間是沒有直接關聯的，數據表的關聯是由關聯表來體現的，加載程序將數張實體表與關聯表結合，生成對應的基礎模型元素，這個過程是一個將關係型數據轉化為面向對象型數據的過程。基礎模型各元素與數據表之間的聯繫如表 8-5 所示。

表 8-5 基礎模型數據元素與數據表對應表

基礎模型元素	說明	數據表
Dispatch	派工單	DispatchTable
DispatchRule	調度規則	DispatchTable
Equipment	設備	EquipmentStatusTable
		EquipmentStepTable
		EquipmentTable
		EquipmentTypeTable
Lot	工件	LotStatusTable
		LotTable
		LotTypeTable
Order	訂單	OrderTable
Product	產品	ProductTable
		ProcessTable
		StepTable
Schedule	投料	ScheduleTable
WorkArea	加工區	WorkAreaTable

當數據表轉化為基礎模型元素時，往往是將數據轉化為元素的一項屬性。例如 Equipment 類，EquipmentTable 將其主要數據加載入對象，Equipment-StepTable、EquipmentTypeTable 和 EquipmentStatusTable 所加載的數據作為 Equipment 的各種屬性而存在。這樣的做法使數據關聯更緊密，也方便上層組件調用。

基礎模型各對象的 UML 如圖 8-7 所示。

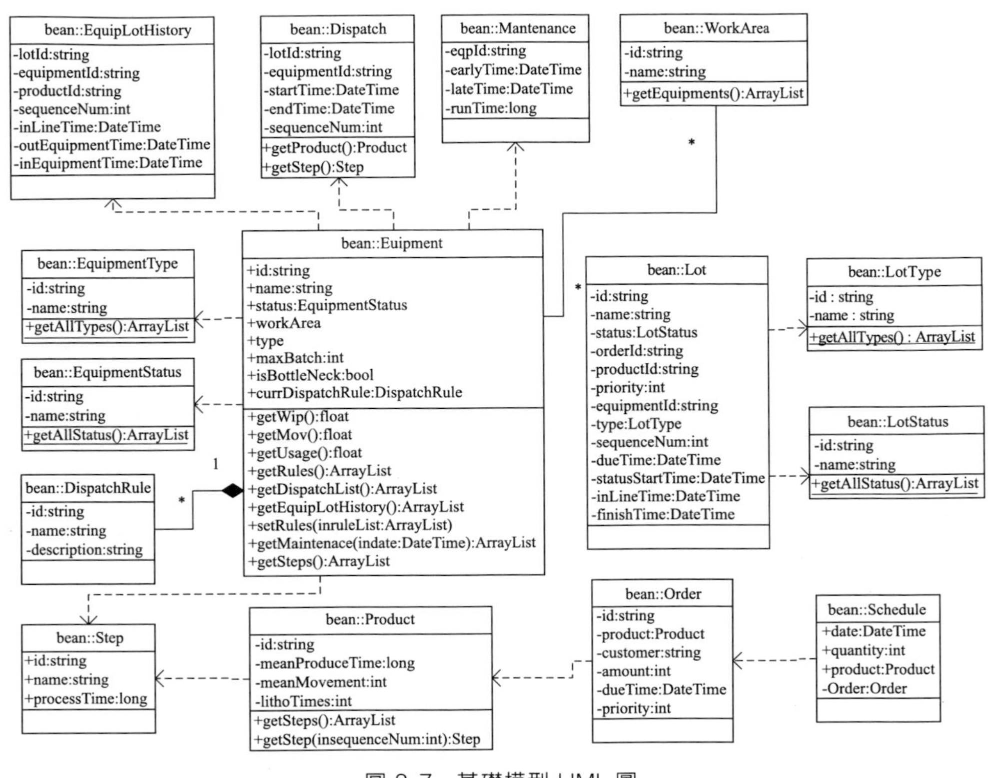

圖 8-7 基礎模型 UML 圖

8.4.3 體系結構組件實現

MRPSS 系統按照半導體生產調度體系的三層結構，實現了以下幾種組件，如表 8-6 所示。

表 8-6 組件列表

結構層次	組件	說明
中期生產計畫	Conwip	基於固定數量投料組件
	HybridIntelligent	混合智慧投料組件
	MultiGoal	多目標最佳化投料組件
	PredictDueDate	預期交貨期投料組件
短期生產計畫	DBR	DBR 調度組件
	DispatchRule	啓發式規則調度組件
	ACO	ACO 瓶頸最佳化組件

續表

結構層次	組件	說明
實時調度	BatchProcessing	批加工設備調度組件
	SchedulingDispatchRule	實時調度排程組件
重調度/在線最佳化	SMUR	單臺設備匹配重調度
	GMUR	設備組匹配重調度
	RSR	右移重調度組件

以下分別對各組件的算法與實現情況進行詳細介紹。首先描述中期生產計畫層各組件的實現。

(1) 中期生產計畫組件

① 基於固定數量投料組件（Conwip）

固定投料[1] 是一種簡單的投料策略，是指在一段時間內，系統每日對生產線投固定數量的工件。

固定投料組件各部分的實現如表 8-7 所示。

表 8-7　固定投料組件各部分的實現表

組件組成	組件實現類名	說明
組件數據元	ConwipContext	組件參數
	DayPlan	日投料計畫
	DayPlanCollection	日投料計畫集合
組件介面	ConwipMain	組件主介面
組件工具	OrderManager	訂單管理工具
	PlanManager	投料計畫管理工具
	ProductManager	產品管理工具
	StepManager	工藝步驟管理工具
組件算法	Conwip	固定投料算法

組件數據元部分：ConwipContext 用來管理組件參數，主要包括投料的計畫期跨度。DayPlan 是指每日的具體投料計畫。DayPlanCollection 是指多個日期的投料計畫，用於管理多個 DayPlan，方便對投料計畫進行統一操作。

組件工具部分：OrderManager 是對訂單的管理，用於讀取訂單資訊，獲得特定產品的投料數量。PlanManager 用於投料計畫的管理，方便對 DayPlanCollection 的讀取與寫入。ProductManager 用於查詢與產品相關的數據。

組件算法為固定投料算法的具體實現。

組件介面如圖 8-8 所示。

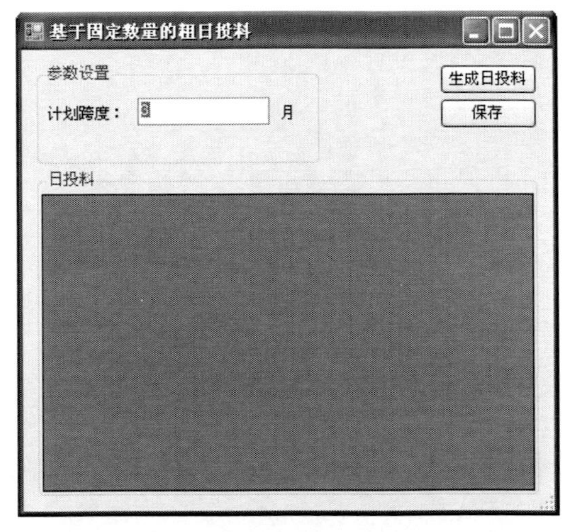

圖 8-8　基於固定數量的粗日投料介面

② 混合智慧投料組件

混合智慧投料[2] 是一種較複雜的投料策略，基於模糊模擬以及遺傳算法，它分為兩個階段：生成月計畫、生成日計畫。生成月計畫時，首先算法預估生產線產能，統計在線工件，計算生產線剩餘產能，計算瓶頸設備。首月投一定數量的工件，以滿足瓶頸設備剩餘產能。後幾個月的投料根據計畫期跨度以及交貨期，平均分配剩餘工件至每月。然後透過遺傳算法，隨機削減與增加每月的投料，計算適應值最高的投料計畫。生成日計畫時，平均分配月計畫至每日，即是每日的投料計畫。

混合智慧投料組件各個部分的實現如表 8-8 所示。

表 8-8　混合智慧投料組件實現表

組件組成	組件實現類名	說明
組件數據元	HybridContext	組件參數
	DayPlan	日投料計畫
	DayPlanCollection	日投料計畫集合
	MonthPlan	月投料計畫
	MonthPlanCollection	月投料計畫集合
	OrderStatistic	訂單統計數據
	ProductStatistic	產品統計數據
	StepStatistic	工藝步驟統計數據
	Chromosome	基因
	Population	種群

續表

組件組成	組件實現類名	說明
組件介面	HybridMain	組件主介面
組件工具	OrderManager	訂單管理工具
	PlanManager	投料計畫管理工具
	ProductManager	產品管理工具
	StepManager	工藝步驟管理工具
	WipManager	在線工件管理工具
	GeneticManager	遺傳算法管理工具
組件算法	Hybrid	固定投料算法

組件數據元部分：除了與基於固定數量投料組件相同的部分，還有 MonthPlan 是單個月的投料計畫數據。MonthPlanCollection 是多個月的投料計畫集合。OrderStatistic、ProductStatistic、StepStatistic 分別用來存放訂單、產品、工藝步驟的統計數據。Chromosome 表示基因，Population 表示種群，在算法後階段採用遺傳算法中會用到。

組件工具部分：除了與基於固定數量投料組件相同的部分，還有 StepManager、WipManager 在統計在線產能占用時用到，它們分別用來統計工藝步驟與在線工件資訊。GeneticManager 是遺傳算法的實現。

混合智慧投料組件的介面如圖 8-9 所示。

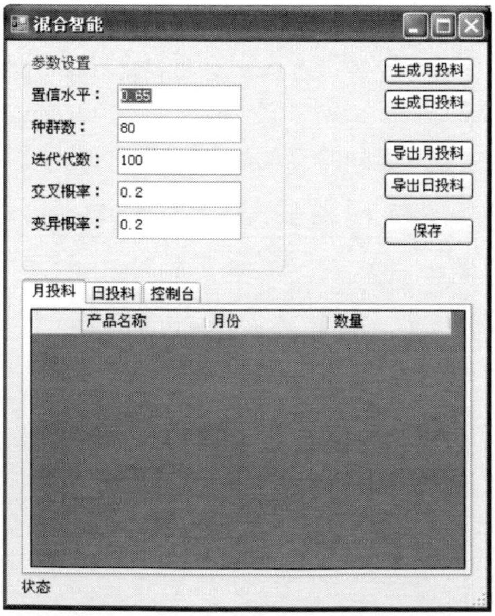

圖 8-9 混合智慧投料組件介面

③ 多目標最佳化投料組件

多目標最佳化投料是一種基於模糊邏輯方法的，綜合考慮交貨期、預期收益和加工週期三個指標的粗日投料策略。首先將客户需求、預計收益以及加工週期進行模糊化，之後設定各指標的權重，最後根據優先級的計算結果，製定日投料計畫。

多目標最佳化投料組件各個部分的實現如表 8-9 所示。

表 8-9　多目標最佳化投料組件實現表

組件組成	組件實現類名	說明
組件數據元	MultiGoalContext	組件參數
	DayPlan	日投料計畫
	DayPlanCollection	日投料計畫集合
	OrderForMultiGoal	訂單統計數據
	FactorMatrix	產品統計數據
組件介面	MultiGoalMain	組件主介面
組件工具	OrderManager	訂單管理工具
	PlanManager	投料計畫管理工具
組件算法	MultiGoal	多目標最佳化投料算法

組件數據元部分：除了上面已提及的部分，還有 OrderForMultiGoal 是為該組件訂製的訂單數據。FactorMatrix 是在模糊運算中使用的權重矩陣。

多目標最佳化投料組件介面如圖 8-10 所示。

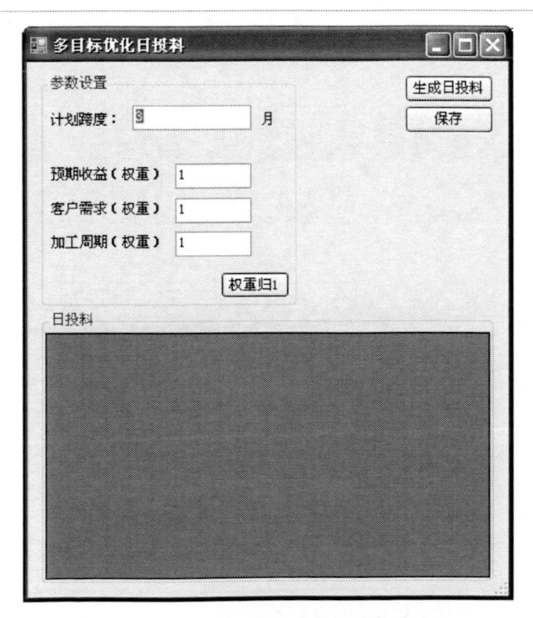

圖 8-10　多目標最佳化投料組件介面

④ 預期交貨期投料組件

預期交貨期投料策略的基本思想是按照交貨期緊急程度考慮工件進入生產線的先後次序。根據實際生產線情況，為訂單定義預期交貨期，預期交貨期實際上就是各工件的預計投料時刻與工件的平均加工週期之和。交貨期差值（工件實際交貨期與預計交貨期之間的差值）與平均加工週期的比值就可以作為粗日投料策略的依據，也就是說比值越小的，應該越早投入生產線。

預期交貨期投料組件各部分實現情況如表 8-10 所示。

表 8-10 預期交貨期投料組件各部分實現情況表

組件組成	組件實現類名	說明
組件數據元	PredictedDueDateContext	組件參數
	DayPlan	日投料計畫
	DayPlanCollection	日投料計畫集合
	ProductCollection	產品數據集合
	ProductForDueDate	產品
組件介面	PreditedDueDateMain	組件主介面
組件工具	OrderManager	訂單管理工具
	PlanManager	投料計畫管理工具
組件算法	PredictedDueDate	多目標最佳化投料算法

組件數據元部分：PredictedDueDateContext 為該算法參數，ProductForDueDate 是為該算法訂製的產品模型數據，主要是添加了產品的交貨期資訊。

預期交貨期投料組件介面如圖 8-11 所示。

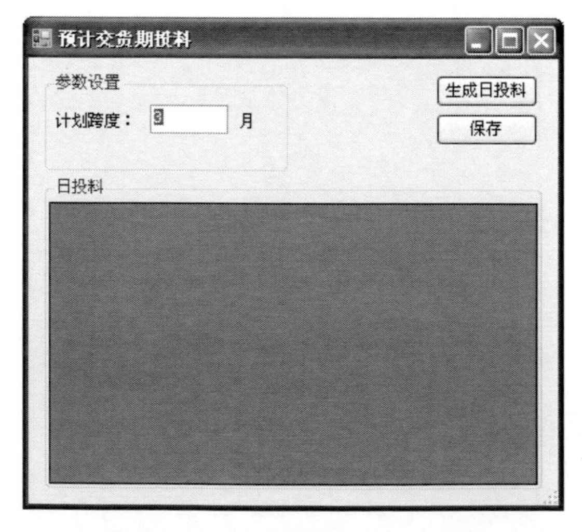

圖 8-11 預期交貨期投料組件介面

以上是中期生產計畫各組件的實現情況，下面描述的是短期生產計畫層中的各組件。

(2) 短期生產計畫組件

① DBR 調度組件

DBR 算法是一種基於分層瓶頸的調度方法，具有三要素：a. 鼓（Drum），即識別瓶頸、發現關鍵問題；b. 緩衝（Buffer），即藉助緩衝管理最大化利用瓶頸資源；c. 繩子（Rope），即利用瓶頸資源的節奏控製非瓶頸資源的調度。算法的基本原則是，以加工中心為單位，優先解決製造系統中緊迫度較高的瓶頸加工中心的調度問題，並以此為先導帶動其他加工中心的生產調度決策。基本步驟為，首先基於系統瓶頸的識別把整個生產線劃分成若干條層生產線，接著，計算出層瓶頸的加工節奏，再按照層瓶頸的節奏選擇瓶頸緩衝區中的工件進行加工，以減少同層工件在生產線上的堆積，達到平衡生產線的目的。

DBR 調度組件各部分實現情況如表 8-11 所示。

表 8-11　DBR 調度組件實現表

組件組成	組件實現類名	說明
組件數據元	LayerDefinition	生產線分層
組件介面	DBRMain	組件主介面
組件工具	OrderManager	訂單管理工具
	EquipmentManager	設備管理工具
	StepManager	工藝步驟管理工具
	ProductManager	產品管理工具
組件算法	DBR	DBR 調度算法

組件數據元部分：LayerDefinition 用來存放 DBR 算法對生產線分層定義的數據。

組件工具部分：同上文所述。

DBR 組件使用者介面如圖 8-12 所示。

② 啓發式規則調度組件

啓發式規則組件包括了大多數經典半導體調度啓發式規則的實現。包括：先入先出（FIFO）、最早交貨期優先（EDD）、最早工序交貨期優先（EODD）、最長加工時間（LPT）、最短加工時間（SPT）、臨界值（CR）、製造週期方差波動平滑（FSVCT）、最短等待時間（LS）、先入先出＋（FIFO＋）、最小剩餘加工時間（SRPT）、最小剩餘加工時間＋（SRPT＋）、最小剩餘加工時間＋＋（SRPT＋＋）、拖期方差波動平滑（FSVL）。

該組件的實現是基於仿真平臺的，所以軟體層的實現只包含組件介面，起到規則選擇的作用，啓發式規則組件介面如圖 8-13。

圖 8-12 DBR 組件使用者介面

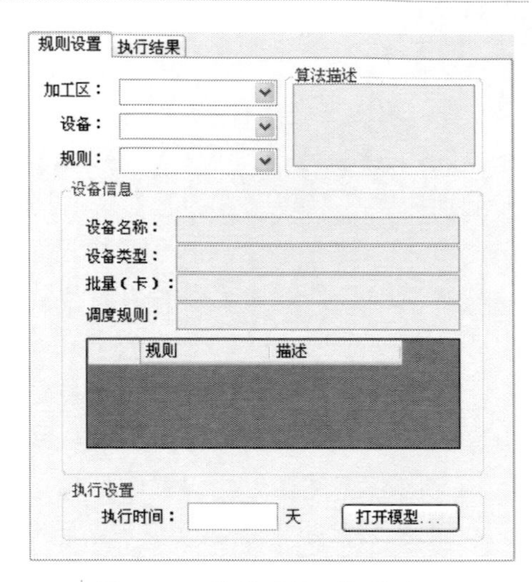

圖 8-13 啓發式規則組件介面

③ ACO 瓶頸調度組件

ACO 瓶頸調度組件是用群體智慧——蟻群最佳化算法，來解決生產線短期生產計畫層的瓶頸識別和調度。該方法基於數據，不斷更新生產線不同加工區和設備的工件的「費洛蒙」，利用緩衝區的飢餓阻塞資訊識別瓶頸。在瓶頸加工中心識別的基礎上，再基於 ACO 算法逐步形成製造生產線的排程方案。首先使用蟻群最佳化算法獲得瓶頸加工中心的排程方案，然後以其為約束，獲得並行批加工設備排程方案，最後以前面的排程方案為約束，遞推其他非關鍵設備的排程方案，形成整個生產線的排程方案。

以上是短期生產計畫各組件的實現情況，下面描述的是在線最佳化與實時調度層中的各組件。

(3) 實時調度組件

實時調度的組件包括：批加工設備調度組件、實時調度排程組件。實時調度直接銜接於中期生產計畫層，以設備維護任務及工件投料作為輸入，直接根據生產線局部實時數據給出調度決策，其工作流程如圖 8-14 所示。

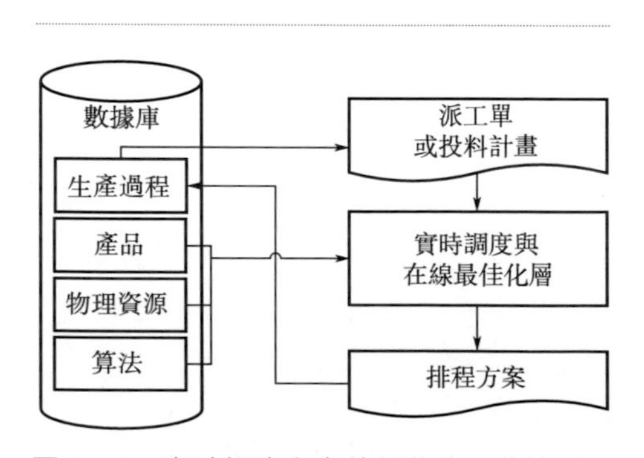

圖 8-14 實時調度與在線最佳化工作流程圖

① 實時調度排程組件

實時調度排程組件主要是透過設置不同加工區/設備的調度規則，計算工件的優先級並確定加工先後順序。該組件允許使用者對不同加工區或不同設備設置不同的調度規則。實時調度組件介面如圖 8-15 所示，設備資訊欄顯示了設備名稱、設備類型、批量（卡）和調度規則。

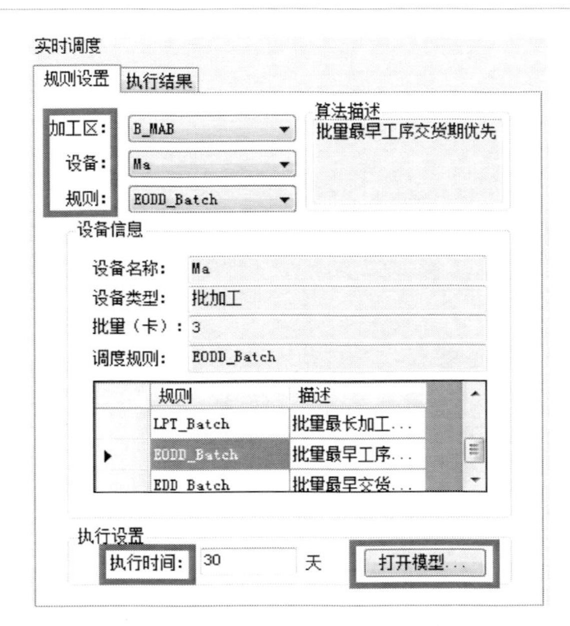

圖 8-15 實時調度組件介面

實時調度規則列表包括了大多數經典半導體調度啓發式規則的實現，如 FIFO、EDD、EODD、LPT、SPT、CR、FSVCT、LS、FIFO、SRPT、FSVL 等。

② 批加工設備調度組件

批加工設備是複雜製造系統中的一類特殊加工設備，能夠同時加工多個工件，對於半導體生產線而言，該類批加工設備占設備總數可達 20%～30%[3]。在批加工設備上進行加工的工件先要進行組批，即設備將相同加工步驟的工件集合，成批加工。最大量是批加工設備的重要參數，表示每一批次可容納工件的上限。另外，一旦批加工設備開始加工，其他工件則需等待此批加工完成，才能進入設備進行加工。

批加工設備調度一般解決兩個問題：工件組批問題，以及工件開始加工時間。批加工設備調度組件中實現的批加工規則包括 FIFO _ Batch、EDD _ Batch、EODD _ Batch、LPT _ Batch 等。

(4) 在線最佳化組件

在線最佳化與實時調度在複雜製造系統計畫調度體系中，同屬於一個層次，工作定位與最佳化流程基本相同。區別在於，實時調度以中期生產計畫形成的投料計畫作為輸入，而在線最佳化以短期生產計畫形成的靜態調度方案作為輸入。二者都需要透過讀取加工計畫數據、物理資源以及算法數據，為生產線的最佳化運行提供合適的排程方案，並最終寫入生產過程數據。只是提供的方式有所不同，上一小節介紹的實時調度組件是透過實時生成的方式，本小節介紹的在線最佳化組件是透過在線調整的方式。

① 單臺設備匹配重調度組件

單臺設備匹配重調度方法（Single Machine Match-up Rescheduling，SMUR）的主要思想是充分利用設備任務與任務之間的空閒時間，消除擾動對調度方案的影響，使得在某一個時間點之後，原調度方案將不受影響，這個時間點稱為匹配點（Match-up Point）。

SMUR 組件實現情況如表 8-12 所示。

表 8-12 SMUR 組件實現情況表

組件組成	組件實現類名	說明
組件數據元	Dispatch	派工單
組件介面	SMURMain	組件主介面
組件工具	EquipmentManager	設備管理工具
	StepManager	工藝步驟管理工具
	ProductManager	產品管理工具
	MaintenanceManager	設備維護管理工具
組件算法	SMUR	SMUR 算法

組件數據元部分：由於 SMUR 算法是用於調整派工單，Dispatch 是指派工單的一項數據，作為 SMUR 處理的最小單元。

組件工具部分：EquipmentManager 用來讀取或設置設備的派工任務。ProductManager、StepManager 用於在調整派工任務時，查詢工件對應產品及工藝步驟資訊。MaintenanceManager 用於讀取或設置設備的維護任務。

SMUR 組件介面如圖 8-16 所示。

② 設備組匹配重調度組件

由於生產線中存在著一些互替設備，當其中某臺設備突發故障之後，我們不僅考慮設備內的匹配重調度，同時建議在設備組中移動加工任務以減輕故障設備的機時壓力，這種有效利用整個設備組空閒時間的匹配重調度方法稱為設備組匹配重調度（Group Machine Match-up Rescheduling，GMUR）。

GMUR 組件實現情況如表 8-13 所示。

圖 8-16　SMUR 組件介面

表 8-13　GMUR 組件實現情況表

組件組成	組件實現類名	說明
組件數據元	Dispatch	派工單
組件介面	GMURMain	組件主介面
組件工具	EquipmentManager	設備管理工具
	StepManager	工藝步驟管理工具
組件工具	ProductManager	產品管理工具
	MaintenanceManager	設備維護管理工具
組件算法	GMUR	GMUR 算法

GMUR 的實現基本與 SMUR 相同，只是在組件算法部分有些區別，GMUR 需要考慮互替設備的空閒情況，而 SMUR 只考慮本設備。GMUR 組件使用者介面與 SMUR 類似。

③ 右移重調度組件

右移重調度（RSR）的主要思想是，當生產線產生某種擾動時，這裡假設為某臺設備突發故障，需要耗費該設備一定的機時 T，則從受影響的任務開始，調度方案上未加工的任務統一向後延遲時間 T。

RSR 的實現情況如表 8-14 所示。

表 8-14 右移重調度組件實現情況表

組件組成	組件實現類名	說明
組件數據元	Dispatch	派工單
組件介面	RSRMain	組件主介面
組件工具	EquipmentManager	設備管理工具
	StepManager	工藝步驟管理工具
	ProductManager	產品管理工具
	MaintenanceManager	設備維護管理工具
組件算法	RSR	RSR 算法

右移重調度組件在數據元、組件介面、組件工具上的實現類似 SMUR 或 GMUR。只是在組件算法中，RSR 的算法實現要簡單得多。

8.4.4 仿真模型介面實現

MRPSS 的仿真層採用 Plant Simulation 作為平臺，在仿真介面的實現上，Plant Simulation 自帶的 COM 組件很好地實現了這部分工作。表 8-15 列出介面的全部定義，以及所對應的方法實現。

表 8-15 仿真模型介面實現表

介面定義	COM 組件對應方法	說明
仿真模型打開	loadModel	模型名為參數,打開模型
仿真模型關閉	closeModel	關閉模型
仿真模型保存	saveModel	模型名為參數,保存模型
仿真開始	startSimulation	控製器為參數,開始仿真
仿真暫停	stopSimulation	控製器為參數,結束仿真
仿真重置	resetSimulation	控製器為參數,重置仿真
執行仿真內部腳本語言	executeSimTalk	腳本語言為參數,執行腳本

8.4.5 使用者介面實現

MRPSS 系統主介面如圖 8-17 所示。

介面左邊部分為當前載入生產線的工廠布局，樹狀第一級為加工區，第二級為設備。主介面右邊部分完全按照生產體系結構劃分。

中期生產計畫可操作的部分為：投料算法的選擇、投料算法的設置、訂單設置與查看、日投料列表、日投料編輯與清空。

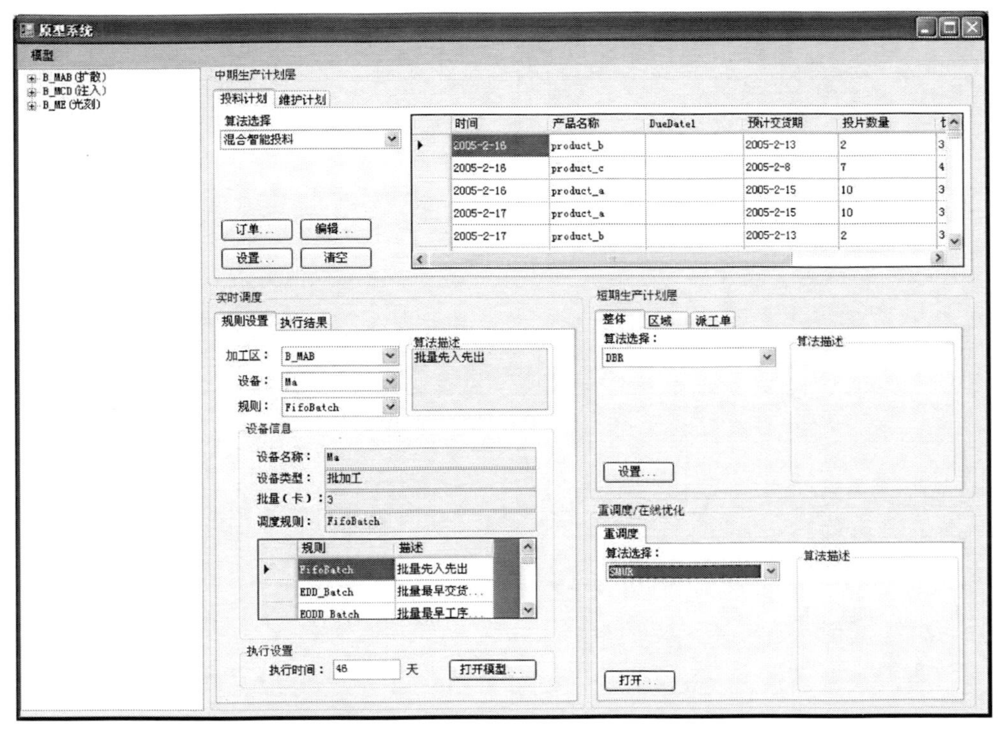

圖 8-17　MRPSS 系統主介面

實時調度可操作部分為：設備調度規則設定、調度規則資訊查看、仿真時間設置、打開仿真模型進行仿真。

短期生產計畫可操作部分為：選擇靜態調度算法、查看算法描述、設置算法參數。

重調度/在線最佳化可操作部分為：選擇算法、查看算法描述、打開指定算法控製面板。

除主介面外，還包括模型選擇對話框、訂單管理對話框、性能指標生成對話框、投料編輯對話框介面。

8.5 仿真層實現

MRPSS 仿真層採用離散事件仿真軟體 Plant Simulation 作為開發平臺，仿真層的實現包括三部分：模型庫、算法庫、數據介面。

8.5.1 模型庫實現

模型庫內包含 6 種模型，分別為：MiniFab、HP24-Fab1、HP24-Fab2、HP24-Fab3、BL4、BL6，每個模型的生成都是由統一的建模程序來動態生成的，所以它們的基本結構都是相同的。各模型的組成主要包括以下幾塊。

(1) 緩衝區

模型中，緩衝區與加工區是一一對應關係，即只為加工區設置緩衝區，設備前無緩衝區設置。緩衝區繼承自 Plant Simulation 中的 Sorter，緩衝區參數表如表 8-16 所示。

表 8-16 緩衝區參數表

參數名	參數類型	說明
Mov	整數	該加工區的 Mov 指標統計
Wip	整數	該加工區的 Wip 指標統計
WorkCenterList	列表	屬於該加工區的設備列表

(2) 設備

設備繼承自 Plant Simulation 中的 ParalleProc。設備參數表如表 8-17 所示。

表 8-17 設備參數表

參數名	參數類型	說明
Batch	整數	設備加工批量
Buffer	對象	設備對應的緩衝區
EqpId	整數	設備 Id
IsFree	數字	設備空閒標誌
RecentLotEntryTimePoint	日期時間	最近一次工件進入時間
ScheduleRule	字符串	設備採用的調度規則
StatusId	數字	設備狀態
Step	列表	設備可加工菜單列表
WaitingLotList	列表	緩衝區中設備可加工工件列表
WorkingTimeOfPeriod	小數	設備實際加工累計時間

(3) 工件

仿真模型上的工件為生產線上正在加工的工件，未投入到生產線的工件在模型上並不顯示。工件繼承自 Plant Simulation 中的 Entity。工件的參數表如表 8-18 所示。

表 8-18 工件參數表

參數名	參數類型	說明
DueTime	日期時間	交貨期
EndTime	日期時間	最近一次加工完成時間
Equipment	對象	所在的加工設備
Flow	列表	加工流程列表
FlowIndex	數字	當前加工步驟
InLineTime	日期時間	入線時間
LotId	數字	工件 Id
LotName	字符串	工件名稱
OrderId	數字	工件對應的訂單 Id
OutLineTime	日期時間	出線時間
Priority	數字	優先級
ProductId	數字	工件對應的產品 Id
QualifiedWorkCenter	列表	工件下一步可進入的設備列表
StartTime	日期時間	最近一次開始加工時間
StatusId	數字	工件狀態
SumProcTime	小數	累計加工時間
TypeId	數字	工件類型

(4) 投料觸發器

投料觸發器是指在指定的時間點，根據投料計畫向生產線中投料的組件。所有模型的觸發器都設定在當日 0 點投料。投料觸發器繼承自 Plant Simulation 中的 Trigger。

(5) 性能統計觸發器

性能統計觸發器是指在指定的時間間隔下，對生產線的各種性能指標進行統計，並將統計結果保存。例如，性能統計觸發器可以設定每隔 30min 對整條生產線進行統計，統計的指標包括：加工區 MOV 及 WIP、設備利用率等。

以上是仿真模型中各部分的實現細節，圖 8-18 為 BL6 模型的部分布局（生產線布局）。

模型最上方依次為：仿真控製器、仿真控製程序（初始化、重置、結束）、投料觸發器、性能統計觸發器。

靠左邊豎排是所有緩衝區，右邊與之相連的都是共享該緩衝區的加工設備，每一橫排表示一個加工區（緩衝區與設備）。

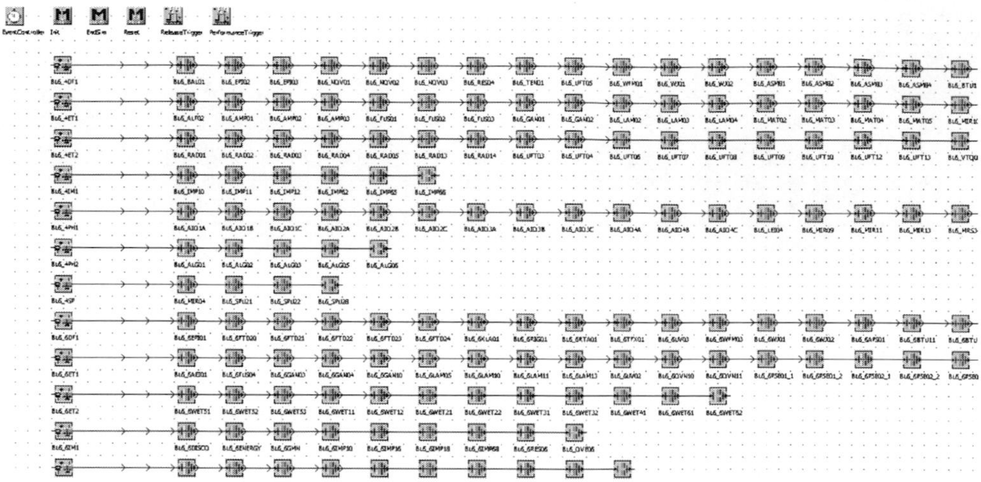

圖 8-18　BL6 生產線布局圖

8.5.2 算法庫實現

算法庫包括四塊內容：模型加載算法、仿真模型控製算法、調度策略算法以及生產統計算法。

(1) 模型加載算法

模型加載算法用於仿真開始建立模型之時，加載算法透過數據介面加載數據層數據，從而完成仿真模型的建立。加載算法相關的程序如表 8-19 所示。

表 8-19　加載算法相關的程序

算法名	說明
ModelInit	模型載入總算法
InitFab	載入工廠布局
InitProduct	載入產品資訊
InitLot	載入在線工件資訊
InitSimulConfig	載入仿真參數
InitRelease	載入投料資訊

(2) 仿真模型控製算法

仿真模型控製算法包括對仿真進程的開始、停止、初始化，同時也包括在仿真運行之時控製工件的流動，以及設備的加工方式。這部分算法是使仿真模型能夠運行起來的底層算法，相關算法如表 8-20 所示。

表 8-20 仿真模型控製算法

算法名	說明
StartUp	開始仿真
BasicEndSim	結束仿真
BasicReset	重置仿真
InBuffer	工件進入緩衝區調用的方法
InWorkCenter	工件進入設備調用的方法
OutWorkCenter	工件出設備調用的方法
ScheduleLotInBuffer	調度在緩衝區中的工件
LotDispatch	將工件從緩衝區中分派到設備
InitLotAttrInBuffer	初始化工件進入緩衝區時的各種參數
ScheduleControl	根據設置調用特定啓發式規則

(3) 調度策略算法

調度策略算法包括兩部分：一是啓發式規則算法；二是 DBR 調度算法。其中，啓發式規則包括：先入先出（FIFO）、最早交貨期優先（EDD）、最早工序交貨期優先（EODD）、最長加工時間（LPT）、最短加工時間（SPT）、臨界值（CR）、製造週期方差波動平滑（FSVCT）、最短等待時間（LS）、先入先出＋（FIFO＋）、最小剩餘加工時間（SRPT）、最小剩餘加工時間＋（SRPT＋）、最小剩餘加工時間＋＋（SRPT＋＋）、拖期方差波動平滑（FSVL）。

(4) 生產統計算法

生產統計算法指相隔固定時間對生產線進行性能指標的統計，模型庫中提供調用統計算法的時機，而在算法庫中則是統計算法的具體實現。統計算法主要針對基本性能指標進行統計，即 MOV、WIP、設備利用率、平均加工週期、準時交貨率、產量（或平均日生產率）等指標，算法名是 PerformanceCtrl。

8.6 MRPSS 使用流程

MRPSS 的使用流程及組件選擇示意圖如圖 8-19 所示。

MRPSS 使用流程主要包括：載入模型、生成投料、生成調度方案、實時調度、重調度。

當打開 MRPSS 主介面，使用的第一步驟是選擇一種半導體生產線模型，進行數據載入，為之後的調度仿真做好初始化工作。接著，在 4 種投料算法中選擇一種算法，生成日投料計畫。此後，根據體系結構的設計，可選擇 3 層結構或 2 層結構。若選擇 3 層結構，則生成靜態調度方案，這裡有 13 種啓發式規則以及 DBR 算法供選擇。若選用 2 層結構，則直接進行實時調度，同樣有 13 種啓發式規則供選用。3 層結構下，最後若設備有故障發生，還需進行重調度，這裡可有 3 種算法供選擇，即 SMUR、GMUR 和 RSR。

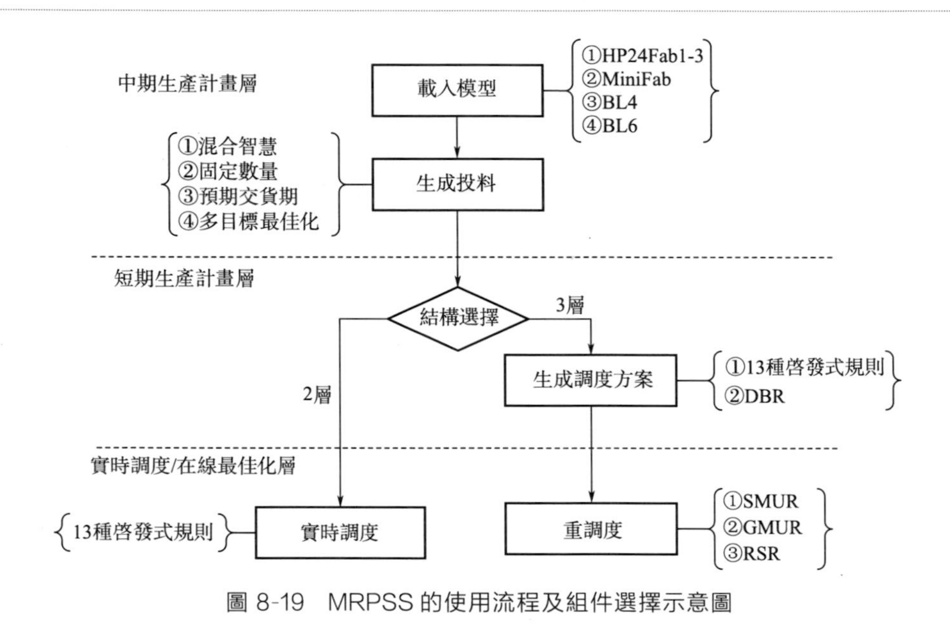

圖 8-19　MRPSS 的使用流程及組件選擇示意圖

參考文獻

[1] 吳啓迪，喬非，李莉，等．半導體製造系統調度[M]．北京：電子工業出版社，2006.

[2] 李兆佳．混合智慧算法在半導體生產線生產計畫中的應用研究[D]．上海：同濟大學，2009.

[3] 吳啓迪，李莉，喬非，於青雲．半導體製造系統智慧調度[M]．北京：清華大學出版社，2015.

第9章

基於原型系統的可重構實施

前述章節研究了可重構的計畫調度集成體系結構的構建，以及系統結構框架下的核心問題及方法，並設計實現了原型系統，建立了多重入複雜製造系統計畫調度可重構能力的實現基礎。本章首先概述了原型系統的基本使用介面，接著結合複雜製造系統兩個 BenchMark 模型（HP24 和 MiniFab 模型），進行體系結構的可重構驗證和最佳化研究。以解決複雜製造系統計畫調度的典型問題為背景研究「計畫-調度-重調度」結構，進行體系結構的可重構驗證，該問題需要投料計畫系統、瓶頸最佳化系統、實時派工系統、設備維護計畫系統、重調度系統相互配合，以綜合最佳化生產性能為導向，進行計畫調度體系的可重構最佳化研究，根據 Little 定律的產出、週期和在製品水準關係，確定生產線整體的最佳化方向，進而確定參與重構的業務功能系統以及重構結構，有針對性地調用最佳化策略和方法。

9.1 原型系統基本使用介面

對於複雜製造系統的生產過程，除了產品數量、設備狀態、工藝流程等固有特性各不相同外，有運轉初期的調整狀態，有到一定載荷水準的量產穩定狀態，有因為波動帶來擾動後的穩態恢復過程。在原型系統中內置了多個半導體生產線模型，并且預留了動態加載模型的介面，可以用於研究生產投料、短期調度、在線重調度最佳化形成的「計畫-調度-在線最佳化/重調度」三層結構和「計畫-實時調度/派工」兩層結構的驗證研究。依據第 1 篇體系結構重構過程，原型系統的基本使用步驟及介面介紹如下。

步驟①：啓動相互配合節點模型（CV-2）的執行，判斷生產線態勢，確定所需要的基本調度結構及需要的業務系統，觸發業務節點模型（BSV-3）的執行，並將對業務系統的要求及目標傳遞給業務節點模型。

步驟②：啓動業務節點模型（BSV-3）的執行，按照相互配合目標以及基本結構，選擇相應的業務系統及成員，也就選擇了相應的目標活動視圖（BSV-2），如果不存在所需要的業務系統或者業務系統成員，就需要設計和製定新的業務系統或成員，並加入到體系中。選擇了業務系統成員，就相應地選擇了其活動行為單元，同樣，如果不存在完成活動行為單元的角色，那麼也要設計和製定新的角色，加入業務系統成員的行為單元列表中。

步驟③：在原型系統中加載生產線模型，如圖 9-1 所示。透過菜單欄模型選擇可以打開生產線模型選擇窗口。可以選擇 mini-fab、hp24-fab1、hp24-fab2、hp24-fab3、bl4 以及 bl6 六種生產線仿真模型。生產線模型加載後，生成其加工區和設備資訊示例如圖 9-2 所示。

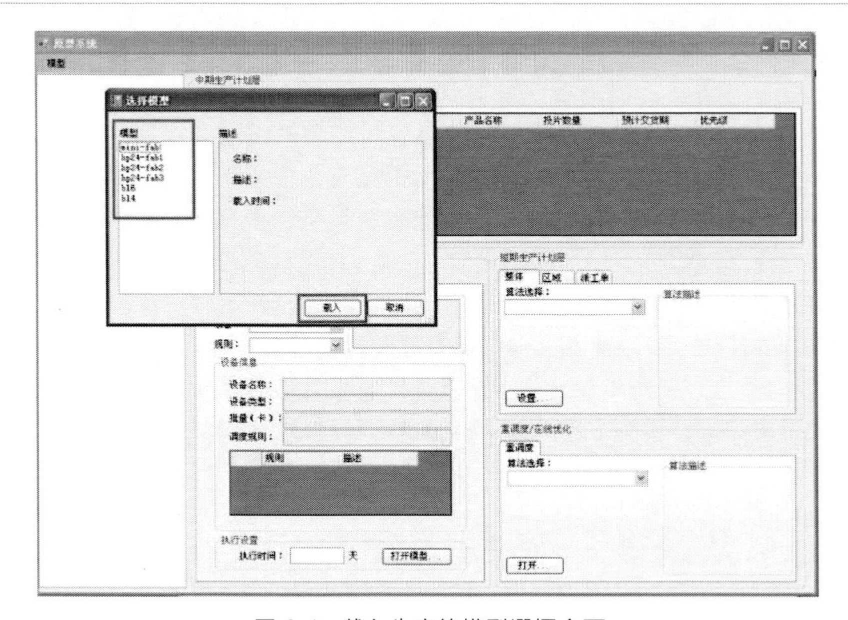

圖 9-1　載入生產線模型選擇介面

步驟④：選擇所需要的計畫調度業務系統及其成員。在該介面，根據需要選擇投料計畫/維護計畫、短期計畫調度、實時調度、重調度/在線最佳化系統的相應成員。

例如在投料計畫系統中，選擇業務系統成員為混合智慧投料（圖 9-3），在工件實時調度系統設置非瓶頸區設備的業務系統成員，如派工規則 FIFO（圖 9-4），再如，針對短期生產計畫中的瓶頸調度系統選擇業務系統成員為蟻群最佳化方法（Ant Colony Optimization，ACO）（圖 9-5）。

步驟⑤：將所選擇的業務系統組織為應用系統，並進行測試，測試通過則轉入下一個步驟，測試不通過則需要回到步驟①重新分析目標和約束。

步驟⑥：運行應用系統，業務系統透過業務系統成員完成業務任務，觸發業務過程模型（BPV-3）的執行，業務過程的執行觸發活動行為單元時序圖（BPV-2）的執行，一個活動行為單元執行完畢，將結果返回給業務系統成員，按照活動行為單元時序圖觸發下一個活動行為單元的執行。全部執行完畢後，將結果返回給業務節點。觸發相互配合時序圖（CV-5）的下一步執行，相互配合時序圖將業務系統功能的執行結果資訊返回給業務節點，透過業務節點觸發相互配合時序圖中下一個業務系統的執行。

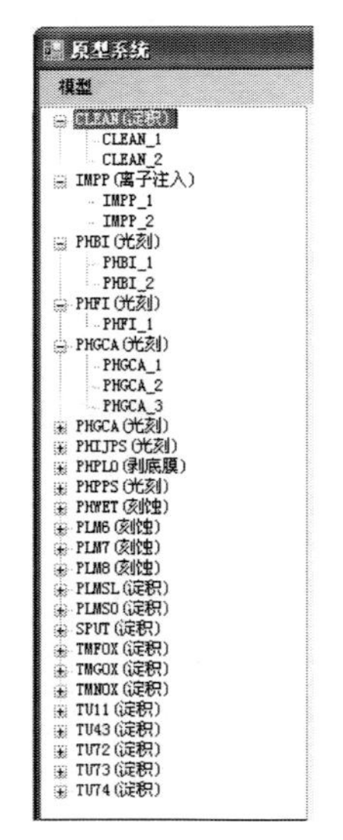

圖 9-2 所加載模型的生產線加工區和設備組成

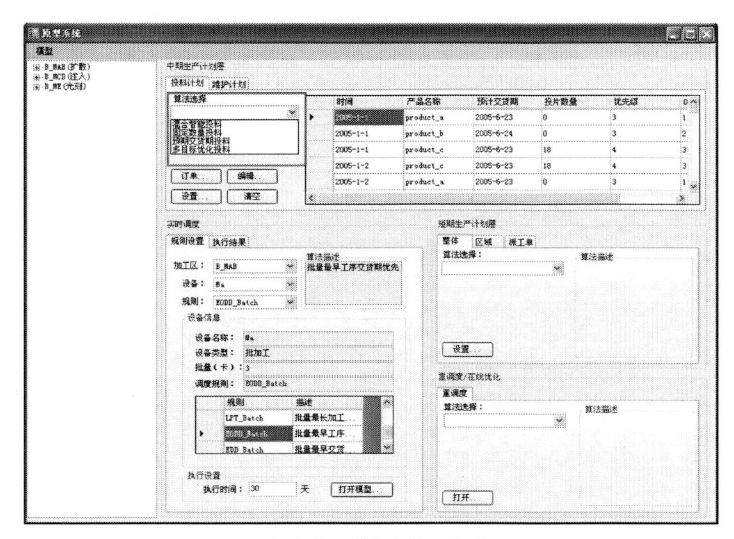

圖 9-3 投料系統業務系統成員選擇

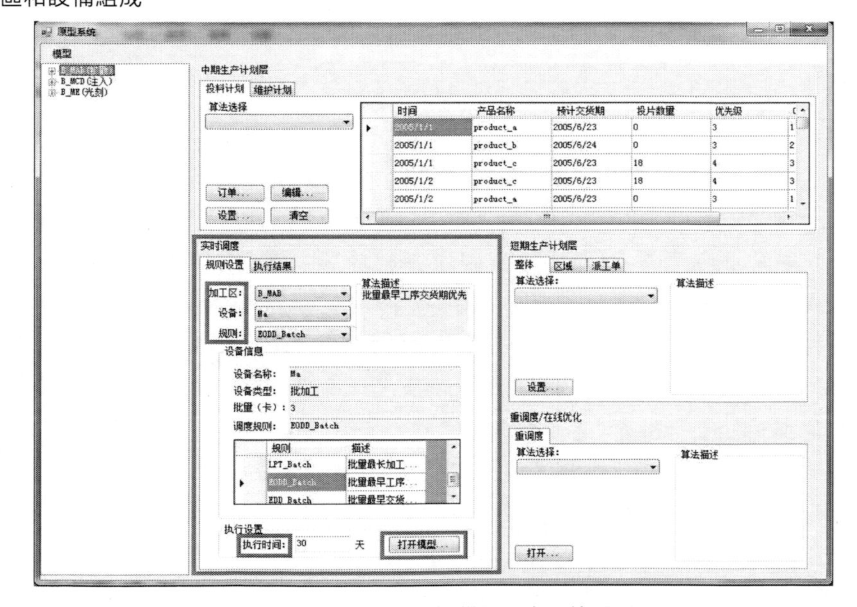

圖 9-4 非瓶頸區設備派工規則設置

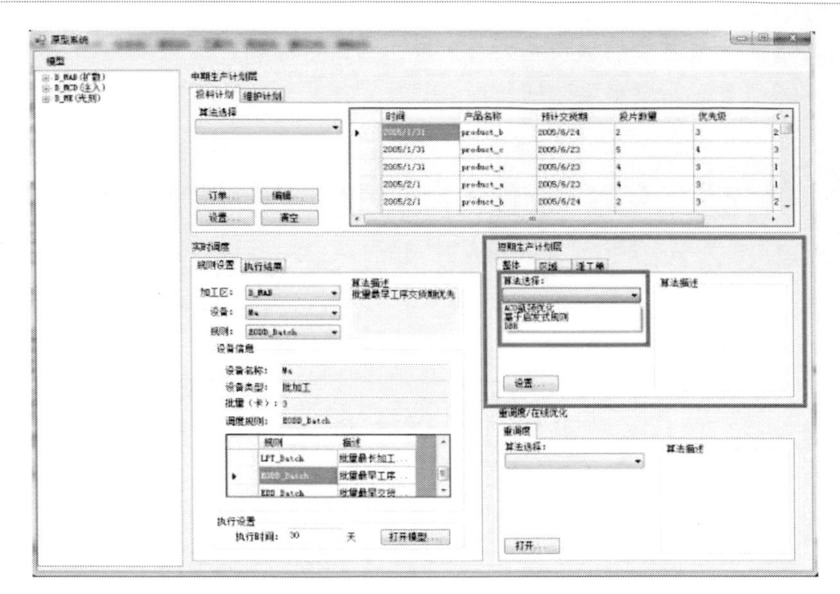

圖 9-5　瓶頸調度系統業務系統成員選擇 ACO 最佳化

9.2 基於原型系統的可重構驗證研究

9.2.1 概述

生產線運轉初期進入一定載荷水準的量產穩定期以後，會存在一些固有的系統問題待最佳化，如批量調度問題、設備維護問題、瓶頸問題等，其中固有的系統瓶頸成為需要最佳化的典型問題。對於典型問題的最佳化方式可以採用三種方式：第一種方式為最佳化存在典型問題的加工區域；第二種方式為關注生產過程的短板，即基於 DBR 原理，辨別關鍵問題，以此為最佳化基點，帶動最佳化其他區域，進行全產線的分層最佳化；第三種方式為透過實時派工對各個加工區進行實時最佳化。

前兩種方式的最佳化結構為「計畫-調度最佳化-重調度」三層結構，當計畫調度執行過程遇到干擾時，採用重調度模糊推理進行局部修正或全局修正的決策，重調度可以參考第 7 章內容，本章均不再贅述。後一種方式的最佳化結構為「計畫-實時派工」兩層結構。

原型系統根據計畫調度體系結構理論設計，透過體系結構模型的建立，將生產線模型以及計畫、調度、派工、重調度等各類最佳化算法內置於系統中，並預留了生產線模型與最佳化算法的介面，可以進行「計畫-調度最佳化-重調度」「計畫-實時派工」不同最佳化結構的選擇，實現「系統級」可重構；在同一種最佳化結構內部，也可以進行「加工區域」最佳化與「全產線」最佳化的驗證對比，實現「組件級可重構」；無論採用哪一種最佳化結構，還可透過最佳化算法的選擇替換，進行「what-if」的驗證，實現「算法級可重構」。

限於篇幅，本節主要以瓶頸問題突出的生產線模型——HP24-Fab1 為研究對象，在「計畫-調度最佳化-重調度」的三層最佳化結構下，進行加工區域的最佳化研究。該模型沒有批加工設備，其瓶頸區調度最佳化問題 Bottleneck Schedule 簡稱 BS 問題。

9.2.2 瓶頸區需求模型

BS 問題涉及投料計畫系統、瓶頸最佳化系統、實時派工系統、設備維護計畫系統、重調度系統，時間約束以「天」為單位。在以半導體製造為對象的複雜製造系統瓶頸區，即光刻加工區的研究中，其工件的加工時間以「小時」為單位，動態實時性要求並不高，有較為寬裕的時間進行數據查找、資訊提取、資訊預測和算法運行，故而以「計畫-調度最佳化-重調度」結構進行相互配合。根據第 1 篇可重構的軟體複用語義基礎，瓶頸區調度最佳化問題對體系結構組件的需求表達模型如圖 9-6 所示。需求表達模型的形式化描述及語義表達是軟體系統未來進行自動化選擇組件並進行自動測試的基礎。

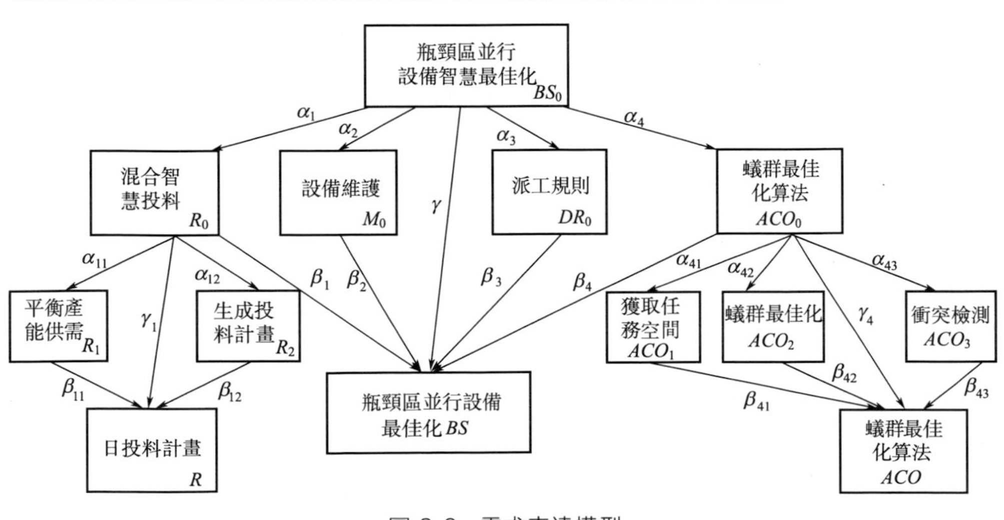

圖 9-6 需求表達模型

如圖 9-6 所示，定義中的「0」下標表示高層抽象，只包含自身的功能目標和約束條件。BS_0 的全局功能由 R_0、M_0、DR_0、ACO_0 共同協作完成，BS_0、R_0、M_0、DR_0、ACO_0 和 BS 及其關係構成了 BS 智慧最佳化問題的應用系統，需要的業務系統成員為 R_0、M_0、DR_0、ACO_0，作為相互配合節點模型（CV-2）的需求表達。

瓶頸最佳化調度系統求解的業務系統成員通常有：複合派工規則、DBR (Drump-Buffer-Rope)[1]、蟻群最佳化方法。參與本次重構的業務系統成員為蟻群最佳化方法。

9.2.3 HP24Fab 模型簡介

HP24 模型首次為 Wein[2] 所用，其數據來源於真實的 HP 研究型 Fab：TRC 模型（Hewlett-Packard Technology Research Center Silicon Fab），是 HP 公司的可重入生產系統 BenchMark 標準問題，包括 3 種類型生產線。其中 Fab1 模型為瓶頸突出生產線，是本案例選擇使用的模型。HP24-Fab1 模型中，光刻區 PHGCA 為瓶頸區（包括 3 臺並行設備），加工 1 種產品，加工流程 172 步，原始加工時間總計 549.3h（22.8875 天）。基本數據見圖 9-7 和表 9-1，圖 9-7 中數字對應於表 9-1 中的設備編號。每臺設備的平均加工時間考慮了整定時間及返工人員缺勤等因素，3 臺瓶頸設備加工時長不同。

入線

1	16	18	23	13	3	20	21	13	22	16	11
2	24	23	22	14	22	23	1	14	12	21	13
13	23	15	17	23	13	1	3	23	6	12	14
14	22	16	1	15	15	17	13	15	22	13	15
23	17	23	2	16	23	1	14	16	6	14	21
15	1	18	8	24	22	1	15	23	1	18	23
20	8	22	9	24	22	3	23	15	1	23	5
22	4	1	21	23	22	13	15	16	4	15	
23	22	1	22	22	17	14	16	24	10	15	
22	22	13	1	17	13	16	24	23	19	15	
17	1	14	4	24	14	24	23	22	23	16	
13	2	23	22	1	18	23	22	17	1	19	
14	8	15	22	2	23	22	17	1	10	23	
15	13	16	1	7	15	17	1	3	13	22	
23	14	24	2	1	16	9	3	10	14	17	

出線

圖 9-7　HP24-Fab1 產品的 172 步加工流程

表 9-1 HP24-Fab1 基本數據[2]

工作站		操作類型	設備數目	訪問次數	平均加工時間/h
編號	設備名				
1	CLEAN	DEPOSITION	2	19	1.55
2	TMGOX	DEPOSITION	2	5	4.98
3	TMNOX	DEPOSITION	2	5	5.45
4	TMFOX	DEPOSITION	1	3	4.68
5	TU11	DEPOSITION	1	1	6.14
6	TU43	DEPOSITION	1	2	7.76
7	TU72	DEPOSITION	1	1	6.23
8	TU73	DEPOSITION	1	3	4.35
9	TU74	DEPOSITION	1	2	4.71
10	PLMSL	DEPOSITION	1	3	4.05
11	PLMSO	DEPOSITION	1	1	7.86
12	SPUT	DEPOSITION	1	2	6.1
13	PHPPS	LITHOGRAPHY	4	13	4.23
14	PHGCA	LITHOGRAPHY	3	12	7.82
15	PHHB	LITHOGRAPHY	1	15	0.87
16	PHBI	LITHOGRAPHY	2	11	2.96
17	PHFI	LITHOGRAPHY	1	10	1.56
18	PHJPS	LITHOGRAPHY	1	4	3.59
19	PLM6	ETCHING	2	2	13.88
20	PLM7	ETCHING	1	2	5.41
21	PLM8	ETCHING	2	4	7.58
22	PHWET	ETCHING	2	21	1.04
23	PHPLO	RESIST STRIP	2	23	1.09
24	IMP	ION IMPLANT	2	8	3.86

9.2.4 重構驗證過程及分析

根據 9.2.1 概述，首先製定設備維護計畫和投料計畫，投料系統選擇混合智慧投料計畫方法，短期調度採用基於蟻群最佳化算法的最佳化瓶頸區調度，投料系統參數設置以及執行結果如圖 9-8、圖 9-9 所示。

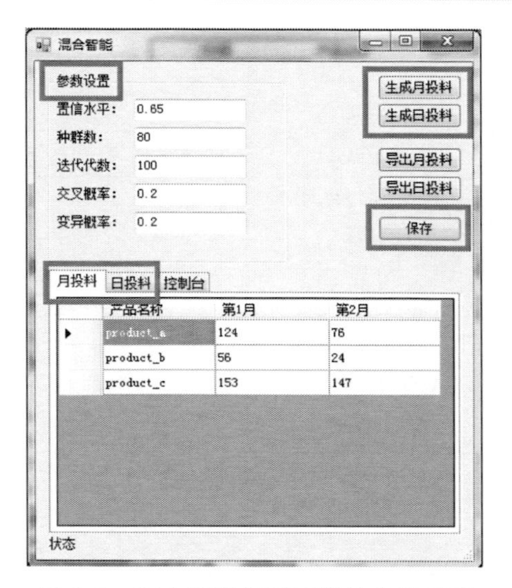

圖 9-8　混合智慧投料系統的參數設置

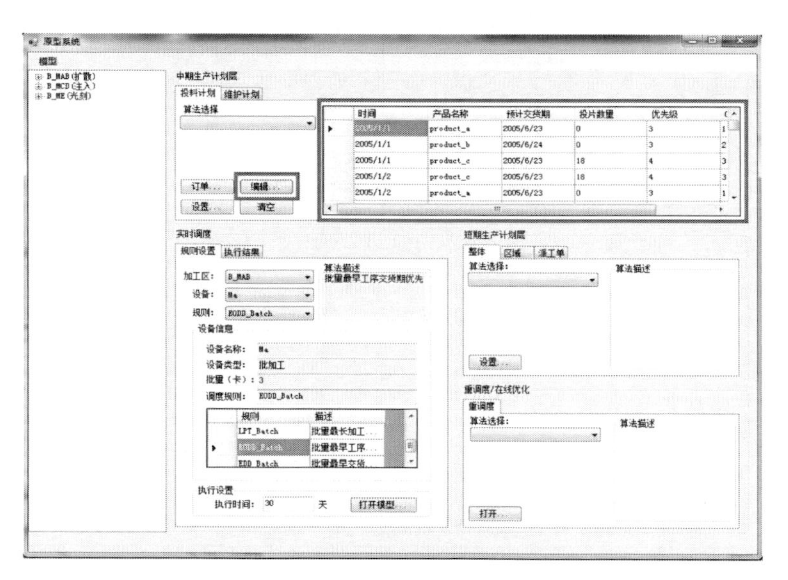

圖 9-9　執行結果

設備維護計畫是透過在生產線仿真模型中設置設備計畫相應參數完成的（圖 9-10）。投料計畫生成以後，開始預熱生產，預熱過程中的工件調度均採用 FIFO 規則。每個算例進行前，均進行多次、長時間仿真預熱（時長≥1 年），從而得到生產線進入穩定狀態的投料速度及平均利用率等長期平均數據，之後再進行瓶頸區最佳化驗證。

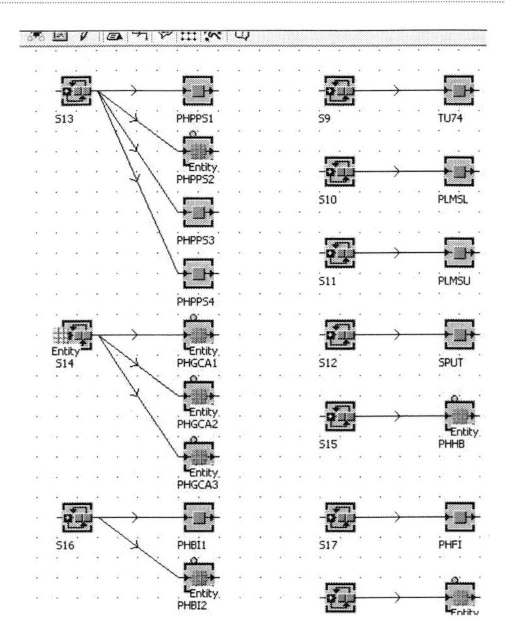

圖 9-10　HP24-Fab1 生產線仿真模型（局部）

在生產線模型運行穩定後，在決策時刻 t 作未來 T_s 天［t00：00：00，($t+T_s-1$) 23：59：59］調度決策，將 t 時刻生產線數據作為瓶頸調度系統業務系統成員 ACO 瓶頸最佳化（圖 9-11）的輸入數據，得到的瓶頸區平均延誤（$\sum_{i=1}^{n} w_{h_i} \times Td_{h_i})/n$。為便於統計又不失客觀性，這裡決策時刻 t 取某天的 00：00：00 時刻，抽樣間隔 50 天。調度期 $T_s=7$ 天。

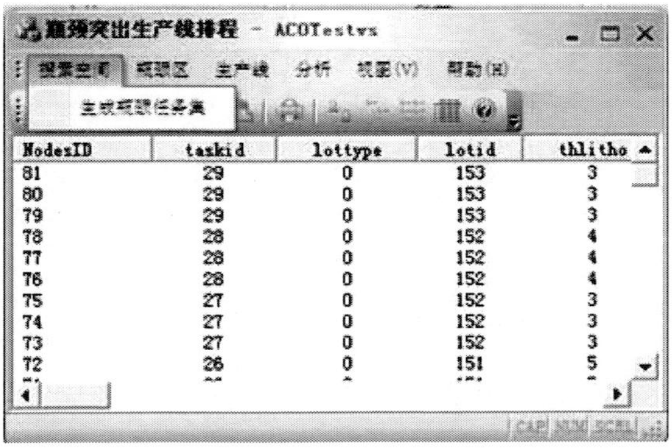

NodesID	taskid	lottype	lotid	thlitho
81	29	0	153	3
80	29	0	153	3
79	29	0	153	3
78	28	0	152	4
77	28	0	152	4
76	28	0	152	4
75	27	0	152	3
74	27	0	152	3
73	27	0	152	3
72	26	0	151	5

圖 9-11　瓶頸調度系統業務系統成員 ACO 瓶頸最佳化的運行圖例

瓶頸區最佳化排程功能執行完畢，將結果返回給相互配合節點。返回內容包括兩部分：一是返回系統執行情況，會記錄角色、業務系統成員、業務系統的完成時間及效果，便於系統維護和演進。例如在 1.83GHz、3G 內存的主機上，載入 HP24 生產線模型需要 23s 左右，在仿真模型穩定後，瓶頸區並行設備調度的 ACO 瓶頸最佳化方法，調度週期 7 天，執行時間為 1～2min。二是返回生產線數據，由相互配合節點決定是否進行重調度，或者由「計畫-調度最佳化-重調度」轉為「計畫-實時派工」結構，以下為 ACO 最佳化以後的生產線數據。

算例Ⅰ：HP24-Fab1 輕載平衡。

投料時間間隔 36h，平均生產週期 23～25 天，工件交貨期為 23～35 天均勻分布，瓶頸設備平均利用率為 84%～86%。在任意時刻 t 作未來 T_s 天調度決策。對瓶頸任務集分別採用 5.4 節提出的調度方法、FIFO 調度規則與 EDD 調度規則進行調度，結果如圖 9-12 所示。從圖中可以看出，30 次抽樣有 3 次遜於 FIFO 規則，有 3 次瓶頸區工序拖期率為 0，且瓶頸區設備利用率略有提高，見表 9-2。

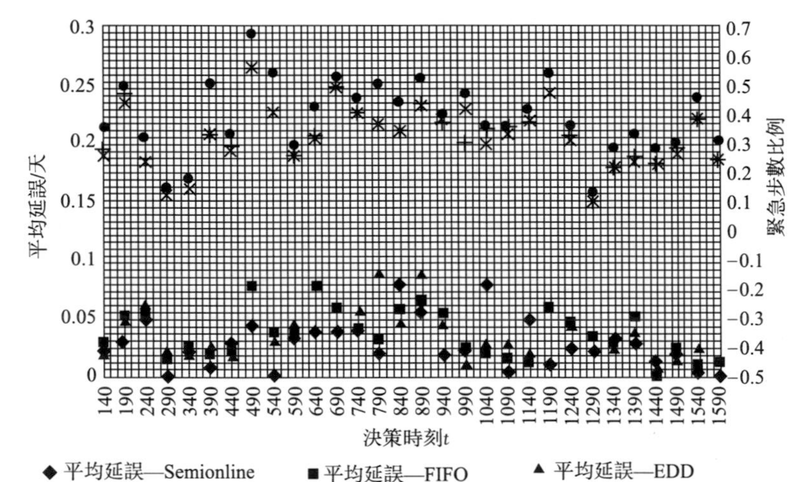

圖 9-12　HP24-Fab1 輕載平衡時瓶頸區最佳化調度方法與啓發式規則對比結果

表 9-2　HP24-Fab1 輕載平衡時瓶頸區最佳化調度方法平均性能

項目	平均移動/步	對比 FIFO	平均延誤/天	對比 FIFO	緊急步數比例平均值	對比 FIFO
瓶頸區調度最佳化	57	1.79%	0.03	21.75%	0.4028	19.85%
EDD	56	—	0.04	−9.6%	0.3404	1.3%
FIFO	56	—	0.04	—	0.3361	—

從數據中可以看出，瓶頸區最佳化調度方法能夠從整體考慮安排未來一段時

間的瓶頸任務，在保證瓶頸利用率的情況下，能夠明顯改進瓶頸區工序平均拖期性能指標。

算例Ⅱ：HP24-Fab1 產能飽和生產線平衡。

透過多次長時間仿真得到 HP24-Fab1 產能趨於飽和且平穩時的基本數據：投料時間間隔 32h，平均生產週期 27～28 天，由於產能幾近飽和，導致生產週期與算例Ⅰ相比較長，雖然工件交貨期仍為 23～35 天均勻分布，但比輕載情況已經更為緊迫。此時 HP24-Fab1 瓶頸利用率高達 98%，接近於產能完全利用的理想狀態。同樣在任意時刻 t 作未來 T_s 天調度決策。結果如圖 9-13 所示，平均性能比較見表 9-3。

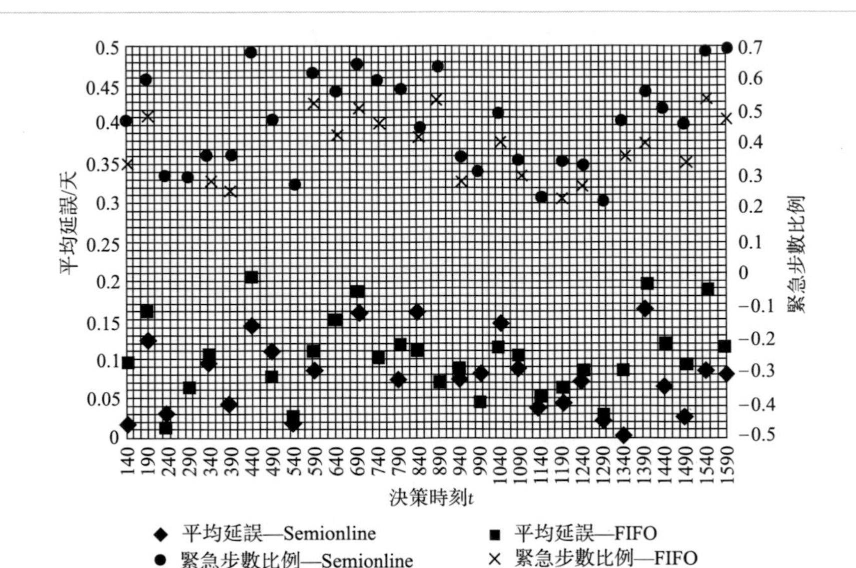

圖 9-13　HP24-Fab1 產能飽和穩定時瓶頸區最佳化調度方法與 FIFO 規則比較

表 9-3　HP24-Fab1 產能飽和穩定時瓶頸區最佳化調度方法平均性能

項目	平均移動/步	對比 FIFO	平均延誤/天	對比 FIFO	緊急步數比例平均值	對比 FIFO
瓶頸區調度最佳化	58	−7.9%	0.08	21.88%	0.4635	30%
FIFO	63	—	0.1	—	0.3565	—

圖 9-13 說明，在產能趨於飽和生產線穩定情況下，瓶頸區最佳化調度方案瓶頸工序平均延誤性能指標較 FIFO 有明顯提高，有 5 次情況略遜於 FIFO。從表 9-3 可見，平均延誤性能指標平均提高 21.88%，其中緊急工件被調度的步數比按 FIFO 調度情況下平均多出 30.00%，即平均拖期性能並未由於緊急工件被調度的步數比例大而下降，而是改善了很多。但瓶頸利用率為 91%左右，下降了 7.9%。

算例Ⅲ：HP24-Fab1 過載。

投料間隔時間縮短為 29h，隨著仿真時間增加，生產線在製品逐漸堆積，投料速度增加，堆積速度隨之增加。表 9-4 關於過載情況的數據是在 WIP 堆積不是非常嚴重的情況下取抽樣平均值所得，「輕載」和「飽和」情況是根據算例Ⅰ和Ⅱ的平均值。從表 9-4 可見，「過載」情況下，雖然平均拖期性能有所提高，但瓶頸設備利用率損失也較大。

表 9-4 HP24-Fab1 不同負荷下瓶頸區最佳化調度性能比較

HP24-Fab1	WIP	平均延誤(天)-瓶頸區最佳化	平均延誤(天)-FIFO	對比FIFO	緊急步數比例-瓶頸區最佳化	緊急步數比例-FIFO	對比FIFO	移動步數(步)-瓶頸區最佳化	移動步數(步)-FIFO	對比FIFO
輕載	16	0.029	0.04	21.75％	0.4	0.34	19.85％	57	56	1.79％
飽和	19	0.076	0.1	21.88％	0.46	0.36	30％	58	63	−7.9％
過載	30	2.522	2.87	12.11％	0.44	0.3	44.65％	56	65	−13.8％

經過投料計畫、設備維護計畫、實時派工系統、瓶頸調度最佳化的相互配合，得到上述算例的結論如下，並將結果返回給相互配合節點。

① 在產能飽和，瓶頸設備幾乎滿載時（算例Ⅱ瓶頸設備利用率 98％～99％），為生產線均衡上限，此時的平衡態非常脆弱，任何調整性的動作都會帶來擾動，因此瓶頸區最佳化調度方法並不適用，雖然調度性能會有所提高，但是以損失一定的產能為代價的，此時對生產線的控製應當配合投料策略及其他策略加以改進。生產線過載時也存在同樣的問題。

② 在生產線輕載穩定時（算例Ⅰ瓶頸設備利用率為 84％～86％），此時生產線本身的平衡態具有一定魯棒性，有一定的調度自由度，由調度調整所帶來的擾動可以被吸收並保持加工的平穩流動，此時透過瓶頸區最佳化調度方法，不僅可以較明顯地提高未來一段時間瓶頸區任務的平均拖期性能，而且可以提高瓶頸設備利用率，相應地提高產能。

在上述過程中，各層次和各粒度之間的資訊交換需要系統介面、業務邏輯數據模型、物理數據模型的支援，相關設計作為示例在第一篇體系結構構建研究中已介紹。

9.3 基於原型系統的可重構最佳化研究

9.3.1 概述

上一節的驗證基於生產線穩定，針對系統典型問題進行「計畫-調度最佳化-

重調度」結構研究，待最佳化的目標比較清晰，可以直接對相應的性能指標進行最佳化。然而在實際中，很多時候生產線狀態不是那麼顯而易見，給生產管理者帶來困惑。

① 直接針對某些特定指標進行最佳化，很有可能犧牲其他性能的長期表現，比如直接提高瓶頸利用率，很可能引起 WIP 爆發式堆積，大大增加平均生產週期時間。

② 針對特定指標進行最佳化，所用到的參照是同條件下的其他算法，這樣的橫向比較並不合理。即便得到某種情況下的某個方法比較好，也並不意味著其他情況下也有同樣結論，因此特定條件下比較得出的結果意義不是很大。

從實際角度出發，如果將生產線的性能與理論上的可能表現進行縱向比較，任何驅動生產線向整體最優方向調整的方式都是可取的。本節圍繞這個觀點，依託原型系統，嘗試在理解生產線數據的基礎上為管理者給出重構最佳化的指導原則（圖 9-14）。對生產線數據的理解分為兩個部分：生產線數據的表示與評估尺度（9.3.3），生產線數據的分析模型（9.3.4），這兩個部分的綜合分析過程在下一小節闡述（9.3.2）。本節在 Minifab 模型上研究了上述最佳化思路（9.3.5 和 9.3.6）。

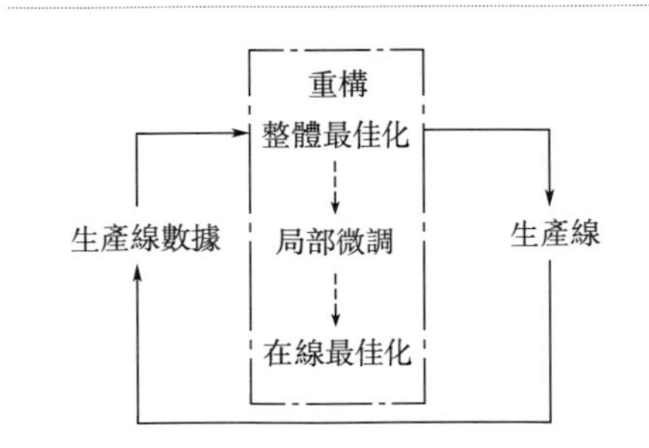

圖 9-14　基於數據分析的重構最佳化步驟

步驟①：整體最佳化。是指在不改變現有條件和約束的情況下，透過投料、維護、批量、瓶頸、工件調度、派工等功能相互配合將生產線狀態調整為盡可能優的穩定狀態。對應可重構結構中的「計畫-調度最佳化-重調度」三層結構。

步驟②：局部微調。對應可重構結構中的「計畫-實施派工」兩層結構。在生產線整體已經得到最佳化的前提下，對派工規則進行設計和選擇的最佳化，才能達到交貨期、瓶頸利用率等目標的真正最佳化，具體可參見第 6 章實時調度。

步驟③：在線最佳化。在前兩者基礎上，當生產線出現波動，例如設備出現隨機故障時，為保持調度方案穩定性起見，在計畫調度方案的基礎上進行局部重新匹配工件與設備的安排，這是在線最佳化重調度，對應「計畫-調度最佳化-重調度」三層結構。如何進行重調度，在第 7 章有詳細設計，並透過軟體組件技術將其整合進入原型系統中加以實現。在原有最佳化調度方案不可行的情況下，切換到「計畫-實時派工」最佳化結構，進行實時派工最佳化。

9.3.2 生產線數據分析過程

刻畫生產線狀態有三類數據表示最為重要：長期平均產出（Throughput，TH）、在製品水準（Work In Process，WIP），以及長期平均生產週期（Cycle Time，CT）。Little 對此進行了深入的研究，給出了產出、週期時間、在製品之間直覺的基本關係：WIP＝TH×CT。該定律是對長期平均下的 WIP、週期時間、產出之間關係的量化表達，在長期平均前提下成立，是已經過數學證明成立的 Little 定律[3～5]。Little 定律很適於分析生產線，《工廠物理學》[5] 中稱其為第一定律，適用於所有生產線，也適用於單一的工站（加工單元）。正確運用 Little 定律分析複雜的半導體生產線，能夠在不改變問題本質的前提下進行簡化分析。

本節主要研究在理解生產線數據的基礎上給出可重構的原則，為生產線最佳化找到方向。利用生產線數據表示及性能評估尺度與生產線數據分析模型，驅動生產線向整體最優方向調整，步驟如下（圖 9-15），所涉及的公式請見隨後 9.3.3 和 9.3.4 節。

步驟 1：利用性能評估尺度模型（見 9.3.3 節）建立生產線的理論性能尺度範圍，這一步形成兩個曲線：WIP-CT 和 WIP-TH。會出現四種結果：優-優，劣-劣，優-劣，劣-優。需要討論生產線的週期性能落在劣區，產線的產出性能落在劣區，以及二者皆優的重構過程。

步驟 2：利用該尺度模型衡量實際運行數據，如果產出與週期性能均落在優區，則透過實時派工系統進行圖 9-14 中的局部微調，使用「計畫-派工」2 層結構；如果二者有一個落在劣區，則進行下一步。

步驟 3：如果產出落在劣區，週期落在優區，而 WIP 水準低，說明產線產能沒有充分利用，此時首先調整投料計畫，調用投料計畫系統，而後進行觀察；如果產出落在劣區，週期落在優區，而 WIP 水準高，問題應該出在瓶頸工站，調用瓶頸識別及最佳化系統。

步驟 4：如果產出落在優區，週期落在劣區，利用 9.3.4 節生產線數據分析模型預測各工站的排隊週期、產出、WIP 水準，與實際數據比對，如果某工站實際數據異常，則進行下列步驟。

步驟 4.1：透過設備有效加工時間變動性［式(9-6)］檢查設備故障及維護情況，如果某臺設備有效加工時間變動性明顯異於歷史記錄，或者變動性高，則需要調整該設備的維護計畫，如果是整定切換頻繁引發的加工時間變動性，還可以對整定切換順序進行最佳化。

步驟 4.2：如果該工站設備正常，是并聯批次加工工站，則利用式(9-11)，是串聯批次加工工站，則利用式(9-14)，分析工件在工站的排隊週期。可分析的參數有批量、利用率、工件到達時間間隔變動性、工件加工時間變動性、切換整定時間與串聯批量。依次檢查這些參數是否異常，透過調整參數，看是否對生產週期產生明顯影響，如果某參數的影響大，那麼針對該參數調用相應的批量最佳化方法或者派工規則進行單目標或者多目標最佳化。

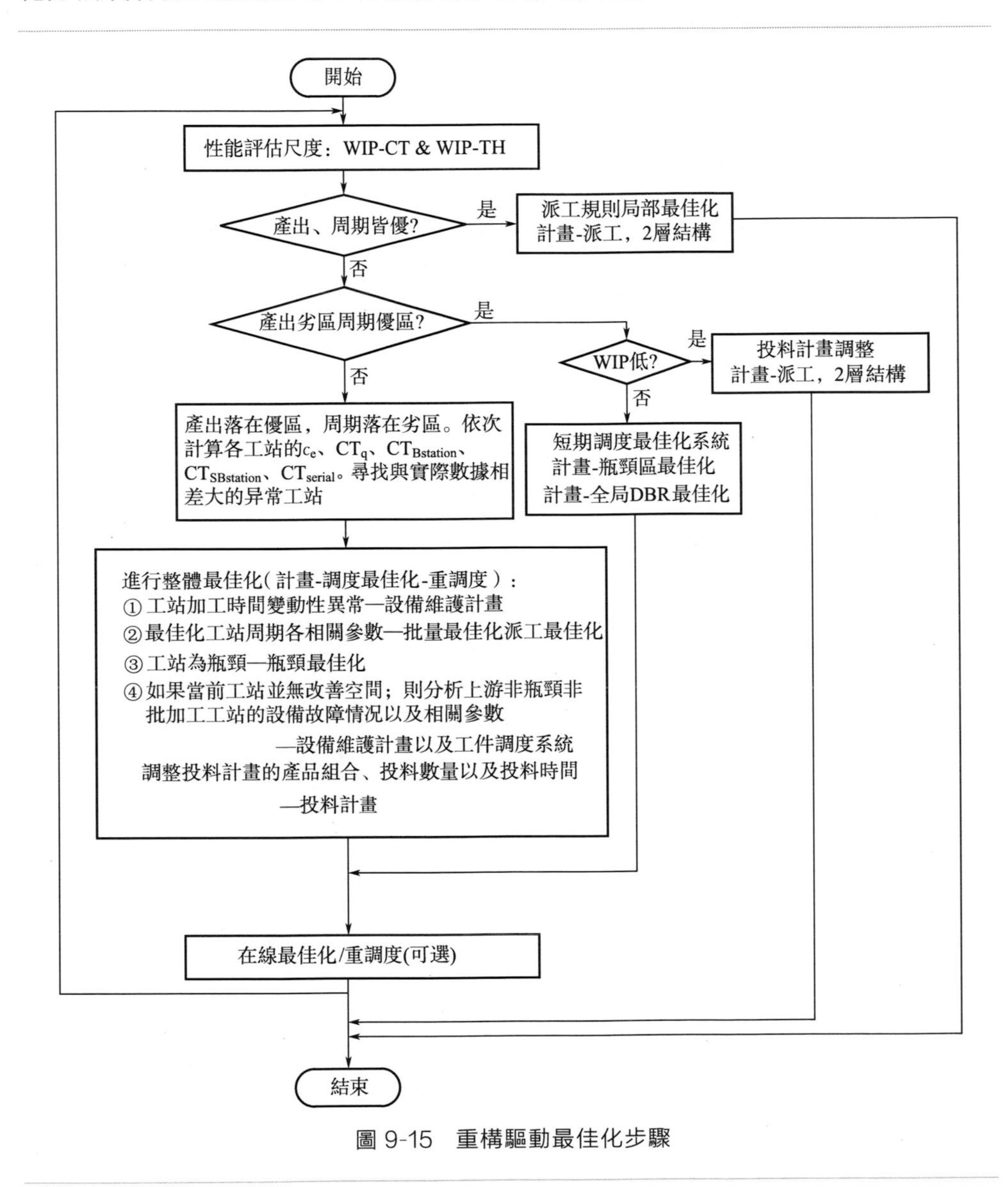

圖 9-15　重構驅動最佳化步驟

步驟 4.3：如果該工站長期產能低，是瓶頸工站，無論是并聯批加工還是串聯批加工，或者是不需要整定也不是批加工操作的普通設備，同樣透過步驟

4.1、4.2 依次檢查各參數，調用瓶頸最佳化系統進行最佳化。

如果該瓶頸工站透過瓶頸最佳化系統進行了努力，但效果不佳，那麼再透過分析工件到達時間間隔變異係數，進一步檢查其上游工站的各個參數。因為根據式(9-10)，具有高度變動性的工站，其工件離開變動性也趨於高度變動性。此時調用工件調度系統對上游非瓶頸工站非批加工工站進行最佳化。

步驟 4.4：調整投料計畫，可以調整的參數有，投料計畫的產品類型、投料數量、投料時間等，此時調用投料計畫系統進行單目標或多目標最佳化。

透過上述步驟完成投料計畫系統、設備維護計畫系統、批量最佳化系統、瓶頸最佳化系統、工件調度系統以及派工系統的重構，實現生產線的整體最佳化。

步驟 5：當設備發生隨機故障或其他擾動，而生產線整體性能經過步驟 1～步驟 3 已經運行在優區，那麼需要在原先最佳化方案的基礎上進行重調度。

上述重構過程如圖 9-15 所示，本節餘下部分將介紹評估尺度模型以及分析模型，並以半導體生產線的 BenchMark 模型 Minifab 為實例來說明基於數據分析的可重構驅動過程。

9.3.3 生產線數據表示與評估尺度

本節討論上一小節提到的 Little 定律，即生產線的產出 TH、週期時間 CT、在製品 WIP 之間基本關係 WIP＝TH×CT，首先給出三個基本參數在實際生產過程的表示，接著討論在製造過程中的變動性，然後在本小節末尾給出基於上述數據對生產線狀態進行評價的評估尺度模型。

評估尺度模型分析了兩種基本關係 WIP-CT，WIP-TH 的四種結果：優-優，劣-劣，優-劣，劣-優。意味著生產管理者需要應對三種情況，判斷最佳化結構的選擇：①生產線的週期性能落在劣區，產出性能落在優區；②生產線的週期性能落在優區，產出性能落在劣區；③生產線的週期性能落在優區，產出性能落在優區。

(1) 基本產出參數

生產線的長期平均產出，根據木桶理論，與產能最低的工站的產出相同。這裡涉及的概念一一解釋如下。

① 工站：是執行相同加工工序或相同任務的加工設備的集合。設備是生產線中生產加工的最小實體。工站分為多臺并聯設備工站和單臺設備工站。為透過研究得到基本的概念直覺，假設工站的并聯設備是完全一樣可以互替的。

② 產出 TH：設備、工站、產線、工廠等加工實體在單位時間內的平均產量（單位：lot/h)，又稱產出速率。

③ 產出速率：分為自然產出速率 r_0 與有效產出速率 r_e。二者之間的關係為

$r_e = Ar_0$，其中 A 為設備可用率。

④ 設備可用率用兩個參數來衡量：平均失效間隔時間 MTTF（Mean Time to Failure）用 m_f 表示，平均恢復間隔時間 MTTR（Mean Time to Repair），用 m_r 表示。設備可用率為：$A=\frac{m_f}{m_f+m_r}$。

⑤ 瓶頸（Bottleneck）：透過產能或利用率定義：長期產能最低的工站，或者長期利用率最高的工站，二者等同。瓶頸產能是指瓶頸最大產出速率。瓶頸速率用 r_b 表示。

⑥ m 臺設備工站的產出為 mr_e：產線有 k 個工站，那麼產線的產出為：$TH_{line}=\min\{TH_{station(i)} \mid 1 \leqslant i \leqslant k\}$，產線速率等於瓶頸速率。

產出相關參數表匯總為表 9-5。

表 9-5　產出相關參數

參數	含義
r_0	自然產出速率，單位：lot/h
r_e	有效產出速率，單位：lot/h
A	設備可用率
m_f	平均失效間隔時間 MTTF(Mean Time to Failure)
m_r	平均恢復間隔時間 MTTR(Mean Time to Repair)
r_b	瓶頸速率，單位：lot/h
m	工站所含設備數目

(2) 基本週期參數

生產線最為直覺的性能就是時間，有加工時間、排隊時間、組批時間等，直覺體現為生產線上工件排隊的擁堵程度。半導體製造行業中用實際平均製造週期（Mean Cycle Time）和理論製造週期（Sum of Process Time）之比來表示擁堵程度，該比值對於輕載生產線為 1.5～2。對於重載生產線會達到 5～10，一般在 4～5[2]，比值越大，生產系統狀況越複雜。涉及生產週期的相關概念介紹如下。

① 生產線的理論製造週期，也稱生產線原始加工時間，記為 T_0，是生產線長期平均原始加工時間（Raw Process Time），也是加工任務在生產線中無需等待、經過各個工站完成加工的長期平均時間之和。

② 設備的原始加工時間記為 t_0。在上一節假設并聯設備工站的所有設備是完全相同互替的。因此 m 臺設備并聯組成的工站，其工站原始加工時間與設備的原始加工時間相同（表 9-6）。

表 9-6　工站原始加工時間及產能

工站	工站原始加工時間	工站產能
單臺設備 緩衝區　設備	t_0	$\frac{1}{t_0}$
m臺相同設備并聯 緩衝區 設備	t_0	$\frac{m}{t_0}$

③ 設備的有效加工時間記為 t_e，則 $t_e=t_0/A$，設備的產出（有效產能）$r_e=1/t_e$，設備產出速率與加工時間互為倒數關係。

④ 生產線實際製造週期簡稱生產週期，是指從工件（Lot）進入生產線到加工完畢出線的全部時間。生產週期由工件駐留於各個工站的時間組成。這個駐留時間與工站有效加工時間 t_e、工件在工站的排隊等待時間 CT_q、工件在批加工設備前等待組批的時間、設備的整定切換時間相關。半導體生產線自動化程度非常高，工件在工站之間轉運傳輸的時間比例很小，在研究中未考慮這部分時間。

⑤ 透過排隊模型計算工件在工站的排隊等待時間 CT_q。

半導體生產線每個工站，無論是 1 臺設備還是多臺設備，共享工站前設置的緩衝區。將工站作為一個整體研究，就形成了一個排隊模型。假設只生產一種產品。工站的工件排隊模型可以用 Kendall 記號表達如下[5]：

$$A/B/m/b$$

其中，A 表示到達間隔時間的概率分布；B 表示加工時間的概率分布；m 表示工站中設備的數目；b 表示工站系統中容納的工件的最大數量。

A 與 B 的典型分布有：D，確定性分布；M，指數分布；G，完全一般類型分布，如正態分布，均匀分布。當工站系統中對容納工件的數量沒有限製，例如緩衝區很大時，用 $A/B/m/\infty$或者簡單的 $A/B/m/$表示。

《工廠物理學》[5] 給出了四種排隊模型的排隊平均時間的計算公式，如表 9-7 所示。在不考慮緩衝區大小的情況下，這四個隊列模型的計算方法實際上只有 $G/G/m$ 一種。當到達時間間隔和加工時間間隔均服從指數分布時，兩個變異係數均為 1。當設備數目為 1 時，那麼就得到了 $M/M/1$ 的排隊等待時間計算公式；設設備數目為 m，可得到 $M/M/m$ 模型的排隊等待時間計算公式。

表 9-7 排隊平均等待時間的 Kingman 方程[5]

排隊模型	排隊等待時間 CT_q
$M/M/1$	$\frac{u}{1-u}t_e$
$G/G/1$	$\left(\frac{c_a^2+c_e^2}{2}\right)\left(\frac{u}{1-u}\right)t_e$
$M/M/m$	$\frac{u^{\sqrt{2(m+1)}-1}}{m(1-u)}t_e$
$G/G/m$	$\left(\frac{c_a^2+c_e^2}{2}\right)\left(\frac{u^{\sqrt{2(m+1)}-1}}{m(1-u)}\right)t_e$

參數介紹：

r_a：工件到達工站的速度；

$t_a=1/r_a$：工件平均到達時間間隔；

c_a：工件到達工站間隔時間的變異係數；

m：工站中並行設備數目；

t_e：設備平均有效加工時間，工站的產出速率為 $r_e=m/t_e$；

c_e：設備有效加工時間的變異係數；

CT_q：工件在緩衝隊列中的平均等待時間；

$CT_{station}$：工件在工站中的平均駐留時間（隊列中的等待時間與加工時間之和）；

WIP：工站處的平均 WIP 水準；

WIP_q：工站前緩衝隊列中的平均 WIP 水準。

對於所有的工站，無論到達與加工時間概率分布的假設，無論設備的數量，對於生產單一產品的工站，都有如下基本關係：

設備利用率（Utilization）為：

$$u=\frac{r_a}{r_e}=\frac{r_a t_e}{m} \tag{9-1}$$

駐留於工站的平均時間與駐留於緩衝隊列的平均時間之間的關係為：

$$CT_{station}=CT_q+t_e \tag{9-2}$$

對於工站，應用 Little 定律，可以得到如下關係：

$$WIP_{station}=r_e \times CT_{station} \tag{9-3}$$

對於緩衝隊列，應用 Little 定律，有如下關係：

$$WIP_q=r_a \times CT_q \tag{9-4}$$

有上述四個基本關係，得到四個參數中的任何一個，就能夠計算其他三個。

對於排隊模型的選擇，究竟是一般類型分布還是指數分布，需要理解工件到達時間間隔的變異係數 c_a 與有效加工時間的變異係數 c_e。如果這兩個變量為中度變動性，則為指數分布；如果為低度變動性，則為一般分布。

（3）基本 WIP 參數

① 在製品水準 WIP 是指已經投料進入生產線并且尚未加工完畢的工件數量。

② 臨界在製品水準 W_0 指給定瓶頸速率、生產線原始加工時間，在沒有變動性的情況下，最短週期時間能夠達到的最大產出。臨界在製品水準能夠使得週期時間為原始加工時間，瓶頸產出最大。在製品減少，週期時間不會縮短但會損失產出；在製品增加，產出提高不了，但會增大週期時間。

從 Little 定律的角度看，在產出不變的前提下，生產週期越長，產線上的 WIP 越多。如果產出不變，降低生產週期，那麼就要控製產線上的 WIP 水準，理想的極端情況是 WIP 降低到 W_0（在沒有產出損失的平衡產線中，W_0 與工站數量相當，不平衡的產線中，W_0 一般小於工站數目），這樣能夠保證長期平均產出大約在一定範圍，以及長期平均生產週期最小。

然而，現實情況很少有這麼低 WIP 水準運行的產線，而資金密集的半導體生產線更是不可能。許多生產線中 WIP 與設備數量的比率接近 20：1[5]。這是由於生產線存在許多變動性的因素，應對這些變動性，需要一定的週期、產出、WIP 進行緩衝。

（4）變異係數與變動性

在上一節排隊模型中，需要工件到達時間間隔變異係數 c_a 以及設備加工時間的變異係數 c_e 兩個參數。變異係數值反映變動性的大小，其作用有三點。

① 根據這兩個變異係數判斷變動性程度，據此選擇排隊模型。

② 透過變異係數獲知變動性的大小。

③ 根據表 9-7 可知，變異係數與工站排隊時間有直接的關係，透過變異係數計算獲得工站預期排隊時間，透過工站排隊時間可以預測生產線週期。

變異係數（Coefficient of Variation，CV）是用來衡量變動性的參數。準確地說變異係數是表示隨機變量相對變化的量度，其計算方法為[6]：標準差/算術平均值。隨機量絕對變化的量度用標準差 σ 及方差 σ^2 表示。生產線上的主要隨機變量是時間 t，本文提到的「變異係數」均指時間 t 的變異係數，為 $c=\sigma/t$，很多時候用變異係數的平方（Squared Coefficient of Variation，SCV）表示更為方便：$c^2=\sigma^2/t^2$。

變動性為三個等級[5]：

低度變動性，變量的變異係數小於 0.75。

中度變動性，變量的變異係數介於 0.75～1.33 之間。

高度變動性，變量的變異係數大於 1.33。

變動性的性質如下。

① 基本變動性

基本變動性包括：設備有效加工時間在自然狀態下、設備隨機故障、設備換模/返工三種類型，有效加工時間 t_e、有效加工時間的方差 σ_e^2 及變異係數平方 c_e^2 的計算公式如表 9-8 所示，適用於所有生產線。

表 9-8 計算有效加工時間的方差及變異係數平方[5]

項目	自然狀態(設備可靠)	設備隨機故障(隨機變動性)	設備換模/返工(可控變動性)
參數	t_0, c_0^2	$t_0, c_0^2, m_f, m_r, c_r^2$	$t_0, c_0^2, N_s, t_s, c_s^2$
$t_e=$	t_0	$\frac{t_0}{A}, A=\frac{m_f}{m_f+m_r}$	$t_0+\frac{t_s}{N_s}$
$\sigma_e^2=$	$t_0^2 c_0^2$	$\frac{\sigma_0^2}{A^2}+\frac{(m_r^2+\sigma_r^2)(1-A)t_0}{Am_r}$	$\sigma_0^2+\frac{\sigma_s^2}{N_s}+\frac{N_s-1}{N_s^2}t_s^2$
$c_e^2=$	c_0^2	$c_0^2+(1+c_r^2)A(1-A)\frac{m_r}{t_0}$	$\frac{\sigma_e^2}{t_e^2}$

表中符號含義如下：t_0，σ_0 標記自然加工時間的均值和標準差，其變異係數為：$c_0=\sigma_0/t_0$；t_s 為換模時間；N_s 為兩次換模之間設備平均加工任務數；c_s 為換模變異係數。其他參數含義與前面幾小節保持一致。

② 流動變動性

流動變動性（Flow Variability）是指工件從上游工站到下游工站的轉移變動性。當工站有 m 臺設備時，計算離開變動性的公式為[5]：

$$c_d^2=1+(1-u^2)(c_a^2-1)+\frac{u^2}{\sqrt{m}}(c_e^2-1) \tag{9-5}$$

式中，c_a 為工件到達工站間隔時間的變異係數；c_d 為工件離開工站間隔時間的變異係數；c_e 為工站加工時間的變異係數；u 為工站長期平均利用率。

(5) 評估尺度

《工廠物理學》[5] 給出了基於 Little 定律的最優-最劣-實際最差情形評估模式，是生產線性能的直覺表達方式。生產線理論上最優性能與最差性能，是生產線極端好與極端差的情況，現實中的生產線，不可能完全按照最優性能和最差性能來運轉。「實際最差情形」(Practical Worst-case) 將性能分為「優」「劣」兩個區域，是兩個極端當中的中間狀況，這種情形是最大隨機性的情況，其性能稱為「實際最差性能」(Practical Worst-case Performance)。

生產線極端好的情況是，無任何變動性的理想情況，生產線設備與人員充足，沒有任何故障與維護，在製品在產線上通行無阻，沒有任何等待，能夠達到最短生產週期的理想狀況。

生產線極端差的情況是，產線有著理論上最長的週期和最小的產出。產線的瓶頸速率和原始加工時間不變的情況下，在不增加設備的平均加工時間前提下，最長等待時間的情況是，工件到達工站都要在其他所有加工任務後面等待。想像工件全部投料，在投料緩衝區裡等候，等前一個任務出線了，後面一個才開始加工的情況，或者，所有工件等在一個設備前，等該設備全部加工完，再一起集中到下一個設備前。

生產線實際最差情形是考慮產線具有最大的隨機性發生的情況，最大隨機性定義為：引起每種可能狀態等頻率發生的情況。

三種情況下，給定 WIP 水準 ω、最短週期時間及產出如表 9-9 所示[5]。

表 9-9　最優-最劣-實際最差情形的最短週期時間與最大產出

三種情形	最短週期時間	最大產出
最優情形	$CT_{best}=\begin{cases}T_0, \omega\leqslant W_0\\ \omega/r_b\end{cases}$	$TH_{best}=\begin{cases}\omega/T_0, \omega\leqslant W_0\\ r_b\end{cases}$
最劣情形	$CT_{worst}=\omega T_0$	$TH_{worst}=1/T_0$
實際最差情形	$CT_{PWC}=T_0+(\omega-1)/r_b$	$TH_{PWC}=\omega r_b/(W_0+\omega-1)$

9.3.4 生產線數據分析模型

透過 MRPPS 重構實現生產線整體最佳化，無法透過橫向比較，只能縱向比較，那麼需要知道生產線在理論上所能達到的性能以及性能範圍。而生產線的整體性能是各個工站性能的綜合體現，因此從分析半導體生產線的工站性能開始入手分析。

半導體生產線的工站有單設備加工工站、并聯設備加工工站、批加工工站和頻繁整定換模工站。

後兩類工站的排隊時間都受到批量影響，我們將半導體生產中的批次分為兩種類型。

① 并聯批次。一次加工多 lot，稱為批加工。成批的數目稱為批量。多 lot 成批加工，成批離開工站，是真正意義上的批加工。并聯批次工件駐留批加工工站的平均週期記為 $CT_{Bstation}$。

② 串聯批次。一次加工一個 lot 的設備稱為非批加工設備。對於存在換模的非批加工設備，兩次整定切換之間的 lot 看作一個批次。lot 在工站加工完一個

一個離開，稱為批次分離。串聯批次工件駐留批加工工站的平均週期記為 $CT_{SBstation}$。

需要對上述工站類型一一討論，最後才能建立起整條生產線的理論加工週期模型，再根據瓶頸產出情況以及 Little 定律得到整條生產線的理論 WIP 水準。而計算每一類工站的排隊預期時間都需要兩個參數：工站加工時間變異係數 c_e 以及工件到達工站的間隔時間變異係數 c_a。

本節餘下安排為先分別建立兩個變異係數的分析模型，根據排隊模型可以直接計算單身加工工站與并聯設備加工工站的排隊時間，接著建立後兩類工站的排隊時間分析模型，在本小節末建立生產線的數據分析模型。

(1) 假設條件

工站分為并聯設備工站與單臺設備工站，在工站前有緩衝區，接收來自上游設備的工件，等待工站設備加工完畢後送入下游工站前緩衝區。

① 以 lot 為單位加工，每 lot 有 25 片晶圓或者 50 片晶圓。

② 假設并聯設備完全相同，可以互替。

③ 只考慮單一產品，即便單一產品，由於光刻層的存在，多重入工站前緩衝隊列的 lot 也會需要不同的工序加工。

④ 緩衝區大小不限製。

⑤ 不考慮工站之間的運輸過程。

(2) 設備有效加工時間及其變動性

半導體生產設備複雜且精度高，盡管每臺生產設備有維護計畫，有些設備也會經常性地發生隨機故障，由於設備會加工多種類型的產品，以及同一產品的多道工序，對某些特殊工藝，其切換整定時間有可能與加工時間相當，這些變動對設備有效加工時間都會產生影響，影響匯聚的結果表現為設備有效加工時間的變動性。

在表 9-4 基礎上，給出設備有效加工時間的方差計算公式如下：

$$\sigma_e^2=\frac{\sigma_0^2}{A_r^2}+\frac{(m_{rr}^2+\sigma_{rr}^2)(1-A_r)t_0}{A_r m_{rr}}+\frac{\sigma_0^2}{A_p^2}+\frac{(m_{rp}^2+\sigma_{rp}^2)(1-A_p)t_0}{A_p m_{rp}}+\frac{\sigma_s^2}{N_s}+\frac{N_s-1}{N_s^2}t_s^2 \tag{9-6}$$

式中，A_r 為設備發生隨機故障的可用率，$A_r=\dfrac{m_{fr}}{m_{fr}+m_{rr}}$；$A_p$ 為設備維護情況的可用率，$A_p=\dfrac{m_{fp}}{m_{fp}+m_{rp}}$；$m_{fr}$ 為發生隨機故障的平均間隔時間；m_{rr} 為隨機故障平均修復時間；m_{fp} 為維護的平均間隔時間；m_{rp} 為平均維護時間。

對於式(9-6)，設備加工有效時間的變動性由三部分組成：隨機故障帶來的變動性、設備維護帶來的變動性以及整定切換帶來的變動性。如果沒有整定切換情況發生，那麼 $\sigma_s=0$，$t_s=0$。如果沒有隨機故障發生，那麼 $A_r=1$。

設備的有效加工時間表示如下：

$$t_e=\left(\frac{t_0}{A_r}\right)/A_p+\frac{t_s}{N_s}=\frac{t_0}{A_rA_p}+\frac{t_s}{N_s} \tag{9-7}$$

設備有效加工時間的變異係數平方為：

$$c_e^2=\sigma_e^2/t_e^2 \tag{9-8}$$

下面用一小例子說明前述公式的應用：

假如某設備 Mx 原始加工時間為（225±5）min，那麼其自然加工時間變異係數為 $c_0=\frac{\sigma_0}{t_0}=\frac{5}{225}=0.022<0.75$，自然加工時間變動性是低度變動性。

假設 Mx 設備有兩臺，Mx1 長期平均下來每 56h 發生隨機故障，平均故障恢復時間為（7±1)h，不進行預防性維護。Mx2 每 12h 進行一次維護，平均維護時間為（2±0.1)h，沒有隨機故障。都沒有整定切換動作。

根據式(9-6)、式(9-7)、式(9-8) 分別計算設備有效加工時間的變動性，用到的時間單位均為小時。需要的參數以及計算結果如表 9-10 所示。

表 9-10　有效加工時間變異係數計算

設備	σ_0	A_r	A_p	m_{rr}	m_{rp}	σ_{rr}	σ_{rp}	t_0	σ_e^2	t_e	c_e
Mx1	0.083	0.89	1	7	—	1	—	3.75	3.36	4.22	0.43
Mx2	0.083	1	0.86	—	2	—	0.1	3.75	1.27	4.38	0.26

透過表 9-10 最後一列變異係數值可以看到：

① 兩臺設備的變動性均屬於低度變動性。其實對於半導體生產線的自動製造的精密設備來說，相對於傳統製造業，其設備大多為低度變動性；

② 發生隨機故障的設備雖然可用率相對較高，但其變動性大於沒有隨機故障的設備；

③ 這是由於故障隨機，其恢復時間的可控性差，修復變異係數 c_r 比較大，如果對隨機故障不夠瞭解，假設修復時間為中度變動性，c_r 取值為 1，標準差和均值相等，設備可用率也會降低，假如為 0.5，這兩項會使得加工時間變異係數上升為 0.97，變為中度變動性，大大高於維護帶來的變動性；

④ 對於設備維護來說，長時間低頻率的擾動影響大於短時間高頻率的擾動影響，應當盡量將前者轉化為後者。

(3) 工件到達時間間隔及其變動性

根據排隊模型計算工站的排隊時間，還需要兩個參數：利用率 u 和到達時間間隔（Mean Time between Arrivals）變動性 c_a。

工件到達工站的平均間隔時間記為 t_a，到達速率記為 r_a，這兩個量度呈倒數關係，所含資訊等效：$r_a=1/t_a$。

由此，可以得到設備利用率的計算公式為：

$$u=r_a t_e/m \tag{9-9}$$

假設工站 i，其工件全部來源於工站 $i-1$，工件到達工站 i 的變動性與從上游離開的變動性相同：$c_{a(i)}=c_{d(i-1)}$。

離開上游工站的變動性受到兩個因素共同作用：到達上游工站的變動性，上游工站有效加工時間的變動性。假設上游工站利用率很高，由上游工站的有效加工時間變動性決定，則 $c_{d(i-1)}=c_{e(i-1)}$；假設上游工站利用率很低，由上游工站的工件到達時間間隔變動性決定，則 $c_{d(i-1)}=c_{a(i-1)}$。

這兩個因素權重大小由上游工站的利用率決定。在式(9-5) 基礎上，給出工站 i 的工件到達時間間隔變動性計算公式：

$$\begin{cases} c_{a(i)}=c_{d(i-1)} \\ c_{d(i-1)}^2=1+(1-u_{(i-1)}^2)(c_{a(i-1)}^2-1)+\dfrac{u_{(i-1)}}{\sqrt{m_{(i-1)}}}(c_{e(i-1)}^2-1) \\ c_{a(i-1)}=1,\text{工站 } i-1 \text{ 為重入工站} \\ c_{a(0)}=c_{release},c_{release}<0.75 \end{cases} \tag{9-10}$$

從公式可以看出，當上游工站只有一臺設備，并且設備利用率很高（接近1）時，工件到達當前工站的時間間隔變異係數接近上游工站的加工時間變異係數。當上游設備利用率很低（接近0）時，設備很閑，工件到達當前工站的時間間隔變異係數接近上游工站的工件到達時間間隔變異係數。

盡管投料計畫受到訂單系統影響，但日投料速率 $r_{release}$ 在一段時間內一般不會改變，為低度變動性 $c_{release}<0.75$，計算時可以根據情況直接取在範圍裡的常數值，例如每 24h 投料 10lot，其標準差為 2，那麼投料變異係數 $c_{release}=2\div 24=0.083$。對於多重入設備，其工件來源於不同工站，一個工件到達之後的間隔時間並不能為判斷下一個工件何時到達提供多少資訊，因此到達時間間隔趨向於「無記憶性」，即上一個工件到達並不能為下一個工件的到達提供多少資訊，服從指數分布，c_a 接近 1，即標準差與均值近似相等。即便每個給定源頭過來的工件到達間隔時間都是規則的低變動性，所有源頭疊合也將趨向於中度變動性。這正是「多重入」顯著區別於其他生產線的地方。

(4) 工站排隊時間計算

透過前兩小節討論到達時間間隔變動性與設備加工時間變動性，就可以根據工站排隊模型，對半導體生產線的工站排隊時間進行計算。

假設某工站只有一臺設備 $m=1$，為本節（2）末尾例子中的設備 Mx1，長期平均有效加工時間經計算為 $t_e=4.22\text{h}$，其本身為多重入工站，上游工站為多個多重入工站，工件到達時間間隔變異係數為 $c_a=1$，其加工變動性經節計算 $c_e=0.43$。設備利用率 $u=0.65$。

到達時間間隔分布為指數分布，有效加工時間分布為一般分布，仍然按照 $G/G/m$ 排隊模型計算，那麼工件在工站中的期望排隊時間為：

$$\text{CT}_{q(\text{Mx1})}=\left(\frac{c_a^2+c_e^2}{2}\right)\left(\frac{u^{\sqrt{2(m+1)}-1}}{m(1-u)}\right)t_e$$

$$=\left(\frac{1+0.43^2}{2}\right)\times\left(\frac{0.65^{\sqrt{2\times(1+1)}-1}}{1\times(1-0.65)}\right)\times 4.22=4.64(\text{h})$$

從該計算過程可以觀察到利用率和變異係數對排隊時間的影響。

① 假如提高設備利用率到 0.8，那麼排隊期望時間為 10h，這比我們平時想像的利用率高了，排隊時間會變短很不同，其原因在於利用率增大，意味著工站 WIP 數增加，同時也會增加排隊的擁擠程度。根據 Little 定律，工站的產出 TH=WIP/CT，工站產出是否得到提高是不一定的。由於 u 在分母上，可以預測 u 逼近於 1 時，會使得工站的 WIP 迅速堆積。

② 假如工件到達時間間隔變異係數為 1.3，高度變動性，排隊時間為 5.8h。

(5) 并聯批次工件駐留工站的週期分析模型

并聯批次工件駐留工站的平均週期時間（$\text{CT}_{\text{Bstation}}$）由三部分組成：組批等待時間（$t_{\text{waitb}}$），批次排隊時間（$\text{CT}_q$）以及批次加工時間 t_e。

組批批次間隔時間為該批 k 個工件的到達間隔時間和，工件到達間隔時間變異係數平方為 c_a^2，批次到達間隔的變異係數平方為：$c_{\text{batch}}^2=c_a^2/k$。式中，$k$ 為批量，并聯批次的批量上限為 Max$B$，$k\leqslant \text{Max}B$。工站利用率小於 1，批次的加工時間為 t_e，可以得到如下公式：

$$u=\frac{r_a t_e}{km}<1$$

$$k>r_a t_e/m$$

因此，組批批量 $(r_a t_e/m)<k\leqslant \text{Max}B$，工件到達速率理論上應該為 $r_a=ukm/t_e$。

計算 t_{waitb}，批次中第一個 lot 等待其他 $k-1$ 到達，工件到達工站速率 r_a，在組批成功時，第一個 lot 等待的時間最長，為 $(k-1)/r_a$，批次中最後一個到達的 lot 不需要等待，組批的平均等待時間為：

$$t_{\text{waitb}}=(k-1)/(2r_a)$$

最後，求得工件駐留并聯批加工工站的平均週期時間（$\text{CT}_{\text{Bstation}}$）：

$$\begin{aligned} CT_{Bstation} &= t_{waitb} + CT_q + t_e \\ &= \frac{k-1}{2r_a} + \left(\frac{c_a^2/k + c_e^2}{2}\right)\left(\frac{u^{\sqrt{2(m+1)}-1}}{m(1-u)}\right)t_e + t_e \\ &= \frac{k-1}{2ukm}t_e + \left(\frac{c_a^2/k + c_e^2}{2}\right)\left(\frac{u^{\sqrt{2(m+1)}-1}}{m(1-u)}\right)t_e + t_e \end{aligned} \tag{9-11}$$

該公式不僅說明瞭變動性對工站週期的影響，也說明瞭批量 k 與工站週期之間的關係，以及利用率與週期時間的關係。當設備利用率很低時，說明工件到達速度很慢，等待成批的時間拉長，工站週期很大。

下面舉例說明上述公式應用。

假設某批加工工站有 1 臺設備 $m=1$，均為本節「(2) 設備有效加工時間及其變動性」末尾例子中的設備 Mx1，每臺設備長期平均有效加工時間 $t_e=4.22$h。該批加工工站為多重入工站，其上游工站為多個多重入工站，工件到達時間間隔變異係數為 $c_a=1$，其加工變動性經過 (2) 中計算 $c_e=0.43$。設備利用率 $u=0.65$。組批最大量 $k=3$。根據式(9-11) 計算工件在該批加工工站駐留的平均週期為：

$$\begin{aligned} CT_{Bstation} &= \frac{k-1}{2ukm}t_e + \left(\frac{c_a^2/k + c_e^2}{2}\right)\left(\frac{u^{\sqrt{2(m+1)}-1}}{m(1-u)}\right)t_e + t_e \\ &= \frac{3-1}{2\times0.65\times3\times1}\times4.22 + \left(\frac{1^2/3+0.43^2}{2}\right)\times\left(\frac{0.65^{\sqrt{2\times(1+1)}-1}}{1\times(1-0.65)}\right)\times4.22+4.22 \\ &= 8.4(h) \end{aligned}$$

假如批量減為 1，每個工件在工站駐留時間透過計算為 8.86h 會增加 5%，也大約等同於本節 (4) 工站排隊時間計算中，設備 Mx1 長期平均有效加工時間 4.22h，與工件在工站的期望排隊時間 4.64h 之和。

假如設備數目為 2，則工站週期為 6.14h，降低 27%，增大設備數目會增加產能，降低排隊等待時間，然而半導體生產設備非常昂貴，一般不選擇這種方式。

(6) 串聯批次工件駐留工站的週期分析模型

串聯批次工件駐留工站的平均週期時間 ($CT_{SBstation}$) 由三個部分組成：排隊時間 CT_q，換模整定後工件的批內等待時間 ($t_{waitINb}$)、設備有效加工時間 t_e。

k 仍然表示批量，工件到達速率為 r_a，串聯批次的到達速率為 r_a/k，串聯批次的有效加工時間為切換整定時間 t_s 以及 k 個工件的加工時間 kt 之和：

$$t_e = t_s + kt \tag{9-12}$$

設備的利用率為：

$$u = \frac{r_a t_e}{km} = \frac{r_a(t_s+kt)}{km} = r_a\left(\frac{t_s}{km} + \frac{t}{m}\right) \tag{9-13}$$

由設備利用率 $u<1$，可得 $k>r_a t_s/(m-r_a t)$

到這裡，串聯批在工站內的平均排隊時間 CT_q 可以透過 $G/G/m$ 模型和式(9-7) 以及式(9-8) 求出。

接著計算工件在串聯批次的批內等待時間，對於半導體生產非批加工設備，加工完畢後即轉入下一工站，因此對於某次整定切換的串聯批次，其中第一個加工完的 lot 加工完畢後立即離開，批內第二個 lot 需要等待加工完成後離開，等待在串聯批內的時間為其加工時間 t，第三個 lot 的批內等待時間為 $2t$，以此類推，k 個 lot 的平均批內等待時間為：$t_{\mathrm{waitINb}}=\dfrac{k-1}{2}t$。

因而，串聯批次工件駐留工站的平均週期時間計算如下：

$$CT_{\mathrm{SBstation}}=CT_q+t_s+t_{\mathrm{waitINb}}+t=CT_q+t_s+\frac{k-1}{2}t+t=CT_q+t_s+\frac{k+1}{2}t \tag{9-14}$$

在計算一段串聯生產線的生產週期時，由於串聯批次工站的批次分離特性，屬於一個串聯批次的工件可能同時在下游多個工站處加工，那麼計算這段串聯生產線週期時，將各工站的週期時間進行累加，需要考慮串聯批次分離造成的工站週期中的重複計算時間。

為研究串聯批次帶來的這個問題，著重關注工件在這段串聯批次生產上的生產週期時間 CT_{serial}，作如下假設。

① 只考慮前後相連的 X 個串聯批次加工工站組成的生產線，即每個工站均有切換整定時間，每個工站只有一臺設備，且這段產線沒有重入，在這段生產線之初，屬於同一串聯批次的工件同時到達。

② 串聯批次中第一個 lot 到達之後才開始整定切換。對於工站 i，換模時間為 t_{si}，工件加工時間為 t_{ei}。串聯批量仍然為 k。

那麼批次中的第一個 lot 在這段串聯生產線中的生產週期時間為：

$$T_1=\sum_{i=1}^{X}(t_{si}+t_{ei}) \tag{9-15}$$

由於假設所有任務同時到達串聯第一個工站，最後一個加工任務總是要在最後一個工站處等待前面 $k-1$ 個完成後作業。最後一個 lot 的生產週期時間，首先會同第一個 lot 一樣經歷式(9-10) 的時間，并且加上在最後一個工站處等待時間。等待時間上限情況發生在最後工站為加工時間最長的工站，下限情況是最後工站為加工時間最短的工站。

$$T_1+(k-1)t_{\mathrm{low}}\leqslant T_k\leqslant T_1+(k-1)t_{\mathrm{high}}$$
$$t_{\mathrm{high}}=\max\{t_i\mid i=1,2,\cdots,X\}$$
$$t_{\mathrm{low}}=\min\{t_i\mid i=1,2,\cdots,X\}$$

因此這段串聯生產線的生產週期 CT_{serial} 為：

$$\sum_{i=1}^{X}(t_{si}+t_{ei})+\frac{k-1}{2}t_{low}\leqslant CT_{serial}\leqslant\sum_{i=1}^{X}(t_{si}+t_{ei})+\frac{k-1}{2}t_{high} \quad (9\text{-}16)$$

下面舉例說明串聯生產線的平均週期時間計算。

• 假設一段串聯批次生產線由 3 個工站組成，生產 3 種產品，3 種產品工序流程相同，依次透過工站 1、2、3。

• 每道工藝三種產品的加工時間相同。工站 1 的平均有效加工時間 0.88h，工站 2 的平均有效加工時間為 0.58h，工站 3 的平均有效加工時間 0.88h。

• 工站 1 和工站 3 不存在切換整定。

• 工站 2 根據產品不同、工藝不同或者兩者均不同有相應的整定時間，每次整定完後加工的工件個數隨機。根據長期觀察，切換整定一次平均值為 0.15h，平均加工 7.75 lot。

各參數值為：

$t_{s1}=0$，$t_{s2}=0.15h$，$t_{s3}=0$；

$t_{e1}=0.88h$，$t_{e2}=0.58h$，$t_{e3}=0.88h$；

$k=7.75lot$；

$t_{high}=0.88h$，$t_{low}=0.58h$。

根據式(9-16) 得到該段串聯生產線的平均週期為：

$$4.45h\leqslant CT_{serial}\leqslant 5.46h$$

(7) 生產線數據分析模型

生產線是由一步一步的生產加工工序組成的，真正增值部分是每道工序的有效加工時間，排隊時間、并聯批次等待組批時間、串聯批次批內等待時間、整定切換時間是半導體生產線上非增值時間的主要來源，通常統稱為延遲時間或排隊時間，然而這些卻是由於不同原因引起的，區別對待有助於找到針對性的改善措施。前述討論整體構成了生產線的數據分析模型（圖 9-16）。

這些理想數據反映的是生產線理想狀態的輪廓，換句話說是「效果圖」，由於實際生產的約束眾多，隨機情況複雜，要準確細緻地刻畫實際生產線很難。在效果圖的基礎上能夠建立對生產線的理解。

① 穩定的生產線，是指投料速率不超過產出的狀態。超過產出，導致生產週期增加，根據 Little 定律，WIP 水準會持續上升而不能穩定。

② 從排隊模型可以看出，設備利用率在分母上，當利用率接近 1 時，隊列中等待的時間會急劇成長，根據 Little 定律會導致 WIP 急劇增加，生產週期和交貨期也會增大。

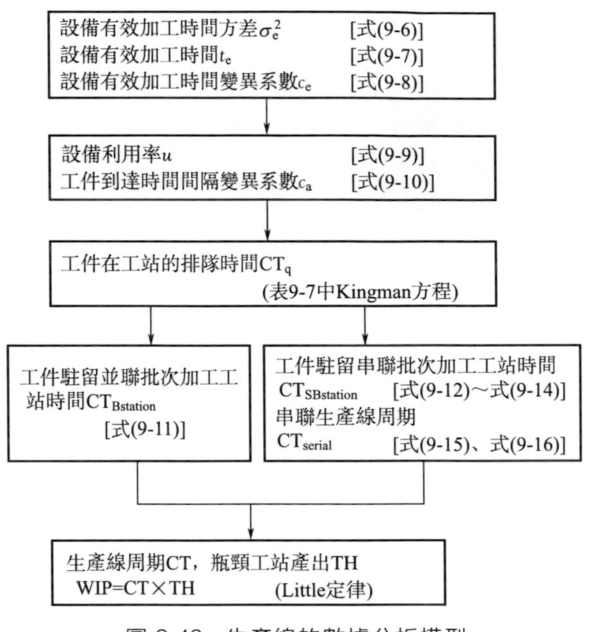

圖 9-16　生產線的數據分析模型

③ 在對緩衝區 WIP 不限製的情況下，任一工站處的變動性都會延長該工站處的週期時間，透過流動變動性的公式可知，會向下游工站傳遞更多的變動性，因而也會延長下游工站的週期時間。

④ 長時間低頻率的擾動影響大於短時間高頻率的擾動影響。

⑤ 多重入流會使得工件到達工站的變動性趨於中度變動性，影響生產週期。

⑥ 組批批量是產能與延遲的平衡結果，因此批量影響著這兩個方面。

從①、②可知，投料的平均速率應小於產線產出速率，生產線才能穩定。產線的產出受製於瓶頸速率，如果以瓶頸速率投料，生產線必然會經歷不穩態，直至這種不穩定消除，回到穩態的循環過程。從③～⑥可知，任何來源的變動性都會降低某一個或多個性能度量，但怎樣產生影響以及影響的程度依賴於變動性起因。

9.3.5 Minifab 模型

Minifab 是 Intel 公司 Dr. Karl Kempf 設計的五機六步模型，是半導體生產線研究的 BenchMark 模型，其工藝流程如圖 9-17 所示。Minifab 中 Ma-Mb 工站有兩臺批加工設備，完全一樣可以互替；Mc-Md 工站有兩臺完全一樣可以互替的設備，沒有批加工操作和整定操作，但是經常出現突發性故障；Me 工站只有一臺設備，沒有批加工操作，根據工藝要求以及產品類型不同進行整定切換動作。三個工站均存在多重入流。因此該模型能夠較為全面地涵蓋了半導體生產線的特殊之處。本節對該模型進行詳細介紹。

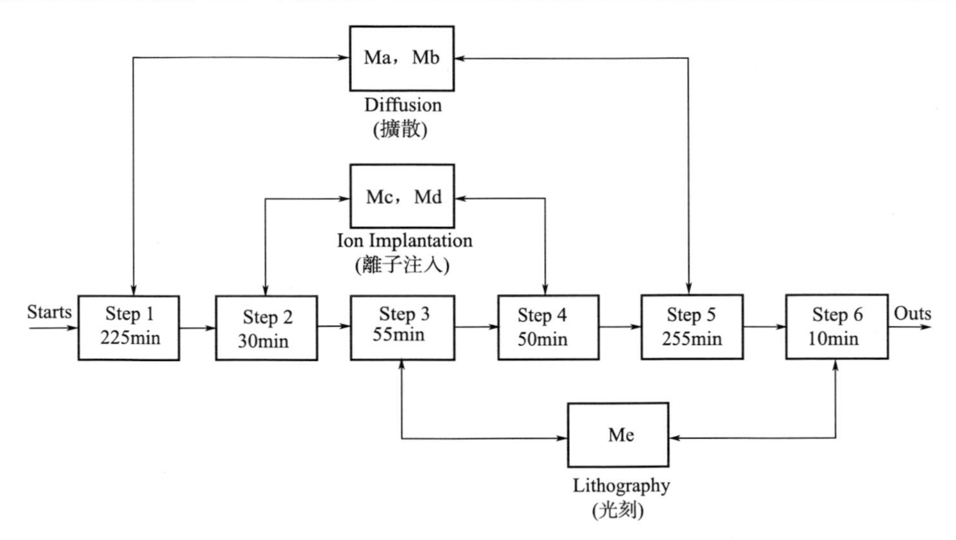

圖 9-17　Minifab 模型工藝流程

該生產線生產三種產品，每種產品每周的生產計畫：pa：51 lots，pb：30 lots，tw：3 lots，一周總計 84 lots，每天 2 班（shift，每班 12h），每班平均生產 6 個 lots。其中，pa 和 pb 是生產型產品，tw 是工程測試型產品。

所有生產型和測試型晶圓的工藝步驟如下：投料，S1，S2，S3，S4，S5，S6，出線。

(1) 模型說明

① 設備 Ma、Mb 是批加工設備，設備 Me 根據產品類型或者工藝需要一定的整定（Set-up）時間。

② 對於工程測試晶圓（以下簡稱測試晶圓），在批加工時，同一批不能有多於 2 個 lot 的測試晶圓，一個測試 lot 不可以兩次經過同一設備，用於保證覆蓋所有的設備，可以監控設備性能，批量限製以及設備選擇。

③ 設備組相關約束。

a. Ma 與 Mb 完全可以互替，例如離子擴散設備，可以分別最多一次加工 3 個 lot，對於第一步工藝流程 S1，生產型產品和測試型產品可以混合組批，例如：pa/pa/pa，pa/pa/pb，pa/pa/tw，pa/pb/tw，pb/pb/tw，pb/pb/pa，pb/pb/pb。然而，在第 5 步工藝流程 S5，生產型產品不可以混合組批，但是可以與測試型產品組批，例如，pa/pa/pa，pa/pa/tw，pb/pb/pb，pb/pb/tw。S1 和 S5 步的 lot 不能混合組批。

b. Mc 與 Md 完全可以互替，沒有批加工操作或者整定操作。

c. Me 加工第 3 步工藝和第 6 步的光刻工藝，發生整定的情況如下：第 3 步和第 6 步切換時，整定時間 10min；生產型產品和測試型產品切換時，整定時間 5min；兩種情況同時切換，整定時間 12min。

（2）基本參數

a. 各設備的長期平均原始加工時間，不包括裝載、卸載和整定時間，設備一旦開始加工，就必須進行完畢。

Ma　Mb　S1＝225min　S5＝255min

Mc　Md　S2＝30min　S4＝50min

Me　　　S3＝55min　S6＝10min

b. 設備開機準備和關機需要輔助操作，操作員 op1、op2 需要的時間如下。在開機準備完畢之後，關機開始之前這段時間不需要人員輔助，對於設備 Mc 或者 Md 來說，每次僅需要一位操作員即可。

op1　　　Ma Mb　S1 S5　load＝20min　unload＝40min

op1 或 op2　Mc Md　S2 S4　load＝15min　unload＝15min

op2　　　Me　　S3 S6　load＝10min　unload＝10min

c. 技術人員一名，維護設備的時間如下。

Mc 與 Md 設備經常有突發性故障，長期平均下來，半個星期（54±30)h（24～84h）出現一次，設備復機時間為（7±1)h（6～8h）。

預防性維護：

Ma　Mb　每臺設備　75min 每天

Mc　Md　每臺設備　120min 每班次

Me　　　　　　　30min 每班次

設備正在加工時不可以進行預防性維護，只能等待設備完工後進行預防性維護。當維護窗口結束，操作員還未完成維護，設備不可以開始加工。一旦開始預防性維護，就必須在給定的時間窗口內結束維護。

9.3.6 Minifab 數據分析的重構過程案例

（1）建立產線評估尺度

首先對該生產線性能建立評估尺度。需要的參數有產品長期平均原始淨加工週期 T_0，產線臨界 WIP 水準 W_0，以及瓶頸產能 r_b。

T_0 為工件 6 個加工步驟的長期原始平均淨加工時間之和：625min

(10.42h)。

各工站產能計算如表 9-11 所示，其中，對於單機工站，產能是加工時間的倒數。由多臺設備并聯組成的工站，其產能為設備數目乘以單機產能。例如 S1 步，由 Ma、Mb 組成的工站，其長期平均產能為：2×[1÷(225÷60)]=0.53lot/h。

表 9-11　Minifab 加工步驟對應工站產能

加工步驟	加工工站	長期平均原始淨加工時間/(min/lot)	工站產能/(lot/h)
S1	Ma-Mb	225	0.53
S2	Mc-Md	30	4
S3	Me	55	1.09
S4	Mc-Md	50	2.4
S5	Ma-Mb	255	0.47
S6	Me	10	6

由於多重入流的存在，存在并聯設備的工站可能會同時加工處於不同工序的工件，因此工站的產能取不同加工步驟產能的平均值，例如 Ma-Mb 工站，加工 S1 步和 S5 步，其工站平均產能為 (0.53+0.47)÷2=0.5lot/h。以此類推，得到各工站產能如表 9-12 所示。

表 9-12　Minifab 各工站平均理論產能

加工工站	工站產能/(lot/h)
Ma-Mb	0.5
Mc-Md	3.2
Me	3.55

顯然，工站 Ma-Mb 產能最低，為瓶頸工站，其理論瓶頸產能為 0.5lot/h。根據 Little 定律，該生產線的臨界在製品水準 $W_0=r_b T_0=0.5\times10.42=5.2$lot。得到三種情形下的最短週期與最大產出如表 9-13 所示。

表 9-13　最短週期與最大產出

三種情形	最短週期時間	最大產出
最優情形	$CT_{best}=\begin{cases}10.42 & \omega\leqslant5.2\\ \dfrac{\omega}{0.5} & \omega>5.2\end{cases}$	$TH_{best}=\begin{cases}\dfrac{\omega}{10.42} & \omega\leqslant5.2\\ 0.5 & \omega>5.2\end{cases}$

續表

三種情形	最短週期時間	最大產出
最劣情形	$CT_{worst}=10.42\omega$	$TH_{worst}=1/10.42$
實際最差情形	$CT_{PWC}=10.42+\dfrac{\omega-1}{0.5}$	$TH_{PWC}=\dfrac{\omega}{10.42+\omega-1}\times 0.5$

本案例透過 Plant Simulation 仿真平臺，建立滿足約束條件的模型，仿真初始設置如下：投料計畫採用固定日期投料方法，批加工的組批規則為按最大量組批，其他工站的工件調度採用 FIFO 規則。圖 9-18 為仿真過程截圖。

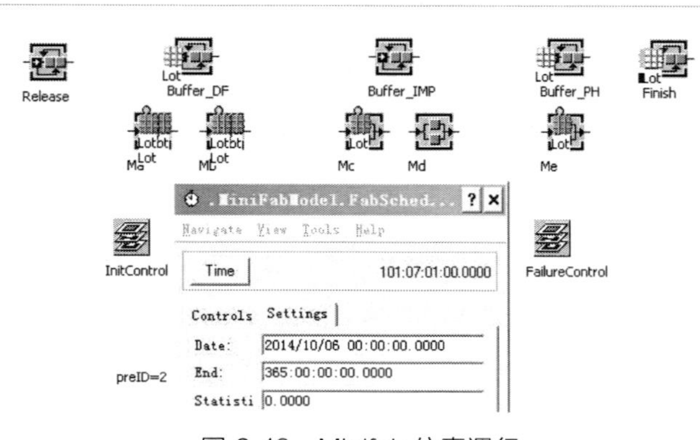

圖 9-18 Minifab 仿真運行

仿真運行 365 天，總計產出 4320lot，平均產出為：0.49lot/h。

string 1	integer 2	time 3	time 4
setuptype	losnum	proctime	settime
changeStep	12	10:00.0000	10:00.0000
changeStep	12	55:00.0000	10:00.0000
changeStep	15	10:00.0000	10:00.0000
changeStep	12	55:00.0000	10:00.0000
changeStep	3	10:00.0000	10:00.0000
bothChange	2	55:00.0000	12:00.0000
changeID	1	55:00.0000	5:00.0000
changeStep	3	10:00.0000	10:00.0000
changeStep	2	55:00.0000	10:00.0000
changeID	1	55:00.0000	5:00.0000
bothChange	9	10:00.0000	12:00.0000
changeStep	9	55:00.0000	10:00.0000
bothChange	2	10:00.0000	12:00.0000
changeID	9	10:00.0000	5:00.0000

圖 9-19 設備 Me 的整定切換記錄

4320 個 lot 的平均生產週期為：33.9h。

實際仿真 WIP 水準為：10.3lot。

對於設備 Me 存在整定切換，根據仿真記錄（圖 9-19），平均 0.15h 切換一次，每次切換平均加工 7.75lot。

實際仿真平均（WIP，CT）性能為（10.3lot，33.9h）；平均（WIP，TH）性能為（10.3lot，0.49lot/h）。生產線最優情形、最劣情形以及實際最差情形的 WIP-CT 曲線、WIP-TH 曲線以及仿真運行的實際平均性能點分別如圖 9-20、圖 9-21 所示。

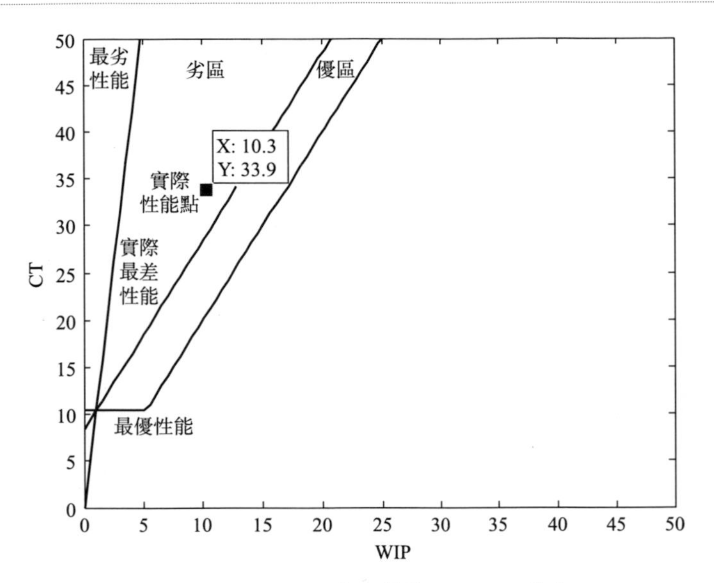

圖 9-20　Minifab 生產線的 WIP-CT 曲線

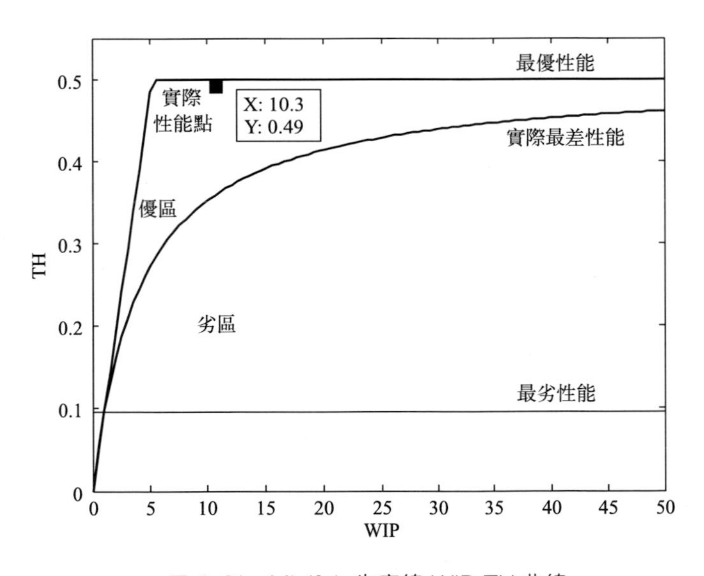

圖 9-21　Minifab 生產線 WIP-TH 曲線

圖 9-20 所示 WIP-CT 曲線實際性能點落於劣區，接近實際最差情形，而圖 9-21 所示 WIP-TH 曲線實際性能點接近最優。根據 Little 定律計算實際 WIP 水準應在：33.9×0.49＝16.6(lot)，當前為 10.3lot。

（2）分析產線問題及確定參與重構的計畫調度系統

根據評估尺度模型反映出來的問題，生產週期性能落於劣區，生產線產出落於優區。

① 數據計算

依據數據分析模型，計算生產線各參數值。基本參數如表 9-14 所示，時間單位均為小時。例如，設備 Ma 的原始加工時間 $t_0=(225+255)\div 2\div 60=4h$。工件在各工站駐留時間如表 9-15 所示，其中由於每一個工站都是多重入工站，按照 9.3.3 節公式，到達時間間隔變動性均為中度變動性，變異係數均為 1。對於 Me，存在整定切換，有三種切換模式，為獲得參數 t_s、N_s，只能根據仿真運行統計取平均值，$t_s=0.15h$，平均加工 $N_s=7.75lot$。

表 9-14　Minifab 仿真生產線基本參數平均值

設備	t_0	m_{rr}	m_{fr}	m_{rp}	m_{fp}	A_r	A_p	σ_0	σ_{rr}	σ_{rp}	t_s	N_s	t_e	σ_e^2	c_e
Ma	4	—	—	1.25	24	1	0.95	0.013	—	0.07	—	—	4.21	0.26	0.12
Mb	4	—	—	1.25	24	1	0.95	0.013	—	0.07	—	—	4.21	0.26	0.12
Mc	0.67	7	54	2	12	0.89	0.86	0.075	1	0.08	—	—	0.88	0.86	1.05
Md	0.67	7	54	2	12	0.89	0.86	0.075	1	0.08	—	—	0.88	0.86	1.05
Me	0.54	—	—	0.5	12	1	0.96	0.031	—	0.17	0.15	7.75	0.58	0.46	1.17

表 9-15　Minifab 仿真生產線各工站工件駐留時間計算值

工站	m	t_e	c_a^2	c_e^2	u	CT_q	k	t_s	$CT_{station}$
Ma-Mb	2	4.21	1	0.01	0.66	1.68	3	—	6.95
Mc-Md	2	0.88	1	1.1	0.33	0.69	1	—	1.02
Me	1	0.58	1	1.37	0.54	0.96	7.75	0.15	3.65

6 步加工工序步驟經過的工站展開，依次為：

$$\underbrace{Ma, Mb}_{\text{并聯批}} \rightarrow Mc, \underbrace{Md \rightarrow Me \rightarrow Mc, Md \rightarrow Ma,}_{\text{串聯加}} \underbrace{Mb \rightarrow Me}_{\text{并聯批}}$$

當中一段串聯加工生產線的週期在 9.3.6 節末尾已經計算過，結果為：

$$4.45h \leqslant CT_{serial} \leqslant 5.46h$$

因此，生產線週期為：

$$CT_{line}=CT_{Bstation}+CT_{serial}+CT_{Bstation}+CT_{Me\text{-}station}$$

其理論計算值範圍：$22h \leqslant CT_{line} \leqslant 23h$。

② 數據分析

WIP 低，產出性能優，WIP-CT 曲線圖實際平均製造週期為 33.9h，實際平均 WIP 為 10.3lot，性能點落於劣區。根據 Little 定律計算，產出 TH 為

0.49lot/h，那麼平均生產週期應為 CT＝WIP/TH＝10.3÷0.49＝21h，上述理論計算週期範圍也是 22～23h，這意味著生產週期可以最佳化的理論上限在 21～23h。從表 9-14、表 9-15 可以看到：

a. Mc-Md 工站以及 Me 工站的有效加工時間都有較大的變動性，這是由於前者經常發生隨機故障，後者存在工藝和產品類型相關切換整定時間。

b. 串聯產線生產週期平均時間為 5h，兩次經過 Ma-Mb 工站為 6.95＋6.95＝13.9(h)，占 60％的週期時間。

由於 Ma-Mb 是并聯批加工瓶頸工站，其工件來源為投料計畫以及 Mc-Md 工站，Mc-Md 工站的隨機故障一般不好短期修正。因此可以進行如下改進措施：最佳化 Ma-Mb 工站的排隊時間，最佳化 Me 工站的切換整定操作。首先選擇前者進行分析。

從表 9-15 可以看到，與 Ma-Mb 工站的排隊時間相關的參數有：兩個變異係數、批量、利用率、設備數目、有效加工時間，其中可以直接進行調整的是批量和變異係數，經過仿真，在當前條件下，批量為 3 時是生產週期最短的。設備有效加工時間變異係數很小。只有嘗試降低工件到達時間間隔變動性。

Ma-Mb 的工件來源於投料和 Mc-Md 工站，由於 Mc-Md 工站有效加工時間變動性大，但是利用率並不高，因此根據前述變動性傳遞的討論，來源於 Mc-Md 變動性影響的權重至少不是關鍵部分，因此轉而分析另一個源頭——投料計畫。

由於 Ma-Mb 是第一道工序的加工工站，且是瓶頸和批加工工站，其平均有效加工時間為 4.21h，因此可以修改日投料計畫，配合 Ma-Mb 的加工節奏，降低投料工件的到達時間間隔變動性，減少第一道工序的等待時間。因此調用投料計畫系統，最佳化投料策略。

(3) 重構最佳化結果

瓶頸產能 r_b 以及原始週期 T_0 均未改變，因此評估尺度模型不變。仿真所有條件不發生變化，僅僅透過投料計畫系統調整投料策略，在保持同樣投料數量，最佳化投料時間的前提下，得到如下結果。

平均生產週期：24.81h；

產出：0.5lot/h；

WIP：10.7。

(WIP，CT) 性能為 (10.7lot，24.81h)，坐標落於圖 9-20 的優區，另一方面根據 Little 定律，計算理論上 WIP 的水準值應該在 12.4。最佳化以後的 WIP 值與理想值之間存在一定的差距，其原因在於兩點：一是評估尺度模型是根據生產線是只有一種產品建立的，而當前生產線存在 3 種產品；二是當前生產線的測試工件在重入設備時有約束條件（每次重入不能使用上一次加工用過的設備）。產品種類增加以及約束條件增加，會增大一定的生產週期，使得最佳化數據不能完全達到理論計算數值。

參考文獻

[1] 丁小進. 基於 DBR 的半導體製造生產調度研究[D]. 上海：同濟大學，2008.

[2] L. M. Wein. Scheduling Semiconductor Wafer Fabrication. IEEE Transactions on Semiconductor Manufacturing，1988，1（3）：115-130.

[3] Little J. D. C. A proof for the queuing formula：L = λW. Operation Research 1961，9（3）：383-387.

[4] Little J. D. C. Little's law as viewd on its 50th anniversary. Operation Research 2011，59（3）：536-549.

[5] 霍普（Wallace J. Hopp），斯皮爾曼（Mark L. Spearman）.工廠物理學-製造企業管理基礎. 北京：清華大學出版社，2002.

[6] 施金龍. 應用統計學. 南京：南京大學出版社，2005.

附 錄

專業詞語匯總表

首次出現章節	中文	英文	縮略詞
1.1.1	備貨型生產	Make to Stock	MTS
1.1.1	訂貨型生產	Make to Order	MTO
1.1.1	按訂單組裝	Assemble to Order	ATO
1.1.1	按訂單設計	Engineer to Order	ETO
1.2.1	多重入複雜製造系統	Multi Re-entrant Lines	—
1.2.1	在製品	Work in Process	WIP
1.2.1	返工	Rework	—
1.2.1	作業生產	Job Shop	—
1.2.1	流水生產	Flow Shop	—
1.2.2	沉積	Deposition	—
1.2.2	曝光	Lithography	—
1.2.2	刻蝕	Etching	—
1.2.2	去膠	Resist Strip	—
1.2.2	離子注入	Ion Implant	—
1.2.3	普渡企業參考體系結構	Purdue Enterprise Reference Architecture	PERA
1.2.3	先進製造研究機構	Advanced Manufacturing Research	AMR
1.3	非確定多項式難題	Non-deterministic Polynomial Hard	NP-hard,NPH
1.3.1	計畫	Planning	—
1.3.1	調度	Scheduling	—
1.3.1	工件派工	Dispatching	—
1.3.1	工件排序	Sequencing	—
1.3.1	集束型設備	Cluster Tool	—
1.3.2	加工週期	Cycle Time	—
1.3.2	成本	Cost	—
1.3.2	庫存	Inventory	—
1.3.2	成品率	Yield	—

續表

首次出現章節	中文	英文	縮略詞
1.3.2	固定在製品數投料法	Constant WIP	CONWIP
1.3.2	避免飢餓投料法	Starvation Avoidance	SA
1.3.2	固定工作負荷投料法	Constant Load	CONLOAD
1.3.2	平均故障間隔時間	Mean Time Between Failure	MTBF
1.3.2	按加工數量的週期性維護	Unit Based Maintenance	UBM
1.3.2	基於性能參數的維護	Condition Based Maintenance	CBM
1.3.2	基於設備故障預測與健康管理	Prognostics and Health Management	PHM
1.3.3	工序	Step	—
1.3.3	調度方案	Schedule	—
1.3.4	生產調度	Production Scheduling	—
1.3.4	靜態調度	Static Scheduling	—
1.3.4	動態調度	Dynamic Scheduling	—
1.3.4	反應式調度	Reactive Scheduling	—
1.3.4	預測-反應式調度	Predictive-reactive Scheduling	—
1.3.4	主動式調度	Proactive Scheduling	—
1.3.4	實時調度	Real-time Scheduling	—
1.3.4	調度規則	Dispatching Rule	—
1.3.4	重調度	Rescheduling	—
1.4.1	時間、品質、成本	Time,Quality,Cost	TQC
1.4.1	時間,成本,品質,服務	Time,Quality,Cost,Service	TQCS
1.4.1	資訊通訊技術	Information and Communication Technology	ICT
1.4.1	資訊物理系統	Cyber Physical System	CPS
2.1.1	體系結構(體系)	Architecture	—
2.1.1	體系結構框架	Architecture Framework	—
2.1.1	控製維護和組織生成的	Department of Defense Architecture	—
2.1.1	美國聯邦企業體系結構框架	Federal Enterprise Architecture Framework	FEAF
2.1.1	財政部企業體系結構框架	Treasury Enterprise Architecture Framework	TEAF
2.1.1	英國國防部體系架構框架	Ministry of Defence Architectural Framework	MODAF

續表

首次出現章節	中文	英文	縮略詞
2.1.1	開放標準的 SOA 參考架構	The Open Group Architecture Framework	TOGAF
2.2.4	面向生產計畫與調度的	Production Planning and Scheduling	—
3.4.2	蟻群最佳化	Ant Colony Optimization	ACO
4.1.1	工作負荷	Workload	—
4.1.1	分層固定在製品投料	Layerwise Constant WIP	Layerwise CONWIP
4.1.1	動態分類在製品投料	Dynamic Classified WIP	DC-WIP
4.1.1	複合優先級派工策略	Compound Priority Dispatching	CPD
4.1.1	工作負荷控製	Work Load Control	WLC
4.1.1	約束理論	Theory of Constraint	TOC
4.2.1	負荷均衡投料控製算法	Work Load_Balancing	WL_Balancing
4.2.2	極限學習機	Extreme Learning Machine	ELM
4.2.2	綜合評價值	Comprehensive Index	CI
4.2.2	動態負荷均衡投料控製算法	Dynamic Workload Balancing	—
4.3.1	基於設備故障的維護策略	Failure Based Maintenance	FBM
4.3.1	基於設備改造的維護策略	Design-Out Maintenance	DOM
4.3.2	基於加工片數的維護	Wafer Based Maintenance	WBM
5.2	鼓-緩衝-繩子方法	Drum-Buffer-Rope	DBR
5.1.2	TRC 模型	Hewlett-Packard Technology Research Center Silicon Fab	—
5.2.2	基於 DBR 的分層調度	Different Layers Scheduling	DLS
5.3	基於仿真的最佳化	Simulation Based Optimization	SBO
5.3.3	非支配排序遺傳算法	Non-dominated Sorting Genetic Algorithm	NSGA
5.3.3	改進的非支配排序遺傳算法	Improved Non-dominated Sorting Genetic Algorithm	NSGA-Ⅱ
6.1.1	啓發式規則	Huristic Rule	—
6.1.1	最短加工時間優先	Shortest Processing Time	SPT
6.1.1	最長加工時間優先	Longest Processing Time	LPT
6.1.1	最早交貨期優先	Earliest Due Date	EDD

續表

首次出現章節	中文	英文	縮略詞
6.1.1	最早工序交貨期優先	Earliest Operation Due Date	EODD
6.1.1	最短剩餘時間優先	Smallest Remaining Processing Time	SRPT
6.1.1	先序先服務	First Buffer First Serve	FBFS
6.1.1	下一排隊隊列最小的工件優先	Fewest Lots at the Next Queue	FLNQ
6.1.1	產線平衡	Line Balance	LB
6.1.1	流程控製	Flow Control	FC
6.1.1	基於實例推理	Case-based Reasoning	CBR
6.1.2	先進過程控製	Advanced Process Control	APC
6.1.2	數據采集與監視控製系統	Supervisory Control and Data Acquisition	SCADA
6.1.2	無線感測網	Wireless Sensor Network	WSN
6.1.2	無線射頻識別	Radio Frequency Identification	RFID
6.2.1	最小鬆弛時間優先調度規則	Least Slack	LS
6.2.1	加工週期波動平滑調度規則	Fluctuation SmoothingVariance Cycle Time	FSVCT
6.2.1	拖期方差波動平滑調度規則	Fluctuation Smoothing Variance Lateness	FSVL
6.2.1	動態調度策略	Dynamic Dispatching Rule	DDR
6.2.3	K 鄰近算法	K-Nearest Neighbor Algorithm	K-NN
6.3.1	支援向量機	Support Vector Machine	SVM
6.3.1	貝葉斯	Bayes	—
6.3.1	決策樹	Decision Tree	DT
6.3.1	資訊增益率	Information Gain Ratio	—
6.3.1	資訊增益	Information Gain	—
6.3.1	分割資訊量	Split Information	—
6.3.1	預剪枝	Pre-pruning	—
6.3.1	後剪枝	Post-pruning	—
6.3.2	最低允許值	Lowest Limited Value	LLV
6.5	基於數據的瓶頸設備實時調度算法	Data-Based Bottleneck Scheduling	DBBS
7.1.2	右移重調度	Right Shift Rescheduling	RSR

續表

首次出現章節	中文	英文	縮略詞
7.2.1	托肯	Token	—
7.2.1	面向重調度決策的模糊Petri 網	Fuzzy Petri Net for Rescheduling	FPNR
7.3.1	匹配點	Match-up Point	—
7.3.1	設備組	Machine Group	MG
7.3.2	單臺設備匹配重調度	Single Machine Match-up Rescheduling	SMUR
7.3.2	設備組匹配重調度	Group Machine Match-up Rescheduling	GMUR
7.6	全局生成式重調度方法	Full Generation Rescheduling	FGR
8.1	組件化可重構生產計畫與調度系統	Modular Reconfigurable Planning and Scheduling System	MRPSS
9.3.2	長期平均產出	Throughput	TH
9.3.2	長期平均生產週期	CycleTime	CT
9.3.3	平均失效間隔時間	Mean Time to Failure	MTTF
9.3.3	平均恢復間隔時間	Mean Time to Repair	MTTR
9.3.3	平均製造週期	Mean Cycle Time	—
9.3.3	理論製造週期	Sum of Process Time	—
9.3.3	原始加工時間	Raw Process Time	—
9.3.3	變異係數	Coefficient of Variation	CV
9.3.3	變異係數的平方	Squared Coefficient of Variation	SCV
9.3.3	實際最差情形	Practical Worst-Case	—
9.3.3	實際最差性能	Practical Worst-Case Performance	—
9.3.4	到達時間間隔	Mean Time Between Arrivals	—

複雜製造系統的可重構計劃與調度

作　　者：喬非，吳瑩，馬玉敏
發 行 人：黃振庭
出 版 者：崧燁文化事業有限公司
發 行 者：崧燁文化事業有限公司
E-mail：sonbookservice@gmail.com
粉 絲 頁：https://www.facebook.com/sonbookss/
網　　址：https://sonbook.net/
地　　址：台北市中正區重慶南路一段六十一號八樓 815 室
Rm. 815, 8F., No.61, Sec. 1, Chongqing S. Rd., Zhongzheng Dist., Taipei City 100, Taiwan
電　　話：(02) 2370-3310
傳　　真：(02) 2388-1990
印　　刷：京峯彩色印刷有限公司（京峰數位）
律師顧問：廣華律師事務所 張珮琦律師

- 版權聲明

本書版權為化學工業出版社所有授權崧博出版事業有限公司獨家發行電子書及繁體書繁體字版。若有其他相關權利及授權需求請與本公司聯繫。
未經書面許可，不得複製、發行。

定　　價：650 元
發行日期：2022 年 03 月第一版
◎本書以 POD 印製

國家圖書館出版品預行編目資料

複雜製造系統的可重構計劃與調度 / 喬非 , 吳瑩 , 馬玉敏著 . -- 第一版 . -- 臺北市 : 崧燁文化事業有限公司 , 2022.03
　面；　公分
POD 版
ISBN 978-626-332-124-3(平裝)
1.CST: 製造業 2.CST: 生產管理
470　　111001509

電子書購買

臉書